- 当代财经管理名著译库
- DSGE经典译丛

徐占东 译

[英] 加里·库普（Gary Koop）著

贝叶斯计量经济学

Bayesian Econometrics

WILEY

东北财经大学出版社
Dongbei University of Finance & Economics Press
大连

辽宁省版权局著作权合同登记号：图字06-2018-67号

图书在版编目（CIP）数据

贝叶斯计量经济学 / （英）加里·库普（Gary Koop）著；徐占东译 . —大连：东北财经大学出版社，2020.12
（DSGE经典译丛）
ISBN 978-7-5654-3934-6

Ⅰ．贝… Ⅱ．①加…②徐… Ⅲ．贝叶斯统计量–计量经济学 Ⅳ．①O212.8②F224.0

中国版本图书馆CIP数据核字〔2020〕第142793号

东北财经大学出版社出版发行
　　大连市黑石礁尖山街217号　邮政编码　116025
　　网　　址：http：//www．dufep．cn
　　读者信箱：dufep @ dufe．edu．cn
大连图腾彩色印刷有限公司印刷

幅面尺寸：185mm×260mm　字数：391千字　印张：17.75
2020年12月第1版　　　2020年12月第1次印刷
责任编辑：刘东威　　　　责任校对：王　娟　吉　扬　王　玲
封面设计：张智波　　　　版式设计：钟福建
定价：56.00元

教学支持　售后服务　　联系电话：（0411）84710309
版权所有　侵权必究　　举报电话：（0411）84710523
如有印装质量问题，请联系营销部：（0411）84710711

前　言

在许多领域，贝叶斯方法越来越得到研究人员的青睐。但在计量经济学领域，贝叶斯方法的影响略显屡弱。出现此问题的一个主要原因是缺乏适合于高年级本科生或者研究生学习的教材。现有的贝叶斯计量教科书，要么内容过时，没有包含20世纪80年代以来贝叶斯计量经济学出现的新计算方法；要么内容不够丰富，没有包含学生们关心的贝叶斯方法实证应用等必要内容。例如，Arnold Zellner 所著的贝叶斯计量经济学教科书（Zellner，1971），虽然具有较大的影响力，但是出版于1971年。Dale Poirier 所著的教科书（Poirier，1995），依然影响力很大，但主要介绍方法论以及基于贝叶斯和频率学派方法的统计理论。书中除了回归模型，没有讨论应用经济学家使用的其他模型。诸如 Bauwens、Lubrano 和 Richard（1999）等人撰写的其他贝叶斯书籍，仅讨论计量经济学的某个具体问题（例如时间序列模型）。本书的目的就是要填补目前贝叶斯教科书的空白，与现有流行的非贝叶斯计量经济学教科书（例如 Greene，1995）相对应，编著贝叶斯计量经济学教科书。也就是说，本书包括大部分贝叶斯计量经济学模型，目的是指导学生应用贝叶斯方法解决实际问题。

即使学生没有受过计量经济学训练，只要学过基础数学课程（例如基础微积分），就可以学习本书。当然，如果之前学过概率和数理统计本科课程，对学习本书会大有裨益；不过即使没有学过概率和数理统计课程，也毋庸担心，本书附录 B 对此部分内容作了简要介绍。贯穿本书始终，我尽可能合理使用数学方法，降低数学的复杂程度。与其他贝叶斯方法和类似的频率学派教科书不同，本书包含较多的上机习题。现代贝叶斯计量经济学比较倚重计算机，应用贝叶斯方法就必须掌握基本的编程技能。虽然贝叶斯计量经济学不需要很强的编程能力，但对于熟悉数据表和视窗计算软件的学生们来说，绝对是一种不同的体验。据此，除本书详细介绍的计算程序外，本书支撑网站还会提供相应的 MATLAB 程序，利用这些程序可以对更多模型进行贝叶斯分析。简而言之，本书重点是应用而非理论。因此，与理论计量经济学家相比，本书对有志于使用贝叶斯方法的应用经济学家更有用处。

在本书的写作过程中，我们要感谢各位同仁（有些人是匿名的）的建设性意见，包括 Luc Bauwens、Jeff Dorfman、David Edgerton、John Geweke、Bill Griffiths、Frank Kleibergen、Tony Lancaster、Jim LeSage、Michel Lubrano、Brendan McCabe、Bill McCausland、Richard Paap、Rodney Strachan 和 Arnold Zellner。此外，还要特别感谢 Steve Hardman 提出的专业排版建议。书中介绍的贝叶斯计量经济学方法，都取材于与合作者共同完成的工作。这些合作者包括：Carmen Fernandez、Henk Hoek、Eduardo Ley、Kai Li、Jacek Osiewalski、Dale Poirier、Simon Potter、Mark Steel、Justin Tobias 和

Herman van Dijk。在这里要特别感谢 Mark Steel，感谢他不厌其烦地回答有关贝叶斯方法的问题，并允许引用他的相关文章。最后，诚挚感谢 Dale Poirier，我的职业生涯离不开他一如既往的支持，从作为我的大学老师和博士指导老师，一直到作为宝贵的合作者，他亦师亦友。

本书配套网站为 http：//www.wiley.co.uk/koopbayesian。本书读者可通过该网站下载配套计算机程序和数据，以提高现代贝叶斯计量经济学计算技能。

目录

第1章　贝叶斯计量经济学概述 ································· 1

1.1　贝叶斯理论 ··· 1

1.2　贝叶斯计算 ··· 5

1.3　贝叶斯计算软件 ····································· 8

1.4　小结 ·· 9

1.5　习题 ·· 9

第2章　正态线性回归模型：自然共轭先验分布和单一解释变量情形 ········ 11

2.1　引言 ·· 11

2.2　似然函数 ·· 11

2.3　先验分布 ·· 13

2.4　后验分布 ·· 14

2.5　模型比较 ·· 18

2.6　预测 ·· 20

2.7　实例 ·· 21

2.8　小结 ·· 23

2.9　习题 ·· 24

第3章　正态线性回归模型：自然共轭先验分布和多解释变量情形 ········ 26

3.1　引言 ·· 26

3.2　线性回归模型的矩阵表示 ····························· 26

3.3　似然函数 ·· 27

3.4　先验分布 ·· 28

3.5　后验分布 ·· 29

3.6　模型比较 ·· 30

3.7　预测 ·· 35

3.8　计算方法：蒙特卡罗积分 ····························· 36

3.9　实例 ·· 37

3.10　小结 ··· 42

3.11　习题 ··· 43

第4章　正态线性回归模型：其他先验分布 ····················· 46

4.1　引言 ·· 46

4.2　采用独立正态-伽马先验分布的正态线性回归模型 ············ 47

4.3　有不等式约束的正态线性回归模型 ………………………………………… 60

4.4　小结 …………………………………………………………………………… 67

4.5　习题 …………………………………………………………………………… 67

第5章　非线性回归模型 …………………………………………………………… 69

5.1　引言 …………………………………………………………………………… 69

5.2　似然函数 ……………………………………………………………………… 70

5.3　先验分布 ……………………………………………………………………… 70

5.4　后验分布 ……………………………………………………………………… 71

5.5　贝叶斯计算：M-H算法 ……………………………………………………… 71

5.6　模型拟合好坏的测度：后验预测 p 值 ……………………………………… 77

5.7　模型比较：Gelfand-Dey 方法 ……………………………………………… 80

5.8　预测 …………………………………………………………………………… 83

5.9　实例 …………………………………………………………………………… 83

5.10　小结 …………………………………………………………………………… 87

5.11　习题 …………………………………………………………………………… 88

第6章　线性回归模型：一般形式误差协方差矩阵 …………………………… 90

6.1　引言 …………………………………………………………………………… 90

6.2　Ω 为一般形式的模型 ………………………………………………………… 91

6.3　异方差形式已知 ……………………………………………………………… 93

6.4　异方差形式未知：误差服从 t 分布 ………………………………………… 95

6.5　误差存在序列相关 …………………………………………………………… 100

6.6　似不相关回归模型 …………………………………………………………… 106

6.7　小结 …………………………………………………………………………… 110

6.8　习题 …………………………………………………………………………… 111

第7章　面板数据的线性回归模型 ……………………………………………… 113

7.1　引言 …………………………………………………………………………… 113

7.2　混同模型 ……………………………………………………………………… 114

7.3　个体效应模型 ………………………………………………………………… 114

7.4　随机系数模型 ………………………………………………………………… 119

7.5　模型比较：计算边缘似然函数的 Chib 方法 ……………………………… 121

7.6　实例 …………………………………………………………………………… 124

7.7　效率分析和随机前沿模型 …………………………………………………… 129

7.8　拓展 …………………………………………………………………………… 135

7.9　小结 …………………………………………………………………………… 136

7.10　习题 …………………………………………………………………………… 136

第8章　时间序列模型简介：状态空间模型 …………………………………… 139

8.1　引言 …………………………………………………………………………… 139

8.2　局部水平模型 ………………………………………………………………… 140

8.3 一般状态空间模型 ∙∙ 149

8.4 扩展 ∙∙ 156

8.5 小结 ∙∙ 158

8.6 习题 ∙∙ 159

第9章 定性和受限因变量模型 ∙∙∙ 161

9.1 引言 ∙∙ 161

9.2 概览：定性和受限因变量的单变量模型 ∙∙∙∙∙∙∙∙∙∙∙∙∙∙∙∙∙∙∙∙∙∙∙∙∙∙∙∙ 162

9.3 tobit模型 ∙∙∙ 163

9.4 probit模型 ∙∙∙ 165

9.5 有序probit模型 ∙∙ 167

9.6 多项probit模型 ∙∙ 170

9.7 probit模型的扩展 ∙∙∙ 177

9.8 其他扩展 ∙∙ 177

9.9 小结 ∙∙ 179

9.10 习题 ∙∙ 179

第10章 更灵活的模型：非参数和半参数方法 ∙∙∙∙∙∙∙∙∙∙∙∙∙∙∙∙∙∙∙∙∙∙∙∙∙∙∙∙∙∙∙∙ 181

10.1 引言 ∙∙∙ 181

10.2 贝叶斯非参数和半参数回归模型 ∙∙∙∙∙∙∙∙∙∙∙∙∙∙∙∙∙∙∙∙∙∙∙∙∙∙∙∙∙∙∙∙∙∙∙ 182

10.3 混合正态模型 ∙∙ 194

10.4 扩展和其他方法 ∙∙ 202

10.5 小结 ∙∙∙ 202

10.6 习题 ∙∙∙ 203

第11章 贝叶斯模型平均方法 ∙∙∙ 205

11.1 引言 ∙∙∙ 205

11.2 正态线性回归模型的贝叶斯模型平均方法 ∙∙∙∙∙∙∙∙∙∙∙∙∙∙∙∙ 206

11.3 拓展 ∙∙∙ 216

11.4 小结 ∙∙∙ 216

11.5 习题 ∙∙∙ 217

第12章 其他模型、方法和问题 ∙∙∙ 219

12.1 引言 ∙∙∙ 219

12.2 其他方法 ∙∙ 220

12.3 其他问题 ∙∙ 223

12.4 其他模型 ∙∙ 226

12.5 小结 ∙∙∙ 239

附录A 矩阵代数简介 ∙∙ 240

附录B 概率和统计简介 ∙∙∙ 245

B.1 概率的基本概念 ∙∙ 245

B.2 常用的概率分布 ∙∙ 250

  B.3 抽样理论中的一些概念 ⋯⋯⋯⋯⋯⋯⋯⋯⋯⋯⋯⋯⋯ 255

  B.4 其他一些有用的定理 ⋯⋯⋯⋯⋯⋯⋯⋯⋯⋯⋯⋯⋯⋯ 257

参考文献 ⋯⋯⋯⋯⋯⋯⋯⋯⋯⋯⋯⋯⋯⋯⋯⋯⋯⋯⋯⋯⋯⋯⋯ 259

第 1 章

贝叶斯计量经济学概述

| 1.1 |　贝叶斯理论

　　贝叶斯计量经济学的基础是几个简单概率定理，这是贝叶斯方法的优点。计量经济学家所做的所有工作，无论是模型参数估计，还是模型比较和模型预测，都涉及同样的概率定理。因此，只要研究人员想通过数据了解现象，都可以使用贝叶斯方法。贝叶斯方法具有普遍适用性。

　　贝叶斯方法之所以简单实用，也事出有因。我们考虑两个随机变量，A 和 B。[①]根据概率定理，有

$$p(A,B) = p(A|B)p(B)$$

其中，$p(A,B)$ 为 A 和 B 同时发生的联合概率[②]；$p(A|B)$ 为 B 发生时，A 发生的条件概率（也就是给定 B，A 发生的条件概率）；$p(B)$ 为 B 的边缘概率。换种方式，将 A 和 B 的位置互换，此时 A 和 B 的联合概率表达式写为

$$p(A,B) = p(B|A)p(A)$$

令上述两个 $p(A,B)$ 的表达式相等，整理得到贝叶斯定理

$$p(B|A) = \frac{p(A|B)p(B)}{p(A)} \tag{1.1}$$

这是贝叶斯计量经济学的核心。

　　研究人员学习计量经济方法的目的是利用数据，发现和了解他们感兴趣的某些事情。这些事情到底是什么取决于研究背景。在经济学中，研究人员往往要使用模型，而模型取决于参数。如果读者之前学过计量经济学，可以试想一下回归模型。回归模型的

---

　　①　本章假设读者了解基本的概率定理。附录 B 对此作了简单介绍。一是方便没有学过此部分知识的读者学习；二是便于读者温故知新。

　　②　这里用概率这个词略显草率。下文中，如果是连续随机变量，将使用"概率密度函数"；如果是离散随机变量，将使用"分布函数"（见附录 B）。为了简化，这里去掉了"密度函数"或"分布函数"。

核心往往是回归系数,研究人员关心的是如何估计这些系数。此时,系数就是待研究的参数。令 y 表示数据向量或矩阵;θ 表示模型的参数向量或矩阵[1],用来解释 y。我们要做的是根据数据 y,得到参数 θ。贝叶斯计量经济学就是利用贝叶斯定理来完成这项任务。换句话说,根据贝叶斯定理,用 θ 替换式(1.1)的 B,用 y 替换式(1.1)的 A,进而得到

$$p(\theta \mid y) = \frac{p(y \mid \theta)p(\theta)}{p(y)} \tag{1.2}$$

$p(\theta \mid y)$ 是贝叶斯计量经济学要解决的基础问题。也就是说,$p(\theta \mid y)$ 直接给出问题"给定数据,我们能获得 θ 的哪些信息"的答案。一些计量经济学家认为,把 θ 看作随机变量存在自相矛盾的问题。作为贝叶斯计量经济学家的主要反对者,频率学派计量经济学家认为 θ 不是随机变量。不过,贝叶斯计量经济学的基础是主观概率观点,认为任何未知事物的不确定性都可以用概率定理表示。本书不讨论此类方法论问题(详见 Poirier,1995)。我们就是以主观概率观点作为理论前提,认为计量经济学就是根据已知事物(例如数据)了解未知事物(例如回归系数),并且认为给定已知事物情况下的未知事物条件概率,是了解未知事物的最佳办法。

既然前面已经确定 $p(\theta|y)$ 是计量经济学家利用数据获得模型参数的基础问题,那么回到公式(1.2)。如果只想获得参数 θ,由于 $p(y)$ 中不包含 θ,可以忽略 $p(y)$。这样就有

$$p(\theta \mid y) \propto p(y \mid \theta)p(\theta) \tag{1.3}$$

其中,$p(\theta \mid y)$ 称为后验密度函数,给定模型参数 θ 条件下的数据概率密度函数 $p(y \mid \theta)$ 称为似然函数,$p(\theta)$ 称为先验密度函数。通常称式(1.3)的关系为"后验密度函数与似然函数和先验密度函数之积成比例"。目前这个结论看起来略显抽象,利用先验密度函数和似然函数计算后验密度函数的方式也不明朗。后面章节将在具体条件下得到似然函数和先验密度函数,那时这一切就变得一目了然了。这里仅简单对此问题进行一般化讨论。

先验密度函数 $p(\theta)$ 与数据无关。因此,$p(\theta)$ 包含 θ 的非数据信息。也就是说,$p(\theta)$ 概括了没看到数据之前的 θ 先验知识。举例来说,假设参数 θ 反映生产过程的规模收益特征。在许多情况下,符合情理的假设是规模收益基本不变。因此,处理数据之前已经有了参数 θ 的先验知识。此时,预期参数 θ 近似为1。在贝叶斯方法中,先验知识存在争议。本书中,针对不同模型,我们将讨论信息先验知识和无信息先验知识。此外,在后面的章节中,我们将讨论实证贝叶斯方法。这些方法利用数据信息选择先验密度函数,违背了贝叶斯方法的初衷。尽管如此,由于实证贝叶斯方法具有实用、客观、易于操作等特点,越来越受到研究人员的青睐。[2]

---

① 附录A对矩阵代数作了简单介绍。
② Carlin 和 Louis(2000)撰写了一本贝叶斯方法参考书。读者可以通过它更深入地理解实证贝叶斯方法。

似然函数 $p(y|\theta)$ 是给定模型参数情况下数据的条件密度函数，因此 $p(y|\theta)$ 常常被称作数据生成过程。例如，线性回归模型（下一章讨论它）通常假设随机误差服从正态分布。这意味着 $p(y|\theta)$ 也服从正态密度函数，其数据特征取决于参数（诸如回归系数和随机误差项的方差）。

后验密度函数 $p(\theta|y)$ 是贝叶斯计量经济学的根本。之所以称之为后验密度函数，是因为 $p(\theta|y)$ 概括了看到数据后对 θ 的认识。式（1.3）可以看作一个更新法则，利用数据更新我们之前对 θ 的认识和看法。结果为后验密度函数，它既包含数据信息，也包含非数据信息。

计量经济学不仅要了解模型的参数，常常还要进行模型比较。模型通常由似然函数和先验密度函数来确定。假设有 m 个不同模型 M_i 可以解释数据 y 的行为，其中 $i=1，\cdots，m$。模型 M_i 取决于参数 θ^i。如果这里有许多模型，就必须明确说明哪些模型已经考虑到了。因此，利用模型 M_i 计算的参数后验密度函数可以写作

$$p(\theta^i|y,M_i) = \frac{p(y|\theta^i,M_i)p(\theta^i|M_i)}{p(y|M_i)} \tag{1.4}$$

这里的标记清楚地表明我们已经获得了每个模型的后验密度函数、似然函数和先验密度函数。

贝叶斯计量经济学的逻辑是根据贝叶斯定理，利用已知信息（即数据）推导出未知信息（一个模型正确与否）的概率。这意味着可以利用后验模型概率评价模型 M_i 为正确模型的概率。对于式（1.1），令 $B=M_i$ 和 $A=y$，由此得到

$$p(M_i|y) = \frac{p(y|M_i)p(M_i)}{p(y)} \tag{1.5}$$

在式（1.5）中，$p(M_i)$ 称作先验模型概率。由于 $p(M_i)$ 不涉及数据，因此它度量了在看到数据之前，相信 M_i 为正确模型的可能性。$p(y|M_i)$ 为边缘似然函数，需要根据式（1.4）进行一些计算来获得。具体来说，如果式（1.4）两侧同时求 θ^i 的积分，并根据 $\int p(\theta^i|y,M_i)d\theta^i = 1$（概率密度函数的积分为1），整理得

$$p(y|M_i) = \int p(y|\theta^i,M_i)p(\theta^i|M_i)d\theta^i \tag{1.6}$$

其中，边缘似然函数仅取决于先验密度函数和似然函数。在后面各章中，我们将介绍实践中如何计算式（1.6）。

由于式（1.5）的分母通常无法直接计算，往往要利用后验机会比（odds ratio）比较模型 i 和模型 j。后验机会比定义为模型 i 和模型 j 后验模型概率的比率

$$PO_{ij} = \frac{p(M_i|y)}{p(M_j|y)} = \frac{p(y|M_i)p(M_i)}{p(y|M_j)p(M_j)} \tag{1.7}$$

注意，两个模型的 $p(y)$ 相同，计算比率时消掉了。后面各章将针对一些特定情况，讨论直接计算后验机会比的技巧。如果已经计算了比较每对模型的后验机会比，并且假设已经涵盖了所有模型（也就是 $p(M_1|y) + p(M_2|y) + \cdots + p(M_m|y) = 1$），就可以使用后

验机会比计算出式（1.5）的后验模型概率。例如，如果有 $m = 2$ 个模型，则利用

$$p(M_1 \mid y) + p(M_2 \mid y) = 1$$

和

$$PO_{12} = \frac{p(M_1 \mid y)}{p(M_2 \mid y)}$$

这两个方程，计算得到

$$p(M_1 \mid y) = \frac{PO_{12}}{1 + PO_{12}}$$

和

$$p(M_2 \mid y) = 1 - p(M_1 \mid y)$$

因此，根据后验机会比就可以计算出后验模型概率。

为了进一步介绍计量经济学术语，可以考虑每个模型的先验权重都相等时的模型比较问题。也就是说，$p(M_i) = p(M_j)$ 或者先验机会比 $p(M_i)/p(M_j)$ 为 1。此时，后验机会比就等于边缘似然函数的比率，赋予它一个特别的称谓，称为贝叶斯因子，定义为

$$BF_{ij} = \frac{p(y \mid M_i)}{p(y \mid M_j)} \tag{1.8}$$

最后，计量经济学家常常要作预测。也就是说，计量经济学家可以根据观测到的数据 y，预测某些未来（未观测到）的数据 y^*。根据贝叶斯推理，可以利用条件概率概括未知事物（即 y^*）的不确定性。也就是说，预测的基础是预测密度函数 $p(y^* \mid y)$（抑或者，如果有许多模型，我们要明确说明利用哪个模型进行预测，将其写为 $p(y^* \mid y, M_i)$）。根据简单的概率原理，$p(y^* \mid y)$ 可以写成简便的形式。具体来说，因为边缘密度函数是联合密度函数的积分（见附录B），因此有

$$p(y^* \mid y) = \int p(y^*, \theta \mid y) d\theta$$

不过，根据条件概率原理，被积函数可以进行变换，得到

$$p(y^* \mid y) = \int p(y^* \mid y, \theta) p(\theta \mid y) d\theta \tag{1.9}$$

在后面章节中我们将发现，由于式（1.9）中包含后验密度函数，因此非常便于作预测。

从某种程度上说，本书可以到此为止。上面用短短几页概括了贝叶斯计量经济学所用的基本理论和概念，包括参数估计、模型比较和预测。这里须再次强调贝叶斯计量经济学的优势所在。一旦接受了未知事物（即 θ、M_i 和 y^*）是随机变量这个思想，贝叶斯方法的其他内容就不存在自相矛盾之处。利用数学上正确无误的简单概率原理，就能进行统计推断。贝叶斯方法的好处就在于，只要你牢记这几个简单概率原理，就很难犯只见树木不见森林的错误。当你遇到新模型（或读到本书某一新章节）时，只需牢记贝叶斯计量经济学仅需选择先验密度函数和似然函数。之后就可以利用它们构建后验密度函数式（1.3），它是推断模型未知参数的基础。如果有许多模型，则要进行模型比较，这就要使用后验模型概率式（1.5）、后验机会比式（1.7）或贝叶斯因子式（1.8）。无论计算式（1.5）、式（1.7）还是式（1.8），都必须先计算边缘似然函数式（1.6）。作预测要

利用预测密度函数 $p(y^*|y)$，这往往要用到式（1.9）。贝叶斯计量经济学的任何应用，都需要利用上述几个方程进行统计推断。

本书其余部分可以看作是利用式（1.5）~式（1.9）对其他计量经济学方法所用各种模型实施贝叶斯推断的例子。尽管如此，需要强调的是，贝叶斯计量经济学并不囿于本书所述模型。只要是做实证研究，无论什么模型，都可以利用上述方法进行贝叶斯推断。

|1.2| 贝叶斯计算

近几十年，贝叶斯方法因其理论和方法简洁实用而备受关注。不过，计量经济学领域一直由频率学派把持，贝叶斯方法的地位卑微。导致这种现象的原因主要有二：一是先验信息问题；二是计算问题。对于先验信息问题，许多研究人员对在所谓的"客观"经济科学中使用"主观"先验信息抱有成见。一直以来，关于统计科学中先验信息功能的哲学方法论问题的争论不断。本书不对方法论争论作过多总结。感兴趣的读者可以阅读 Poirier（1995）的著作，该书对此争论作了深刻剖析，并且提供了大量参考文献。简而言之，大多数贝叶斯学派学者认为，在整个模型构建过程中，可以使用大量非数据信息（例如，计量经济学家必须决定用哪个模型，包含哪些变量，用什么标准选择模型，采用什么参数估计方法，报告什么实证研究结果等）。对于如何使用这些非数据信息，贝叶斯方法秉持诚实严谨的态度。进一步说，如果能够获得先验信息，根据聊胜于无的理念，就应该使用这些信息。作为最后一道防线，贝叶斯学派针对各类模型提出无信息先验分布。也就是说，如果你想利用先验信息，就可以借助贝叶斯方法来实施。反过来说，如果你不想使用先验信息，也没必要使用贝叶斯方法。无论研究人员对先验信息持何种态度，都不妨碍贝叶斯方法的使用。

导致贝叶斯计量经济学方法历史地位卑微的第二个原因是计算问题，这也是根本原因。也就是说，从发展历史看，除少数模型外，贝叶斯计量经济学方法或者难以计算或者无法计算。随着过去20年计算方法研究的突飞猛进，难以计算或无法计算的问题都迎刃而解，进而在众多领域，贝叶斯方法花繁叶茂。不过，这也意味着贝叶斯计量方法必须依赖计算机来完成，本书用了大量篇幅来讨论计算问题。本质上，贝叶斯计量经济学的思想极为简单，仅涉及简单的概率原理。不过在实践中，贝叶斯计量经济学的数据处理任务通常极为繁重。

计算问题为什么如此重要呢？我们首先看一下贝叶斯计量经济学的基本问题。无论是模型比较还是预测，所用的方程都或直接或间接地涉及积分（即式（1.6）和式（1.9）涉及积分，计算式（1.7）和式（1.8）需要用到式（1.6））。仅在某些（特殊）情况下，才能求出这些积分的解析表达式。也就是说，仅用纸和笔就能求出积分。不过，大多数情况下需要借助计算机才能计算出积分值，这就需要提出求解积分问题的算法。

虽然确定后验密度函数的方程不包含任何积分，但计算参数信息表达式的工作量非常巨大。之所以如此，是因为尽管 $p(\theta|y)$ 概括了看到数据后参数的知识，但要将 $p(\theta|y)$ 概括的所有信息都呈现在一张纸上，几乎是不可能完成的任务。仅当 $p(\theta|y)$ 形

式比较简单或者参数仅一维时，才有可能做到，例如将后验密度函数画在纸上。不过，计量经济学家一般要选择不同方式，将后验密度函数的信息呈现出来，这就涉及积分。例如，通常都会给出参数 θ 的点估计量或者最佳猜测值。贝叶斯学派通常利用决策理论，说明具体选择哪种点估计量。本书不讨论决策理论。读者可以参阅 Poirier（1995）或 Berger（1985）的文献，这两本书都对贝叶斯决策理论作了详尽讨论（可参见下面的习题1）。这里说明一点就够了，那就是后验密度函数的各种点估计方法，如均值、中位数和众数，不仅直觉上可信，也都可利用贝叶斯决策理论加以证明。

现在假设用后验密度函数的均值（或后验均值）作为点估计量，并假设参数 θ 是包含 k 个元素的向量，$\theta = (\theta_1, \cdots, \theta_k)'$。参数向量中任何一个元素的后验均值都可由

$$E\left(\theta_i \middle| y\right) = \int \theta_i p\left(\theta \middle| y\right) d\theta \tag{1.10}$$

来计算（见附录B）。除少数几种简单情况，根本求不出此积分的解析表达式，最终还要利用计算机来完成。

除了点估计量外，通常还要测算点估计量对应的不确定程度。最常用的测算方法是后验标准差，即后验方差的方根。后验方差的计算公式为

$$var\left(\theta_i \middle| y\right) = E\left(\theta_i^2 \middle| y\right) - \left\{E\left(\theta_i \middle| y\right)\right\}^2$$

这要计算式（1.10）的积分，以及

$$E\left(\theta_i^2 \middle| y\right) = \int \theta_i^2 p\left(\theta \middle| y\right) d\theta$$

针对不同的研究背景，计量经济学家也会给出后验密度函数的其他特征。例如，关注的问题可能是具体参数是否为正数。此时，计量经济学家需要计算

$$p\left(\theta_i \geq 0 \middle| y\right) = \int_0^\infty p\left(\theta \middle| y\right) d\theta$$

这依然涉及积分。

在贝叶斯计量经济学方法中，要计算的后验数字特征均具有如下形式

$$E\left[g\left(\theta\right) \middle| y\right] = \int g\left(\theta\right) p\left(\theta \middle| y\right) d\theta \tag{1.11}$$

其中，$g\left(\theta\right)$ 是大家关注的函数。例如，计算 θ_i 的后验均值时，$g\left(\theta\right) = \theta_i$。计算 θ_i 为正的概率时，$g\left(\theta\right) = 1\left(\theta_i \geq 0\right)$，其中 $1\left(A\right)$ 为示性函数，A 成立时取1，否则取0。即使是计算式（1.9）中的预测密度函数，仅需设 $g\left(\theta\right) = p\left(y^* \middle| y, \theta\right)$ 即可。因此，在贝叶斯计量经济学方法中，要计算的大多数数字特征都可以写成式（1.11）的形式。不具有此形式的例外情况主要是边缘似然函数和后验密度函数的分位点（例如，在某些情况下，计算后验分位数和后验四分位数区间就不能写成式（1.11）的形式）。在后面的章节中，针对具体模型讨论这些例外情况。

现在有必要提出一点忠告。本书从始至终要选择不同的函数 $g\left(\cdot\right)$，计算 $E\left[g\left(\theta\right) \middle| y\right]$。除非特殊说明，对于书中讨论的每个模型和 $g\left(\cdot\right)$，都存在 $E\left[g\left(\theta\right) \middle| y\right]$。不过，某些模型的 $E\left[g\left(\theta\right) \middle| y\right]$ 可能不存在。例如，对于柯西分布（见附录B，定义B.26），即自由度为1的t分布，其均值就不存在。因此，如果模型具有柯西后验分布，

$E[g(\theta)|y]$ 就不存在。如果对一些新模型提出贝叶斯推断方法，首先要证明 $E[g(\theta)|y]$ 存在。只要 $p(\theta|y)$ 是有效概率密度函数，分位点就会存在。如果你不确信 $E[g(\theta)|y]$ 是否存在，你总能给出分位点信息（例如中位数和四分位数区间）。

仅在极特殊情况下，式（1.11）有解析解。不过，通常要用计算机来计算式（1.11）。求解式（1.11）有许多方法，但现代贝叶斯计量经济学使用的最主要方法是后验模拟。贝叶斯计量经济学中所用的后验模拟器各式各样，在后面章节中，针对具体模型讨论部分后验模拟器。不过，这些后验模拟器无非就是大数定律或中心极限定理的应用或扩展而已。本书不详细讨论渐进分布理论的概念。感兴趣的读者可阅读 Poirier（1995）或 Greene（2000）的文献。附录 B 给出了一些简单情况，这些内容可以用来说明后验模拟器的基本思想。

根据附录 B 给出的大数定律（见定义 B.31 和定理 B.19），可以直接得到如下结论：

定理 1.1　蒙特卡罗积分

令 $\theta^{(s)}$ 为 $p[\theta|y]$ 的随机抽样，$s=1,\cdots,S$。定义

$$\hat{g}S = \frac{1}{S}\sum_{s=1}^{S} g(\theta^{(s)}) \tag{1.12}$$

则当 S 趋于无穷时，$\hat{g}S$ 收敛到 $E[g(\theta)|y]$。

这意味着，实践中能利用计算机提取后验密度函数的随机抽样。根据式（1.12），利用随机抽样，对函数 $g(\theta)$ 进行加权平均就可以逼近 $E[g(\theta)|y]$。这里要引入一些术语：从后验分布抽样称作后验模拟；$\theta^{(s)}$ 称作一个抽样或复制。定理 1.1 介绍的是最简单的后验模拟器，利用定理 1.1 逼近 $E[g(\theta)|y]$ 的方法称作蒙特卡罗积分。

利用蒙特卡罗积分可以逼近 $E[g(\theta)|y]$，但仅当 S 无穷大时，近似误差才趋于零。当然，S 值任由计量经济学家选择，不过 S 值越大，计算负担越大。给定 S 的具体值，测量近似误差的办法有好多。后面的章节将讨论如何测量这些近似误差。不过，这些近似误差测量方法的基础是附录 B 定义 B.33 和定理 B.20 介绍的广义中心极限定理。对于蒙特卡罗积分，根据中心极限定理，有

定理 1.2　标准误

根据定理 1.1 的构建方法和定义，有

$$\sqrt{S}\left\{\hat{g}S - E[g(\theta)|y]\right\} \to N(0,\sigma_g^2) \tag{1.13}$$

所以当 S 趋于无穷时，$\sigma_g^2 = var[g(\theta)|y]$。

利用定理 1.2，根据正态分布性质，可以计算出蒙特卡罗积分中近似误差的估计值。例如，对于标准正态分布，取值在均值 ±1.96 倍标准差区间内的概率为 95%，因此渐进结论为

$$\Pr\left[-1.96\frac{\sigma_g}{\sqrt{S}} \leqslant \hat{g}S - E[g(\theta)|y] \leqslant 1.96\frac{\sigma_g}{\sqrt{S}}\right] = 0.95$$

计量经济学家通过控制 S 的取值，以较高概率使得 $\hat{g}S - E[g(\theta)|y]$ 要多小有多小。实践

中，σ_g 未知，因此要用蒙特卡罗方法来近似计算。$\dfrac{\sigma_g}{\sqrt{S}}$ 称为标准误，计量经济学家将它作为近似误差的度量。定理 1.2 还表明，当 $S=10\ 000$ 时，标准误为 1%，和后验标准差大小相同。在许多实证研究中，可以利用标准误表示蒙特卡罗积分中的近似误差。

不巧的是，蒙特卡罗积分并不总是可求的。利用一些算法，可以从一些常用的密度函数（例如正态分布、卡方分布）中提取抽样。[①]不过，许多模型的后验密度函数并不是这些常用概率密度函数。此时，亟待解决的难题是发展出相应的后验模拟器。后面各章将介绍一些后验模拟器。不过，这里介绍蒙特卡罗模拟的目的是利用简单情况介绍后验模拟器的基本思想。

|1.3| 贝叶斯计算软件

对于某类模型，利用一些计算机软件可以作贝叶斯分析。不过，与频率学派的计量经济学相比，贝叶斯计量经济学需要的计算量要大很多。频率学派计量经济学使用现成的软件包，仅需轻点几下鼠标，就可以完成具体计量经济学方法操作。一些人认为这既是优点，实际上也是缺点。这鼓励计量经济学家仅使用现成软件中包含的一些方法。后果是研究人员不管这些软件是否适用，就利用软件给出估计值、检验统计量和推断。贝叶斯推断强迫研究人员进行思考，思考模型（即似然函数和先验分布）是否适用于所考虑的实证问题。由于先验分布和似然函数的可能性众多，很难编写出一个适用广泛的贝叶斯计算软件。正因如此，许多贝叶斯计量经济学家利用 MATLAB，Gauss 或 Ox 等矩阵编程语言编写程序。这并不难，也值得一试。何况要彻底了解计量经济学方法，编程本身就是一个有效途径。书中所给的实证例子都使用 MATLAB 进行编程。MATLAB 是贝叶斯计量经济学和统计学最常用的计算机语言。本书相关网站给出了这些实证例子所包含的程序副本。读者不妨试着自己写这些程序，来学习贝叶斯编程。此外，每章末尾的一些习题也需要使用计算机编程，完成这些习题有助于提高读者的基础编程技能。

如果读者不想学习这些编程技能，也可以使用一些贝叶斯计算软件对标准模型作简单的贝叶斯分析。BUGS 软件（Bayesian Inference Using Gibbs Sampling 的缩写）（见 Best *et al.*，1995）适用于以常用的 Gibbs 抽样技术作为后验模拟方法的模型。计量经济学家更常用的软件是"贝叶斯分析、计算和通信"（BACC）（见 McCausl and Stevens，2001），许多常用模型都可以使用这个软件来分析。使用 BACC 软件最简单的方法是把它作为 MATLAB 等流行编程语言的动态链接库。换个说法，你可以把 BACC 软件看作一组 MATLAB 命令。例如，做第 4 章的回归模型分析时，可以不编写后验模拟器，使用一个简单的 MATLAB 命令，就可以调用 BACC 软件进行贝叶斯推断。利用 Jim LeSage 的计量经济学工具箱（见 LeSage，1999）中的一些 MATLAB 函

---

① 给定具体算法，利用计算机提取的抽样并不是纯随机的。从技术上看，这类抽样称为计算机伪随机抽样。Devroye（1986）详细讨论了伪随机数的生成方法。

数，可以作某些贝叶斯推断。本书一些实例用的后验模拟，就使用了这个工具箱中的随机数发生器。在本书写作这个时期，可以免费从网上下载BUGS、BACC和计量经济学工具箱的教学版。还有一些其他贝叶斯软件，不过这些软件更适合做贝叶斯统计，不太满足贝叶斯计量经济学的需要。Carlin和Louis（2000）的附录C对相关软件做了详细介绍。

|1.4| 小结

本章采用高度抽象的手法，全面介绍了贝叶斯计量经济学的基本理论问题。必须浓墨重彩地强调一点，本章用一章篇幅，仅用概率论中的基本概念就将贝叶斯计量经济学的一般理论介绍完毕。这是贝叶斯方法的优势所在。似然函数和先验密度函数是贝叶斯方法的基石。后验密度函数利用似然函数和先验密度函数之积（见式（1.3））的定义，这是推断模型中未知参数的基础。利用后验模型概率可以比较不同模型（见式（1.5）），这就需要计算边缘似然函数式（1.6）。预测需要用到预测密度函数式（1.9）。在大多数情况下，不可能得到所有这些基础函数的解析表达式。因此，贝叶斯计算不可或缺。贝叶斯计算的主要方法是后验模拟。

后面各章将介绍具体模型，本章的抽象概念也会变得栩栩如生。后续各章均遵循本章所述的贝叶斯计量经济学建模逻辑。每章通常先介绍似然函数和先验密度函数。之后针对后验推断和模型比较问题，利用计算方法得到后验密度函数。读者阅读本书或者进行新的实证研究时，建议按照似然函数/先验密度函数/后验密度函数/计算方法的组织结构来思考问题。

|1.5| 习题

1.5.1 理论习题

复习附录B的概率基本概念，包括常用概率分布的定义。

1.决策理论。本书常常会使用后验均值作为点估计量。不过，在正规决策理论中，首先要定义损失函数，之后根据预期损失最小化原则选择θ点估计量。如果定义$C(\tilde{\theta}, \theta)$表示选择$\tilde{\theta}$作为$\theta$点估计量时的损失，则应选择$\tilde{\theta}$使得$E[C(\tilde{\theta}, \theta) | y]$最小（其中对$\theta$的后验密度函数取期望值）。此时，$\theta$为标量，试证明：

（a）平方误差损失函数。如果$C(\tilde{\theta}, \theta) = (\tilde{\theta} - \theta)^2$，则$\tilde{\theta} = E(\theta | y)$。

（b）不对称线性损失函数。如果

$$C(\tilde{\theta}, \theta) = \begin{cases} c_1 |\tilde{\theta} - \theta| & \tilde{\theta} \leq \theta \text{时} \\ c_2 |\tilde{\theta} - \theta| & \tilde{\theta} > \theta \text{时} \end{cases}$$

其中，$c_1 > 0$和$c_2 > 0$为常数，则$\tilde{\theta}$为$p(\theta | y)$的$\frac{c_1}{c_1 + c_2}$分位数。

（c）孤注一掷损失函数。如果

$$C(\tilde{\theta},\theta)=\begin{cases} c & \tilde{\theta}\neq\theta\text{时} \\ 0 & \tilde{\theta}=\theta\text{时} \end{cases}$$

其中，c 为常数，则 $\tilde{\theta}$ 为 $p(\theta|y)$ 的众数。

2.令 $y=(y_1,\cdots,y_N)'$ 为随机抽样，其中 $p(y_i|\theta)=f_G(y_i|\theta,2)$。假设 θ 服从伽马分布，$p(\theta)=f_G(\theta|\underline{\theta},\underline{v})$。

（a）推导 $p(\theta|y)$ 和 $E(\theta|y)$ 的表达式。

（b）当 $\underline{v}\rightarrow 0$ 时，$E(\theta|y)$ 等于什么？说此先验分布"无信息"指的是什么意思？

3.令 $y=(y_1,\cdots,y)'$ 为随机抽样，其中

$$p(y_i|\theta)=\begin{cases} \theta^{y_i}(1-\theta)^{y_i} & 0\leq y_i\leq1\text{时} \\ 0 & \text{其他情况} \end{cases}$$

（a）假设 θ 的先验分布为 $\theta\sim U(0,1)$，推导出 θ 的后验分布和 $E(\theta|y)$。

（b）假设 θ 的先验分布为

$$p(\theta)=\begin{cases} \dfrac{\Gamma(\underline{\alpha}+\underline{\beta})}{\Gamma(\underline{\alpha})\Gamma(\underline{\beta})}\theta^{\alpha-1}(1-\theta)^{\beta-1} & 0<\theta<1\text{时} \\ 0 & \text{其他情况} \end{cases}$$

推导出 θ 的后验分布和 $E(\theta|y)$，其中 $\underline{\alpha},\underline{\beta}$ 为先验分布超参数。

1.5.2 上机习题

4.假设参数的后验分布为 $N(0,1)$：

（a）编写一个蒙特卡罗积分（见式（1.12））程序，估计参数的后验均值和后验方差。提示：对于 MATLAB 或 Gauss 这类软件，基本上都能用函数生成标准正态分布的随机抽样。

（b）如果要使蒙特卡罗积分后验均值和后验方差等于真实值 0 和 1，精确到小数点后三位，需要重复多少次随机抽样？

（c）在上述程序基础上加入代码，计算标准误（见式（1.13））。给定 S 不同值，计算后验均值、标准差和标准误。标准误是否是测度蒙特卡罗积分估计量近似精确度的可靠指标？

第 2 章

正态线性回归模型：自然共轭先验分布和
单一解释变量情形

2.1 引言

回归模型是计量经济学的主要工具。任何一本标准计量经济学教科书都会详细介绍回归模型的来龙去脉和工作机制，如 Greene（2000），Gujarati（1995），Hill、Griffiths 和 Judge（1997），以及 Koop（2000）。简而言之，因变量 y 和 k 个解释变量 $x_1, \cdots, x_k$ 之间的线性回归模型为

$$y = \beta_1 + \beta_2 x_2 + \cdots + \beta_k x_k + \varepsilon$$

其中，ε 为回归误差，这里隐含设定 x_1 为 1，表示模型存在截距项。

如果让举出某个变量依赖于其他变量的具体例子，任何一个经济学家都会信手拈来。例如，个人工资水平取决于受教育程度、工作经验以及其他特征。一个国家的 GDP 取决于该国劳动力的数量和质量、资本存量以及其他特征。企业生产成本取决于生产的产品数量以及投入要素的价格等。下一章的实例就使用了加拿大温莎市房屋的数据。问题的焦点是找到影响因变量房屋价格的变量。解释变量包括住宅面积、卧室的数量、浴室的数量以及房屋楼层数。这个例子包含许多解释变量（经济学模型大都如此），因此也就有许多参数。由于参数很多，如果不用矩阵代数，模型符号就会极为复杂。首先考虑仅包含一个解释变量的简单情形，借以介绍线性回归模型矩阵表示的基本概念和来龙去脉。第 3 章研究包含多个解释变量的一般情况。

2.2 似然函数

令 y_i 和 x_i 分别表示因变量和解释变量第 i 个样本的观测数据，$i = 1, \cdots, N$。这里用"样本"来表示观测单位，观测单位可以是企业、产品、时间等。为了便于数学处理，暂时去掉截距项，此时线性回归模型为：

$$y_i = \beta x_i + \varepsilon_i \tag{2.1}$$

其中，ε_i 为误差项。关于误差项的说法有许多。一种说法是误差项反映测量误差；另一种说法是误差项揭示了 x 和 y 之间的回归关系仅仅是真实关系的近似。再简单点说，可以把线性回归模型看作是数据 $X-Y$ 散点图上的拟合直线，直线斜率为 β。除个别情况外，不可能拟合出通过所有 N 个数据点的直线。这就不可避免地存在误差。

关于 ε_i 和 x_i 的假设确定了似然函数形式。标准假设（后面各章将逐步放宽）为：

1. ε_i 服从均值为 0、方差为 σ^2 的正态分布。ε_i 和 ε_j 相互独立，$i \neq j$。这个假设可以缩写为：ε_i 是独立同分布，服从 $N(0, \sigma^2)$。其中 i.i.d. 表示独立同分布。

2. x_i 要么是固定变量（即不是随机变量），要么是独立于 ε_i 的随机变量，概率密度函数为 $p(x_i \mid \lambda)$。其中，λ 为不包含 β 和 σ^2 的参数向量。

实验方法是物理学的常用方法，假设解释变量非随机是物理学的标准假设。也就是说，作为实验设置的一部分，研究人员会选择 x 的具体数值，因此 x 不是随机的。在大多数经济学应用中，这个假设就不太合理。不过，假设 x 的分布与误差无关，并且假设 x 的分布与待研究的参数无关，通常合理。用经济学的话说，根据这个假设，可以把 x 看作外生变量。

似然函数定义为给定未知参数，所有数据的联合概率密度函数（见式（1.3））。为了简化符号，将因变量的观测值表示成长度为 N 的列向量

$$y = \begin{pmatrix} y_1 \\ y_2 \\ \vdots \\ y_N \end{pmatrix}$$

或写成更简洁的形式，$y = (y_1, y_2, \cdots, y_N)'$。无独有偶，解释变量亦可以定义为 $x = (x_1, x_2, \cdots, x_N)'$。这样似然函数就变为 $p(y, x \mid \beta, \sigma^2, \lambda)$。根据上述的假设 2，似然函数可以写为

$$p(y, x \mid \beta, \sigma^2, \lambda) = p(y \mid x, \beta, \sigma^2) p(x \mid \lambda)$$

由于我们对 x 的分布不感兴趣，因此可以计算给定 x 的条件似然函数 $p(y \mid x, \beta, \sigma^2)$。为了简化符号表示，回归模型的条件集合中不再列出 x。但要牢记一点，无论是贝叶斯方法还是频率学派方法，回归模型都要计算给定 x 的情况下 y 的条件分布，而不是计算两个随机变量的联合分布。

利用关于回归误差的假设，可以确定似然函数的确切形式。具体来说，根据基本概率定理和式（2.1），有

- $p(y_i \mid \beta, \sigma^2)$ 为正态分布（见附录 B，定理 B.10）
- $E(y_i \mid \beta, \sigma^2) = \beta x_i$（见附录 B，定理 B.2）
- $var(y_i \mid \beta, \sigma^2) = \sigma^2$（见附录 B，定理 B.2）

根据正态密度函数定义（见附录 B，定理 B.24），有

$$p(y_i \mid \beta, \sigma^2) = \frac{1}{\sqrt{2\pi\sigma^2}} \exp\left[-\frac{(y_i - \beta x_i)^2}{2\sigma^2}\right]$$

最后，由于 ε_i 和 ε_j 相互独立，$i \neq j$，因此 y_i 和 y_j 也相互独立。由此

$p\left(y\mid\beta,\sigma^2\right)=\prod_{i=1}^{N}p\left(y_i\mid\beta,\sigma^2\right)$，进而似然函数为

$$p\left(y\mid\beta,\sigma^2\right)=\frac{1}{\left(2\pi\right)^{N/2}\sigma^N}\exp\left[-\frac{1}{2\sigma^2}\sum_{i=1}^{N}\left(y_i-\beta x_i\right)^2\right]\tag{2.2}$$

为了方便求导，似然函数要稍微变一下形式。可以证明[1]

$$\sum_{i=1}^{N}\left(y_i-\beta x_i\right)^2=vs^2+\left(\beta-\hat{\beta}\right)^2\sum_{i=1}^{N}x_i^2$$

其中

$$v=N-1\tag{2.3}$$

$$\hat{\beta}=\frac{\sum x_i y_i}{\sum x_i^2}\tag{2.4}$$

并且

$$s^2=\frac{\sum\left(y_i-\hat{\beta}x_i\right)^2}{v}\tag{2.5}$$

如果读者学过频率学派的计量经济学，就会知道 $\hat{\beta}$、s^2 和 v 分别是 β、标准误和自由度的普通最小二乘估计量（OLS）。这些统计量也是式（2.2）的充分统计量（见 Poirier，1995，p.222）。此外，很多时候，使用误差精确度要比方差更便于数学推导。误差精确度定义为 $h=1/\sigma^2$。

根据上述结论，似然函数可以写为

$$p\left(y\mid\beta,h\right)=\frac{1}{\left(2\pi\right)^{N/2}}\left\{h^{1/2}\exp\left[-\frac{h}{2}\left(\beta-\hat{\beta}\right)^2\sum_{i=1}^{N}x_i^2\right]\right\}\left\{h^{v/2}\exp\left[-\frac{hv}{2s^{-2}}\right]\right\}\tag{2.6}$$

为了便于引用，大括号中的第一项可以看作 β 的正态密度函数的核，第二项可以看作 h 的伽马密度函数（见附录 B，定义 B.24 和 B.22）。

| 2.3 | 先验分布

研究人员利用先验分布反映未看到数据之前希望得知的内部信息。因此，先验分布形式可以不拘一格。不过，研究人员选择具体先验分布族，通常要么便于解释，要么易于计算。自然共轭先验分布集二者于一身。共轭先验分布与似然函数结合得到的后验分布，与共轭先验分布属于同一分布族。不仅如此，自然共轭先验分布还具有一个独特的性质，那就是它的函数形式与似然函数相同。这些性质意味着，我们可以采用与似然函数信息相同的方法解释先验信息。换句话来说，尽管先验分布来源于虚拟数据集，但生成虚拟数据集的过程与生成实际数据的过程相同。

对于简单线性回归模型，我们必须得到关于 β 和 h 的先验密度函数，表示为 $p\left(\beta,h\right)$。因为没有对数据设定条件，$p\left(\beta,h\right)$ 是先验密度函数。后验密度函数表示为

---

[1] 首先写成 $\sum\left(y_i-\beta x_i\right)^2=\sum\left\{\left(y_i-\hat{\beta}x_i\right)-\left(\beta-\hat{\beta}\right)x_i\right\}^2$，之后将右侧公式展开，即可得到此结论。

$p(\beta, h \,|\, y)$。通过简单的证明，得到 $p(\beta, h) = p(\beta \,|\, h) \, p(h)$，其中将 $p(\beta \,|\, h)$ 看作 $\beta \,|\, h$ 的先验密度函数，将 $p(h)$ 看作 h 的先验密度函数。根据式（2.6）的似然函数可知，自然共轭先验分布涉及关于 $\beta \,|\, h$ 的正态分布和关于 h 的伽马分布。事实也的确如此。伽马分布和（条件）正态分布的乘积，可以称为正态-伽马分布。附录 B 和定义 B.26 对正态-伽马分布做了详细介绍。根据附录 B 的结果，有

$$\beta \,|\, h \sim N\!\left(\underline{\beta}, h^{-1}\underline{V}\right)$$

并且

$$h \sim G\!\left(\underline{s}^{-2}, \underline{v}\right)$$

则 β 和 h 的自然共轭先验分布为

$$\beta, h \sim NG\!\left(\underline{\beta},\ \underline{V},\ \underline{s}^{-2},\ \underline{v}\right) \tag{2.7}$$

研究人员通过选择先验超参数 $\underline{\beta}$, $\underline{V}$, $\underline{s}^{-2}$, $\underline{v}$ 的具体数值来反映先验信息。一旦你知道这些超参数在后验分布中的作用，它们的确切意义也就一目了然了。因此，下一节再深入探讨诱导先验分布的办法。

本书通篇用带下划线的参数（例如 $\underline{\beta}$）表示先验分布的参数，用带上划线的参数（例如 $\bar{\beta}$）表示后验分布的参数。

|2.4| 后验分布

后验分布概括了未知参数 β 和 h 的所有信息，既包含先验信息，也包含数据基础上的信息。根据式（1.3），后验密度函数与似然函数式（2.2）和先验密度函数式（2.7）之积成比例。为简洁起见，这里不再介绍所有的数学细节。相关推导详见 Poirier（1995，p.527）或 Zellner（1971，pp.60-61）。尽管运算过程凌乱不堪，但概念简洁明快，结果表明后验分布依然是正态-伽马分布形式，再次证实前一节所述的先验分布确实是自然共轭分布。

后验分布的数学表达式为

$$\beta, h \,|\, y \sim NG\!\left(\bar{\beta}, \bar{V}, \bar{s}^{-2}, \bar{v}\right) \tag{2.8}$$

其中

$$\bar{V} = \frac{1}{\underline{V}^{-1} + \sum x_i^2} \tag{2.9}$$

$$\bar{\beta} = \bar{V}\!\left(\underline{V}^{-1}\underline{\beta} + \hat{\beta}\sum x_i^2\right) \tag{2.10}$$

$$\bar{v} = \underline{v} + N \tag{2.11}$$

并且 $\bar{s}^{2}$ 由

$$\bar{v}\bar{s}^{2} = \underline{v}\underline{s}^{2} + vs^{2} + \frac{\left(\hat{\beta} - \underline{\beta}\right)^{2}}{\underline{V} + \left(\dfrac{1}{\sum x_i^2}\right)} \tag{2.12}$$

隐含确定。

在回归模型中，解释变量的系数 β 通常是计量经济学的焦点问题，它度量了解释变量变化引起被解释变量变化的边际效果。普遍做法是将后验均值 $E(\beta|y)$ 作为点估计量，利用 $var(\beta|y)$ 度量点估计量 $E(\beta|y)$ 的不确定性。根据基本概率定理，后验均值的计算公式为：

$$E(\beta|y) = \iint \beta p(\beta, h|y) dh d\beta = \int \beta p(\beta|y) d\beta$$

这个方程中的边缘后验密度函数 $p(\beta|y)$ 是需要解决的核心问题。幸好，利用正态-伽马分布性质（见附录B，定理 B.15）能计算得到边缘后验密度函数 $p(\beta|y)$ 的解析解。具体来说，如果通过积分（即利用 $p(\beta|y) = \int p(\beta, h|y) dh$）消掉 h 之后，β 的边缘后验密度函数为 t 分布。按照附录B，定理 B.25 的结果为

$$\beta|y \sim t(\bar{\beta}, \bar{s}^2 \bar{V}, \bar{v}) \tag{2.13}$$

并根据 t 分布的定义：

$$E(\beta|y) = \bar{\beta} \tag{2.14}$$

$$var(\beta|y) = \frac{\bar{v}\bar{s}^2}{\bar{v} - 2} \bar{V} \tag{2.15}$$

与系数 β 相比，误差精确度 h 受到的关注要小。根据正态-伽马分布性质，可以直接得到误差精确度 h 的性质

$$h|y \sim G(\bar{s}^{-2}, \bar{v}) \tag{2.16}$$

进而有

$$E(h|y) = \bar{s}^{-2} \tag{2.17}$$

并且

$$var(h|y) = \frac{2\bar{s}^{-4}}{\bar{v}} \tag{2.18}$$

通过式（2.9）~式（2.18）可知，在极简单的模型中，如何应用贝叶斯方法将先验信息和数据信息组合起来。因此，式（2.9）~式（2.18）值得大书特书一番。首先我们注意到，贝叶斯计量经济学家要报告的所有结论都能写出解析表达式，并不涉及积分。在第 1 章中，我们特别强调贝叶斯推断通常需要进行后验模拟。如果先验分布为正态-伽马自然共轭分布，线性回归模型就不需要进行后验模拟。

频率学派计量经济学家经常要用到 β 的普通最小二乘（OLS）估计量 $\hat{\beta}$。普遍使用的贝叶斯点估计量 $\bar{\beta}$ 是 OLS 估计量 $\hat{\beta}$ 和先验均值 $\underline{\beta}$ 的加权平均。权重分别与 $\sum x_i^2$ 和 $\underline{V}^{-1}$ 成比例。$\underline{V}^{-1}$ 反映了先验信息的可信度。举例来说，如果你选择的先验方差较大，说明你对你所选择的 β 的最可能值没有多大信心。结果就是 $\underline{V}^{-1}$ 较小，$\underline{\beta}$ 作为 β 最佳猜测值的权重亦较小；对于数据信息，$\sum x_i^2$ 的作用类似。通俗地讲，$\sum x_i^2$ 反映了利用数据得到的 OLS 估计量 $\hat{\beta}$ 作为 β 的最佳猜测值的可信度。如果读者对频率学派计量经济学很熟悉，就会知道 $\left(\sum x_i^2\right)^{-1}$ 与 $\hat{\beta}$ 的方差成比例。如果考察它的直观意义，可以考虑 $x_i = 1$ 这个最

简单的情况，$i = 1, \cdots, N$。此时 $\sum x_i^2 = N$，$\hat{\beta}$ 的权重就等于样本数，这当然是度量数据信息含量的一个合理指标。进而发现，无论是先验均值还是 OLS 估计量，后验均值的相应权重与二者的精确度（即它们的方差倒数）成正比。因此，贝叶斯方法将数据信息和先验信息有机结合起来。

在频率学派计量经济学中，回归模型式（2.1）OLS 估计量的方差为 $s^2 \left(\sum x_i^2 \right)^{-1}$。利用 OLS 估计量方差，可以获得频率学派的标准误，进行各种假设检验（例如，频率学派检验 $\beta = 0$ 的 t 统计量为 $\hat{\beta} \Big/ \sqrt{s^2 \left(\sum x_i^2 \right)^{-1}}$）。与此对应，式（2.15）是贝叶斯方法的 β 后验方差，形式上相同，只不过同时纳入了先验信息和数据信息。举例来说，式（2.9）可以简单看作"后验精确度是先验准确度 $\underline{V}^{-1}$ 和数据准确度 $\sum x_i^2$ 的平均"。同样，式（2.12）的直观解释为"后验的均方误差和（$\overline{vs^2}$）是先验的均方误差和（$\underline{vs^2}$）、OLS 均方误差和（vs^2），以及反映先验信息和数据信息相互影响的交互项的总和"。

上述其他方程同样强调贝叶斯后验是数据信息和先验信息有机结合的直观意义。进一步说，根据自然共轭先验分布，先验分布来自虚拟数据集（例如，式（2.11）中的 $\underline{v}$ 和式（2.12）中的 N 扮演相同的角色，因此 $\underline{v}$ 可以看作先验样本数）。

如果读者受过频率学派计量经济学训练，可以很容易归纳出贝叶斯计量经济学和频率学派计量经济学做法的相同点和不同点。频率学派计量经济学需要计算 $\hat{\beta}$ 及其方差 $s^2 \left(\sum x_i^2 \right)^{-1}$，并利用 $\bar{s}^{-2}$ 估计 σ^2。贝叶斯计量经济学计算 β 的后验均值和方差（即 $\bar{\beta}$ 和 $\dfrac{\overline{vs}^2}{\bar{v} - 2} \bar{V}$），并利用后验均值 $\bar{s}^{-2}$ 估计 $h = \sigma^{-2}$。除了上述共同点外，这二者间还存在两个重要差别。第一点区别是，贝叶斯计量经济学的所有公式都集合了先验信息和数据信息。第二点区别是，贝叶斯计量经济学将 β 看作随机变量，而频率学派计量经济学将 $\hat{\beta}$ 看作随机变量。

自然共轭先验分布表明先验信息和数据信息的进入方式相同。这一点有助于诱导出先验分布。例如，选择 $\underline{\beta}$、$\underline{V}$、$\underline{s}^{-2}$、$\underline{v}$ 的具体值，$\underline{\beta}$ 等价于 $\underline{v}$ 个观测值的想象数据集的 OLS 估计量，想象的 $\sum x_i^2$ 等于 $\underline{V}^{-1}$，想象的 s^2 等于 $\underline{s}^2$。不过，计量经济学是面向公众的科学，实证结论要呈现给广大读者。在许多情况下，大多数读者也会就明智选择的先验分布达成一致意见（例如，经济理论经常会告诉我们，合理的参数值应该是什么）。对于相同问题，不同的研究人员可能会采用不同的先验分布。但如果只用一个先验分布作贝叶斯分析，就会受到质疑。对于这种质疑，贝叶斯计量经济学主要有两种解决办法。第一种办法是采用先验敏感度分析。采用各种先验分布得到实证结论。对于各种有意义的先验分布，如果实证结论基本相同，这意味着尽管研究人员的先验信息不同，但看到数据后仍然能够达成一致意见。这样读者才会安心地接受结论。如果对于不同的先验分布，实证结论并不相同，意味着利用数据并不能使得持不同先验信息的研究人员达成一致意见。科学需要诚实，贝叶斯方法必须承认存在这种可能性。例如，一篇重要文献表明参数的后验均值存在边界。这里不想详细讨论这篇所谓"极值边界分析（extreme bounds analysis）"文献。但这篇文献的一个典型结论是："无论$\underline{V}$选择什么样的可能值，$\bar{\beta}$必须位于设定的上界和下界之间"。Poirier（1995，pp.532-536）对此文献作了介绍，并给出了相关文献（也可参见第3章习题6）。

在先验分布的选择存在较大分歧的情况下，第二种诱导先验分布的办法是利用无信息先验分布。关于无信息先验分布的贝叶斯文献汗牛充栋，这里无法一一列举。Poirier（1995，pp.318-331）和Zellner（1971，pp.41-53）对此问题进行了详细讨论（亦可见第12章12.3节）。这里只需强调一点就够了，那就是在很多情况下，数据信息往往比先验信息更令人满意。只需看一下上面讲的自然共轭先验分布，对此说法也就一目了然了。如果把自然共轭先验分布可作"虚幻的先验样本"，只要设$\underline{v}$远远小于N，$\underline{V}$取较大值，先验信息在后验公式中的作用就会非常小（见式（2.9）~式（2.12））。这样的先验分布称为相对无信息性先验分布（relatively noninformative prior）。

对于上一段的讨论，只要取极限，设$\underline{v}=0$和$\underline{V}^{-1}=0$（即$\underline{V}^{-1}\to\infty$），就能得到纯粹的无信息先验分布。实际上，大家普遍采用这种做法，结果得到$\beta,h\,|\,y\sim NG\left(\bar{\beta},\bar{V},\bar{s}^{-2},\bar{v}\right)$，其中

$$\bar{V} = \frac{1}{\sum x_i^2} \tag{2.19}$$

$$\bar{\beta} = \hat{\beta} \tag{2.20}$$

$$\bar{v} = N \tag{2.21}$$

并且

$$\overline{vs}^2 = vs^2 \tag{2.22}$$

如果采用这个无信息先验分布，所有公式只涉及数据信息，实际上等于普通最小二乘估计量的结果。

在某种意义上说，这个无信息先验分布的特性极具吸引力。正因为它与OLS结论的密切关系，架起了贝叶斯计量经济学方法和频率学派计量经济学方法的桥梁。不过，它有个令人厌恶的性质：这个先验"密度函数"实际上不是一个有效密度函数，因为它的积分不等于1。这样的先验分布称为不适当的（improper）。贝叶斯文献中有很多由于使用不适当先验分布导致问题的例子。在模型比较习题中，我们将发现使用不适当先验分布导致的问题。

要了解为什么这个无信息先验分布不适当，首先注意到，将似然函数和"先验密度函数"

$$p(\beta, h) = 1/h$$

组合起来，能够得到后验结论式（2.19）~式（2.22）。其中h在区间$(0,\infty)$上有定义。如果你取这个"先验密度函数"在$(0,\infty)$的积分，结果为∞，而不是有效概率密度函数（p.d.f.）的积分结果1。贝叶斯计量经济学经常将此类先验密度函数写为：

$$p(\beta, h) \propto 1/h \tag{2.23}$$

但需强调这个表达式在数学上并不正确，因为$p(\beta,h)$不是有效概率密度函数。

这里有必要多啰唆两句。在大多数模型中，无信息先验分布往往都是不适当的。为

什么呢？考虑一个定义在区间 $[a, b]$ 上的连续标量参数。如果研究人员未掌握参数 θ 的任何信息，则他会赋予每个相等子区间相同的先验权重（例如，每个长度为 0.01 的区间都具有等可能性）。这意味着取区间 $[a, b]$ 上的均匀分布作为参数 θ 的无信息先验分布是有意义的。不过，在大多数模型中，我们并不知道 a 和 b 的值，所以适当的设定应该分别是 $-\infty$ 和 ∞。遗憾的是，如果均匀分布在有界区间内概率不为零，则在 $(-\infty, \infty)$ 上的积分无穷大。从数学角度看，我们甚至不能说这个分布是真正的均匀分布，因为真正的均匀分布只对有限值 a 和 b 进行了定义。所有均匀"无信息"先验分布都是不适当的。

|2.5| 模型比较

假设有两个简单回归模型 M_1 和 M_2，都旨在解释 y。这两个模型的解释变量不相同。我们用带下标的变量和参数来区分这两个模型，即 $M_j (j = 1, 2)$ 为简单线性回归模型

$$y_i = \beta_j x_{ji} + \varepsilon_{ji} \tag{2.24}$$

$i = 1, \cdots, N$。关于 ε_{ji} 和 x_{ji} 的假设与前一节关于 ε_i 和 x_i 的假设一样（即 ε_{ji} 是独立同分布，服从 $N(0, h_j^{-1})$；x_{ji} 要么是随机变量要么是外生变量，$j = 1, 2$）。

对于这两个模型，我们使用正态-伽马自然共轭先验分布

$$\beta_j, h_j \big| M_j \sim NG\left(\underline{\beta}_j, \underline{V}_j, \underline{s}_j^{-2}, \underline{v}_j\right) \tag{2.25}$$

这意味着其后验分布为

$$\beta_j, h_j \big| y, M_j \sim NG\left(\bar{\beta}_j, \bar{V}_j, \bar{s}_j^{-2}, \bar{v}_j\right) \tag{2.26}$$

其中

$$\bar{V} = \frac{1}{\underline{V}_j^{-1} + \sum x_{ji}^2} \tag{2.27}$$

$$\bar{\beta}_j = \bar{V}_j \left(\underline{V}_j^{-1} \underline{\beta}_j + \hat{\beta}_j \sum x_{ji}^2 \right) \tag{2.28}$$

$$\bar{v}_j = \underline{v}_j + N \tag{2.29}$$

并且 $\bar{s}_j^{-2}$ 由

$$\bar{v}_j \bar{s}_j^2 = \underline{v}_j \underline{s}_j^2 + v_j s_j^2 + \frac{(\hat{\beta}_j - \underline{\beta}_j)^2}{\underline{V}_j + \left(\dfrac{1}{\sum x_{ji}^2}\right)} \tag{2.30}$$

隐含确定。其中 $\hat{\beta}_j$，s_j^2 和 v_j 为与式（2.3）~式（2.5）类似的 OLS 统计量。换句话说，除了加入下标 j 来区分两个模型之外，其余与式（2.7）~式（2.12）一样。

利用式（2.26）~式（2.30）可以对这两个模型进行后验推断。不过，这里讨论的是模型比较问题。正如第 1 章所述，贝叶斯模型比较的主要工具是后验机会比

$$PO_{12} = \frac{p(y | M_1) p(M_1)}{p(y | M_2) p(M_2)}$$

在看到数据之前就必须选择先验模型概率 $p(M_i), i = 1, 2$。普遍做法是采用无信息选择

$p(M_1) = p(M_2) = 1/2$。由此可以计算得到边缘似然函数 $p(y \mid M_j)$

$$p(y \mid M_j) = \iint p(y \mid \beta_j, h_j) p(\beta_j, h_j) d\beta_j dh_j \tag{2.31}$$

对于采用自然共轭先验分布的正态线性回归模型，式（2.31）的积分有解析解。这是许多模型所不具有的性质。Poirier（1995，pp.542-543）或 Zellner（1971，pp.72-75）详细介绍了计算式（2.31）的方法，结果为

$$p(y \mid M_j) = c_j \left(\frac{\bar{V}_j}{\underline{V}_j} \right)^{1/2} \left(\bar{v}_j \bar{s}_j^2 \right)^{-\bar{v}_j/2} \tag{2.32}$$

$j = 1, 2$。其中

$$c_j = \frac{\Gamma\left(\frac{\bar{v}_j}{2} \right) \left(\underline{v}_j \underline{s}_j^2 \right)^{\underline{v}_j/2}}{\Gamma\left(\frac{\underline{v}_j}{2} \right) \pi^{N/2}} \tag{2.33}$$

其中，Γ（）为伽马函数。[①] 比较 M_1 和 M_2 的后验机会比为

$$PO_{12} = \frac{c_1 \left(\frac{\bar{V}_1}{\underline{V}_1} \right)^{1/2} \left(\bar{v}_1 \bar{s}_1^2 \right)^{-\bar{v}_1/2} p(M_1)}{c_2 \left(\frac{\bar{V}_2}{\underline{V}_2} \right)^{1/2} \left(\bar{v}_2 \bar{s}_2^2 \right)^{-\bar{v}_2/2} p(M_2)} \tag{2.34}$$

利用后验机会比可以计算后验模型概率 $p(M_j \mid y)$，其关系为

$$p(M_1 \mid y) = PO_{12} / (1 + PO_{12})$$

和

$$p(M_2 \mid y) = 1 / (1 + PO_{12})$$

讨论一下式（2.34），就会发现影响贝叶斯模型比较的因素。首先，先验机会比 $p(M_1)/p(M_2)$ 的值越大，越支持模型 M_1。其次，由于 $\bar{v}_j \bar{s}_j^2$ 包含 $\underline{v}_j \underline{s}_j^2$，而 $\underline{v}_j \underline{s}_j^2$ 为误差平方和（见式（2.3）和式（2.5））。误差平方和常用于度量模型的拟合程度，值越小，模型的拟合越好。因此，后验机会比更看重拟合数据更好的模型。再次，如果其他因素都一样，后验机会比会支持先验信息与数据信息（即 $\bar{v}_j \bar{s}_j^2$ 中的 $\left(\hat{\beta}_j - \underline{\beta}_j \right)^2$）一致性程度更高的模型。最后，$(\bar{V}_1/\underline{V}_1)$ 为后验方差与先验方差的比率。这个名词的含义是，如果其他因素都一样，先验信息比后验信息多得越多（即先验分布的方差越小）的模型，越受支持。

在下一章中将会了解到，后验机会比更看重简约模型，也就是如果其他因素都一样，模型的参数越少，模型越受到支持。如果两个模型具有相同的参数（即 β_j 和 h_j）数

---

① 伽马函数定义见 Poirier（1995，p.98）。知道用贝叶斯分析软件（例如 MATLAB 或 Gauss）计算伽马函数就行。

量，也就不存在哪个模型更简约的问题。不过，这通常是后验机会比的一个重要性质。

如果自然共轭先验分布无信息（即 $\underline{v}_j = 0$，$\underline{V}_j^{-1} = 0$），则边缘似然函数没有定义，后验机会比也就没有定义。这是使用无信息先验分布进行模型比较的问题之一（下一章会看到其他问题）。不过，对于现在的情况，常用的解决办法是设 $\underline{v}_1 = \underline{v}_2$ 等于任意小的一个常数，对 $\underline{V}_1^{-1}$ 和 $\underline{V}_2^{-1}$ 也照方抓药。同时，设 $\underline{s}_1^2 = \underline{s}_2^2$。在这些假设下，后验机会比就有定义了，简化后就任意接近于

$$PO_{12} = \frac{\left(\dfrac{1}{\sum x_{1i}^2}\right)^{1/2} \left(v_1 s_1^2\right)^{-N/2} p\left(M_1\right)}{\left(\dfrac{1}{\sum x_{2i}^2}\right)^{1/2} \left(v_2 s_2^2\right)^{-N/2} p\left(M_2\right)} \tag{2.35}$$

此时，后验机会比仅反映了先验机会比、两个模型的相对拟合程度以及包含 $1/\sum x_{ji}^2$ 项的比率。包含 $1/\sum x_{ji}^2$ 项反映了模型 M_j 的后验分布精确度。尽管如此，在下一章会看到，如果两个待比较模型的参数数量不同，则无法解出使用无信息先验分布的结果。

本节讲述的是如何使用贝叶斯方法比较两个模型。如果有多个模型，可以进行两两比较，或者计算出每个模型的后验模型概率（见第 1 章式（1.7）后的讨论）。

| 2.6 | 预测

现在去掉下标 j，仅考虑一个模型，其似然函数和先验密度函数分别为式（2.6）和式（2.7）。贝叶斯方法就是根据 N 个观测值的数据集，利用式（2.8）~式（2.12），估计参数 β 和 h。假设目标是预测此模型下生成的未观测到的数据点。用数学符号表示就是，假设有方程

$$y^* = \beta x^* + \varepsilon^* \tag{2.36}$$

其中，y^* 的值尚未观测到。除此之外，模型其他假设都与前述讨论的简单回归模型相同（即 ε^* 与 ε_i 相互独立，并且 ε^* 服从 $N\left(0, h^{-1}\right)$，$i = 1, \cdots, N$，且式（2.36）的 β 与式（2.1）的 β 一样）。必须假设已观测到 x^* 的值。为什么要假设已观测到 x^* 的值呢？考虑这样一个应用。被解释变量为雇员薪水，解释变量为雇员属性（例如受教育年限）。如果要预测新雇员的薪水，就必须知道该雇员的受教育年限，才能做出有意义的预测。

正如第 1 章所述，贝叶斯预测就是计算

$$p\left(y^* \mid y\right) = \iint p\left(y^* \mid y, \beta, h\right) p\left(\beta, h \mid y\right) d\beta dh \tag{2.37}$$

由于 ε^* 与 ε_i 相互独立，这意味着 y 与 y^* 相互独立，因此有 $p\left(y^* \mid y, \beta, h\right) = p\left(y^* \mid \beta, h\right)$。积分式（2.37）中仅包含后验密度函数 $p\left(\beta, h \mid y\right)$ 和 $p\left(y^* \mid \beta, h\right)$。类似地，可以推导出似然函数的表达式

$$p\left(y^* \mid \beta, h\right) = \frac{h^{1/2}}{\left(2\pi\right)^{1/2}} \exp\left(-\frac{h}{2}\left(y^* - \beta x^*\right)^2\right) \tag{2.38}$$

式（2.38）两侧乘以式（2.8）的后验密度函数，代入式（2.37）并求积分（Zellner,

1971，pp.72-75），得到

$$p\left(y^*\mid y\right)\propto\left[\bar{v}+\left(y^*-\bar{\beta}x^*\right)^2\bar{s}^{-2}\left(1+\bar{V}x^{*2}\right)^{-1}\right]^{-\frac{\bar{v}+1}{2}} \tag{2.39}$$

可以证明（见附录 B，定义 B.25），这是单变量 t 密度函数，均值为 $\bar{\beta}x^*$，方差为 $\frac{\overline{vs}^2}{\bar{v}-2}\left(1+\bar{V}x^{*2}\right)$，自由度为 $\bar{v}$。换句话说

$$y^*\mid y\sim t\left(\bar{\beta}x^*,\bar{s}^2\{1+\bar{V}x^{*2}\},\bar{v}\right) \tag{2.40}$$

根据式（2.40）可以做点预测，度量点预测的不确定性（例如预测的标准差）。

我们通过对预测问题的讨论，顺理成章地要介绍一个重要的贝叶斯概念：模型平均。前一节已经介绍了如何计算后验模型概率，$p\left(M_j\mid y\right)$，$j=1,2$。可以选择其中一个模型用于预测。不过没有必要仅选择后验模型概率最高的那个模型，而放弃另一个模型（或其他模型）。贝叶斯模型平均就是保留所有模型，对所有模型进行平均得到所需结论。根据概率定理，很容易就可以推导得到

$$p\left(y^*\mid y\right)=p\left(y^*\mid y,M_1\right)p\left(M_1\mid y\right)+p\left(y^*\mid y,M_2\right)p\left(M_2\mid y\right) \tag{2.41}$$

换句话来说，只要求的是 $p\left(y^*\mid y\right)$，完全没必要仅选择一个模型，例如 $p\left(y^*\mid y,M_1\right)$ 来求。你完全可以利用两个模型的平均结果来求，权重为后验模型概率。根据期望算子的性质（见附录 B，定义 B.8），可以直接得出

$$E\left(y^*\mid y\right)=E\left(y^*\mid y,M_1\right)p\left(M_1\mid y\right)+E\left(y^*\mid y,M_2\right)p\left(M_2\mid y\right)$$

利用它可以计算出两个模型的平均点预测。假设要使用的函数为 $g\left(\cdot\right)$（见式（1.11）），则上述结论的一般形式为

$$E\left(g\left(y^*\right)\mid y\right)=E\left(g\left(y^*\right)\mid y,M_1\right)p\left(M_1\mid y\right)+E\left(g\left(y^*\right)\mid y,M_2\right)p\left(M_2\mid y\right) \tag{2.42}$$

利用式（2.42），可以计算出待预测的任意其他函数，如预测出方差。

这个结论可以推广到许多模型。同时这个结论不仅仅适用于预测 y^*，还可以推广到其他涉及参数的让人感兴趣的函数。第 11 章将更详细地讨论贝叶斯模型平均法。

| 2.7 | 实例

本章讨论的回归模型可能过于简单，无法用于严肃的实证研究。一个表现就是，为了简化代数表示，模型中没有包括截距项。此外，几乎所有严肃的实证应用都会包含许多解释变量。因此，要举例说明本章讨论的概念，只能使用计算机生成的人造数据。也就是说，设 $N=50$。首先，从分布 $N\left(0,1\right)$ 抽取独立同分布（i.i.d.）样本作为解释变量 x_i 的值，$i=1,\cdots,50$。之后，从分布 $N\left(0,h^{-1}\right)$ 中抽取样本作为误差 ε_i 的值。最后，用解释变量和误差生成因变量 $y_i=\beta x_i+\varepsilon_i$。设 $\beta=2$ 和 $h=1$。这里采用两个先验分布：一个是无信息先验分布式（2.23），另一个是信息自然共轭先验分布式（2.7）。式（2.7）中，取 $\underline{\beta}=1.5$，$\underline{V}=0.25$，$\underline{v}=10$ 和 $\underline{s}^{-2}=1$。数据生成过程和先验超参数的选择纯粹是为了举例需要。

表 2-1 和表 2-2 给出了分别利用式（2.7）~式（2.22）计算出的模型参数 β 和 h 的先

验分布和后验分布特征。图 2-1 为取信息先验分布、无信息先验分布时参数 β 的后验分布图像以及信息先验分布本身的图像（参数 β 的无信息先验分布仅为平坦直线）。根据式（2.13），这三个概率密度函数（p.d.f.）都为 t 密度函数。在无信息先验分布条件下，后验特征仅反映了似然函数信息，和频率学派的 OLS 统计量等价（见式（2.19）~式（2.22））。正因为如此，在无信息先验分布条件下，图 2-1 中参数 β 的边缘后验分布图像标记为"似然函数"。

表 2-1   参数 β 的先验分布和后验分布特征

	先验分布	后验分布	
	信息	采用无信息先验分布	采用信息先验分布
均值	1.50	2.06	1.96
标准差	0.56	0.24	0.22

表 2-2   参数 h 的先验分布和后验分布特征

	先验分布	后验分布	
	信息	采用无信息先验分布	采用信息先验分布
均值	1.00	1.07	1.04
标准差	0.45	0.21	0.19

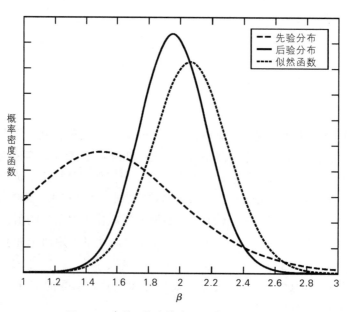

图 2-1   参数 β 的边缘先验分布和后验分布

  图 2-1、表 2-1 和表 2-2 清楚地表明，利用贝叶斯推断将先验信息和数据信息结合

起来，得到后验分布。例如，在图 2-1 中，在信息先验分布情况下，后验分布图像更像是先验分布和似然函数的平均。表 2-1 和表 2-2 表明，在信息先验分布条件下，参数的后验均值 $E(\beta|y)$ 和 $E(h|y)$ 位于先验均值和似然统计量（即在无信息先验分布条件下的后验均值）之间。我们选择的先验分布所包含的信息要比数据包含的信息少。无论是图像（即后验概率密度函数的离散程度要比似然函数大）还是表格（即先验标准差大于似然统计量的标准差），都清楚地表明了这一点。

记得前面已经说过，数据是人造的，真实参数值 $\beta = 2$，$h = 1$。当然，你不要期望后验均值或者 OLS 估计量等点估计量恰好等于真实值。不过，相对于后验标准差，后验均值十分接近于真实值。你还会发现，使用信息先验分布的后验标准差要稍小于使用无信息先验分布的后验标准差。这反映了一个直观概念，一般来说要想得到更精确的估计，就需要更多信息。也就是说，从直观意义上看，由于后验分布结合了先验分布和数据信息，因此其发散程度会小于仅使用无信息先验分布情况，也会小于仅使用数据信息情况。用公式来表示这个直观概念就是当 $\underline{V} > 0$ 时，式（2.9）要小于式（2.19）。不过，你还会发现，并不能确保这个直觉每种情况都成立。这是因为如果先验信息和数据信息存在较大差别，就会导致式（2.12）远大于式（2.22）。由于 β 的后验标准差公式中既包含 $\overline{V}$ 也包含 $\overline{vs}^2$，就存在仅用信息先验分布的后验标准差大于使用无信息先验分布的可能（尽管不常见）。

下面说明如何做模型比较。假设将上述讨论的线性回归模型与另一个仅有截距项的线性回归模型（即此模型为 $x_i = 1$，$i = 1, \cdots, 50$）进行比较。这两个模型的信息先验分布都如上所述（即这两个先验分布都是 $NG(1.5, 0.25, 1, 10)$）。假设先验机会比等于 1，可以利用式（2.34）计算比较这两个模型的后验机会比。当然，我们已经知道第一个模型为正确模型，如果不出所料，后验机会比应该表明第一个模型正确。当然结果也恰好如此，后验机会比为 3 749.7。换句话说，一边倒地支持第一个模型为正确模型。第一个模型正确的可能性几乎是第二个模型的 4 000 倍。利用后验模型概率来说，后验机会比表明 $p(M_1|y) = 0.9997$ 和 $p(M_2|y) = 0.0003$。如果做这两个模型的贝叶斯模型平均，第一个模型所占权重为 99.97%，第二个模型所占权重仅为 0.03%（见式（2.41））。

利用式（2.40）可以做预测推断。下面以点 $x^* = 0.5$ 为例说明如何去做。利用信息先验分布，得到的结果为

$$y^*|y \sim t(0.98, 0.97, 60)$$

利用无信息先验分布，得到的结果为

$$y^*|y \sim t(1.03, 0.95, 50)$$

利用这两个概率结果，可以计算出点预测值、预测标准差以及其他想要的预测函数。

|2.8| 小结

本章针对具有一个解释变量以及自然共轭先验分布的正态线性回归模型，做了完整

的贝叶斯分析（即给出了似然函数、先验密度函数、后验密度函数、模型比较和预测）。此模型参数 β 和 h 的先验分布为正态–伽马分布。根据先验分布的自然共轭性质，后验分布也服从正态–伽马分布。对于这个先验分布，可以得到预测推断和模型比较的解析表达式，不需要做后验模拟。本章还包括无信息先验分布以及贝叶斯模型平均的概念。

|2.9| 习题

2.9.1 理论习题

1.证明式（2.8）的结论。提示：Poirier（1995，p.527）或 Zellner（1971，pp.60-61）等其他教材都给出了标准差的证明。如果你感觉证明有困难，可以翻阅这些参考书。

2.假设似然函数如 2.2 节所述，已知误差精确度 $h = 1$，且 $x_i = 1$，$i = 1, \cdots, N$。

（a）假设参数 β 具有均匀先验分布，满足 $\beta \sim U(\underline{\alpha}, \underline{\gamma})$。推导后验密度函数 $p(\beta \mid y)$。

（b）当 $\underline{\alpha} \to -\infty$ 且 $\underline{\gamma} \to \infty$ 时，后验密度函数 $p(\beta \mid y)$ 如何变化？

（c）假设 β 具有（a）的均匀先验分布。利用变量变换定理（附录 B，定理 B.21），推导回归系数——对应函数 $g(\beta)$ 的先验分布。画出 $g()$ 分别取 $g(\beta) = \log(\beta)$，$g(\beta) = \exp(\beta) / (1 + \exp(\beta))$，$g(\beta) = \exp(\beta)$ 时，$g(\beta)$ 的先验分布图像。

（d）当 $\underline{\alpha} \to -\infty$ 且 $\underline{\gamma} \to \infty$ 时，（c）中 $g(\beta)$ 的先验分布如何变化。

（e）当模型采用一种参数形式时，先验分布是"无信息的"；如果换一种参数形式，先验分布还是"无信息的"。根据（d）问题的答案，讨论上述结论是否成立。

2.9.2 上机习题

在本书相关网站上有一些数据和 MATLAB 程序。

3.生成人造数据。生成数据是一项重要技能，利用它可以理解模型特性，考察具体计算算法的成效。由于参数值已经选定，你基本知道计量经济方法会给出什么样结果。

（a）生成正态线性回归模型的人造数据。步骤如下：(i) 选择 β、h 和 N 的值，例如 $\beta = 2$，$h = 1$ 且 $N = 100$。(ii) 根据选择的分布，生成 N 个解释变量的值。例如从 $U(0,1)$ 分布抽取 100 个样本（$N = 100$）。(iii) 通过从分布 $N(0, h^{-1})$ 提取 N 个独立同分布样本，生成 N 个误差值。(iv) 利用选择的 β 值，步骤 (ii) 和步骤 (iii) 生成的数据，构建因变量数据（即 $y_i = \beta x_i + \varepsilon_i$，$i = 1, \cdots, N$）。

（b）画出数据的 XY 散点图，观察数据如何反映你所选择的 β、h 和 N。

4.正态线性回归模型的贝叶斯推断：先验敏感性分析。

（a）对于 $\beta = 2$，$h = 1$ 且 $N = 100$，从 $U(0,1)$ 分布生成人造数据，进而生成解释变量。

（b）假设先验分布形式为 $\beta, h \sim NG(\underline{\beta}, \underline{V}, \underline{s}^{-2}, \underline{v})$，其中 $\underline{\beta} = 2$，$\underline{V} = 1$，$\underline{s}^{-2} = 1$，$\underline{v} = 1$，计

算β和h的后验均值和后验标准差。计算贝叶斯因子，比较$\beta = 0$的模型和$\beta \neq 0$的模型。计算$x = 0.5$时的预测均值和标准差。

（c）$\underline{V} = 0.01$时，（b）的答案如何变化？$\underline{V} = 0.1$呢？$\underline{V} = 10$呢？$\underline{V} = 100$呢？$\underline{V} = 1\,000\,000$呢？

（d）$\underline{v} = 0.01$时，（b）的答案如何变化？$\underline{v} = 0.1$呢？$\underline{v} = 10$呢？$\underline{v} = 100$呢？$\underline{v} = 1\,000\,000$呢？

（e）设β的先验均值与生成数据的β值不同（例如$\underline{\beta} = 0$），重做（c）题。

（f）设h的先验均值远大于真实值（例如$\underline{s}^{-2} = 100$），重做（d）题。

（g）根据（b）到（f）的结果，讨论先验参数变化对后验均值、标准差以及贝叶斯因子影响的敏感性。

（h）利用信息更多的数据（例如$N = 1000$）和信息更少的数据（例如$N = 10$），重做（a）～（g）题。

（i）取β和h的其他值生成人造数据，重做（a）～（h）题。

第 3 章

正态线性回归模型：自然共轭先验分布和 多解释变量情形

3.1 引言

本章将第 2 章结论扩展到更合理的情形，考察包含多个解释变量的线性回归模型。本章结构与第 2 章极为类似。主要差别是本章使用了矩阵代数。尽管初学计量经济学的学生还不知道矩阵代数是什么，但矩阵代数确实使计算过程大大简化。使用矩阵代数，能使书写和公式运算符号更简洁，推导过程更简单。附录 A 简要介绍了本书要用到的矩阵代数。不熟悉矩阵代数的读者，可以先阅读附录，之后再阅读本章。Poirier（1995）、Greene（2000）或 Judge 等（1985）的研究都包含介绍矩阵代数的内容（以及额外参考文献），想详细了解这部分内容的读者，可以翻阅这些参考书。

本章除了引入矩阵代数表示外，其他步骤和推导过程与第 2 章基本相同。因此，读者阅读本章内容时，可以对照第 2 章来学习。也就是说，你首先理解了不用矩阵代数时的结论和推导过程，就很容易理解矩阵代数的具体用法以及推导过程和结论。本章会指出用矩阵代数表示与第 2 章内容的相同点，以方便读者尽快熟悉矩阵代数。

3.2 线性回归模型的矩阵表示

假设有被解释变量 y_i 和 k 个解释变量 $x_{i1}, \cdots, x_{ik}$ 的数据，$i = 1, \cdots, N$。线性回归模型为

$$y_i = \beta_1 + \beta_2 x_{i2} + \cdots + \beta_k x_{ik} + \varepsilon_i \tag{3.1}$$

这里隐含设 x_{i1} 为 1，用来表示截距项。利用矩阵，式（3.1）可以表示为更简洁的形式。定义 $N \times 1$ 向量

$$y = \begin{bmatrix} y_1 \\ y_2 \\ \vdots \\ y_N \end{bmatrix}$$

和

$$\varepsilon = \begin{bmatrix} \varepsilon_1 \\ \varepsilon_2 \\ \vdots \\ \varepsilon_N \end{bmatrix}$$

$k \times 1$ 向量

$$\beta = \begin{bmatrix} \beta_1 \\ \beta_2 \\ \vdots \\ \beta_N \end{bmatrix}$$

以及 $N \times k$ 矩阵

$$X = \begin{bmatrix} 1 & x_{12} & \cdots & x_{1k} \\ 1 & x_{22} & \cdots & x_{2k} \\ \vdots & \vdots & \vdots & \vdots \\ 1 & x_{N2} & \cdots & x_{Nk} \end{bmatrix}$$

此时式（3.1）可以写成

$$y = X\beta + \varepsilon \tag{3.2}$$

根据矩阵乘积定义（见附录 A，定义 A.4），可以证明式（3.2）与式（3.1）定义的 N 个方程等价。

|3.3| 似然函数

按照与第 2 章相同的方式，可以推导出似然函数，只不过本章采用了矩阵表示而已。关于 ε 和 X 的假设确定了似然函数形式。对于第 2 章的假设，其矩阵表示为：

1.ε 是多元正态分布，均值为 0_N，协方差矩阵为 $\sigma^2 I_N$，其中，0_N 为所有要素都是 0 的 N 阶列向量，I_N 为 $N \times N$ 单位矩阵。这个假设可以写作 ε 为 $N(0_N, h^{-1}I_N)$，其中 $h = \sigma^{-2}$。

2.X 的所有元素或者是给定的（即不是随机变量）；或者是与 ε 的所有元素无关的随机变量。X 的概率密度函数为 $p(X \mid \lambda)$，其中 λ 为不包含参数 β 和 h 的参数向量。

一个向量的协方差矩阵，主对角线上的元素为向量元素的方差，其他元素为向量元素的协方差。这里的协方差矩阵为

$$var(\varepsilon) \equiv \begin{bmatrix} var(\varepsilon_1) & cov(\varepsilon_1, \varepsilon_2) & \dots & cov(\varepsilon_1, \varepsilon_N) \\ cov(\varepsilon_1, \varepsilon_2) & var(\varepsilon_2) & \dots & . \\ . & cov(\varepsilon_2, \varepsilon_3) & \dots & . \\ . & . & \dots & cov(\varepsilon_{N-1}, \varepsilon_N) \\ cov(\varepsilon_1, \varepsilon_N) & . & \dots & var(\varepsilon_N) \end{bmatrix}$$

$$= \begin{bmatrix} h^{-1} & 0 & \dots & 0 \\ 0 & h^{-1} & \dots & . \\ . & 0 & \dots & . \\ . & . & \dots & 0 \\ 0 & 0 & \dots & h^{-1} \end{bmatrix}$$

换句话说，$var(\varepsilon) = h^{-1}I_N$ 是 $var(\varepsilon_i) = h^{-1}$ 和 $cov(\varepsilon_i, \varepsilon_j) = 0$ 的简化表示，$i,j = 1, \cdots, N$ 且 $i \neq j$。

第二个假设的含义是，如果以 X 为条件，$p(y \mid X, \beta, h)$ 可以看作似然函数。和第 2 章一样，为了简化，从条件集合中去掉 X。

利用多元正态密度函数定义，似然函数可以写为

$$p(y \mid \beta, h) = \frac{h^{N/2}}{(2\pi)^{N/2}} \left\{ \exp\left[-\frac{h}{2}(y - X\beta)'(y - X\beta) \right] \right\} \tag{3.3}$$

与式（2.2）对比发现，式（3.3）中 $(y - X\beta)'(y - X\beta)$ 与式（2.2）的 $\sum(y_i - \beta x_i)^2$ 类似。可以证明，列向量 a 的乘积 $a'a$ 结果是一个平方和。

容易证明，与式（2.3）~式（2.5）的作用相同，似然函数可以表示成 OLS 估计量的表达式。这些 OLS 估计量（见 Greene（2000）或使用矩阵表示的其他频率学派计量经济学教材）为

$$v = N - k \tag{3.4}$$

$$\hat{\beta} = (X'X)^{-1}X'y \tag{3.5}$$

以及

$$s^2 = \frac{(y - X\hat{\beta})'(y - X\hat{\beta})}{v} \tag{3.6}$$

将第 2 章的导数（见式（2.2）~式（2.6）的内容）推广到矩阵形式，可以证明似然函数可以写为

$$p(y \mid \beta, h) = \frac{1}{(2\pi)^{N/2}} \left\{ h^{1/2} \exp\left[-\frac{h}{2}(\beta - \hat{\beta})' X'X (\beta - \hat{\beta}) \right] \right\} \left\{ h^{v/2} \exp\left[-\frac{hv}{2s^{-2}} \right] \right\} \tag{3.7}$$

| 3.4 | 先验分布

式（3.7）表明，自然共轭先验分布为正态-伽马分布，事实也确实如此。换句话说，如果给定 h 的 β 条件分布为

$$\beta \mid h \sim N(\underline{\beta}, h^{-1}\underline{V})$$

且 h 的先验分布为

$$h \sim G(\underline{s}^{-2}, \underline{v})$$

则后验分布也是如此。根据正态-伽马分布的表示方法，有

$$\beta, h \sim NG(\underline{\beta}, \underline{V}, \underline{s}^{-2}, \underline{v}) \tag{3.8}$$

发现式（3.8）与式（2.7）基本相同，只不过式（3.8）中的 $\underline{\beta}$ 是 k 阶列向量，包含 k 个回归系数 $\beta_1, \cdots, \beta_k$ 的先验均值，$\underline{V}$ 是 $k \times k$ 阶正定先验协方差矩阵。先验密度函数为 $p(\beta, h) = f_{NG}(\beta, h \mid \underline{\beta}, \underline{V}, \underline{s}^{-2}, \underline{v})$。

|3.5| 后验分布

式（3.7）的似然函数乘以式（3.8）的先验密度函数，合并同类项，得到后验密度函数（见习题2）。后验分布形式为

$$\beta, h\mid y \sim NG\left(\bar{\beta}, \bar{V}, \bar{s}^{-2}, \bar{v}\right) \tag{3.9}$$

其中

$$\bar{V} = \left(\underline{V}^{-1} + X'X\right)^{-1} \tag{3.10}$$

$$\bar{\beta} = \bar{V}\left(\underline{V}^{-1}\underline{\beta} + X'X\hat{\beta}\right) \tag{3.11}$$

$$\bar{v} = \underline{v} + N \tag{3.12}$$

且 $\bar{s}^{-2}$ 由

$$\bar{v}\bar{s}^2 = \underline{v}\,\underline{s}^2 + vs^2 + \left(\hat{\beta} - \underline{\beta}\right)'\left[\underline{V} + \left(X'X\right)^{-1}\right]^{-1}\left(\hat{\beta} - \underline{\beta}\right) \tag{3.13}$$

隐含确定。

前面的表达式刻画了联合后验分布。如果想计算 β 的边缘后验分布，可如第2章那样（见式（2.13））求对 h 的积分。结果为多元 t 分布。利用附录B的表示为

$$\beta\mid y \sim t\left(\bar{\beta}, \bar{s}^2\bar{V}, \bar{v}\right) \tag{3.14}$$

根据 t 分布定义，有

$$E\left(\beta\mid y\right) = \bar{\beta} \tag{3.15}$$

且

$$var\left(\beta\mid y\right) = \frac{\bar{v}\bar{s}^2}{\bar{v} - 2}\bar{V} \tag{3.16}$$

根据正态–伽马分布性质，直接得到

$$h\mid y \sim G\left(\bar{s}^{-2}, \bar{v}\right) \tag{3.17}$$

进而得到

$$E\left(h\mid y\right) = \bar{s}^{-2} \tag{3.18}$$

且

$$var\left(h\mid y\right) = \frac{2\bar{s}^{-2}}{\bar{v}} \tag{3.19}$$

这些表达式除了使用矩阵或向量代替标量外，与式（2.8）~式（2.18）基本相同。例如 $\hat{\beta}$ 不再是标量，而是向量；矩阵 $(X'X)^{-1}$ 与第2章中标量 $1/\sum x_i^2$ 的作用相同；$\bar{V}$ 是 $k \times k$ 阶矩阵等。这些公式的意义也基本相同。例如，在第2章中，β 的后验均值 $\bar{\beta}$ 是先验均值 $\underline{\beta}$ 和 OLS 估计量 $\hat{\beta}$ 的加权平均，权重反映了先验信息（$\underline{V}^{-1}$）和数据信息（$\sum x_i^2$）的力量对比。这里的意义也一样，只不过后验均值是先验信息和数据信息的矩阵加权平均（也可见习题6）。

研究人员必须先求出先验超参数 $\underline{\beta}$、$\underline{V}$、$\underline{s}^{-2}$、$\underline{v}$。许多时候，这些参数可以利用经济理论、常识以及之前利用不同数据的实证研究结果来确定。实际上，自然共轭先验分布可

以看作利用虚拟数据得到的结果，虚拟数据与实际数据的生成过程相同而已。抑或者，研究人员可以尝试使用大量先验分布进行先验敏感性分析，也可以使用相对无信息先验分布。例如，可以设 $\underline{v}$ 为远小于 N 的值，设 $\underline{V}$ 为远"大于" N 的值。矩阵运算中"大于"的含义与标量中"大于"的意义不同。对于 $a > b$ 的标量 a 和 b，对应的矩阵表述应该是方阵 A 和 B，A−B 是正定矩阵。矩阵大小的一种度量方法是行列式。因此，如果 A−B 是行列式较大的正定矩阵（见附录 A，行列式定义 A.10 和正定行列式定义 A.14），则说"矩阵 A 大于矩阵 B"。

下面考察上一段讨论的极限情况，设 $\underline{v} = 0$，$\underline{V}^{-1}$ 取很小的值，就得到纯粹无信息先验分布。$\underline{V}^{-1}$ 取值方式并不唯一（见习题 5）。普遍采用的方法是设 $\underline{V}^{-1} = cI_k$，其中 c 为标量，并令 c 趋于 0。此时 $\beta, h \mid y \sim NG\left(\bar{\beta}, \bar{V}, \bar{s}^{-2}, \bar{v}\right)$，其中

$$\bar{V} = \left(X'X\right)^{-1} \tag{3.20}$$

$$\bar{\beta} = \hat{\beta} \tag{3.21}$$

$$\bar{v} = N \tag{3.22}$$

以及

$$\overline{vs}^2 = vs^2 \tag{3.23}$$

和第 2 章最简单模型的结果一样，这些公式仅涉及数据信息，等于普通最小二乘估计量。

和一个解释变量情形一样，这个无信息先验分布是不适当的，可以表示为

$$p\left(\beta, h\right) \propto 1/h \tag{3.24}$$

|3.6| 模型比较

对于包含 k 个解释变量的线性回归模型，需要做大量的模型比较。本节考虑两类模型比较问题。第一类是利用参数空间的不等式约束判别模型。第二类是利用参数空间的等式约束判别模型。

3.6.1 有不等式约束的模型比较

在某些情况下，研究的焦点是参数空间的区域。例如，在市场营销的例子中，因变量为产品的销售量，其中一个解释变量反映了具体广告活动的支出。此时，经济学家想了解广告支出是否会增加销售量（即广告支出变量的系数是否为正）。在商品生产例子中，经济学家想了解生产是规模收益递增还是规模收益递减。证明规模收益递增/递减就是考察回归模型系数的具体组合是否大于/小于 1。这两个例子都至少包含回归系数的一个不等式约束。

假设不等式约束的形式为

$$R\beta \geq r \tag{3.25}$$

其中，R 为已知的 $J \times k$ 阶矩阵，r 为已知的 J 阶列向量。式（3.25）包含涉及回归系数 β 的 J 个不等式约束。为了保证约束不是多余的，必须假设 R 的秩等于 J。现在定义两个模型

$M_1: R\beta \geq r$

以及

$M_2: R\beta \ngeq r$

模型 M_2 中不等式符号表示模型 M_1 中 J 个不等式至少有一个被破坏。

上面定义的两个模型，后验机会比通常很容易计算，并且利用无信息先验分布也不存在任何问题。也就是说

$$PO_{12} = \frac{p(M_1 \mid y)}{p(M_2 \mid y)} = \frac{p(R\beta \geq r \mid y)}{p(R\beta \ngeq r \mid y)} \tag{3.26}$$

因为 β 的后验分布为多元 t 分布（见式（3.14）），因此 $p(R\beta \mid y)$ 也服从 t 分布（见附录 B，定理 B.14）。利用 MATLAB 等软件能够计算出 t 分布在某个区间内的概率，因此很容易计算出 $p(R\beta \geq r \mid y)$。另外，当 $J = 1$ 时，可以使用单变量 t 分布的统计表。

3.6.2 等式约束

涉及等式约束的模型比较要稍复杂些，并且使用无信息先验分布会导致其他问题。涉及等式约束的模型比较通常有两类问题。第一类问题是比较模型 M_1 和模型 M_2，模型 M_1 施加了约束 $R\beta = r$，模型 M_2 没有约束条件。模型 M_1 是嵌入其他模型的例子（即对模型 M_2 的参数施加约束 $R\beta = r$，得到模型 M_1）。第二类问题是比较模型 $M_1: y = X_1 \beta_{(1)} + \varepsilon_1$ 和模型 $M_2: y = X_2 \beta_{(2)} + \varepsilon_2$，其中 X_1 和 X_2 是包含完全不同解释变量的矩阵。由于已经使用 β_j 表示式（3.1）中的标量回归系数，这里只能用 $\beta_{(j)}$（$j = 1, 2$）表示第 j 个模型的回归系数。这是非嵌入模型比较问题的例子。[①]

对于这两类等式约束的模型比较问题，可以将要比较的两个模型写成

$$M_j: y_j = X_j \beta_{(j)} + \varepsilon_j \tag{3.27}$$

其中，$j = 1, 2$ 表示这两个模型；y_j 在下文给出定义；X_j 为解释变量的 $N \times k_j$ 阶矩阵；$\beta_{(j)}$ 为 k_j 阶回归系数列向量；β_j 为 N 阶误差列向量，服从 $N(0_N, h_j^{-1} I_N)$。

通过设 $y_1 = y_2$ 可以解决非嵌入模型比较问题。对于嵌入模型比较问题，首先估计非约束线性回归模型式（3.2）。无约束模型就是模型 M_2，即设 $y_2 = y$，$X_2 = X$ 和 $\beta_{(2)} = \beta$。由于模型 M_1 有约束条件 $R\beta = r$，需要给解释变量施加约束条件来解决。这需要重新定义因变量。Poirier（1995，pp.540–541）详细讨论了更一般条件下的处理方法。不过，看几个例子就足以了解如何重新定义合适的解释变量和因变量，在式（3.2）上施加约束条件 $R\beta = r$。约束条件 $\beta_m = 0$ 的意思就是从解释变量 X 中剔除第 m 个解释变量，得到解释变量 X_1。约束条件 $\beta_m = r$ 的意思就是从解释变量 X 剔除第 m 个解释变量，得到解释变量 X_1，并且定义 $y_1 = y - rx_m$，其中 x_m 是 X 的第 m 列。约束条件 $\beta_2 - \beta_3 = 0$ 的意思是从解释变量 X 中剔除第 2 个和第 3 个解释变量，加入一个新的解释变量。新的解释变量为剔除掉的两个解释变量的和。对上述例子的思路直接推广，可以处理涉及乘法的约束条件

---

① 通过定义包含解释变量 $X = [X_1, X_2]$ 的模型 M_3，可以将非嵌入模型比较问题转变成嵌入模型比较问题。此时模型 M_1 和模型 M_2 都嵌入到模型 M_3 中。

或更复杂的约束条件。

这两个模型的正态-伽马先验分布为

$$\beta_{(j)}, h_j \mid M_j \sim NG\left(\underline{\beta}_j, \underline{V}_j, \underline{s}_j^{-2}, \underline{v}_j\right) \tag{3.28}$$

$j = 1, 2$。后验分布为

$$\beta_{(j)}, h_j \mid y_j \sim NG\left(\bar{\beta}_j, \bar{V}_j, \bar{s}_j^{-2}, \bar{v}_j\right) \tag{3.29}$$

其中

$$\bar{V}_j = \left(\underline{V}_j^{-1} + X'_j X_j\right)^{-1} \tag{3.30}$$

$$\bar{\beta}_j = \bar{V}_j\left(\underline{V}_j^{-1}\underline{\beta}_j + X'_j X_j \hat{\beta}_j\right) \tag{3.31}$$

$$\bar{v}_j = \underline{v}_j + N \tag{3.32}$$

并且 $\bar{s}_j^{-2}$ 由

$$\bar{v}_j \bar{s}_j^2 = \underline{v}_j \underline{s}_j^2 + v_j s_j^2 + \left(\hat{\beta}_j - \underline{\beta}_j\right)'\left[\underline{V}_j + \left(X'_j X_j\right)^{-1}\right]^{-1}\left(\hat{\beta}_j - \underline{\beta}_j\right) \tag{3.33}$$

隐含确定。与式（3.4）~式（3.6）类似，$\hat{\beta}_j, s_j^2$ 和 v_j 是 OLS 估计量。

采用与第 2 章相同的方式（见式（2.31）~式（2.34）），推导出每个模型的边缘似然函数以及后验机会比。具体来说，边缘似然函数变为

$$p\left(y_j \mid M_j\right) = c_j\left(\frac{|\bar{V}_j|}{|\underline{V}_j|}\right)^{1/2}\left(\bar{v}_j \bar{s}_j^2\right)^{-\frac{\bar{v}_j}{2}} \tag{3.34}$$

$j = 1, 2$。其中

$$c_j = \frac{\Gamma\left(\dfrac{\bar{v}_j}{2}\right)\left(\underline{v}_j \underline{s}_j^2\right)^{\frac{v_j}{2}}}{\Gamma\left(\dfrac{\underline{v}_j}{2}\right)\pi^{N/2}} \tag{3.35}$$

比较模型 M_1 和 M_2 的后验机会比为

$$PO_{12} = \frac{c_1\left(\dfrac{|\bar{V}_1|}{|\underline{V}_1|}\right)^{1/2}\left(\bar{v}_1 \bar{s}_1^2\right)^{-\frac{\bar{v}_1}{2}}p\left(M_1\right)}{c_2\left(\dfrac{|\bar{V}_2|}{|\underline{V}_2|}\right)^{1/2}\left(\bar{v}_2 \bar{s}_2^2\right)^{-\frac{\bar{v}_2}{2}}p\left(M_2\right)} \tag{3.36}$$

第 2 章已经讨论过影响后验机会比的因素。具体来说，后验机会比取决于先验机会比，且根据模型拟合优度、先验信息和数据信息的一致程度以及简约性进行奖惩。

根据模型的简约性进行奖惩与无信息先验分布的使用密切相关。当讨论后验推断时，采用的先验分布满足 $\underline{v} = 0$ 和 $\underline{V}^{-1} = cI_k$，其中 c 为标量。令标量 c 趋于零，就定义了一个无信息先验分布。通俗地讲，就是设定 $\underline{v} = 0$ 表示误差精确度 h 没有先验信息，设

标量 c 趋于零表示回归系数 β 没有先验信息。本节分别考虑变成无信息先验分布的两个步骤。一个重要结论是，h_j 使用无信息先验分布比较合理，回归系数 $\beta_{(j)}$ 使用无信息先验分布就不合理，$j = 1, 2$。原因是误差精确度是两个模型的共同参数，参数意义相同。但斜率系数 $\beta_{(1)}$ 和 $\beta_{(2)}$ 不相同，$k_1 \neq k_2$ 时，利用无信息先验分布，使用后验机会比进行贝叶斯模型比较，就会出现严重问题。正因为如此，得到一个重要的经验法则：利用后验机会比做模型比较时，所有模型都用的参数可以采用无信息先验分布。而其他参数则需使用适当的信息先验分布。这个经验法则不仅适用于回归模型，而且对于所有模型都普遍适用。

下面证明上一段所述结论。首先考虑设 $\underline{v}_1 = \underline{v}_2 = 0$ 时会出现什么后果。[1] 由于 $c_1 = c_2$，式（3.36）的后验机会比公式会大大简化。不过，后验机会比依然有意义，还能用它解释模型拟合优度（即 s_j^2），先验信息和数据信息的一致性（见式（3.33）的最后一项）等问题。总之，两个模型的误差精确度都采用无信息先验分布，是完善合理的选择。

不过，如果斜率系数 $\beta_{(j)}$ 采用无信息先验分布，$k_1 \neq k_2$ 时，就极可能出现较大问题。在非嵌入模型比较问题中，两个模型的解释变量不同，显然斜率系数 $\beta_{(1)}$ 和 $\beta_{(2)}$ 的维度和意义都不同。对于嵌入模型比较问题，对模型 M_1 施加约束条件能确保 $\beta_{(1)}$ 的维度低于 $\beta_{(2)}$ 的维度，必然有 $k_1 < k_2$。因此，$k_1 \neq k_2$ 极为普遍。此时解释后验机会比的问题出在 $\left| \underline{V}_j \right|$ 这项上。如果设 $\underline{V}_j^{-1} = c I_{k_j}$，则 $\left| \underline{V}_j \right| = 1/c^{k_j}$。令 c 趋于零时，根本消不掉式（3.36）中含的 c 的各项。事实上，只要先验机会比是正的有限值，当 $k_1 < k_2$ 时，PO_{12} 就趋于无穷大。仅当 $k_1 > k_2$ 时，PO_{12} 才会趋于零。换句话说，后验机会比无视数据信息的作用，总是一边倒地支持参数较少的模型。在极限状态下，对简约性的奖励完全占优，当然选择更简约的模型！显然，这毫无道理。但这个结论也提出一个有力的论据，那就是斜率系数 $\beta_{(1)}$ 和 $\beta_{(2)}$ 需要采用信息先验分布，至少两个模型非共同的斜率系数应该如此。

你可能会认为，当 $k_1 = k_2$ 时，采用无信息先验分布不会出问题。此时，后验机会比为

$$PO_{12} = \frac{\left(\left| X_1' X_1 \right| \right)^{-1/2} \left(v_1 s_1^2 \right)^{-N/2} p(M_1)}{\left(\left| X_2' X_2 \right| \right)^{-1/2} \left(v_2 s_2^2 \right)^{-\bar{N}/2} p(M_2)} \tag{3.37}$$

不过，你会发现这个表达式取决于度量单位。例如，如果模型 M_1 中解释变量 X_1 的原来单位为美元，现在把模型 M_1 中的解释变量单位变成千美元，模型 M_2 的解释变量 X_2 不变，后验机会比会发生变化。这个性质比较讨厌，导致许多贝叶斯计量方法不敢使用无信息先验分布，即使 $k_1 = k_2$ 时亦如此。当研究人员诱导一个信息先验分布时，就不会出现这个问题。例如，在下一节的实例中，因变量是房屋价格（单位为美元），其中一个解释变量 x_2 为房屋建筑面积（单位为平方英尺）。斜率系数 β_2 的意义是"其他房屋指标保持不变时，房屋面积额外增加一平方英尺，房屋价格平均上升 β_2 美元"。研究人员在

---

① 从严谨的数学角度，二者需以相同速率趋于零。

选择 β_2 先验分布时，会时刻牢记它的意义。不过，如果解释变量 x_2 的单位变为百平方英尺时，此时 β_2 的意义为"其他房屋指标保持不变时，房屋面积额外增加一百平方英尺，房屋价格平均上升 β_2 美元"。当 x_2 的单位发生变化时，β_2 的意义随之变化，因此研究人员需要采用一个截然不同的先验分布。换句话说，当研究人员诱导一个信息先验分布时，已经将度量单位变化的影响考虑在内。不过，研究人员如果使用无信息先验分布，就不会考虑度量单位变化的影响。

本节的一个重要结论是做模型比较时，区别模型的参数或者受约束的参数必须诱导信息先验分布。对于计量经济学其他行为（即估计和预测），如果贝叶斯学派研究人员的目标是保留"客观"性，不引入先验信息，那么采用无信息先验分布是可接受的。不过，采用无信息先验分布计算后验机会比，就不可接受了。

尽管本节结论是在两模型比较情况下得到的，但可以直接推广到多模型比较情形（见第 1 章式（1.7）后的讨论）。还须重点强调一下，利用后验机会比可以计算出后验模型概率。后验模型概率是做贝叶斯模型平均所必需的（见式（2.42））。

3.6.3　最高后验密度区间

标准贝叶斯模型比较方法是基于一个直观想法，那就是 $p(M_j|y)$ 概括了看到数据后对有关模型 M_j 的了解和不确定性。不过，正如刚才所见，计算有意义的后验模型概率通常需要诱导信息先验分布。利用贝叶斯方法进行模型检验和模型比较时，如果采用无信息先验分布，需要其他方法来完成。不过，这些方法并不像贝叶斯模型概率那样具有直观吸引力，仅仅是某个特殊评价方法而已。后面各章将讨论这类方法。这一节引入最高后验密度区间（Highest Posterior Density Interval，HPDI）思想，说明如何利用最高后验密度区间这个特殊方式比较嵌入模型。

在讨论模型比较之前，首先定义一些基础概念。虽然这些概念是针对正态线性回归模型的参数向量 β 提出的，但具有普遍适用性，可以用于任何模型的参数。假设回归系数向量 β 的元素取值区间为 $(-\infty, +\infty)$，表示为 $\beta \in R^k$。令 $\omega = g(\beta)$ 在区域 Ω 内有定义，为 β 函数的 m 阶列向量，其中 $m \leq k$。令 C 为 Ω 内的一个区域，表示为 $C \subseteq \Omega$。

定义 3.1：可信集

如果 $p(\omega|y)$ 满足条件

$$p(\omega \in C|y) = \int_C p(\omega|y) d\omega = 1 - \alpha$$

则称 $C \subseteq \Omega$ 为 $p(\omega|y)$ 的 $100(1-\alpha)\%$ 可信集。

举个例子，假设 $\omega = g(\beta) = \beta_j$ 为一个回归系数，则 β_j 的 95% 可信区间是满足

$$p(a \leq \beta_j \leq b|y) = \int_a^b p(\beta_j|y) d\beta_j = 0.95$$

的任意区间 $[a, b]$。可能的可信区间通常会很多。例如，假设 $\beta_j|y$ 服从 $N(0,1)$。利用标准正态分布的统计表，$[-1.96, 1.96]$ 是 95% 可信区间，$[-1.75, 2.33]$ 也是 95% 可信区间，还有 $[-1.64, \infty)$，以此类推。在这样无穷多的可信区间中，普遍做法是选择覆盖面积最小的区间作为可信区间。对于标准正态分布，$[-1.96, 1.96]$ 就是最短可信区间。

这种选择方法就叫作最高后验密度区间。下面给出最高后验密度区间的数学定义。

定义 3.2：最高后验密度区间

ω 的 $100(1-\alpha)\%$ 最高后验密度区间是在 ω 的所有 $100(1-\alpha)\%$ 可信区间中，面积最小的 ω 的 $100(1-\alpha)\%$ 可信区间。

做贝叶斯估计时，普遍做法是既给出点估计量，也给出最高后验密度区间。例如，研究人员需要报告 β_j 的后验均值和 95% 最高后验密度区间。研究人员确信 β_j 有 95% 的可能落在最高后验密度区间（HPDI）内。作为一种特殊方式，利用最高后验密度区间可以做模型比较。例如，考虑两个式（3.2）所示的正态线性回归模型，目的是确定是否应该包含第 j 个解释变量。因此，这两个模型为

$$M_1 : \beta_j = 0$$

和

$$M_2 : \beta_j \neq 0$$

根据式（3.28）~式（3.33）的步骤可以对模型 M_2 作后验推断，根据 t 分布性质计算 β_j 的最高后验密度区间。如果最高后验密度区间不包括 0，结果拒绝模型 M_1；如果最高后验密度区间包括 0，结果支持模型 M_1。显而易见，这个策略可以推广到考察约束 $R\beta = r$ 是否成立的情形。

熟知频率学派计量经济学的读者会发现，这个方法和普遍使用的假设检验过程极为相似。例如，频率学派通过计算 β_j 的置信区间，检验假设 $\beta_j = 0$ 是否显著。如果置信区间包括 0，接受假设；如果置信区间不包括 0，拒绝假设。不过需再次强调，这种相似性仅仅能提供一点直觉而已。置信区间的含义与最高后验密度区间的含义截然不同。

最高后验密度区间是具有普遍适用性的方法，只要后验分布存在，就存在最高后验密度区间。因此，可以使用前面讨论的无信息先验分布。不过，与后验机会比方法相比，使用最高后验密度区间进行模型比较尽管合乎情理，但并不正规，缺乏坚实的概率论基础。

|3.7| 预测

第 2 章式（2.36）~式（2.40）介绍了单一解释变量的正态线性回归模型的预测问题。多解释变量情形的预测问题仅仅是单一解释变量情形的扩展。假设正态线性回归模型如式（3.2）所示，似然函数和先验分布分别为式（3.3）和式（3.8）。根据式（3.9）实施后验推断，预测推断出 T 个未观测到的因变量值 $y^* = (y_1^*, \cdots, y_T^*)$，其生成过程为

$$y^* = X^* \beta + \varepsilon^* \tag{3.38}$$

其中，ε^* 与 ε 相互独立，服从 $N(0, h^{-1} I_T)$；与 X 类似，X^* 是包含 k 个解释变量的 $T \times k$ 阶矩阵，每个解释变量都有 T 个样本外数据点。

对式（2.37）~式（2.40）简单推广，就得到推导 y^* 的预测密度函数的步骤。也就是说，基于

$$p(y^* \mid y) = \iint p(y^* \mid y, \beta, h) p(\beta, h \mid y) \, d\beta dh$$

进行贝叶斯预测。由于 ε^* 与 ε 相互独立，y 与 y^* 也相互独立。因此有 $p(y^* \mid y, \beta, h)$ $= p(y^* \mid \beta, h)$。$p(y^* \mid \beta, h)$ 可以写为

$$p(y^* \mid \beta, h) = \frac{h^{\frac{s}{2}}}{(2\pi)^{\frac{s}{2}}} \exp\left[-\frac{h}{2}(y^* - X^*\beta)'(y^* - X^*\beta) \right] \tag{3.39}$$

式（3.38）两侧同时乘上后验密度函数式（3.9），并求积分，得到多元 t 预测密度函数

$$y^* \mid y \sim t\left(X^*\bar{\beta}, \bar{s}^2\{ I_T + X^*\bar{V}X^{*'} \}, \bar{v} \right) \tag{3.40}$$

对于采用自然共轭先验分布的正态线性回归模型，利用式（3.40）可以做预测推断。

|3.8| 计算方法：蒙特卡罗积分

利用前一节的结论，可以得到模型比较、预测和斜率系数 β 的后验推断的解析解。此外，由于 β 的边缘后验分布是多元 t 分布，β 的线性组合也是多元 t 分布（见附录 B，定理 B.14），因此对于式（3.25）确定的 R，利用多元 t 分布可以做 $R\beta$ 的后验推断。而 h 的边缘分布为伽马分布，则根据伽马分布性质可以做误差精确度的统计推断。

不过，在某些情况下，既不是做 β 的统计推断，也不是做 $R\beta$ 的统计推断，而是考察 β 的某些非线性函数 $f(\beta)$ 的统计推断。假设 $f(\beta)$ 为标量函数，本节介绍的方法可以推广到多个函数情形，仅需每次处理一个函数即可。

$f(\beta)$ 后验分布的密度函数通常并不具有解析特性。这正是讨论后验模拟的恰当时机。我们在第 1 章讨论过，即使不知道密度函数的数值特征（如均值、标准差等），也可以利用计算机模拟方法模拟数值特征。后验模拟的最简单算法是蒙特卡罗积分。对于正态线性回归模型，蒙特卡罗积分（见定理 1.1）的基本定理为：

定理 3.1 蒙特卡罗积分

令 $\beta^{(s)}$ 为 $p(\beta \mid y)$ 的随机抽样，$s = 1, \cdots, S$；$g(\cdot)$ 为任意函数。定义

$$\hat{g}S = \frac{1}{S}\sum_{s=1}^{s} g(\beta^{(s)}) \tag{3.41}$$

则当 S 趋于无穷时，$\hat{g}s$ 收敛到 $E[g(\beta) \mid y]$。

不要混淆 $f(\cdot)$ 和 $g(\cdot)$ 这两个函数。如果设 $f(\cdot) = g(\cdot)$，就可以得到 $f(\cdot)$ 的估计量 $E[f(\beta) \mid y]$。不过，如果要计算 $f(\beta)$ 的其他后验数字特征，就需要引入函数 $g(\cdot)$。例如，要计算 $var[f(\beta) \mid y]$，就需要设 $g(\cdot) = f(\cdot)^2$，利用式（3.41）计算 $E[f(\beta)^2 \mid y]$。正如第 1 章所述，通过定义适当的 $g(\cdot)$，可以计算所需函数 $f(\cdot)$ 的后验数字特征。

根据式（3.41），给定 β 后验分布的随机抽样，可以做参数的任何函数的统计推断。蒙特卡罗积分需要写计算机代码，从多元 t 分布提取随机抽样。在许多地方可以获得这些代码。例如，在本书相关网站，可以下载下面实例的 MATLAB 代码。利用这些代码能够了解如何在实践中进行蒙特卡罗积分。这些代码的结构如下：

第一步：利用多元 t 分布随机数生成器，从式（3.14）的 β 后验分布提取随机抽样 $\beta^{(s)}$。

第二步：计算 $g(\beta^{(s)})$，并保存结果。

第三步：重复第一步和第二步 S 次。

第四步：计算 S 次抽样结果 $g(\beta^{(1)}),\cdots,g(\beta^{(s)})$ 的平均值。

经过上述步骤，可以得到任何你感兴趣的函数 $E[g(\beta)\,|\,y]$ 的估计量。

必须强调一点，利用蒙特卡罗积分仅能获得 $E[g(\beta)\,|\,y]$ 的近似结果（因为不可能设 $S=\infty$）。不过通过选择 S 的值，研究人员可以控制近似误差大小。进而如第1章所述（见式（1.13）），利用中心极限定理可以得到近似误差的数值测度。具体来说，就是当 S 趋于无穷时

$$\sqrt{S}\left\{\hat{g}S - E\big[g(\beta)\,|\,y\big]\right\} \to N(0,\sigma_g^2) \tag{3.42}$$

其中，$\sigma_g^2 = var(g(\beta)\,|\,y)$。利用蒙特卡罗积分可以估计 $var(g(\beta)\,|\,y)$，这个估计量称为 $\hat{\sigma}_g^2$。利用 $\hat{\sigma}_g^2$，式（3.42）和正态密度函数的性质，可以得到

$$\mathrm{Pr}\left\{E\big[g(\beta|\,y)\big] - 1.96\frac{\hat{\sigma}_g}{\sqrt{S}} \leqslant \hat{g}S \leqslant E\big[g(\beta)\,|\,y)\big] + 1.96\frac{\hat{\sigma}_g}{\sqrt{S}}\right\} \approx 0.95$$

$$\tag{3.43}$$

整理概率表达式（3.43），得到 $E[g(\beta)\,|\,y]$ 的95%置信区间 $\left[\hat{g}S - 1.96\dfrac{\hat{\sigma}_g}{\sqrt{S}},\ \hat{g}S + 1.96\dfrac{\hat{\sigma}_g}{\sqrt{S}}\right]$。研究人员可以用它度量 $E[g(\beta)\,|\,y]$ 估计的精确度，或者用它来指导选择 S 值。另外，可以给出标准误 $\hat{\sigma}_g/\sqrt{S}$ 的值，它包含同样的信息，但形式更简约。

| 3.9 | 实例

我们使用加拿大温莎市1987年 $N=546$ 栋房屋销售价格数据，实例说明多元回归模型的贝叶斯推断问题。Anglin 和 Gencay（1996）对此数据做了详细介绍。我们感兴趣的是影响房屋价格的因素，因此房屋价格是因变量。这里使用了四个解释变量，房屋建筑面积、卧室数量、浴室数量和房屋的楼层数。变量包括：

- y_i = 第 i 栋房屋的销售价格，单位为加元；
- x_{i2} = 第 i 栋房屋的建筑面积，单位为平方英尺；
- x_{i3} = 第 i 栋房屋的卧室数量；
- x_{i4} = 第 i 栋房屋的浴室数量；
- x_{i5} = 第 i 栋房屋的楼层数。

研究人员在使用这些数据时，想必对温莎市房地产市场已有所了解，利用这些知识可以诱导出合理的信息先验分布，抑或研究人员向当地房地产经纪人咨询，获得先验信息。例如，研究人员可以向房地产经纪人咨询下列问题："房屋建筑面积4 000平方英尺，有两个卧室，一个浴室，一层。预期售价应为多少？""房屋建筑面积6 000平方英尺，有三个卧室，两个浴室，两层。预期售价应为多少？"由于这里有5个未知回归系数，需要5个这样问题的答案，研究人员才能得到包含5个未知数的5个方程。求解这

些方程，能获得房地产经纪人猜测房屋价格所用的回归系数。这些猜测可以作为回归系数 β 的先验均值。

由于仅仅是举例说明，这里仅粗略诱导信息先验分布。温莎市 1987 年的房屋价格变化幅度较大，但大部分房屋售价都在 50 000~150 000 美元之间。对于拟合程度较好的回归模型，误差大致应该是几千加元，最多不超过 10 000 美元。这表明 σ 是 5 000 左右。也就是说，由于误差服从均值为零的正态分布，如果 $\sigma = 5\,000$，则 95% 的误差绝对值应该小于 $1.96 \times 5\,000 = 9\,800$（美元）。因为 $h = 1/\sigma^2$，猜测 h 的合理先验值应该是 $1/5\,000^2 = 4.0 \times 10^{-8}$。因此，设 $\underline{s}^{-2} = 4.0 \times 10^{-8}$。不过，这也是极粗略的猜测而已，需要赋予它一个较小权重，设 $\underline{v}$ 等于一个远小于 N 的数值。因为 $N = 546$，所以设 $\underline{v} = 5$，所以包含的信息相对较少。通俗地讲，h 先验信息的权重大致为数据信息权重的 1%（即 $v/N \approx 0.01$）。对于回归系数，设

$$\underline{\beta} = \begin{bmatrix} 0.0 \\ 10 \\ 5\,000 \\ 10\,000 \\ 10\,000 \end{bmatrix}$$

回归系数的含义是"当其他解释变量保持不变时，第 j 个解释变量增加 1 单位，房屋价格平均上升 β_j 美元"。因此，根据先验均值表达式，有"如果两栋房屋的其他条件都一样，只不过第一栋房屋比另一栋房屋多一个卧室而已。此时预期第一栋房屋的价格要比第二栋房屋贵 5 000 美元"；或者说"如果房屋的其他条件都一样，浴室数量增加一个，房屋价格预期增加 10 000 美元"，以此类推。

上面猜测的回归系数都相当不精确，因此每个回归系数的先验方差很大。例如，假设截距项的先验信息极为不确定。此时，设 $var(\beta_1) = 10\,000^2$（即先验标准差为 10 000，95% 先验概率区间大致为 $[-20\,000, 20\,000]$，这个区间相当宽）。[1] 如果认为房屋建筑面积的影响最可能位于 0 到 20 之间，则可以选择 $var(\beta_2) = 25$（即 β_2 的先验标准差为 5）。对于其他回归系数，选择 $var(\beta_3) = 2\,500^2$ 和 $var(\beta_4) = var(\beta_5) = 5\,000^2$。这些超参数值的含义是，例如 β_4 的最佳先验猜测值是 10 000，最可能落入的区间为 $[0, 20\,000]$。

给出这些先验值后，可以得到先验协方差矩阵。根据正态-伽马分布性质，β 的先验协方差矩阵为

$$var(\beta) = \frac{vs^2}{v-2}\underline{V}$$

因为 $\dfrac{vs^2}{v-2} = 41\,666\,666\frac{2}{3}$，根据 $var(\beta_j)$ 的先验值，$j = 1, \cdots, 5$，有

$$\underline{V} = \begin{bmatrix} 2.40 & 0 & 0 & 0 & 0 \\ 0 & 6.0 \times 10^{-7} & 0 & 0 & 0 \\ 0 & 0 & 0.15 & 0 & 0 \\ 0 & 0 & 0 & 0.60 & 0 \\ 0 & 0 & 0 & 0 & 0.60 \end{bmatrix}$$

---

① 这里使用了近似的经验法则，那就是密度函数的 95% 概率区间大致为均值的两倍标准差。这个近似法则适用于正态分布或者与正态分布形状类似的其他分布（例如 t 分布）。

注意到这里设所有先验协方差为0。这是普遍做法，因为很难猜测这些协方差的合理数值。先验协方差为0的意义是β_i可能值的先验信息与β_j可能值的先验信息无关，$i \neq j$。在许多情况下，这样假设具有合理性。这就完成了关于模型参数的信息自然共轭先验分布的设定。

下一段说明实践中如何诱导先验分布。正如所见，诱导先验分布要复杂些，需要做大量猜测。不过物有所值，这样迫使研究人员仔细思考模型，详细考察模型参数的意义。如果研究人员没有任何先验信息（或者不愿意使用先验信息），也可以利用式（3.24）作无信息贝叶斯分析。

表3-1和表3-2给出了先验分布以及采用信息先验分布和无信息先验分布时后验分布的结果。利用式（3.9）~式（3.19），计算采用信息先验分布时的后验分布结果；利用式（3.20）~式（3.23），计算采用无信息先验分布时的后验分布结果。根据表3-1的结果，采用信息先验分布得到的结果与采用无信息先验分布的结果基本相同，这表明采用的先验分布信息含量相对较少。第2章单一回归系数的实证研究结果，利用信息先验分布计算得到的后验均值介于先验均值和OLS估计量之间。表3-1的结果依然有类似结论，利用信息先验分布计算得到的后验均值大都介于先验均值和OLS估计量之间。请记住OLS估计量等同于利用无信息先验分布得到的后验均值（见式（3.21））。不过，采用信息先验分布计算的后验均值，并不都是介于先验均值和OLS估计量之间（见β_1的结果）。原因是后验均值是先验均值和OLS估计量的矩阵加权平均（见式（3.11））。矩阵加权平均不能确保每个回归系数的后验均值都介于先验均值和OLS估计量之间。

表3-1 β的先验分布和后验分布均值（括号中为标准差）

斜率系数	先验分布 信息	后验分布	
		利用无信息先验分布	利用信息先验分布
β_1	0 （10 000）	−4 009.5 （3 593.16）	−4 035.05 （3 530.16）
β_2	10 （5）	5.43 （0.37）	5.43 （0.37）
β_3	5 000 （2 500）	2 824.61 （1 211.45）	2 886.81 （1 184.93）
β_4	10 000 （5 000）	17 105.17 （1 729.65）	16 965.24 （1 708.02）
β_5	10 000 （5 000）	7 634.90 （1 005.19）	7 641.23 （997.02）

表3-2给出了h的先验分布和后验分布结果。根据参数h的结果，依然发现数据信息的作用远大于先验信息。也就是说，采用信息先验分布的结果与采用无信息先验分布的结果基本相同。

根据回归参数的意义，可以将表3-1和表3-2的结果作一个标准总结。例如，研究人员可以这样写："无论是使用信息先验分布还是无信息先验分布，β_4的后验均值都是

17 000 左右。根据点估计量结果，如果两栋房屋的其他条件都一样，只不过第一栋房屋比第二栋房屋多了一个浴室，则第一栋房屋的价格预期要比第二栋房屋贵 17 000 美元左右"。更简洁的说法是"浴室数量对房屋价格边际影响的点估计量是 17 000 美元左右"。

表 3-2 h 的先验分布和后验分布特征

	先验分布	后验分布	
	信息	利用无信息先验分布	利用信息先验分布
均值	4.0×10^{-8}	3.03×10^{-9}	3.05×10^{-9}
标准差	1.6×10^{-8}	3.33×10^{-6}	3.33×10^{-6}

表 3-3 包括本章讨论的各种模型比较方法的相关结果。利用这些结果可以明确回答每个回归系数是否等于零。$p(\beta_j > 0 | y)$ 列给出了利用式（3.14）和 t 分布性质计算的每个系数大于零的概率。3.6.1 节讲述了这个概率的用途。"支持 $\beta_j = 0$ 的后验机会比"这一列给出的后验机会比，用于比较向量 β 有元素为零的模型和无约束模型。也就是说，利用 3.6.2 节介绍的方法计算后验机会比，比较回归模型 $M_1 : \beta_j = 0$ 和 $M_2 : \beta_j \neq 0$。有约束模型和无约束模型采用一样的信息先验分布，但 $\underline{\beta}$ 和 $\underline{V}$ 分别变成 4×1 矩阵和 4×4 矩阵，剔除了系数 β_j 的先验信息。使用的先验机会比为 1。表 3-3 的最后两列给出了采用无信息先验分布时，每个 β_j 的 99% 和 95% 最高后验密度区间。在 3.6.3 节介绍过，利用最高后验密度区间可以对等式约束进行统计检验。也曾讨论过，即使使用无信息先验分布，最高后验密度区间方法也仅是特殊场合能采用的合理方法。别忘了计算后验机会比通常需要信息先验分布（至少需要待比较两个模型的共同参数的信息先验分布）。因此，采用无信息先验分布时，没有报告后验机会比。

表 3-3   涉及 β 的模型比较

信息先验分布				
	$p(\beta_j > 0 | y)$	95% 最高后验密度区间	99% 最高后验密度区间	支持 $\beta_j = 0$ 的后验机会比
β_1	0.13	[−10 957, 2 887]	[−13 143, 5 073]	4.14
β_2	1.00	[4.71, 6.15]	[4.49, 6.38]	2.25×10^{-39}
β_3	0.99	[563.5, 5 210.1]	[−170.4, 5 944]	0.39
β_4	1.00	[13 616, 20 314]	[12 558, 21 372]	1.72×10^{-19}
β_5	1.00	[5 686, 9 596]	[5 069, 10 214]	1.22×10^{-11}
无信息先验分布				
	$p(\beta_j > 0 | y)$	95% 最高后验密度区间	99% 最高后验密度区间	支持 $\beta_j = 0$ 的后验机会比
β_1	0.13	[−11 055, 3 036]	[−13 280, 5 261]	—
β_2	1.00	[4.71, 6.15]	[4.48, 6.38]	—
β_3	0.99	[449.3, 5 200]	[−301.1, 5 950]	—
β_4	1.00	[13 714, 20 497]	[12 642, 21 568]	—
β_5	1.00	[5 664, 9 606]	[5 041, 10 228]	—

表3-3的结果与表3-1的结果一致。表3-1的结果表明，β_2、β_4和β_5的后验均值均大于零，与后验标准差之比非常大，有证据表明这三个系数均显著不是零，且大于零。无论使用信息先验分布还是无信息先验分布，表3-3的结果表明$p\left(\beta_j > 0 \mid y\right)$等于1（精确到小数点后几位），并且最高后验密度区间均不包含0，$j = 2, 4, 5$。采用信息先验分布时，比较模型$M_1 : \beta_j = 0$和$M_2 : \beta_j \neq 0$的后验机会比都很小，表明与有约束模型相比，选择无约束模型的概率非常大，$j = 2, 4, 5$。β_1和β_3的结论要复杂一些。例如，大多数实证结果支持$\beta_3 \neq 0$。不过，此参数的99%最高后验密度区间包含0。因此，如果用3.6.3节介绍的模型选择方法，答案取决于选择多大的最高后验密度区间。如果选择95%最高后验密度区间，结论是$\beta_3 \neq 0$；如果选择99%最高后验密度区间，结论是$\beta_3 = 0$。后验机会比反映了这种不确定性，后验机会比的值表明选择有约束模型的可能性是选择无约束模型的0.39倍。如果使用后验机会比计算后验模型概率，结果是$p\left(M_1 : \beta_3 = 0 \mid y\right) = 0.28$。用语言表达就是，$\beta_3 = 0$的机会为28%，$\beta_3 \neq 0$的机会是72%。出现这样的不确定结果，有必要考虑做贝叶斯模型平均，否则要么选择无约束模型要么选择有约束模型。无论选择哪个模型，选择错误模型的概率都很大。

下面说明如何利用正态线性回归模型作预测。一栋房屋的建筑面积为5 000平方英尺，两个卧室，两个浴室，一层。预测这栋房屋价格为多少？给定信息先验分布t（70 468，3.33×10^8，551），利用式（3.40）可以计算出预测分布。对于无信息先验分布，预测分布为t（70 631，3.35×10^8，546）研究人员可以将此预测密度函数提供给想要卖出此类房屋的房屋经纪人。例如，可以告诉经纪人，此类房屋销售价格的最佳猜测值是70 000美元多一点，但猜测值具有较大的不确定性（即预测的标准差是18 000美元左右）。

3.8节介绍了蒙特卡罗积分。在3.8节介绍过，对于采用自然共轭先验分布的正态线性回归模型，除非要研究回归系数的非线性函数，否则是不使用蒙特卡罗积分的。也就是说，由于已经知道β的后验数字特征（见表3-1），不需要做蒙特卡罗积分。不过，为了说明蒙特卡罗积分如何做，这里用蒙特卡罗积分计算β_2的后验均值和标准差。由表3-1可知，β_2的后验均值和标准差分别为5.43和0.37。这个数值可以作为蒙特卡罗积分计算结果的参照物。为简洁起见，这里仅计算采用信息先验分布时的结果。

蒙特卡罗积分计算过程如下：首先从β的后验分布提取随机抽样，之后求这些抽样的合适函数的平均值（见式（3.41））。根据式（3.14），$p\left(\beta \mid y\right)$为t密度函数。因此，可以编写计算机程序，重复根据式（3.14）的分布提取随机抽样，之后计算平均值。

表3-4为按照各种方法计算的β_2后验均值和标准差。"解析解"这一行是利用式（3.14）至式（3.16）计算的确切结果。其他行是利用不同复制次数的蒙特卡罗积分计算的结果。这些行也给出了相应标准误（见3.8节末尾的讨论）。根据标准误可以了解$E\left(\beta_2 \mid y\right)$蒙特卡罗近似的精度。

不出所料，随着复制次数的增加，后验均值和标准差的近似精度不断增加。[①]对于实证研究来说，S取多大值，取决于研究人员要达到的精度。例如，如果研究人员想对数据作初步探索，大致做个估计就行，那样设$S = 10$或100就够了。不过，要做更精确的估计（例如写入报告的最终结论），研究人员就需设$S = 10\ 000$甚至$100\ 000$。标准误很好地度量了近似的精度，近似后验均值与"解析解"这一行的真实后验均值的差几乎没超过一个标准误。

还要指出一点，尽管随着S增加，$E(\beta_2|y)$蒙特卡罗近似的精度增加，但并不随S线性增加。例如，表3-4中$S = 100\ 000$结果的精度并不是$S = 10\ 000$结果精度的10倍。究其原因，标准误$\hat{\sigma}_g/\sqrt{S}$的下降速度为$1/\sqrt{S}$。$S = 100\ 000$结果精度大约是$S = 10\ 000$结果精度的3.16倍（$\sqrt{10}$）。

表3-4　　　　　　　　　　各种计算方法下β_2的后验结果

	均值	标准差	标准误
解析解	5.4316	0.3662	—
复制次数			
S=10	5.3234	0.2889	0.0913
S=100	5.4877	0.4011	0.0401
S=1000	5.4209	0.3727	0.0118
S=10 000	5.4330	0.3677	0.0037
S=100 000	5.4323	0.3664	0.0012

|3.10| 小结

本章全面介绍了自然共轭先验分布和k个解释变量的正态线性回归模型的贝叶斯分析（即包括似然函数、先验密度函数、后验密度函数、模型比较和预测）。本章采用矩阵表示克服多解释变量（$k > 1$）的复杂性，除此之外的内容与第2章基本相同。本章介绍了最高后验密度区间的概念。本章还介绍了如何使用第1章讨论的蒙特卡罗积分，解决回归参数非线性函数的后验推断问题。

---

① 这里要提醒读者，计算结果的实例计算机程序可以在本书相关网站下载。使用这些程序（或自己编写程序），就能得到表3-1、表3-2和表3-3。不过，由于蒙特卡罗积分包含随机取样，不会恰好得到表3-4。也就是说，随机抽样不同，结论会有所不同。正式说法是随机数生成器需要种子。种子是一个数值，通常取自于计算机时钟。因此，程序运行时间不同，得到的随机抽样也不同。

|3.11| 习题

3.11.1 理论习题

1. 对于正态线性回归模型，证明似然函数式（3.3）可以利用OLS估计量式（3.7）来表示。

2. 假设 β 和 h 的先验分布为 $NG\left(\underline{\beta}, \underline{V}, \underline{s}^{-2}, \underline{v}\right)$，推导 β 和 h 的后验分布，进而证明此模型的自然共轭先验分布为正态-伽马分布。

3. 证明式（3.13）还可以表示成如下形式

$$\overline{vs}^2 = \underline{v}\underline{s}^2 + vs^2 + \left(\hat{\beta} - \underline{\beta}\right)'\left[\left(X'X\right)\bar{V}\underline{V}^{-1}\right]\left(\hat{\beta} - \underline{\beta}\right)$$

$$= \underline{v}\underline{s}^2 + \left(y - X\bar{\beta}\right)'\left(y - X\bar{\beta}\right) + \left(\bar{\beta} - \underline{\beta}\right)'\underline{V}^{-1}\left(\bar{\beta} - \underline{\beta}\right)$$

4. 对于正态线性回归模型，假设采用部分信息自然共轭先验分布，即仅获得 $J \leqslant k$ 个回归系数线性组合的先验信息，参数 h 采用无信息先验分布式（3.24）。因此 $R\beta \mid h \sim N\left(r, h^{-1}\underline{V}_r\right)$，其中 R 和 r 满足式（3.25），$\underline{V}_r$ 为 $J \times J$ 阶正定矩阵。证明后验分布为

$$\beta, h \mid y \sim NG\left(\tilde{\beta}, \tilde{V}, \tilde{s}^{-2}, \tilde{v}\right)$$

其中

$$\tilde{V} = \left(R'\underline{V}_r^{-1}R + X'X\right)^{-1}$$

$$\tilde{\beta} = \tilde{V}\left(R'\underline{V}_r^{-1}\underline{\beta} + X'X\hat{\beta}\right)$$

$$\tilde{v} = N$$

以及

$$\tilde{v}\tilde{s}^2 = \underline{v}\underline{s}^2 + \left(\tilde{\beta} - \hat{\beta}\right)'X'X\left(\tilde{\beta} - \hat{\beta}\right) + \left(R\hat{\beta} - r\right)'\underline{V}_r^{-1}\left(R\hat{\beta} - r\right)$$

5. 使用无信息先验分布的贝叶斯因子问题。考虑采用3.6.2节建立的无信息先验分布，利用贝叶斯因子进行两模型比较的问题。利用式（3.34），可以得到两模型比较的贝叶斯因子：

（a）考虑无信息先验分布，设参数为 $\underline{v}_j = 0$，$\underline{V}_j^{-1} = cI_{k_j}$，且令 $c \to 0$，$j = 1, 2$。证明比较模型 M_1 和模型 M_2 的贝叶斯因子为

$$\begin{cases} 0 & \text{当}\, k_1 > k_2 \text{时} \\ \left[\dfrac{|X_1'X|}{|X_2'X|}\right]^{-1/2}\left(\dfrac{v_1s_1^2}{v_2s_2^2}\right)^{-N/2} & \text{当}\, k_1 = k_2 \text{时} \\ \infty & \text{当}\, k_1 < k_2 \text{时} \end{cases}$$

（b）考虑无信息先验分布，设参数为 $\underline{v}_j = 0$，$\underline{V}_j^{-1} = \left(c^{1/k_j}\right)I_{k_j}$，且令 $c \to 0$，$j = 1, 2$。证明比较模型 M_1 和模型 M_2 的贝叶斯因子为

$$\left[\frac{|X'_1 X_1|}{|X'_2 X_2|}\right]^{-1/2}\left(\frac{v_1 s_1^2}{v_2 s_2^2}\right)^{-N/2}$$

（c）考虑无信息先验分布，设参数为 $\underline{v}_j = 0$，$\underline{V}_j^{-1} = \left(c^{1/k_j}\right)X'_j X_j$，且令 $c \to 0$，$j = 1, 2$。证明比较模型 M_1 和模型 M_2 的贝叶斯因子为

$$\left(\frac{v_1 s_1^2}{v_2 s_2^2}\right)^{-N/2}$$

6.椭球界定理。考虑自然共轭先验分布为 $\beta, h \sim NG\left(\underline{\beta}, \underline{V}, \underline{s}^{-2}, \underline{v}\right)$ 的正态线性回归模型。

（a）证明对于任意 $\underline{V}$ 值，β 的后验均值必然位于椭球形

$$\left(\bar{\beta} - \beta_{ave}\right)' X'X \left(\bar{\beta} - \beta_{ave}\right) \le \frac{\left(\hat{\beta} - \underline{\beta}\right)' X'X \left(\hat{\beta} - \underline{\beta}\right)}{4}$$

内部，其中

$$\beta_{ave} = \frac{1}{2}\left(\hat{\beta} + \underline{\beta}\right)$$

（b）当 $k = 1$ 时，证明根据（a）的结果，后验均值必然位于先验均值和 OLS 估计量之间。

（c）假设先验协方差矩阵 $\underline{V}$ 有上下界，即 $\underline{V}_1 \le \underline{V} \le \underline{V}_2$，意味着 $\underline{V}_2 - \underline{V}$ 和 $\underline{V} - \underline{V}_1$ 都是正定矩阵。推导出与（a）中结论类似的椭球约束。

（d）讨论如何利用（a）和（c）的结论，考察后验均值对先验假设变化的敏感性。

提示：本问题的答案或有关椭球界定理（ellipsoid bound theorems）的详细讨论，可以阅读 Leamer（1982）或 Poirier（1995，pp.526-537）的文献。

7.多重共线问题。考虑正态线性回归模型，分别取 3.3 节、3.4 节和 3.5 节描述的似然函数、先验分布和后验分布。此外假设 $Xc = 0$，c 为某个非零常数向量。这种情况称为完全共线问题。此时矩阵 X 不满秩，$(X'X)^{-1}$ 不存在（矩阵代数的相关定义见附录 A）。

（a）证明，即使存在完全共线问题，只要 $\underline{V}$ 是正定矩阵，后验分布就存在。定义 $\alpha = c'\underline{V}^{-1}\beta$

（b）证明，给定 h、α 的先验分布和后验分布相同，等于

$$N\left(c'\underline{V}^{-1}\underline{\beta}, h^{-1}c'\underline{V}^{-1}c\right)$$

此时即使使用先验信息可以克服完全共线问题，也不会得到回归系数某些线性组合的先验信息。

3.11.2 上机习题

在本书相关网站可以下载一些数据和 MATLAB 程序代码。房屋价格数据可以在本书网站下载，或者从 *Journal of Applied Econometrics* 的 Anglin 和 Gencay（1996）存档数据下载。相关网址：http：//qed.econ.queensu.ca/jae/1996-v11.6/anglin-gencay/。

8.（a）对于有截距项和一个解释变量的正态线性回归模型，生成100个人造数据（$N = 100$）。设截距项等于0，斜率系数等于1.0且$h = 1.0$。从U（0，1）分布中提取随机抽样作为解释变量的值（至于如何生成人造数据，请见第2章习题1）。

（b）利用上面的人造数据，采用正态－伽马先验分布$\underline{\beta} = (0,1)'$，$\underline{V} = I_2$，$\underline{s}^{-2} = 1$，$\underline{v} = 1$，计算后验均值和标准差。

（c）画出β_2后验分布的图像。

（d）计算比较模型$M_1 : \beta_2 = 0$和模型$M_2 : \beta_2 \neq 0$的贝叶斯因子。

（e）画出$x_2 = 0.5$时，未来观测值的预测分布。

（f）设$\underline{V} = cI_2$，分别取$c = 0.01$，1.0，100.0，1×10^6，重复上面（b）项、（d）项和（e）项步骤，进行先验分布的敏感性分析。先验信息变化时，后验分布敏感性如何？贝叶斯因子的敏感性如何？预测分布的敏感性如何？

（g）对于无信息先验分布，计算β的后验均值和标准差。

（h）利用无信息先验分布，计算β_2的99%最高后验密度区间，并考察假设$\beta_2 = 0$是否显著。将此结论与（d）项的结论进行比较。

9.对于正态线性回归模型，选择N和h的不同值，重做习题8，考察样本数和误差大小对贝叶斯估计、模型比较和先验分布敏感性分析的影响。

10.取S的各种值，利用蒙特卡罗积分计算习题8（b）项。S取值为多少时，才能得到与习题8（b）小数点后2位相同的结果。

11.利用实例的房屋价格数据，采用各种先验分布，考察先验分布的敏感性。对于先验分布的合理变化，实例结论是否稳健？

第 4 章

正态线性回归模型：其他先验分布

| 4.1 | 引言

前一章针对自然共轭先验分布，提出正态线性回归模型估计、模型比较和预测的贝叶斯方法。本章针对其他两个不同先验分布，考察正态线性回归模型的贝叶斯估计、模型比较和预测问题。之所以研究其他先验分布，部分原因是对于某个具体应用，共轭先验分布可能无法准确反映研究人员的先验信息。因此，需要寻找采用其他先验分布的贝叶斯方法。幸运的是，在介绍贝叶斯计算的某些重要概念时，已经提出了针对这些新型先验分布的方法。之所以在大家更熟悉的正态线性回归模型框架下引入这些新型先验分布，是希望将基本概念介绍得更为清楚明白。本书的许多不同模型都会反复用到这些基本概念。

前面讨论过（见式（2.7）的相关讨论），当先验分布为自然共轭分布时，β 和 h 并不相互独立。本章依然考虑正态线性回归模型，只不过先验分布采用独立正态-伽马分布。之后的结果将表明，将 β 和 h 不独立变成独立，这一字之差，导致贝叶斯计算有天壤之别。具体来说，后验分布、后验机会比以及预测分布不再具有类似于式（3.9）、式（3.36）和式（3.40）的解析解。这带来极大不便，需要使用后验模拟方法。本章将介绍 Gibbs 抽样器的概念，并说明如何利用 Gibbs 抽样器进行后验分布和预测推断。本章还将说明如何利用 Savage-Dickey 密度比率和 Gibbs 抽样器的结果计算后验机会比，对嵌套模型进行比较。

本节引入的第二个先验分布，在很多情况下具有较大的实践价值。这就是对参数 β 施加不等式约束。经济学家往往乐于施加此类约束。例如，当估计生产函数时，限定增加要素投入就会提高产出，这通常表示为不等式约束 $\beta_j > 0$。本章将介绍如何利用先验分布施加此类约束，并说明如何利用所谓的重要抽样方法进行贝叶斯推断。

采用上述两种先验分布得到的似然函数与第 3 章相同。因此，本章不再像第 3 章那样另辟一节来介绍似然函数。如果读者忘了似然函数的样子，回头看看式（3.3）~式（3.7）就可以。

|4.2| 采用独立正态–伽马先验分布的正态线性回归模型

4.2.1 先验分布

这里依然考察第3章定义的正态线性回归模型（见式（3.2）至式（3.7）），参数为 β 和 h。第3章使用了自然共轭分布作为先验分布，其中 $p(\beta \mid h)$ 为正态分布密度函数，$p(h)$ 为伽马分布密度函数。本节依然使用这两个先验分布，但假设 β 和 h 的先验分布相互独立。具体来说，假设 $p(\beta, h) = p(\beta)p(h)$，$p(\beta)$ 为正态分布密度函数，$p(h)$ 为伽马分布态密度函数，即

$$p(\beta) = \frac{1}{(2\pi)^{k/2}} |\underline{V}|^{-1/2} \exp\left[-\frac{1}{2}\left(\beta - \underline{\beta} \right)' \underline{V}^{-1} \left(\beta - \underline{\beta} \right) \right] \tag{4.1}$$

以及

$$p(h) = c_G^{-1} h^{\frac{\underline{v}-2}{2}} \exp\left(-\frac{h\underline{v}}{2\underline{s}^{-2}} \right) \tag{4.2}$$

其中，c_G 为伽马分布概率密度函数（p.d.f.）的积分常数，见附录B，定义 B.22。出于简化，本章依然使用前一章的表示方法。也就是说，$\underline{\beta} = E(\beta \mid y)$ 依然为 β 的先验均值，h 的先验均值和自由度依然为 $\underline{s}^{-2}$ 和 $\underline{v}$。不过需注意，这里的 $\underline{V}$ 就表示 β 的先验协方差矩阵，而在第3章中 β 的先验协方差矩阵为 $var(\beta \mid h) = h^{-1}\underline{V}$。

4.2.2 后验分布

后验分布与先验分布和似然函数的乘积成比例。因此，如果似然函数式（3.7）乘以式（4.1）和式（4.2），并忽略与 β 和 h 无关的项，得到

$$p(\beta, h \mid y) \propto \left\{ \exp\left[-\frac{1}{2}\left\{ h(y - X\beta)'(y - X\beta) + (\beta - \underline{\beta})' \underline{V}^{-1}(\beta - \underline{\beta}) \right\} \right] \right\} h^{\frac{N+\underline{v}-2}{2}} \exp\left[-\frac{h\underline{v}}{2\underline{s}^{-2}} \right]$$

$$\tag{4.3}$$

这个 β 和 h 的联合后验密度函数并不是大家熟知并易于理解的密度函数形式，因此不能直接用它进行后验推断。举例来说，如果想报告 β 的后验均值和方差，但很不巧，由于没有解析表达式，无法直接给出这些后验特征的值，因此需要使用后验模拟方法。

如果把式（4.3）看作 β 和 h 的联合后验密度函数，使用起来就不太方便。不过，其条件后验分布相当简单。也就是说，将式（4.3）看作给定 h 情况下 β 的函数，可以得到 $p(\beta \mid y, h)$。[①]按照与自然共轭先验分布情况下推导后验分布相似的方法，做矩阵运算，式（4.3）第1行的主要部分可以写为

$$h(y - X\beta)'(y - X\beta) + (\beta - \underline{\beta})' \underline{V}^{-1}(\beta - \underline{\beta}) = (\beta - \bar{\beta})' \overline{V}^{-1}(\beta - \bar{\beta}) + Q$$

---

① 从数学角度看，根据概率定理，$p(\beta \mid y, h) = p(\beta, h \mid y)/p(h \mid y)$。不过，由于 $p(h \mid y)$ 与 β 无关，因此 $p(\beta, h \mid y)$ 为 $p(\beta \mid y, h)$ 的核。因为密度函数通过核来定义，h 看作给定条件，所以通过考察 $p(\beta, h \mid y)$ 的形式可以得到 $p(\beta, h \mid y)$ 的表达式。

其中

$$\bar{V} = \left(\underline{V}^{-1} + hX'X \right)^{-1} \tag{4.4}$$

$$\bar{\beta} = \bar{V} \left(\underline{V}^{-1} \underline{\beta} + hX'y \right) \tag{4.5}$$

以及

$$Q = hy'y + \underline{\beta}' \underline{V}^{-1} \underline{\beta} - \bar{\beta}' \bar{V}^{-1} \bar{\beta}$$

将此表达式代入式（4.3），忽略不包含 β（包括 Q）的各项，得到

$$p\left(\beta \mid y, h \right) \propto \exp \left[-\frac{1}{2} \left(\beta - \bar{\beta} \right)' \bar{V}^{-1} \left(\beta - \bar{\beta} \right) \right] \tag{4.6}$$

这恰好是多元正态分布密度函数的核。换句话说

$$\beta \mid y, h \sim N \left(\bar{\beta}, \bar{V} \right) \tag{4.7}$$

将式（4.3）看作 h 的函数，可以得到 $p\left(h \mid y, \beta \right)$。可以证明

$$p\left(h \mid y, \beta \right) \propto h^{\frac{N+\underline{v}-2}{2}} \exp \left[-\frac{h}{2} \left\{ \left(y - X\beta \right)' \left(y - X\beta \right) + \underline{v}\underline{s}^2 \right\} \right]$$

将其与伽马分布密度函数定义（附录 B，定义 B.22）对比，可以证明

$$h \mid y, \beta \sim G \left(\bar{s}^{-2}, \bar{v} \right) \tag{4.8}$$

其中

$$\bar{v} = N + \underline{v} \tag{4.9}$$

以及

$$\bar{s}^2 = \frac{\left(y - X\beta \right)' \left(y - X\beta \right) + \underline{v}\underline{s}^2}{\bar{v}} \tag{4.10}$$

对比发现，这个公式与采用自然共轭先验分布的正态线性回归模型结果式（3.9）和式（3.13）非常相似。实际上，通俗地讲，后验分布将数据信息和先验信息组合起来的直观意义极为相似。不过，必须强调式（4.4）~式（4.10）并不与后验分布 $p\left(\beta, h \mid y \right)$ 直接发生关系，而是直接与条件后验分布 $p\left(\beta \mid y, h \right)$ 和 $p\left(h \mid y, \beta \right)$ 相关。由于 $p\left(\beta, h \mid y \right) \neq p\left(\beta \mid y, h \right) p\left(h \mid y, \beta \right)$，不能直接利用式（4.7）和式（4.8）的条件后验分布计算 $p\left(\beta, h \mid y \right)$。幸好有个叫作 Gibbs 抽样器的后验模拟器。利用 Gibbs 抽样器，根据诸如式（4.7）和式（4.8）这样的条件后验分布，生成随机抽样 $\beta^{(s)}$ 和 $h^{(s)}$，$s = 1, \cdots, S$。与蒙特卡罗积分一样，对随机抽样 $\beta^{(s)}$ 和 $h^{(s)}$ 进行平均就可估计出后验数字特征。

4.2.3 贝叶斯计算：Gibbs 抽样器

Gibbs 抽样器是进行后验模拟的有力工具，许多计量经济模型都会用到它。这里首先在一般条件下提出 Gibbs 抽样器的基本思想，之后考察独立正态–伽马先验分布的正态线性回归模型。因此，这里暂时采用第 1 章的通用表示方法，用 θ 表示 p 维参数向量，$p\left(y \mid \theta \right)$、$p\left(\theta \right)$ 和 $p\left(\theta \mid y \right)$ 分别表示似然函数、先验分布和后验分布。对于线性模型，$p = k + 1$ 且 $\theta = \left(\beta', h \right)'$。此外，对 θ 进行分块，有 $\theta = \left(\theta_{(1)}', \theta_{(2)}', \cdots, \theta_{(B)}' \right)'$，其中 $\theta_{(j)}$ 为标量或向量，$j = 1, 2, \cdots, B$。对于线性回归模型，方便的做法是设 $B = 2$，且 $\theta_{(1)} = \beta$ 和 $\theta_{(2)} = h$。

前面介绍的蒙特卡罗积分方法，需要从 $p(\theta|y)$ 随机抽样，之后取平均值，估计出函数 $g(\theta)$ 的 $E[g(\theta)|y]$（见第3章，定理3.1）。许多模型，包括本章讨论的模型，都不太容易从 $p(\theta|y)$ 直接抽样。不过，从 $p(\theta_{(1)}|y,\theta_{(2)},\cdots,\theta_{(B)})$，$p(\theta_{(2)}|y,\theta_{(1)},\theta_{(3)},\cdots,\theta_{(B)})$，$\cdots$，$p(\theta_{(B)}|y,\theta_{(1)},\cdots,\theta_{(B-1)})$ 随机提取样本往往较为容易。由于上述分布表示给定其他分块条件下，某个分块的条件后验分布，因此称作完全条件后验分布（full conditional posterior distribution）。对于采用独立正态–伽马先验分布的正态线性回归模型，$p(\theta|y,h)$ 为正态分布，$p(h|y,\theta)$ 为伽马分布，这两个分布都很容易提取样本。结果表明，如果从完全条件后验分布随机提取样本序列 $\theta^{(1)},\theta^{(2)},\cdots,\theta^{(S)}$，采用和蒙特卡罗积分相同的做法，对随机抽样取平均值就估计出 $E[g(\theta)|y]$。

下面说明 Gibbs 抽样器的工作原理。考虑 $B=2$ 的情形，假设从 $p(\theta_{(2)}|y)$ 随机提取一个样本 $\theta_{(2)}^{(0)}$。不要忘了符号的含义，上标表示抽样，下标表示分块。由于 $p(\theta|y)=p(\theta_{(1)}|y,\theta_{(2)})p(\theta_{(2)}|y)$，因此从 $p(\theta_{(1)}|y,\theta_{(2)}^{(0)})$ 抽样是从 $p(\theta|y)$ 提取的 $\theta_{(1)}$ 有效样本[1]，此抽样记作 $\theta_{(1)}^{(1)}$。由于 $p(\theta|y)=p(\theta_{(2)}|y,\theta_{(1)})p(\theta_{(1)}|y)$，因此从 $p(\theta_{(2)}|y,\theta_{(1)}^{(1)})$ 抽样，相当于从 $p(\theta|y)$ 提取的 $\theta_{(2)}$ 有效样本，此抽样记作 $\theta_{(2)}^{(1)}$，进而 $\theta^{(1)}=\left(\theta_{(1)}^{(1)'},\theta_{(2)}^{(1)'}\right)'$ 为 $p(\theta|y)$ 的有效抽样。这个过程可以持续进行下去。也就是说，从 $p(\theta_{(1)}|y,\theta_{(2)}^{(1)})$ 随机提取的样本 $\theta_{(1)}^{(2)}$ 也是从 $p(\theta|y)$ 中提取的 $\theta_{(1)}$ 有效样本；从 $p(\theta_{(2)}|y,\theta_{(1)}^{(2)})$ 随机提取的样本 $\theta_{(2)}^{(2)}$ 也是从 $p(\theta|y)$ 提取的 $\theta_{(2)}$ 有效样本，以此类推。因此，只要能成功找到 $\theta_{(2)}^{(0)}$，就可以从给定之前 $\theta_{(2)}$ 抽样的条件后验分布提取 $\theta_{(1)}$ 的样本，之后再从给定之前 $\theta_{(1)}$ 抽样的条件后验分布提取 $\theta_{(2)}$ 的样本，序贯进行，抽取得到后验分布的样本序列。这种从完全条件后验分布序贯抽样的方法，称为 Gibbs 抽样。

使用 Gibbs 抽样器的障碍之一是通常无法获得初始抽样 $\theta_{(2)}^{(0)}$。归根结底，如果知道如何轻松获得 $p(\theta_{(2)}|y)$ 的随机抽样，就可以利用这些抽样和 $p(\theta_{(1)}|\theta_{(2)},y)$ 进行蒙特卡罗积分，也就没必要进行 Gibbs 抽样。幸好在较弱条件下[2]，可以证明初始抽样 $\theta_{(2)}^{(0)}$ 的影响微乎其微，Gibbs 抽样器将收敛到 $p(\theta|y)$ 抽样序列。因此，普遍做法是按某种方式选择初始抽样 $\theta_{(2)}^{(0)}$，之后运行 S 次 Gibbs 抽样器。不过，得忽略掉前 S_0 个抽样，称为预热样本。利用余下 S_1 个抽样估计 $E[g(\theta)|y]$，其中 $S_0+S_1=S$。

下面利用两个分块的情况说明 Gibbs 抽样器的运行机制。不过 Gibbs 抽样器的运行

---

① 这个命题有理论依据。由于 $p(\theta_{(1)},\theta_{(2)}|y)=p(\theta_{(1)}|y,\theta_{(2)})p(\theta_{(2)}|y)$，这意味着首先从 $\theta_{(2)}$ 的边缘后验密度函数随机抽样，之后从给定 $\theta_{(2)}$ 抽样的 $\theta_{(1)}$ 条件后验分布中随机抽样，与直接从 $\theta_{(1)}$ 和 $\theta_{(2)}$ 的联合后验分布中随机抽样等价。

② 由于本书主要考察贝叶斯计量经济学在实践中的应用，因此这里就不讨论这些条件的性质。Geweke（1999）讨论了这些条件，对此条件的严谨证明感兴趣的读者可以参阅。本书提出的 Gibbs 抽样方法都满足这些弱条件。不满足弱条件的主要情况是后验分布的定义区间为相互不连通的两个区域。此时，Gibbs 抽样只能从一个区域抽样。当然，对于普遍使用的分布，如正态分布和伽马分布，都不存在此问题。

机制可以直接推广到多分块情况。用数学语言描述，Gibbs抽样器涉及下列步骤：

步骤0：选择初始值 $\theta^{(0)}$。

对于 $s = 1, \cdots, S$：

步骤1：根据 $p\left(\theta_{(1)} \mid y, \theta_{(2)}^{(s-1)}, \theta_{(3)}^{(s-1)}, ..., \theta_{(B)}^{(s-1)}\right)$ 随机抽样 $\theta_{(1)}^{(s)}$。

步骤2：根据 $p\left(\theta_{(2)} \mid y, \theta_{(1)}^{(s)}, \theta_{(3)}^{(s-1)}, ..., \theta_{(B)}^{(s-1)}\right)$ 随机抽样 $\theta_{(2)}^{(s)}$。

步骤3：根据 $p\left(\theta_{(3)} \mid y, \theta_{(1)}^{(s)}, \theta_{(2)}^{(s)}, \theta_{(4)}^{(s-1)}, ..., \theta_{(B)}^{(s-1)}\right)$ 随机抽样 $\theta_{(3)}^{(s)}$。

$\vdots$

步骤B：根据 $p\left(\theta_{(B)} \mid y, \theta_{(1)}^{(s)}, \theta_{(2)}^{(s)}, ..., \theta_{(B-1)}^{(s)}\right)$ 随机抽样 $\theta_{(B)}^{(s)}$。

经过上述步骤后，得到 S 个抽样 $\theta^{(s)}$ 的集合，$s = 1, \cdots, S$。去除前 S_0 个抽样，以剔除 $\theta^{(0)}$ 的影响，对剩下的 S_1 个抽样进行平均，估计出后验数字特征。也就是说，和蒙特卡罗积分一样，根据弱大数定律，对于函数 $g(\cdot)$，有

$$\hat{g}S_1 = \frac{1}{S_1} \sum_{s=S_0+1}^{S} g\left(\theta^{(s)}\right) \tag{4.11}$$

当 S_1 趋于无穷时，$\hat{g}S_1$ 收敛到 $E[g(\theta) \mid y]$。

无论如何分块，这个方法都适用。不过，对于许多计量经济模型，自然需要根据模型本身来选择分块数量。对于采用独立正态-伽马先验分布的正态线性回归模型，$p(\beta \mid y, h)$ 为正态分布密度函数，$p(h \mid y, \beta)$ 为伽马分布密度函数。这表明选择之前提到的分块方式顺理成章，即 $\theta_{(1)} = \beta$，$\theta_{(2)} = h$。这样分块后，根据式（4.7）和式（4.8），序贯从正态分布和伽马分布随机抽样，就可以完成Gibbs抽样。

利用诸如Gibbs抽样等后验模拟器，估计出 $E[g(\theta) \mid y]$ 的估计量 $\hat{g}S_1$。只要选择的 S 足够大，就可以控制估计的近似误差达到所需的精确度。在讲述蒙特卡罗积分方法时，已经介绍（见式（3.42）和式（3.43））如何利用中心极限定理计算标准误，用来度量近似误差的大小。对于Gibbs抽样，度量近似误差的方法与此类似。对于Gibbs抽样，首先，必须确保选择的初始值 $\theta^{(0)}$ 对结果没有任何影响。其次，和蒙特卡罗积分不同的是，利用Gibbs抽样得出的抽样序列 $\theta^{(s)}$ 并不是独立同分布，$s = 1, \cdots, S$。具体来说，$\theta^{(s)}$ 和 $\theta^{(s-1)}$ 并不相互独立。考察上述步骤就会发现这个结论。$\theta_{(l)}^{(s)}$ 的抽样通常依赖于 $\theta_{(j)}^{(s-1)}$，$j = 1, \cdots, B-1$，并且 $l > j$。二者之间的差别具有重要的实践意义，通常Gibbs抽样需要比蒙特卡罗积分方法随机提取更多的样本，才能达到给定的精确度。

4.2.4　贝叶斯计算：MCMC诊断

用数学语言来说，Gibbs抽样器提取的第 s 个样本（例如 $\theta^{(s)}$）取决于第 $s-1$ 个样本（例如 $\theta^{(s-1)}$），这意味着生成的随机抽样序列是马尔科夫链。后验模拟器都具有这个特性。后面几章会讨论这些后验模拟器。这类后验模拟器通常统称为马尔科夫链蒙特卡罗（MCMC）算法。相应的，在MCMC算法中，有许多近似误差测度以及各种各样的诊断方法，用于判断所估计的结果是否可靠。这些诊断方法统称为MCMC诊断。本章在介绍Gibbs抽样器时，会介绍一些MCMC诊断方法。需要着重强调，这些诊断方法依然适用于后续各章的MCMC算法。这是近期贝叶斯统计文献研究的一个重点领域，一些重

要结论也只能在学术刊物中找到。详细讨论 MCMC 诊断方法的资料包括 Gilks 等主编的《MCMC 应用》一书（见 Raftery and Lewis（1996）以及 Gelman（1996）的文章）和 Geweke（1999）的文章。Zellner 和 Min（1995）的文章也是此领域的一篇重要文献。从网上可以找到有关这些诊断方法的计算机程序。其中 CODA 是一个 SPlus 程序，利用 BUGS 软件包完成 MCMC 诊断（Best et al.，1995）。James LeSage 计量经济学工具箱是采用 MATLAB 软件编写的 MCMC 诊断程序（LeSage，1999）。利用 BACC（McCausland and Stevens，2001）也可以做一些 MCMC 诊断。

第一个 MCMC 诊断方法就是前几章讨论的标准误（见式（1.13）或式（3.43）后的讨论）。记得之前是利用中心极限定理推导出标准误的公式。对于 MCMC 方法，由于随机抽样并不相互独立，因此需采用与之不同的中心极限定理，才能推导出标准误的表达式。对详细推导过程感兴趣的读者可以查阅 Geweke（1992）。简言之，只需要较弱条件，Gibbs 抽样器就可以收敛到 $p(\theta|y)$ 的抽样序列。因此当 S_1 趋于无穷时，有如下中心极限定理

$$\sqrt{S_1}\left\{\hat{g}S_1 - E\left[g(\theta)|y\right]\right\} \to N\left(0, \sigma_g^2\right) \tag{4.12}$$

不过 σ_g^2 的形式要比式（3.43）复杂许多，迄今为止还没有文献能提出完全合理的估计方法。从直观来看，由于 $\theta^{(s)}$ 为相关序列，$s = 1, \cdots, S$，因此 σ_g^2 必须对此做出补偿。Geweke（1992）就基于这个直观想法，借鉴时间序列文献的思想，提出用

$$\hat{\sigma}_g^2 = \frac{S(0)}{S_1} \tag{4.13}$$

作为 σ_g^2 的估计量。虽然这个估计量缺乏数学严谨性，但实践中却非常好用。只要读者了解时间序列方法，就会发现 $S(0)$ 为 $\theta^{(s)}$ 序列在 0 点处的谱密度（spectral density），$s = S_0 + 1, \cdots, S$。即使读者不了解这层含义，也无关紧要。这里最为强调的是知道能估计出 σ_g^2（并且能用上面提到的软件计算出来），进而也就能计算出标准误 $\hat{\sigma}_g/\sqrt{S_1}$。标准误的意义与上一章相同。

基于直观看法，Geweke（1992）提出第二个诊断方法。这个直观看法是，如果取样的数量足够大，利用前半部分取样估计 $g(\theta)$ 的结果应该与利用后半部分进行估计的结果基本相同。如果这两个估计结果截然不同，表明要么抽样数量太少（并且估计相当不精确），要么初始抽样 $\theta^{(0)}$ 的影响没有消除，初始抽样对估计的影响还在。普遍做法是将 Gibbs 抽样器提取的 S 个样本分成两部分。前 S_0 个初始样本，作为预热样本忽略掉；利用余下 S_1 个样本进行估计。将余下 S_1 个样本分为三组，第一组 S_A 个样本，中间组 S_B 个样本，最后一组 S_C 个样本。也就是说，将 $\theta^{(s)}(s = 1, \cdots, S)$ 的抽样序列分为几个子集，$s = 1, \cdots, S_0, S_0 + 1, \cdots, S_0 + S_A, S_0 + S_A + 1, \cdots, S_0 + S_A + S_B, S_0 + S_A + S_B + 1, \cdots, S_0 + S_A + S_B + S_C$。实践中我们发现，许多应用中设 $S_A = 0.1S_1$，$S_B = 0.5S_1$ 以及 $S_C = 0.4S_1$ 的效果非常好。为了计算 MCMC 诊断，去掉中间组 S_B 个抽样。去掉中间组后，第一组抽样和最后一组抽样相互独立的可能性大幅提高。令 $\hat{g}S_A$ 和 $\hat{g}S_C$ 分别表示去掉预热样本后，利用式（4.11）计算出的第一组 S_A 个抽样的 $E[g(\theta)|y]$ 估计量和最后一组 S_C 个抽样的

$E[g(\theta)|y]$估计量。定义$\hat{\sigma}_A/\sqrt{S_A}$和$\hat{\sigma}_C/\sqrt{S_C}$为这两个估计量的标准误。援引类似于式（4.12）的中心极限定理，有

$$CD \rightarrow N(0,1)$$

其中，CD为收敛诊断指标，表达式为

$$CD = \frac{\hat{g}S_A - \hat{g}S_C}{\dfrac{\hat{\sigma}_A}{\sqrt{S_A}} + \dfrac{\hat{\sigma}_C}{\sqrt{S_C}}} \tag{4.14}$$

对于涉及Gibbs抽样器的实证应用，可以计算收敛诊断指标CD，并与标准正态分布的临界值作比较。CD值越大，$\hat{g}S_A$和$\hat{g}S_C$的差异越大，表明提取的样本数量不够。如果收敛诊断指标CD表明提取的样本数量已经足够，则可以利用完整的S_1个样本计算最终结论。

利用上面的MCMC诊断方法，能充分翔实地做出Gibbs抽样器效果是否良好的评价，获知抽样次数是否足够多，是否达到所需的精确度。但MCMC诊断结果并不能确保万无一失。有些不常见模型，诊断结果虽然很好，实际却不好。典型例子就是当后验分布呈现双峰时，MCMC诊断就会出现此类问题。简单看下这个例子。考虑两个正态分布混合而成的一个后验分布。两个正态分布的参数存在较大差别。如果在其中一个正态分布均值附近开始抽样，就可能出现Gibbs抽样器停留在该区域的情况。由于赋予第一个正态分布抽样的概率较大，进而可能导致所有抽样都来自该区域。计算得到的标准误看起来很合理，式（4.14）的收敛诊断也表明收敛，但实际上结果中遗漏了后验分布所含两个正态分布的一个。当然，对于采用独立正态–伽马先验分布的正态线性回归模型，不会出现这种情况。即便是本书考虑的所有模型，基本上也不会出现这种情况。不过，对于第10章讨论的个别混合正态模型，可能会得到多峰后验分布。

还有一种情况是，当初始抽样$\theta^{(0)}$距离大部分后验概率所处的参数空间区域较远时，Gibbs抽样器也会得到错误结果，但MCMC诊断不会给出错误警告。如果Gibbs抽样器提取的样本相关程度较高，需要经过大量提取后，Gibbs抽样器才会移动到较高后验概率区域进行抽样。在大多数情况下，CD收敛诊断会发现这个问题。因为随着Gibbs抽样器逐渐远离初始抽样$\theta^{(0)}$，$\hat{g}S_A$和$\hat{g}S_C$通常会存在较大差异。当然在极特殊情况下，CD收敛诊断也可能失灵。

大家经常听贝叶斯学派说，Gibbs抽样器就像幽灵一样在后验分布中"徘徊"或"游荡"，从较高概率区域提取大部分样本，从较低概率区域提取较少样本。在上述两种情况下，Gibbs抽样器就无法在整个后验分布区域游荡，这意味着前面讨论的MCMC诊断方法不可靠。毕竟对从未光顾的参数空间作诊断，Gibbs抽样器也无能为力。

之所以会出现上述这两种情况，根源在于没有消除初始抽样的影响。通俗地讲，研究人员的普遍做法是多次运行Gibbs抽样，每次使用不同的初始抽样$\theta^{(0)}$。如果每次Gibbs抽样得到的结果基本相同，就可以判定样本数量足够（忽略的预热样本也足够）了，已经消除了初始抽样影响。Gelman和Rubin（1992）首先对此问题进行了讨论，建议采用上述方案进行MCMC收敛诊断。Gelman（1996）在《MCMC应用》一书的第8章详细阐述了下面的推导过程。那么，上述思想的直观意义和相关诊断方法是什么呢？令

$\theta^{(0,i)}$ 表示从参数空间不同区域抽取的 m 个初始值，$i = 1, \cdots, m$。用文献中的术语说就是初始值应该足够分散。令 $\theta^{(s,i)}$ 表示第 S 个 Gibbs 抽样器根据第 i 个初始值抽样，$s = 1, \cdots, S$；$\hat{g}_{S_1}^{(i)}$ 表示根据式（4.11）计算得到的对应 $E[g(\theta) \mid y]$ 估计量。从直觉看，如果初始值的影响已经消除，利用 m 个抽样序列得到的结果应该都一样。因此，计算出的序列间方差与序列内方差相差应该不会太大。普遍采用的序列方差估计量为

$$s_i^2 = \frac{1}{S_1 - 1} \sum_{s = S_0 + 1}^{S} \left[g\left(\theta^{(s,i)}\right) - \hat{g}_{S_1}^{(i)} \right]^2 \tag{4.15}$$

这个方差估计量称为序列内方差。序列内方差的平均定义为

$$W = \frac{1}{m} \sum_{i=1}^{m} s_i^2 \tag{4.16}$$

同样，序列间方差的估计量（见 Gelman，1996）为

$$B = \frac{S_1}{m - 1} \sum_{i=1}^{m} \left(\hat{g}_{S_1}^{(i)} - \hat{g} \right)^2 \tag{4.17}$$

其中

$$\hat{g} = \frac{1}{m} \sum_{i=1}^{m} \hat{g}_{S_1}^{(i)} \tag{4.18}$$

令 W 表示 $var[g(\theta) \mid y]$ 的估计量。可以证明

$$\widehat{var\left[g(\theta \mid y) \right]} = \frac{S_1 - 1}{S_1} W + \frac{1}{S_1} B \tag{4.19}$$

也是 $var[g(\theta) \mid y]$ 的估计量。不过，如果 Gibbs 抽样器不收敛，W 会低估 $var[g(\theta) \mid y]$。从直观角度看，如果 Gibbs 抽样器仅在后验分布的某个部分徘徊，将低估方差。幸好计算 B 值所用初始值足够分散。当初始值非常分散时，如果 Gibbs 抽样器收敛，$\widehat{var\left[g(\theta \mid y) \right]}$ 高估 $var[g(\theta) \mid y]$。因此，普遍采用

$$\hat{R} = \frac{\widehat{var\left[g(\theta \mid y) \right]}}{W} \tag{4.20}$$

作为 MCMC 收敛诊断的统计量。统计量 $\hat{R}$ 的值通常大于 1。统计量 $\hat{R}$ 的值接近于 1 时，表明 Gibbs 抽样器收敛。$\sqrt{\hat{R}}$ 称为潜在衰减比例估计量。用它可以解释收敛程度较差时，偏离 $g(\theta)$ 标准误估计量的上下界。《MCMC 应用》一书的第 8 章建议，如果 $\hat{R}$ 的值大于 1.2，就表明 MCMC 收敛程度较差。

对统计量 $\hat{R}$ 展开深入讨论显然会加深理解。不过这涉及冗长的数学推导，无疑超出了本书限定的研究范围。感兴趣的读者可以阅读上面提到的参考书。在贝叶斯计量经济学应用中，利用式（4.15）至式（4.20）很容易计算出 MCMC 收敛诊断。根据经验法则，统计量 $\hat{R}$ 的值应该小于 1.2，否则贝叶斯计量经济学应用就存在问题。

4.2.5 模型比较：Savage-Dickey 密度比率

对于采用独立正态–伽马先验分布的正态线性回归模型来说，不仅无法利用解析方法完成后验推断，边缘似然函数也不存在解析解。也就是说，边缘似然函数为

$$p(y) = \iint p(y \mid \beta, h) \, p(\beta, h) \, d\beta dh$$

其中，$p(\beta, h)$ 可以利用式（4.1）和式（4.2）来计算，$p(y \mid \beta, h)$ 为式（3.3）所示的似然函数。如果先验分布和似然函数相乘后，再计算上式的积分，就会发现根本得不到解析表达式。这表明必须使用后验模拟方法。第 5 章还会介绍 Gelfand 和 Dey（1994）提出的通用模拟方法，用于计算似然函数。Gelfand-Dey 的方法具有广泛适用性，可以用于任何模型，包括各种线性回归模型。不过这种方法略显复杂。本章介绍一个相对简单的方法，其缺点是不具有广泛适用性。这种简单方法实际上是比较嵌套模型所用的贝叶斯因子的变形。通常将这个方法称为 Savage-Dickey 密度比率。Savage-Dickey 密度比率仅能用于比较嵌套模型，且仅适用于特定先验分布。但在这些情况下，利用这种方法能够轻松计算出贝叶斯因子，进而计算出后验机会比。

许多应用也可以使用 Savage-Dickey 密度比率。这里首先利用通用表示推导 Savage-Dickey 密度比率的基本思路，之后将其用于回归模型。假设无约束模型 M_2 的参数向量为 $\theta = (\omega', \psi')'$。模型 M_2 的似然函数和先验密度函数为 $p(y \mid \omega, \psi, M_2)$ 和 $p(\omega, \psi \mid M_2)$。对于约束模型 M_1，$\omega = \omega_0$，其中 ω_0 为常数向量。模型 M_1 和模型 M_2 的参数 ψ 无任何约束。模型 M_1 的似然函数和先验密度函数分别为 $p(y \mid \psi, M_1)$ 和 $p(\psi \mid M_1)$。因为模型 M_1 中 ω 等于 ω_0，因此不需要设定参数 ω 的先验分布。通常在讨论模型比较时，概率密度函数中的条件都会包含模型 M_1 和模型 M_2，以明确表示指的是哪个模型。

定理 4.1　Savage-Dickey 密度比率

假设模型 M_1 和模型 M_2 的先验分布满足

$$p(\psi \mid \omega = \omega_0, M_2) = p(\psi \mid M_1) \tag{4.21}$$

则比较模型 M_1 和模型 M_2 的贝叶斯因子 BF_{12} 为

$$BF_{12} = \frac{p(\omega = \omega_0 \mid y, M_2)}{p(\omega = \omega_0 \mid M_2)} \tag{4.22}$$

其中，$p(\omega = \omega_0 \mid y, M_2)$ 和 $p(\omega = \omega_0 \mid M_2)$ 分别表示 ω 等于 ω_0 时的无约束后验分布和先验分布。

式（4.22）称为 Savage-Dickey 密度比率。Verdinelli 和 Wasserman（1995）不仅给出了定理 4.1 的证明，还给出了先验分布不满足式（4.21）时，更为复杂的贝叶斯因子表达式。习题 1 就是要证明 Savage-Dickey 密度比率。

不难发现，利用 Savage-Dickey 密度比率计算贝叶斯因子的先验分布条件，在大多数情况下都合乎情理。也就是说，在大多数情况下，对于模型 M_1 和模型 M_2 中相同的参数，采用相同的先验分布（即 $p(\psi \mid M_2) = p(\psi \mid M_1)$）也在情理之中。根据这个选择结果就得到式（4.21）。实际上，式（4.21）是一个非常弱的条件，表示约束模型和无约束模型中 ψ 的先验分布仅在点 $\omega = \omega_0$ 处必然相同。

Savage-Dickey 密度比率对计算贝叶斯因子有很大帮助。一方面，Savage-Dickey 密度比率仅包含模型 M_2，所以无须分心提出利用模型 M_1 进行后验推断的方法。另一方面，式（4.22）仅涉及先验密度函数和后验密度函数，这些函数通常容易计算出来，不需要直接计算边缘似然函数。在第 5 章我们将会看到，直接计算边缘似然函数很困难。

现在重新考虑采用独立正态–伽马先验分布的正态线性回归模型。为了说明Savage-Dickey密度比率的使用方法，考虑对约束模型M_1施加约束$\beta = \beta_0$。对于诸如$R\beta = r$等其他等式约束，都是其简单扩展而已。无约束模型M_2为本章之前讨论的模型，似然函数为式（3.3），先验分布为式（4.1）和式（4.2）。比较模型M_1和模型M_2的贝叶斯因子为

$$BF_{12} = \frac{p\left(\beta = \beta_0 \mid y, M_2\right)}{p\left(\beta = \beta_0 \mid M_2\right)} \tag{4.23}$$

由于β的边缘先验分布为正态分布，因此式（4.23）的分母很容易计算。根据式（4.1），式（4.23）的分母为

$$p\left(\beta = \beta_0 \mid M_2\right) = \frac{1}{(2\pi)^{k/2}} \left|\underline{V}\right|^{-1/2} \exp\left[-\frac{1}{2}\left(\beta_0 - \underline{\beta}\right)' \underline{V}^{-1}\left(\beta_0 - \underline{\beta}\right)\right] \tag{4.24}$$

其值可以直接计算出来。

计算式（4.23）的分子较为困难。因为尽管知道$p\left(\beta \mid y, h, M_2\right)$为正态分布，但不知道$p\left(\beta \mid y, M_2\right)$服从哪种分布。不过，利用概率定理和Gibbs抽样器结果，可以直接估计出$p\left(\beta = \beta_0 \mid y, M_2\right)$。利用Gibbs抽样器得到$\beta^{(s)}$和$h^{(s)}$，$s = S_0 + 1, \cdots, S$。接下来对抽样$h^{(s)}$取$p\left(\beta = \beta_0 \mid y, h^{(s)}, M_2\right)$的平均值，得到$p\left(\beta = \beta_0 \mid y, M_2\right)$的估计。简言之就是，当$S_1$趋于无穷时

$$\frac{1}{S_1} \sum_{s = S_0 + 1}^{S} p\left(\beta = \beta_0 \mid y, h^{(s)}, M_2\right) \to p\left(\beta = \beta_0 \mid y, M_2\right) \tag{4.25}$$

前面说过，$S_1 = S - S_0$是去除S_0个初始样本后剩下的样本数。因为

$$p\left(\beta = \beta_0 \mid y, h^{(s)}, M_2\right) = \frac{1}{(2\pi)^{k/2}} \left|\bar{V}\right|^{-1/2} \exp\left[-\frac{1}{2}\left(\beta_0 - \bar{\beta}\right)' \bar{V}^{-1}\left(\beta_0 - \bar{\beta}\right)\right] \tag{4.26}$$

因此可以直接计算出式（4.25）右侧的均值。

现在看为什么式（4.25）成立。根据概率原理，有

$$p\left(\beta = \beta_0 \mid y, M_2\right) = \int p\left(\beta = \beta_0 \mid y, h, M_2\right) p\left(h \mid y, M_2\right) dh$$

但因为$p\left(\beta = \beta_0 \mid y, h, M_2\right)$并不包含$\beta$（因为确定取$\beta_0$处的值），因此上面积分中只有一个随机变量$h$。因此，上式可以写为

$$p\left(\beta = \beta_0 \mid y, M_2\right) = \int g(h) p(h \mid y) dh = E[g(h) \mid y]$$

其中，$g(h) = p\left(\beta = \beta_0 \mid y, h, M_2\right)$。不过前面已经强调过，利用后验模拟器可以非常精确地估计出诸如$E[g(h) \mid y]$等统计量。因此，正如对于任意参数向量θ和任何函数$g(\theta)$，式（1.12）或式（4.11）是$E[g(\theta) \mid y]$的估计量一样，式（4.25）亦是$p\left(\beta = \beta_0 \mid y, M_2\right)$的估计量。

还是需要啰唆一下，直接使用Gibbs抽样的模型不胜枚举。对于此类模型，利用类似于式（4.25）的步骤，几乎都能容易地计算出Savage-Dickey密度比率。由此可知，Savage-Dickey密度比率绝对用途广泛，是计算贝叶斯因子的有力工具。

4.2.6 预测

对于采用自然共轭先验分布的正态线性回归模型，利用式（3.38）~式（3.40）

进行预测。这里依然采用上述表示方法。也就是说，要对 T 个因变量的未观测值 $y^* = (y^*_1, \cdots, y^*_T)'$ 作预测推断，其生成过程为

$$y^* = X^*\beta + \varepsilon^* \tag{4.27}$$

其中，ε^* 与 ε 无关，且 ε^* 服从 $N(0, h^{-1}I_T)$。与 X 类似，X^* 亦是 $T \times k$ 矩阵，包含 k 个解释变量，每个解释变量都有 T 个样本外数据点。

预测密度函数的计算公式为

$$p(y^* \mid y) = \iint p(y^* \mid y, \beta, h) p(\beta, h \mid y) d\beta dh \tag{4.28}$$

由于 ε^* 与 ε 相互独立，这意味着 y^* 和 y 也相互独立。因而有 $p(y^* \mid y, \beta, h) = p(y^* \mid \beta, h)$。$p(y^* \mid \beta, h)$ 可以记为

$$p(y^* \mid \beta, h) = \frac{h^{T/2}}{(2\pi)^{T/2}} \exp\left[-\frac{h}{2}(y^* - X^*\beta)'(y^* - X^*\beta)\right] \tag{4.29}$$

如果先验分布为自然共轭先验分布，式（4.28）的积分存在解析解，预测密度函数变为多元 t 密度函数。不巧的是，如果先验分布为独立正态–伽马分布，式（4.28）的积分不存在解析解。天无绝人之路，好在可以使用模拟方法实施预测推断。

本质上，只要函数 $g(\cdot)$ 选择合适，任何预测密度函数的数字特征都可以写为 $E[g(y^*) \mid y]$ 形式。例如，计算 y^*_i 的预测均值时，需选择 $g(y^*) = y^*_i$。计算预测方差需知道预测均值和 $E[y^{*2}_i \mid y]$，因此需要令 $g(y^*) = y^{*2}_i$，以此类推。因此，解决问题的关键变为计算

$$E[g(y^*) \mid y] = \int g(y^*) p(y^* \mid y) dy^* \tag{4.30}$$

还好，大家对与式（4.30）类似的方程已经很熟悉了。不过需反复强调，只要函数 $g(\theta)$ 选择合适，贝叶斯计量经济学想要计算的有关参数向量的数字特征都具有

$$E[g(\theta) \mid y] = \int g(\theta) p(\theta \mid y) d\theta \tag{4.31}$$

形式。式（4.30）只不过用 y^* 代替了 θ 而已，其余和式（4.31）完全一样。此外，我们在讨论蒙特卡罗积分和 Gibbs 抽样时证明过，如果 $\theta^{(s)}$ 为后验分布抽样，$s = 1, \cdots, S$，则当 S 增加时

$$\hat{g}S = \frac{1}{S} \sum_{s=1}^{S} g(\theta^{(s)})$$

收敛到 $E[g(\theta) \mid y]$[①]。正因为如此，只要能从 $p(y^* \mid y)$ 提取 $y^{*(s)}$ 样本，就有

$$\hat{g}Y = \frac{1}{S} \sum_{s=1}^{S} g(y^{*(s)}) \tag{4.32}$$

收敛到 $E[g(y^*) \mid y]$，$s = 1, \cdots, S$。实际上也的确如此。

下面介绍 y^* 抽样的方法。对于通过 Gibbs 抽样器得到的 $\beta^{(s)}$ 和 $h^{(s)}$，从 $p(y^* \mid y, \beta^{(s)}, h^{(s)})$ 中提取一个样本 $y^{*(s)}$。由于 $p(y^* \mid y, \beta^{(s)}, h^{(s)})$ 为正态分布（见式（4.29）），这个办法其实非常简单。现在有了抽样 $\beta^{(s)}$、$h^{(s)}$ 和 $y^{*(s)}$，$s = 1, \cdots, S$。根据概

---

① 如上所述，做 Gibbs 抽样会剔除初始的预热样本，此时加总项是从 $S_0 + 1$ 开始到 S 止。

率原理，$p(\beta, h, y^* \mid y) = p(y^* \mid y, \beta, h) p(\beta, h \mid y)$，因此先从后验分布抽样，再根据 $p(y^* \mid y, \beta, h)$ 进行抽样，就能得到 $p(\beta, h, y^* \mid y)$ 的抽样。由此可见，利用生成的 $\beta^{(s)}$、$h^{(s)}$ 和 $y^{*(s)}$ 抽样集合以及式（4.11）能计算出任何想要的后验数字特征，利用式（4.32）能计算出任何想要的预测分布数字特征。[①]

只要利用后验模拟得到的 $p(\theta \mid y)$ 抽样和 $p(y^* \mid y, \theta)$ 的抽样容易处理，就可以使用本节介绍的办法。本书后面讨论的模型几乎都具有这个特点。因此，后面各章在介绍预测时都会特别简洁，将采用诸如"利用第4章介绍的方法进行模型预测推断"等方式进行说明。

4.2.7 实例

这里依然使用第3章引入的住房价格数据，举例说明对于先验分布为独立正态-伽马分布的正态线性回归模型，如何进行 Gibbs 抽样。关于住房价格数据的因变量和解释变量，参见第3章（3.9节）。3.9节讨论了使用自然共轭先验分布诱导先验超参数。根据讨论结果，对于独立正态-伽马先验分布，有意义的超参数取值应该为 $\underline{v} = 5$ 和 $\underline{s}^{-2} = 4.0 \times 10^{-8}$，并且

$$\underline{\beta} = \begin{bmatrix} 0.0 \\ 10 \\ 5\,000 \\ 10\,000 \\ 10\,000 \end{bmatrix}$$

这些值和上一章所用的值相同，经济意义也相同。不过要强调一点，本章 $\underline{V}$ 的含义与上一章不同。对于独立正态-伽马先验分布，有

$$var(\beta) = \underline{V}$$

对于自然共轭先验分布，则是

$$var(\beta) = \frac{\underline{v}\underline{s}^2}{\underline{v} - 2}\underline{V}$$

据此，为了与上一章所用的先验分布进行比较，设

$$\underline{V} = \begin{bmatrix} 10\,000^2 & 0 & 0 & 0 & 0 \\ 0 & 5^2 & 0 & 0 & 0 \\ 0 & 0 & 2\,500^2 & 0 & 0 \\ 0 & 0 & 0 & 5\,000^2 & 0 \\ 0 & 0 & 0 & 0 & 5\,000^2 \end{bmatrix}$$

注意，当先验分布为独立正态-伽马分布时，往往容易得到 $\underline{V}$ 值，因为它就等于 β 的先验方差。当采用自然共轭先验分布时，由于 β 和 h 的先验值相互影响，因此 β 的先验方差不仅取决于 h 的先验值，还取决于 $\underline{V}$ 值。

利用 Gibbs 抽样可以进行本模型的贝叶斯推断。本模型的所有贝叶斯计量分析，利用大多数常用的贝叶斯计算机软件包（例如 Jim LeSage 计量经济学工具箱或 BACC；参见第1章第1.3节）都可以完成。对于不具备编程能力或者不愿意编程的读者，可以下载和使

---

① 这个结论用到了一般规律，即如果有联合概率密度函数 $p(\theta, y^* \mid y)$ 的抽样，单独考虑 θ 抽样，则它就是边缘分布 $p(\theta \mid y)$ 的抽样。单独考虑 y^* 的抽样，它就是 $p(y^* \mid y)$ 的抽样。

用这些软件包。对于具备一定编程能力的读者来说，自己写代码也是一个不错的选择。与本书相关的网站就有程序的 MATLAB 代码（其中 MCMC 收敛诊断使用了 Jim LeSage 计量经济学工具箱的函数）。这个程序的结构与第 3 章的蒙特卡罗积分程序极为相似，只不过这里对 $p(\beta|y,h)$ 和 $p(h|y,\beta)$ 进行序贯抽样，第 3 章对 $p(\beta|y)$ 进行简单抽样而已。

对于上面讨论的先验分布为独立正态–伽马的正态线性回归模型，表 4-1 给出了关于 β 的实证结果，包括 MCMC 收敛诊断。设误差精度的初始抽样等于 σ^2 OLS 估计量的倒数（即 $h^{(0)} = 1/s^2$）。剔除 $S_0 = 1000$ 个初始预热抽样，剩下 $S_1 = 10\,000$ 个抽样。为了节省篇幅，这里没有给出有关 h 的结论。

表 4-1 的后验均值和标准差结果与表 3-1 基本相同，因为这两章采用了相同的信息先验分布。"NSE"列为利用式（4.13）计算 $E(\beta_j|y)$ 近似值的标准误，$j = 1, \cdots, 5$。[①] "NSE"的含义与第 3 章基本相同，结果表明估计已经十分精确了。如果要提高精确度水平，研究人员就需要提高 S_1 的值。"Geweke 收敛诊断统计量"列为式（4.14）的计算结果，用来比较利用前 1000 个抽样（剔除预热样本后）的 $(\beta_j|y)$ 的估计值和利用最后 4000 个样本计算的 $E(\beta_j|y)$ 的估计值。如果初始值的影响已经消除，采用的样本数量已经足够，这两个估计值应该很接近。需要提醒的是，由于 Geweke 收敛诊断统计量渐近服从标准正态分布，因此普遍做法是只要所有参数的 Geweke 收敛诊断统计量的绝对值小于 1.96，就认为 MCMC 算法已经收敛。因此，根据表 4-1 的结果，本例中的 MCMC 算法已经收敛。

表 4-1 β 的先验和后验结果（括号中为标准差）

	先验分布	后验分布	NSE	Geweke 收敛诊断统计量	$\beta_j = 0$ 后验机会比
β_1	0 (10 000)	-4 063.08 (3 259.00)	28.50	-0.68	1.39
β_2	10 (5)	5.44 (0.37)	0.0029	0.11	6.69×10^{-42}
β_3	5 000 (2 500)	3 214.09 (1 057.67)	12.45	-0.57	0.18
β_4	10 000 (5 000)	16 132.78 (1 617.34)	15.56	0.55	2.06×10^{-19}
β_5	10 000 (5 000)	7 680.50 (979.09)	8.44	1.22	3.43×10^{-12}

表 4-1 还给出了后验机会比，用来比较两个回归模型：$M_1: \beta_j = 0$ 和 $M_2: \beta_j \neq 0$。和第 3 章的做法一样，有约束模型采用信息先验分布，这个先验分布等价于一个无约束先验分布。只不过有约束模型的 $\underline{\beta}$ 和 $\underline{V}$ 分别变为 4×1 和 4×4 矩阵而已，去掉了有关 β_j 的先验信息。先验机会比设定为 1。从定性角度看，表 4-1 的结果与表 3-1 基本相同。也就

---

①   如果读者熟悉谱方法，可以用 4% 的自协方差收缩估计来计算 $S(0)$。

是说，有足够的证据表明 β_2、β_4 和 β_5 不等于 0，但没有足够证据表明 β_1 和 β_3 也不等于 0。值得注意的是，通过对比表 4–1 和第 3 章的实证结果会发现，两个模型比较的结果与后验均值的结果截然不同。这是普遍存在的现象。也就是说，与先验信息对后验均值和后验标准差的影响相比，先验信息对后验机会比的影响更大。因此，第 3 章和第 4 章先验信息的微小差别，就会导致后验均值和后验机会比结果的较大差别。

确定了住房价格数据的先验分布和后验分布之后，利用 4.2.6 节介绍的方法，能够计算出住房价格的预测密度函数。和第 3 章一样，假设待预测房屋的建筑面积为 5 000 平方英尺，有两间卧室、两间浴室且只有一层。现在研究此房屋销售价格的预测结果。与采用自然共轭先验分布不同，采用独立正态–伽马先验分布时，无法得到预测分布的解析解。尽管如此，只要对后验模拟程序做微小调整，就可以计算出预测分布的数字特征。也就是说，在后验模拟程序加入一行代码，利用式（4.29），在给定 $\beta^{(s)}$ 和 $h^{(s)}$ 条件下提取 $y^{*(s)}$ 的随机抽样，之后保存 $y^{*(s)}$ 的随机抽样，就可以利用式（4.32）计算出预测分布的数字特征。其中 $s = S_0 + 1, \cdots, S$。对于具有上述特征的房屋，利用上面方法计算出住房价格的预测均值为 69 750 美元，预测标准差为 18 402 美元。不出所料，这个预测结果与第 3 章的预测结果非常接近。

对于我们感兴趣的一维（或最多二维）特征，利用图形能够更好展现它们的实证结果。图 4–1 给出了预测密度函数的图像。图 4–1 就是所有 $y^{*(s)}$ 抽样的直方图，$s = S_0 + 1, \cdots, S$。这个图当然是近似结果，因为直方图就是连续预测密度函数的离散近似。利用这个直方图，读者不仅可以猜测预测均值的大致结果，还可以大致了解预测分布是否具有厚尾特征。这个直方图表明，我们无法做出极为精确的预测推断。对于建筑面积为 5 000 平方英尺，有两间卧室、两间浴室且只有一层的房屋来说，我们只能说此房屋销售价格的最佳预测结果大致为 70 000 美元。房屋销售价格小于 30 000 美元或大于 110 000 美元的概率都较大。

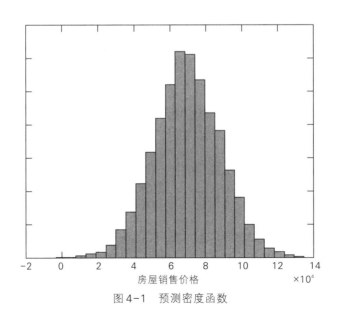

图 4–1　预测密度函数

|4.3| 有不等式约束的正态线性回归模型

本节讨论当线性回归模型系数施加了不等式约束时的贝叶斯推断问题。在研究中经常会遇到此类问题。例如，生产函数经常要施加凹性和单调性约束。如果研究中模型误差存在自相关（见第6章，6.5节），则会施加平稳性条件。所有这些约束条件都可以写成$\beta \in A$的形式，其中，A表示相关区域。当回归模型施加此类约束时，贝叶斯分析非常简单，只需要在先验信息中施加这些约束就可以。为了进行后验推断，需要使用所谓的"重要抽样"的方法。值得一提的是，对于某些不等式约束（例如像$\beta_j > 0$的线性不等式约束），需要采用略微简单一些的后验分析方法。好在重要抽样方法相当简单，非常适合研究此类不等式约束。不仅如此，重要抽样还是一个非常有用的工具，不仅可用于不等式约束问题，它还广泛适用于各类模型。因此，这里利用大家熟悉的回归模型，介绍重要抽样的概念。不过还是要再次重申一遍，重要抽样方法适用于很多模型。需要提醒读者一点，本模型的似然函数依然是大家熟悉的式（3.3）或式（3.7）。

4.3.1 先验分布

利用先验分布很容易引入不等式约束。换种方式来讲，说$\beta \in A$就等同于说不属于集合A的参数空间区域是先验不可能事件，因此其先验权重应设为0。我们可以将此类先验信息和其他先验信息结合起来使用。举例来说，可以将此类先验信息与独立正态-伽马先验分布结合起来，也可以将它与自然共轭先验分布结合起来。这里讨论如何将此类先验信息与自然共轭先验分布式（3.8）结合起来。回顾一下，式（3.24）的无信息先验分布就是此问题的特例。当研究中需要对参数β施加不等式约束但又没有其他先验信息时，就会普遍采用式（3.24）的无信息先验分布。

由此得出先验分布为

$$p(\beta, h) \propto f_{NG}\left(\beta, h \mid \underline{\beta}, \underline{V}, \underline{s}^{-2}, \underline{v}\right) 1(\beta \in A) \tag{4.33}$$

其中，$\underline{\beta}, \underline{V}, \underline{s}^{-2}, \underline{v}$为研究中选用的先验超参数值（见式（3.8）），$1(\beta \in A)$为示性函数，当$\beta \in A$时取值为1，否则取值为0。

下文中我们将要用到一个结论：当使用自然共轭先验分布时，β的边缘先验分布为t分布。其原因与β的边缘后验分布为t分布（见式（3.14））的原因相同。因此，β的边缘先验分布可以写为

$$p(\beta) \propto f_t\left(\beta \mid \underline{\beta}, \underline{s}^2 \underline{V}, \underline{v}\right) 1(\beta \in A) \tag{4.34}$$

对于自然共轭先验分布，无信息先验分布的其他变化还有设$\underline{v} = 0$，$\underline{V}^{-1} = cI_k$以及令$c$趋于0等几种情况。可见，先验分布形式为

$$p(\beta, h) \propto \frac{1}{h} 1(\beta \in A) \tag{4.35}$$

4.3.2 后验分布

推导后验分布的过程，除了施加了不等式约束外，其他均与第3章相同。在第3章中，对于自然共轭先验分布，推导出β和h的后验分布为正态-伽马分布（见式

（3.9）），β的边缘后验分布为多元 t 分布。无信息先验分布是自然共轭先验分布的特例。除了密度函数存在截断之外，本节结论均与第 3 章结论一样。因此，$p(\beta, h \mid y)$是在$\beta \in A$区域截断的正态-伽马分布，$p(\beta, h)$是在$\beta \in A$区域截断的多元 t 分布。采用附录 B 定义 B.25 的表示，有

$$p(\beta \mid y) \propto f_t\left(\beta \mid \bar{\beta}, \bar{s}^2 \bar{V}, \bar{v}\right) 1(\beta \in A) \tag{4.36}$$

其中，$\bar{\beta}, \bar{s}^2, \bar{V}, \bar{v}$的定义见式（3.10）~式（3.13）。利用无信息先验推导出的后验分布，除了$\bar{\beta}, \bar{s}^2, \bar{V}, \bar{v}$定义改为式（3.20）-式（3.23）外，其他形式与式（4.36）相同。

如果将不等式约束与独立正态-伽马先验分布结合起来，则式（4.6）的$p(\beta \mid y, h)$公式需要乘上 1（$\beta \in A$）。

4.3.3 贝叶斯计算：重要抽样

对于集合A的某些特殊情况，可以得到后验结果的解析解。对于其他一些情况，可以使用 Gibbs 抽样。但对于集合A的一般形式，这两种方法都不适用。因此，需要介绍另外一种后验模拟方法，称为重要抽样方法。由于重要抽样是一种具有广泛适用性的方法，在介绍重要抽样基本思想时，我们采用通用的符号表示，即利用θ表示参数向量，$p(y \mid \theta)$、$p(\theta)$和$p(\theta \mid y)$分别表示似然函数、先验分布和后验分布。

如果采用蒙特卡罗积分方法，需要从$p(\theta \mid y)$随机抽样。对于很多模型，很难完成这项任务。如果换种方式，从密度函数$q(\theta)$随机抽样$\theta^{(s)}, s = 1, \cdots, S$，就比较容易实现。这个密度函数$q(\theta)$称为重要函数（importance function）。当然，从重要函数中进行简单的随机抽样，之后按通常做法对随机抽样进行平均，这种做法也欠妥当。具体来说就是当$S \rightarrow \infty$时

$$\hat{g}S = \frac{1}{S} \sum_{s=1}^{S} g\left(\theta^{(s)}\right)$$

并不收敛到$E\left[g(\theta) \mid y\right]$。为了进行直观说明，考虑$q(\theta)$和$p(\theta \mid y)$的均值相同，但$q(\theta)$的方差比$p(\theta \mid y)$的方差大的情况。如果从$q(\theta)$随机抽样，意味着从$p(\theta \mid y)$尾部提取的样本过多，而$p(\theta \mid y)$均值附近的样本又过少。为了克服这个问题，重要抽样的做法是赋予$p(\theta \mid y)$尾部样本较小权重，赋予$p(\theta \mid y)$均值附近样本较大权重。也就是说，重要抽样采用的是加权平均，而不是简单算术平均。

下列定理给出了重要抽样的数学表述（详细介绍和证明参见 Geweke（1989）；Kloek,van Dijk（1978）and Bauwens（1984）是重要的早期文献作者）。

定理 4.2 重要抽样

令$\theta^{(s)}$表示从$q(\theta)$随机提取的样本，$s = 1, \cdots, S$。定义

$$\hat{g}S = \frac{\sum_{s=1}^{S} w\left(\theta^{(s)}\right) g\left(\theta^{(s)}\right)}{\sum_{s=1}^{S} w\left(\theta^{(s)}\right)} \tag{4.37}$$

其中

$$w\left(\theta^{(s)}\right) = \frac{p\left(\theta = \theta^{(s)}\middle| y\right)}{q\left(\theta = \theta^{(s)}\right)} \tag{4.38}$$

则当 S 趋于无穷时，$\hat{g}S$（弱条件①）收敛到 $E\left[g\left(\theta\right)\middle| y\right]$。

实际上，由于式（4.38）的分子和分母都包含权重，因此唯一需要做的是计算出 $p\left(\theta\middle| y\right)$ 和 $q\left(\theta\right)$ 的核函数。确切地说，如果 $p^*\left(\theta\middle| y\right) \propto p\left(\theta\middle| y\right)$ 和 $q^*\left(\theta\right) \propto q\left(\theta\right)$，可以用

$$w\left(\theta^{(s)}\right) = \frac{p^*\left(\theta = \theta^{(s)}\middle| y\right)}{q^*\left(\theta = \theta^{(s)}\right)} \tag{4.39}$$

替换式（4.38），定理 4.2 依然成立。

乍看起来，似乎重要抽样是解决后验模拟问题的完美方案。毕竟采用重要抽样方法，似乎只要从任何方便的密度函数 $q\left(\theta\right)$ 随机抽样，之后利用式（4.37）进行简单的加权平均就能得到 $E\left[g\left(\theta\right)\middle| y\right]$ 的估计量。天下哪有免费的午餐。实践中，实施重要抽样并非那么轻而易举。除非 $q\left(\theta\right)$ 非常接近 $p\left(\theta\middle| y\right)$，否则就会发现对于每个随机抽样，权重 $w\left(\theta^{(s)}\right)$ 几乎都等于零。这意味着加权平均仅涉及极少数抽样。因此，只有 S 非常大，才能获得精确的 $E\left[g\left(\theta\right)\middle| y\right]$ 估计量。因此，除非选取到极为合适的 $q\left(\theta\right)$，否则重要抽样就不是可行方法。由于选择 $q\left(\theta\right)$ 要花费大量时间，并且不同模型通常需选择不同的 $q\left(\theta\right)$。这意味着只要 Gibbs 抽样能用，人们就会选择 Gibbs 抽样。毕竟对于 Gibbs 抽样来说，一旦选择了具体分块方式，剩下的就是从条件后验分布中随机抽样（和控制收敛程度）。重要抽样涉及找寻并评价方便的重要函数 $q\left(\theta\right)$（例如正态分布族），之后对这类重要函数进行微调（例如选择正态分布的均值和方差），使其近似等于 $p\left(\theta\middle| y\right)$。尤其是当参数 θ 的维数较高时，找到合适的重要函数几乎难于上青天。Geweke（1989）讨论了具有一定普遍适用性的重要函数选择策略，感兴趣的读者可以详细阅读此文献。Richard 和 Zhang（2000）讨论了更具有普遍适用性的重要函数选择策略。

幸运的是，对于有不等式约束的正态线性回归模型来说，我们想到了一个显而易见的重要函数，重要抽样随之可以直接完成。如果设

$$q\left(\beta\right) = f_t\left(\beta\middle| \bar{\beta}, \bar{s}^2\bar{V}, \bar{v}\right) \tag{4.40}$$

看看会发生什么结果？由于这个重要函数是多元 t 分布函数，很容易进行随机抽样。此外，利用式（4.36）和式（4.39）可以计算出权重

$$w\left(\beta^{(s)}\right) = 1\left(\beta^{(s)} \in A\right)$$

利用式（4.37）估计出函数 $g\left(\cdot\right)$ 的 $E\left[g\left(\beta\right)\middle| y\right]$ 估计量。注意，权重要么是 $1\left(\beta^{(s)} \in A\right.$ 时），要么是 $0\left(\beta^{(s)} \notin A\right.$ 时）。换句话说，这个方法仅涉及从无约束后验分布中随机抽样，之后剔除破坏不等式约束的抽样（即权重为 0 的抽样，相当于剔除掉这些抽样）。因此，这个方法极其好用（除非集合 A 的区域非常小，导致所有随机抽样都被剔除）。

---

① 这些条件主要是保证 $q\left(\beta\right)$ 存在，包括保证 $p\left(\theta\middle| y\right)$ 和 $E\left[g\left(\theta\right)\middle| y\right]$ 存在。

根据中心极限定理，可以计算出重要抽样的标准误。

定理 4.3　标准误

根据定理 4.2 的构建方式和定义，当 S 趋于无穷时，有

$$\sqrt{S}\left\{\hat{g}S - E\left[g(\theta)\middle|y\right]\right\} \to N\left(0, \sigma_g^2\right) \tag{4.41}$$

其中，σ_g^2 由

$$\hat{\sigma}_g^2 = \frac{\frac{1}{S}\sum_{s=1}^{S}\left[w\left(\theta^{(s)}\right)\left\{g\left(\theta^{(s)}\right) - \hat{g}S\right\}\right]^2}{\left[\frac{1}{S}\sum_{s=1}^{S}w\left(\theta^{(s)}\right)\right]^2}$$

一致逼近。因此，研究中通过选择 S 的值，就可以计算出相应的标准误 $\frac{\hat{\sigma}_g}{\sqrt{S}}$。

4.3.4　模型比较

如果模型施加了不等式约束，通常就无法直接计算此模型的边缘似然函数。对于某些形式确切的模型，可以采用上述讨论的模型比较方法进行模型比较。否则，就得使用第 5 章讨论的通用方法计算边缘似然函数。

这里讨论两类具体的模型比较问题。首先考虑第一种情况，模型 M_1 是本节所讨论的施加不等式约束的正态线性回归模型，先验分布为自然共轭分布（即 $\beta \in A$）。模型 M_2 除了破坏不等式约束外（即 $\beta \notin A$），其他条件与模型 M_1 相同。经济理论中经常会遇到这种不等式约束，此类模型比较问题通常备受关注。也就是说，如果具体经济理论表明 $\beta \in A$，则 $p\left(M_1\middle|y\right)$ 为经济理论正确的概率。

此类模型比较问题的具体例子是第 3 章（第 6 节）讨论的线性不等式约束。根据之前所述，涉及此类线性不等式约束的模型比较问题非常容易解决（并且使用无信息先验分布也不会出现问题）。实践中可以使用先验分布为自然共轭分布的无约束正态线性回归模型，计算 $p\left(M_1\middle|y\right) = p\left(\beta \in A\middle|y\right)$ 和 $p\left(M_2\middle|y\right) = 1 - p\left(M_1\middle|y\right)$。如果不等式约束为线性形式，可以采用解析方法计算出 $p\left(\beta \in A\middle|y\right)$，否则就得采用式（4.40）的重要抽样方法计算 $p\left(\beta \in A\middle|y\right)$。也就是说，对于无约束模型，$p\left(\beta \in A\middle|y\right) = E\left[g(\theta)\middle|y\right]$，其中 $g(\theta) = 1(\beta \in A)$。但正如之前强调的，需要精心设计后验模拟来计算这些统计量。因此，可以从无约束后验密度函数（$f_t\left(\beta\middle|\bar{\beta}, \bar{s}^2\bar{V}, \bar{v}\right)$）提取样本，之后仅需计算满足 $\beta \in A$ 的比例。这个比例就是 $p\left(\beta \in A\middle|y\right)$ 的估计量。但从 $f_t\left(\beta\middle|\bar{\beta}, \bar{s}^2\bar{V}, \bar{v}\right)$ 中随机抽样恰好是式（4.40）所述的重要抽样方法。因此，利用重要抽样方法提取样本，通过记录保留了多少样本，剔除了多少样本（即权重为 0 的样本），很容易计算出 $p\left(M_1\middle|y\right)$ 和 $p\left(M_2\middle|y\right)$。

对于施加了相同不等式约束的嵌套模型来说，可以利用 Savage-Dickey 密度比率进行模型比较。也就是说，令模型 M_2 为本节介绍的模型（即先验分布为施加了不等式约束的自然共轭分布，后验分布为方程（4.36）的正态线性回归模型），模型 M_1 除了施加了约束 $\beta = \beta_0$ 外，其余条件与模型 M_2 相同。如果模型 M_1 和模型 M_2 误差精确度（h）的先验分布相同，根据 Savage-Dickey 密度比率，利用

$$BF_{12} = \frac{p\left(\beta = \beta_0 \mid y, M_2\right)}{p\left(\beta = \beta_0 \mid M_2\right)}$$

计算出贝叶斯因子 BF_{12}。不巧的是,计算贝叶斯因子 BF_{12} 绝不像看起来那么简单。归根结底是因为式(4.34)和式(4.36)仅给出了先验分布和后验分布的核函数而已,即式(4.34)和式(4.36)仅仅说两个分布成比例,而不是两个分布相等。用数学语言说就是,先验分布和后验分布的密度函数形式为

$$p\left(\beta\right) = \underline{c} f_t\left(\beta \mid \underline{\beta}, \underline{s}^2\underline{V}, \bar{v}\right)1\left(\beta \in A\right)$$

和

$$p\left(\beta \mid y\right) = \bar{c} f_t\left(\beta \mid \bar{\beta}, \bar{s}^2\bar{V}, \bar{v}\right)1\left(\beta \in A\right)$$

其中,$\underline{c}$ 和 $\bar{c}$ 为确保密度函数的积分为 1 的先验分布和后验分布积分常数,进而 Savage-Dickey 密度比率形式为

$$BF_{12} = \frac{\bar{c} f_t\left(\beta = \beta_0 \mid \bar{\beta}, \bar{s}^2\bar{V}, \bar{v}\right)}{\underline{c} f_t\left(\beta = \beta_0 \mid \underline{\beta}, \underline{s}^2\underline{V}, \bar{v}\right)} \tag{4.42}$$

注意,计算式(4.42)需要估计两个多元 t 密度函数在点 $\beta = \beta_0$ 处的值,并计算 $\underline{c}$ 和 $\bar{c}$。给定某些假设条件,很容易计算得到 $\underline{c}$ 和 $\bar{c}$ 的值。举例来说,如果约束条件为 $\beta_j > 0$ 这类单变量不等式约束,根据 t 分布统计表(或对应的计算机程序)就能得到积分常数 $\underline{c}$ 和 $\bar{c}$。对于更一般的不等式约束,需要使用上一段介绍的重要抽样方法。也就是说,根据重要抽样方法能计算出约束条件 $\beta \in A$ 成立的概率 $p\left(M_1 \mid y\right)$。由于

$$\bar{c} = \frac{1}{\int f_t\left(\beta \mid \bar{\beta}, \bar{s}^2\bar{V}, \bar{v}\right)1\left(\beta \in A\right) d\beta}$$

且 $p\left(M_1 \mid y\right) = \int f_t\left(\beta \mid \bar{\beta}, \bar{s}^2\bar{V}, \bar{v}\right)1\left(\beta \in A\right) d\beta$,因此有 $\bar{c} = 1/p\left(M_1 \mid y\right)$。要计算 $\underline{c}$,除了用先验分布取代后验分布做重要抽样外,其余步骤与计算 $\bar{c}$ 的过程基本相同。

4.3.5 预测

对式(4.27)~式(4.32)所述方法进行微小的调整,就可以作预测。采用重要抽样方法时,从重要函数提取的样本必须按照式(4.37)和式(4.38)进行赋权。这里采用通用的模型表示方法,令 $\theta^{(s)}$ 表示重要函数的随机抽样,$y^{*(s)}$ 表示 $p\left(y^* \mid y, \theta^{(s)}\right)$ 的随机抽样,$s = 1, \cdots, S$。则当 S 趋于无穷时

$$\hat{g}Y = \frac{\sum_{s=1}^{S} w\left(\theta^{(s)}\right) g\left(y^{*(s)}\right)}{\sum_{s=1}^{S} w\left(\theta^{(s)}\right)} \tag{4.43}$$

收敛到 $E\left(g\left(y^*\right) \mid y\right)$,其中 $w\left(\theta^{(s)}\right)$ 由式(4.38)或式(4.39)给出。只要完成了重要抽样,就可以计算任何所需的预测数字特征。即使是先验分布为自然共轭分布且施加不等式约束的正态线性回归模型,亦可采取此方案。

4.3.6 实例

下面依然以住房价格数据为例进行实证研究。回顾此例，因变量为住房的销售价格，解释变量为房屋建筑面积、卧室数量、浴室数量和楼层数。可以预期所有解释变量对住房价格都存在正向影响。此外假设研究人员预先知道 $\beta_2 > 5$，$\beta_3 > 2\,500$，$\beta_4 > 5\,000$，且 $\beta_5 > 5\,000$，并希望将此信息纳入先验信息。利用式（4.33）的术语，这些信息定义了区域 A。式（4.33）的先验分布为 $1(\beta \in A)$ 和正态–伽马密度函数的乘积，因此还需诱导超参数 $\underline{\beta}$, $\underline{V}$, $\underline{s}^{-2}$ 和 $\underline{v}$ 的值。这里依然使用第 3 章采用的超参数。也就是说，设 $\underline{s}^{-2} = 4.0 \times 10^{-8}$, $\underline{v} = 5$

$$\underline{\beta} = \begin{bmatrix} 0.0 \\ 10 \\ 5\,000 \\ 10\,000 \\ 10\,000 \end{bmatrix}$$

并且

$$\underline{V} = \begin{bmatrix} 2.40 & 0 & 0 & 0 & 0 \\ 0 & 6.0 \times 10^{-7} & 0 & 0 & 0 \\ 0 & 0 & 0.15 & 0 & 0 \\ 0 & 0 & 0 & 0.60 & 0 \\ 0 & 0 & 0 & 0 & 0.60 \end{bmatrix}$$

这里采用重要抽样对此模型进行统计推断。[①]对第 3 章实例中蒙特卡罗积分方法所用程序代码进行简单修改，就可以得到重要抽样方法的程序代码。也就是说，可以使用式（4.40）作为重要函数，但此重要函数与第 3 章的后验分布完全一样。之后利用式（4.36）计算重要抽样权重。如上所述（见式（4.38）后的讨论），选择重要函数后，重要权重或者为 1（如果随机抽样满足约束条件），或者为 0（如果随机抽样不满足约束条件）。根据式（4.35），我们对重要抽样进行加权平均，就可以计算出参数 β 的后验数字特征。利用定理 4.3 的结论可以计算出标准误。表 4–2 包含参数 β 的后验均值、后验标准差和后验标准误，以及比较施加约束 $\beta_j = \underline{\beta}_j$ 的模型和仅施加不等式约束的模型的后验机会比。比较这两个模型纯粹是为了举例，且可以用式（4.42）计算这个后验机会比。由于 $\beta_j = \underline{\beta}_j$ 为单变量约束，根据单变量 t 分布的性质，可以计算出常数 $\underline{c}$ 和 $\bar{c}$。表 4–2 结果所用样本数量为 10\,000（即 $S = 10\,000$）。

表 4–2 的结果与表 3–1 以及表 4–1 的结果非常接近。注意，尽管对参数 β_4 和 β_5 施加了不等式约束，但对结果的影响较小。也就是说，表 3–1 中参数 β_4 和 β_5 的无约束后验均值（标准差）分别为 16\,965（1\,708）和 7\,641（997）。因此，参数 β_4 和 β_5 的后验概率基本都会落入 $\beta_4 > 5\,000$ 和 $\beta_5 > 5\,000$ 的区域。尽管表 4–2 通过先验信息施加了不等式约束，但对后验分布的影响极为有限。从直观上看，由于数据已经表明 $\beta_4 > 5\,000$ 和 $\beta_5 > 5\,000$，再通过先验信息施加这些约束无疑徒劳无功。

---

① 需要提醒一下，本例中考虑的约束比较简单，可以从截断正态分布中抽样，采用蒙特卡罗积分方法实施统计推断。

表 4-2 参数 β 的后验结果

	均值	标准差	标准误	约束 $\beta_j = \underline{\beta}_j$ 的后验机会比
β_1	−5 645.47	2 992.87	40.53	1.20
β_2	5.50	0.30	0.0041	1.36×10^{-29}
β_3	3 577.58	782.58	10.60	0.49
β_4	16 608.02	1 666.26	22.56	5.5×10^{-4}
β_5	7 469.35	936.63	12.68	0.22

不过，这些不等式约束倒是影响了参数 β_2 和 β_3，这两者的后验均值稍有增加。从参数 β_2 和 β_3 的后验分布中去掉 $\beta_2 < 5$ 和 $\beta_3 < 2\ 500$ 的区域，参数 β_2 和 β_3 的后验均值无疑会上升。表 4-2 的后验标准差要比表 3-1 的后验标准差略小一些，这表明增加先验信息会降低回归系数的后验不确定性。

标准误表明，估计量的结果已经相当精确了。和其他后验模拟器一样，想提高估计的精确度，只要增加抽样次数 S 就可以。不过，仔细与表 3-4 对比就会发现，重要抽样的标准误要略高于蒙特卡罗积分的标准误。例如，在抽样次数都是 10 000 的情况下，采用蒙特卡罗积分，$E(\beta_2 | y)$ 的标准误估计值为 0.0037；而采用重要抽样，$E(\beta_2 | y)$ 的标准误估计值为 0.0041。这是因为蒙特卡罗积分直接从后验分布中抽样，而重要抽样方法则涉及从后验分布的近似分布中抽样，这当然要损失一些计算效率。

后验机会比的结果与后验均值和标准差的结果一致。除截距项外，没有足够证据支持假设 $\beta_j = \underline{\beta}_j$ 成立。不过，根据后验机会比，系数 β_3 和 β_5 满足约束条件的概率略大些。对于这两个系数，相对于后验标准差，后验均值距离 $\underline{\beta}_j$ 并不太远。因此，关于系数 β_3 和 β_5 的后验机会比有点价值。

给定住房的特征，利用 4.3.5 节介绍的方法，可以预测住房价格的密度函数。也就是说，利用 4.2.6 节介绍的方法，对每个重要抽样的样本，提取样本 $y^{*(s)}$，$s = 1, \cdots, S$。之后按照式（4.43）对这些随机抽样进行加权平均，就得到所需数字特征的预测值。4.2.7 节的例子是从 $p(y^* | \beta^{(s)}, h^{(s)})$ 中随机抽样。由于 $p(y^* | \beta^{(s)}, h^{(s)})$ 服从正态分布，因此轻而易举地就能提取样本。尽管这里是用重要函数来获得 $h^{(s)}$ 的抽样，但采用的方式依然一样。式（3.9）的正态-伽马后验分布天生就是这样一个重要函数。抑或者，利用与获得式（3.39）至式（3.40）类似的方法，得到

$$p(y^* | y, \beta) = p(y^* | \beta) = f_t(y^* | X^* \beta, \bar{s}^2 I_T, \bar{v})$$

进而可以从 t 分布中提取 $p(y^* | \beta^{(s)})$ 的抽样。此时你或许好奇，关于系数 β 的不等式约束哪里去了呢？仔细观察你会发现，从 $p(y^* | \beta^{(s)})$ 提取的预测样本是以 β 的重要抽样为条件的抽样，而这个抽样已经包含了施加的不等式约束。对于建筑面积 5 000 平方英尺，包含两间卧室、两间浴室和一层楼的住房来说，如果用这个方法预测住房价格的密度函数，该住房价格均值和标准差的预测值分别为 69 408 和 18 246。这个结果与上一节利用此数据得到的实证研究结果相差无几。

|4.4| 小结

本章针对两个采用不同先验分布的正态线性回归模型，介绍其后验分布、预测分析和模型比较的贝叶斯方法。第一个先验分布是独立正态-伽马分布，第二个先验分布是具有不等式约束的自然共轭分布。之所以重点考虑这两个先验分布，是因为在许多实证研究中都要这样设定。不仅如此，讨论这两个先验分布还另有深意：借以介绍类似情形下需要使用的重要计算方法。第一个计算方法是Gibbs抽样。对比来看，蒙特卡罗积分是从联合后验分布中提取样本，而Gibbs抽样是从完全后验条件分布序贯提取样本。尽管也可以把这些抽样看作联合后验分布的抽样，但须注意Gibbs抽样并不相互独立，并且Gibbs抽样取决于Gibbs抽样器启动时选择的初始点。利用介绍的MCMC诊断方法可以确保抽取的样本不再存在这两个问题。

本章介绍的第二个计算方法是重要抽样。重要抽样算法是从重要函数中提取样本，之后对所提取的样本赋予适当权重，以纠正重要函数和后验分布之间不一致带来的问题。本章还介绍了Savage-Dickey密度比率，利用它可以很容易地计算出比较嵌套模型的贝叶斯因子。

到目前为止，总共介绍了三种后验模拟算法：蒙特卡罗积分、Gibbs抽样和重要抽样。那么对于具体模型，到底选择哪种算法呢？如果很容易获得后验分布抽样，适合使用蒙特卡罗积分方法。如果难以直接进行后验模拟，但根据条件后验分布进行模拟比较简单，建议使用Gibbs抽样。如果蒙特卡罗积分和Gibbs抽样都不容易做，但能找到后验分布的近似分布，重要抽样就是不二选择。

|4.5| 习题

4.5.1 理论习题

1.Savage-Dickey密度比率。

（a）证明定理4.1。（提示：如果不会做，可以参见 Verdinelli and Wasserman，1995年的证明）

（b）如果条件$p(\psi|\omega=\omega_0,M_2)=p(\psi|M_1)$不成立，答案会发生什么变化？

2. 对于正态线性回归模型，如果先验分布为自然共轭分布，根据第3章（式（3.34））的方法计算比较模型$M_1:\beta_i=0$和模型$M_2:\beta_i\neq 0$的贝叶斯因子。其中β_i为单个回归系数，模型M_1和模型M_2中关于h的先验分布相同。同时利用Savage-Dickey密度比率计算贝叶斯因子。证明采用这两种方法得到的结果完全一样。

4.5.2 上机习题

本书相关网站提供了相关数据和MATLAB程序代码。

3.通过本题，在极其简单的情况下，了解Gibbs抽样器的特征。假设所设模型具有二元正态后验分布

$$\begin{pmatrix} \theta_1 \\ \theta_2 \end{pmatrix} \sim N \left(\begin{bmatrix} 0 \\ 0 \end{bmatrix}, \begin{bmatrix} 1 & \rho \\ \rho & 1 \end{bmatrix} \right)$$

其中，$|\rho| < 1$为参数θ_1和θ_2的（已知）后验相关系数。

（a）编写计算机程序，利用蒙特卡罗积分方法计算参数θ_1和θ_2的后验均值和标准差。

（b）编写计算机程序，利用Gibbs抽样计算参数θ_1和θ_2的后验均值和标准差。（提示：根据附录B定理B.9的多元正态分布性质，计算出相应的条件后验分布）

（c）设$\rho = 0$，并比较（a）和（b）的计算机程序。若要使得参数θ_1和θ_2的后验均值和后验标准差的估计值精确到小数点后两位，后验模拟需要提取多少样本？

（d）分别给定$\rho = 0.5$，0.9，0.95，0.99以及0.999，重新回答问题（c）。讨论参数θ_1和θ_2的相关性对Gibbs抽样器效果的影响。

（e）调整蒙特卡罗积分程序和Gibbs抽样程序，计算标准误和Geweke收敛诊断（仅限Gibbs抽样程序）。再次回答（c）和（d）的问题。标准误是否表明后验模拟器已经达到所需的近似精确度？收敛诊断结果是否准确表明Gibbs抽样器已经收敛？

4.通过本题，在极为简单的情况下，了解重要抽样的特征。假设所设模型仅有一个参数θ，其后验分布为$N(0,1)$。

（a）编写计算机程序，利用蒙特卡罗积分方法计算参数θ的后验均值和标准差。

（b）编写计算机程序，利用重要抽样方法计算参数θ的后验均值和标准差，并利用定理4.3计算标准误，计算重要抽样权重的均值和标准差。采用$f_t(\theta \mid 0, 1, v_\theta)$密度函数作为重要函数。

（c）给定抽样的样本数量（例如$S = 1\,000$），分别取$v_\theta = 1, 3, 5, 10, 20, 50$和$100$，完成蒙特卡罗积分和重要抽样。比较不同算法以及$v_\theta$取不同值时，估计结果的精确度。当$v_\theta$不断增加时，重要抽样的均值和标准差如何变化？

（d）设重要函数为$f_t(\theta \mid 2, 1, v_\theta)$，再次回答（c）的问题。

第 5 章

非线性回归模型

|5.1| 引言

之前各章是在个体 $i = 1$，$\cdots$，N 的数据已知条件下，研究线性回归模型

$$y_i = \beta_1 + \beta_2 x_{i2} + \cdots + \beta_k x_{ik} + \beta_i$$

不仅限于因变量和解释变量之间的线性关系，只要因变量和解释变量之间的关系能够转换成线性关系，线性回归模型都有用武之地。例如，Cobb–Douglas 生产函数，产出 y 和投入要素 x_2，$\cdots$，x_k 之间关系为

$$y = \alpha_1 x_2^{\beta_2}, \cdots, x_k^{\beta_k}$$

方程两侧同时取对数，之后加上误差项，得到回归模型

$$\ln(y_i) = \beta_1 + \beta_2 \ln(x_{i2}) + \cdots + \beta_k \ln(x_{ik}) + \varepsilon_i$$

其中，$\beta_1 = \ln(\alpha_1)$。在这个模型中，被解释变量和解释变量呈现对数线性关系。除了这个微小差别外，前几章介绍的方法都适用。另外一个将非线性回归关系线性化的例子是超越对数生产函数。

不过还有好多非线性函数无法线性化。本质上为非线性函数形式的例子就是常数替代弹性（CES）生产函数，其形式为

$$y_i = \left(\sum_{j=1}^{k} \gamma_j x_{ij}^{\gamma_{k+1}} \right)^{1/\gamma_{k+1}}$$

本章考虑解释变量本质为非线性关系的回归模型贝叶斯推断问题。以 CES 生产函数为例，此时非线性回归模型形式为

$$y_i = \left(\sum_{j=1}^{k} \gamma_j x_{ij}^{\gamma_{k+1}} \right)^{1/\gamma_{k+1}} + \varepsilon_i \tag{5.1}$$

所用符号与之前相同（见第 3 章开始的讨论）。令 ε 和 y 分别表示误差项和因变量观测值堆叠成的 N 维向量。令 X 为 k 个解释变量观测值堆叠成的 $N \times k$ 矩阵。标准假设为：

　　1. ε 为 $N(0_N, h^{-1} I_N)$。

2.X的所有元素要么给定（即不是随机变量），要么是和ε的所有元素相互独立的随机变量，概率密度函数为$p(X|\lambda)$。其中，λ为不包含模型其他参数的参数向量。

对于一般非线性回归模型

$$y_i = f(X_i, \gamma) + \varepsilon_i$$

本章讨论的基本思想依然适用。其中，X_i为X的第i行，函数$f(\cdot)$的值取决于X和参数向量γ。冒着符号略有滥用之嫌，将此模型写作矩阵形式

$$y = f(X, \gamma) + \varepsilon \tag{5.2}$$

其中，$f(X, \gamma)$为函数的N维向量，第i个元素为$f(X_i, \gamma)$。后验模拟算法能否准确完成，取决于函数$f(\cdot)$的形式。因此在讨论式（5.1）之前，先利用式（5.2）讨论几个基本概念。

非线性回归模型本身就是一个重要模型。不过，之所以在这里讨论非线性回归模型，目的是介绍大量具有普遍适用性的方法。线性回归模型比较特殊，某些情况下能够得到后验结果的解析解（见第2章和第3章）。对于正态线性回归模型，即使预先知道无法得到结果的解析解，也可以使用一些特殊方法（例如第4章讨论的Gibbs抽样和Savage-Dickey密度比率）进行统计推断。不巧的是，很多模型并不适于使用此类特殊方法。这就有必要提出对所有模型都适用的一般方法。研究非线性回归模型就是契机，只需对大家熟悉的线性回归模型作微小扩展，就可以提出此类一般方法。至于后验模拟方法，这里引入地位举足轻重的一类后验模拟方法，即M-H（Metropolis-Hastings）算法。后面各章将会使用这些算法。这里还将介绍Gelfand和Dey（1994）提出的一般方法，计算边缘似然函数。最后介绍计算模型拟合好坏的测度，称为后验预测p值。

|5.2| 似然函数

利用多元正态密度函数定义，非线性回归模型的似然函数可以写作

$$p\left(y \mid \gamma, h\right) = \frac{h^{N/2}}{(2\pi)^{N/2}}\left\{\exp\left[-\frac{h}{2}\{y - f(X, \gamma)\}'\{y - f(X, \gamma)\}\right]\right\} \tag{5.3}$$

对于线性回归模型，似然函数可以写成OLS估计量的表达式。根据似然函数表达式可以确定先验分布应采用自然共轭分布（见式（3.7））。而对于非线性回归模型，事情就没有那么简单了，除非$f(\cdot)$采取极特殊的形式。

|5.3| 先验分布

先验分布的抉择取决于函数$f(\cdot)$的形式以及参数γ的意义。例如，式（5.1）的CES生产函数，γ_{k+1}与投入要素之间的替代弹性有关。对于这个参数的可能取值，研究人员事先已经有了大概了解。因此，先验分布的选取更依赖于具体的实证研究环境。在本节，某些讨论在完全一般的情况下展开，此时先验分布表示为$p(\gamma, h)$。其他讨论取线性回归模型的无信息分布

$$p(\gamma, h) \propto 1/h \tag{5.4}$$

作为先验分布。此时 γ 和 $\ln(h)$ 的先验分布是均匀分布。在某些情况下，非线性回归模型参数取均匀分布作为先验分布是较为合理的选择。

5.4 后验分布

由于后验密度函数与似然函数和先验密度函数的乘积成比例，因此后验密度函数可以写为

$$p(\gamma,h|\ y)\propto p(\gamma,h)\frac{h^{N/2}}{(2\pi)^{N/2}}\left\{\exp\left[-\frac{h}{2}\{y-f(X,\gamma)\}'\{y-f(X,\gamma)\}\right]\right\} \tag{5.5}$$

这个表达式通常根本无法简化。后验密度函数取决于 $p(\gamma,h)$ 和 $f(\cdot)$ 的确切形式，不是广为大家熟知的密度函数形式。如果使用式（5.4）所示的无信息先验分布，采用与推导式（3.14）类似的数学分析方法，通过积分去掉误差精确度参数 h。得到 γ 的边缘后验分布为

$$p(\gamma|\ y)\propto\left[\{y-f(X,\gamma)\}'\{y-f(X,\gamma)\}\right]^{-N/2} \tag{5.6}$$

如果 $f(\cdot)$ 为线性函数，上式就可以整理成 t 分布的核函数形式。但对于非线性回归模型，式（5.6）绝不会是简单表达式。

5.5 贝叶斯计算：M-H 算法

既然不可能利用数学分析方法获得后验分布的结果，那就只能使用后验模拟方法。对于某些函数 $f(\cdot)$，可以采用 Gibbs 抽样器。另外一些情况下，利用 $p(\gamma|y)$ 很容易得到似然函数的近似分布，此时可以采用重要抽样方法。这里介绍第三种可能性，采用 M-H 算法。M-H 算法实际上是一族算法，利用它可以生成各种模型的后验模拟算法。一如既往，在介绍新算法时依然采用通用表示符号，即令 θ 为参数向量，$p(y|\theta)$、$p(\theta)$ 和 $p(\theta|y)$ 分别表示似然函数、先验分布和后验分布。

在某些方面，M-H 算法和重要抽样比较相似。例如，这两个算法都用于无法从后验分布本身进行随机抽样时，但又都可以找到随机抽样的便捷方案的情况。重要抽样需利用重要函数抽样。M-H 算法需利用候选生成密度函数（candidate generating density）进行随机抽样。令 θ^* 表示从候选生成密度函数 $q(\theta^{(s-1)};\theta)$ 提取样本。之所以这样表示，是把候选抽样 θ^* 看作从随机变量 θ 提取的候选样本，而随机变量 θ 的密度函数取决于 $\theta^{(s-1)}$。换一种说法就是 M-H 算法和 Gibbs 抽样器一样，其当前抽样取决于之前的抽样。这一点和重要抽样不同。因此 M-H 算法和 Gibbs 抽样器方法一样，属于马尔科夫链蒙特卡罗（MCMC）算法，经常称抽样数值（即 $\theta^{(s)}$，$s=1$，$\cdots$，S）为链。

对于重要抽样，为了修正重要函数与后验分布不同的问题，需要对每个抽样赋予不同权重。M-H 算法则赋予所有抽样相等权重，但并不是所有候选抽样都会被接受。换句话说，如果考虑的函数为 g（·），只需对抽样做简单加权平均

$$\hat{g}S=\frac{1}{S}\sum_{r=1}^{S}g(\theta^{(s)}) \tag{5.7}$$

就可以得到 $E\left[g(\theta)|y\right]$ 的估计量 $\hat{g}S$。

M-H算法通常采取以下步骤：

步骤0：选择初始值 $\theta^{(0)}$。

步骤1：从候选生成密度函数 $q\left(\theta^{(s-1)}; \theta\right)$ 中提取候选样本 θ^*。

步骤2：计算接受概率 $a\left(\theta^{(s-1)}, \theta^*\right)$。

步骤3：设抽样 $\theta^{(s)}=\theta^*$，概率为 $\alpha\left(\theta^{(s-1)}, \theta^*\right)$；设抽样 $\theta^{(s)}=\theta^{(s-1)}$，概率为 $1-\alpha\left(\theta^{(s-1)}, \theta^*\right)$。

步骤4：重复步骤1、2和3，S 次。

步骤5：对取得的 S 个抽样 $g\left(\theta^{(1)}\right)$，…，$g\left(\theta^{(S)}\right)$ 取平均值。

对于所考虑的任何函数 $g\left(\cdot\right)$，经过上述步骤后都可以得到 $E\left[g(\theta)|y\right]$ 的估计量。

和Gibbs抽样一样，M-H算法也需要选择初始值 $\theta^{(0)}$。要消除初始值的影响，通常需要忽略掉开始的 S_0 个抽样。Gibbs抽样器方法中的MCMC诊断方法依然可用于M-H算法的诊断。利用MCMC诊断方法可以诊断M-H算法抽取的样本数量是否足够，忽略掉的初始样本是否足够（详见第4章第4.2.4节）。

下面会简明扼要地给出接受概率 $\alpha\left(\theta^{(s-1)}, \theta^*\right)$ 的确切计算公式。不过在此之前，首先要讨论一个好的接受概率应该具有哪些特征。

我们在前几章介绍过，从直观角度看，MCMC算法是在整个后验分布上游荡，从后验概率较高区域提取大多数抽样，从后验概率较低区域提取少部分抽样。由于候选生成密度函数与后验分布不等价，如果听任MCMC算法自由游荡，在参数空间各个区域抽取的样本数据就不会恰如其分。M-H算法要做的就是不接受所有候选抽样，以纠正此问题。M-H算法使用了接受概率。在后验概率最高区域的抽样，其接受概率最高；在后验概率最低区域的抽样，其接受概率也最低。直观上，如果 $\theta^{(s-1)}$ 位于较低后验概率区域，则这个算法通常要快速远离抽样 $\theta^{(s-1)}$（即链的当前位置位于较低概率区域内，那么远离当前位置的候选抽样被接受的可能性更大）。如果 $\theta^{(s-1)}$ 位于较高概率区域，则这个算法通常会待在原地不动（见步骤3，算法通过设 $\theta^{(s)}=\theta^{(s-1)}$，待在特定点处不动）。算法通过令抽样在较高后验概率区域原地不动，以赋予该抽样较大权重。直观上，这和重要抽样的赋权方式相同。对于候选抽样 θ^*，类似讨论依然成立。给定一个抽样 $\theta^{(s-1)}$，如果候选抽样 θ^* 位于比 $\theta^{(s-1)}$ 高的后验概率区域，接受候选抽样的概率较大；反之，如果候选抽样 θ^* 位于比 $\theta^{(s-1)}$ 低的概率区域，拒绝候选抽样的概率较大。

通过上一段的直观介绍，根据 θ^* 和 $\theta^{(s-1)}$ 之间的关系，利用接受概率通常使链远离较低后验概率区域，移向较高后验概率区域。当然需要着重强调，上一句话中的"通常"至关重要。不能让链总是待在较高后验概率区域，而是要让链同样光顾较低后验概率区域（只不过光顾该区域的时间比例较低而已）。接受概率的构建原理就是让链经常从较低后验概率区域移向较高后验概率区域，但并不总是如此。

Chib和Greenberg（1995）有一篇介绍M-H算法的经典文献，包括推导出确保M-H算法收敛到后验分布的接受概率。对于想了解M-H算法详情的读者，可以参阅此篇文

献或者 Gilks、Richardson 和 Speigelhalter（1996a）[①]一文。结果表明，接受概率

$$\alpha\left(\theta^{(s-1)}, \theta^*\right) = \min\left[\frac{p\left(\theta = \theta^* \mid y\right) q\left(\theta^* ; \theta = \theta^{(s-1)}\right)}{p\left(\theta = \theta^{(s-1)} \mid y\right) q\left(\theta^{(s-1)} ; \theta = \theta^*\right)}, 1\right] \tag{5.8}$$

其中，p（$\theta = \theta^* \mid y$）表示点 $\theta = \theta^*$ 处的后验密度函数。因为 q（$\theta^* ; \theta$）表示随机变量 θ 的密度函数，进而 q（$\theta^* ; \theta = \theta^{(s-1)}$）表示点 $\theta = \theta^{(s-1)}$ 处的密度函数。可以验证，这个接受概率满足上述直观讨论所需特征。式（5.8）之所以要使用"min"符号，目的是确保接受概率不会大于1。

和重要抽样一样，M-H算法乍看起来似乎是万能钥匙，能解决所有后验模拟问题。之所以会产生这个看法，究其原因是看起来只要从任何简便的密度函数 q（$\theta^{(s-1)} ; \theta$）中随机抽样，之后根据接受概率式（5.8）接受或拒绝候选抽样，就可以得到抽样序列 $\theta^{(s)}$，据此可以计算出 E（g（θ）$\mid y$）的估计量，其中 $s = 1, \cdots, S$。但不幸的是，看起来容易做起来难。如果候选生成密度函数选择不慎，候选抽样基本都会被拒绝，链就会卡在一个特定点处，在较长时间内一动不动。因此，在选择候选生成密度函数时要慎之又慎，经常要使用第4章介绍的MCMC诊断来判断算法是否收敛。选择候选生成密度函数的方法不胜枚举。下面讨论两个普遍采用的方法。

5.5.1 独立链 M-H 算法

顾名思义，独立链M-H算法所用候选生成密度函数的不同抽样是相互独立的。也就是说，q（$\theta^{(s-1)} ; \theta$）$= q^*$（θ），并且候选生成密度函数与 $\theta^{(s-1)}$ 无关。当后验分布存在合宜的近似分布时，这个工具就有了妙用。就可以选择这个合宜的近似分布作为候选生成密度函数。一旦选择了候选生成密度函数，接受概率就简化为

$$\alpha\left(\theta^{(s-1)}, \theta^*\right) = \min\left[\frac{p\left(\theta = \theta^* \mid y\right) q^*\left(\theta = \theta^{(s-1)}\right)}{p\left(\theta = \theta^{(s-1)} \mid y\right) q^*\left(\theta = \theta^*\right)}, 1\right] \tag{5.9}$$

独立链M-H算法与重要抽样关系密切。需要注意的是，如果独立链M-H算法也像重要抽样（见第4章式（4.38））那样赋权的话，即令

$$w\left(\theta^A\right) = \frac{p\left(\theta = \theta^A \mid y\right)}{q^*\left(\theta = \theta^A\right)}$$

接受概率式（5.9）可以写成

$$\alpha\left(\theta^{(s-1)}, \theta^*\right) = \min\left[\frac{w\left(\theta^*\right)}{w\left(\theta^{(s-1)}\right)}, 1\right]$$

用非数学语言描述就是，接受概率就等于原来抽样的重要抽样权重和候选抽样的重要抽样权重之比。

对于非线性回归模型，独立链M-H算法是否有用取决于根据 f（·）形式能否找到适宜的近似密度函数。如何选择近似密度函数，并没有放之四海皆准的方法。但一旦选

---

① 如果读者想了解M-H算法的严密数学推导过程，可以参阅 Tierney（1996）的重要文献。

择了一个近似密度函数，就可以用第4章介绍的MCMC诊断验证采用的算法是否收敛。

　　一个普遍采用的办法是利用频率学派的极大似然估计结果，以此为基础去寻找好的 $q^*(\theta)$。对于纯粹的贝叶斯学派读者而言，可以跳过本段中间内容直接看结尾，知道之后的实践中如何做就可以了。根据频率学派计量经济学理论，在温和的正则条件下，极大似然估计量 $\hat{\theta}_{ML}$ 渐进服从正态分布。$\hat{\theta}_{ML}$ 的渐进协方差矩阵为

$$var\left(\hat{\theta}_{ML}\right) = I(\theta)^{-1}$$

其中，$I(\theta)$ 为信息矩阵，等于对数似然函数二阶导数的期望值（对 y 取期望值）的负数，即

$$I(\theta) = -E\left[\frac{\partial^2 \ln\left(p\left(y\mid\theta\right)\right)}{\partial\theta\partial\theta'}\right]$$

用非数学语言说，就是当样本数量足够多时，根据信息矩阵的逆能大致判断 $p(y|\theta)$ 的形状。即使无法直接计算出信息矩阵，也可以计算出 $\frac{\partial^2 \ln\left(p\left(y\mid\theta\right)\right)}{\partial\theta\partial\theta'}$（或者笔算，或者采用MATLAB等计算机软件的数值微分程序计算），之后计算得到 $var\left(\hat{\theta}_{ML}\right)$ 的近似值，用 $\widehat{var\left(\hat{\theta}_{ML}\right)}$ 来表示。这里要介绍与 $\frac{\partial^2 \ln\left(p\left(y\mid\theta\right)\right)}{\partial\theta\partial\theta'}$ 相关的一个术语，即海塞矩阵。以后经常会用"海塞矩阵逆的负值"来表示估计量 $\widehat{var\left(\hat{\theta}_{ML}\right)}$。

　　通过上一段的讨论，贝叶斯计量经济学有这样的结论：如果样本规模足够大，先验分布的信息相对较少，后验分布可以近似为正态分布，其均值为 $\hat{\theta}_{ML}$，协方差矩阵近似为 $\widehat{var\left(\hat{\theta}_{ML}\right)}$。对于一些模型，可以利用计算机软件直接计算这些极大似然统计量，抑或者采用MATLAB等软件，利用这些软件计算出研究中所设函数的最优值。利用上述方法都能计算出极大似然统计量。如果你希望借助软件编程求似然函数的最大值，以及 $\widehat{var\left(\hat{\theta}_{ML}\right)}$ 的值，可能要先求出后验数字特征的最大值（即计算 $\hat{\theta}_{max}$ 以及后验众数），之后再求后验密度函数的二阶导数，进而计算出 $\widehat{var\left(\hat{\theta}_{max}\right)}$ 的近似值。如果利用信息先验分布，采用这个策略求后验数字特征的近似值会更好。也就是说，渐进理论表明后验数字特征近似为 $f_N\left(\theta\mid\hat{\theta}_{max}, \widehat{var\left(\hat{\theta}_{max}\right)}\right)$。在之后的分析中，主要利用极大似然结果作为近似值。但如果能计算出 $\hat{\theta}_{max}$ 和 $\widehat{var\left(\hat{\theta}_{max}\right)}$，会用 $\hat{\theta}_{max}$ 和 $\widehat{var\left(\hat{\theta}_{max}\right)}$ 做近似值。

　　在某些情况下，设 $q^*(\theta) = f_N\left(\theta\mid\hat{\theta}_{ML}, \widehat{var\left(\hat{\theta}_{ML}\right)}\right)$ 往往会出人意料得好。不过，普遍做法是采用t分布作为候选生成密度函数，并设 $q^*(\theta) = f_t\left(\theta\mid\hat{\theta}_{ML}, \widehat{var\left(\hat{\theta}_{ML}\right)}, v\right)$。之所以如此设定，是因为在实践中有个重大发现，那就是候选生成密度函数的尾部至少要与后验分布的尾部一样厚。Geweke（1989）指出采用重要抽样时，需采用这种设定方式，并说

明了这样设定的来龙去脉。独立链 M-H 算法也是基于同样的理由。感兴趣的读者可以详细阅读这篇文献。

正态分布密度函数的尾部很薄。t 分布密度函数的尾部要厚些，v 值越小尾部越厚。t 分布具有一个有用性质：当 $v \to \infty$ 时，t 分布渐趋于正态分布；当 v 值变小时，t 分布的尾部变得越来越厚。事实上，当 $v = 1$ 时，t 分布就是柯西（Cauchy）分布，这个分布的尾部最厚，厚到均值为无穷大（即使中位数和众数为有限值）。在某些情况下，可以通过考察后验分布，计算出使得候选生成密度函数尾部优于后验分布尾部的 v 值。不过在一般情况下，研究人员为慎重起见，会选择较小的 v 值，之后利用 MCMC 诊断方法确保算法收敛。

要强调至关重要的一点，在某些情况下，确实不能用 t 分布生成候选抽样。例如，如果后验分布为多峰，单峰 t 分布通常就无法胜任工作。还有，如果后验分布的定义域为某个有限区间（例如伽马分布的定义域为正实数区间），（定义域为整个实数区间的）t 分布也可能无法胜任工作（除非后验分布被明确定义在该区间内）。

对于非线性回归模型，求似然函数（后验分布）最大值时，需要编写程序计算式（5.3）（或式（5.5））。估计 $\widehat{var\left(\hat{\theta}_{ML}\right)}$ 时，要么求式（5.3）的二阶导数，要么使用相关计算机软件包的数值微分程序。上述步骤取决于函数 $f(\cdot)$ 的确切形式，所以到现在为止，对于非线性回归模型的介绍已经算是知无不言了。

从之前的讨论中不难发现，无论是独立链 M-H 算法还是重要抽样，选择近似密度函数都是一种艺术。好在对于大多数模型，渐进结论都还存在：当样本数趋于无穷时，后验分布渐进为正态分布。对于满足渐进结论的模型，如果样本规模足够大，采用 $f_t\left(\theta \middle| \hat{\theta}_{ML}, \widehat{var\left(\hat{\theta}_{ML}\right)}, v\right)$ 逼近后验分布的效果就非常好。下面的实例就采用这个方法来估计 CES 模型，即式（5.1）。

5.5.2 随机游走链 M-H 算法

如果研究人员找不到好的密度函数逼近后验分布，那么就可以使用随机游走链 M-H 算法。从直观上看，独立链 M-H 算法（像重要抽样算法一样）从与后验分布类似的密度函数提取抽样，之后利用接受概率（重要抽样中为权重）修正后验分布和近似密度函数之间的不一致。随机游走链 M-H 算法既不寻找后验分布，也不在随机分布的汪洋大海中选择候选生成密度函数，它仅在后验分布的不同区间按比例提取抽样。

用数学语言来说，随机游走链 M-H 算法根据

$$\theta^* = \theta^{(s-1)} + z \tag{5.10}$$

生成候选抽样。这里称 z 为增量随机变量。如果读者对时间序列方法耳熟能详，那么根据假设式（5.10），候选抽样是利用随机游走过程生成的。也就是说，从当前样本点的随机方向上进行随机抽样。接受概率的作用是确保链移向恰当的方向。由于式（5.10）中的 θ^* 和 $\theta^{(s-1)}$ 对称，因此必然有 $q\left(\theta^*; \theta = \theta^{(s-1)}\right) = q\left(\theta^{(s-1)}; \theta = \theta^*\right)$。这意味着接受概率可以简化为

$$\alpha\left(\theta^{(s-1)},\theta^{*}\right)=\min\left[\frac{p\left(\theta=\theta^{*}\mid y\right)}{p\left(\theta=\theta^{(s-1)}\mid y\right)},1\right] \tag{5.11}$$

显而易见，随机游走链倾向于向较高后验概率区域移动。

选择了随机变量 z 的密度函数，也就确定了候选生成密度函数的确切形式。普遍做法是选用多元正态分布，这会带来很大便利。此时，式（5.10）确定了正态分布的均值（即均值为 $\theta^{(s-1)}$）。研究人员还需选择协方差矩阵，用 $\sum$ 来表示。利用正态分布密度函数表示方法，有

$$q\left(\theta^{(s-1)};\theta\right)=f_{N}\left(\theta\mid\theta^{(s-1)},\sum\right) \tag{5.12}$$

研究人员如果采用这种方法，唯一要做的就是选择 $\sum$。选择 $\sum$ 的标准是，接受概率既不要太高也不要太低。如果接受概率总是很小，候选抽样几乎总是被拒绝，链在大多数时间内几乎会静止不动。这可不是什么好事，这意味着如果要让链走过整个后验分布，S 就必须很大才行。接受概率较小表示 $\sum$ 太大，生成的大多数候选抽样都远远地落在后验分布尾部。而后验分布恰恰认为抽样出现在这个区域的可能性极小。另一种极端情况也不理想。接受概率接近 1 表明 $\sum$ 太小。如果 $\sum$ 太小，则 θ^{*} 和 $\theta^{(s-1)}$ 常常相互靠得太近，接受概率还会接近 1（见式（5.11））。在这种情况下，要求 S 必须很大，才能确保链探索过整个后验分布。

对于最优接受率问题，没有一定之规。在某个特殊场合，后验分布和候选生成密度函数都是正态分布。在此情况下，计算出的一维问题最优接受率为 0.45。高维问题的最优接受率要稍低一些。当维度趋于无穷大时，最优接受率接近 0.23。另外一个常提及的经验规则认为，接受概率应设为 0.5 左右。在通常情况下，如果选择的 $\sum$ 值能确保接受概率大致在这个区间，即使出错也问题不大。不过要经常使用第 4 章讨论的 MCMC 诊断方法，证实算法是收敛的。

当 θ 是标量，$\sum$ 也是标量时，只要 $\sum$ 值能确保平均接受概率位于 0.2 到 0.5 之间就足够了。此时要做的就是采用不同的 $\sum$ 值，反复运行随机游走链 M–H 算法程序，直到得到一个合理的接受概率。如果 θ 是 p 维向量，$\sum$ 就有 p（p+1）/2 个元素，此时再这样做就事倍功半了。这种情况下，通常设 $\sum=c\Omega$，c 为标量，Ω 为 θ 的后验协方差矩阵估计。这时可以选择不同的 c 值，再运行随机游走链 M–H 算法程序，直到得到一个合理的接受概率。这个方法需要计算 var（$\theta\mid y$）的估计 Ω。这有两种做法。如果站在研究人员的立场看，最简单的办法是从 $\sum=cI_{p}$ 开始，尝试不同的 c 值，找出一个表明接受概率不是完全无用的 c 值（如果候选抽样被接受的概率为 0.000001 或 0.99999，这个接受概率几乎完全没用，除非你的计算能力强大到能轻而易举地得到上百万个抽样）。可以利用这个 c 值得到 Ω 的粗略估计。之后可以设 $\sum=c\Omega$，尝试每个 c 值，找到使得接受概率稍微更合理些的 c 值。再利用这个结论得到更好些的 Ω 值，进而找到更好些的 $\sum$，以此类推。这个过程可以反复进行，直到找到较好的 $\sum$ 为止。对于研究人员来说，这个方法要简单些，它只要编写完随机游走链 M–H 算法程序的基本代码就行，不再额外需要

其他计算机程序。但好事未成双，这个方法需要较长的计算时间。

另外一种方法是设 Ω 等于上面介绍的独立链 M-H 算法所用的方差极大似然估计量 $\widehat{var\left(\hat{\theta}_{ML}\right)}$。当然，这种方法需要额外编写计算 $\widehat{var\left(\hat{\theta}_{ML}\right)}$ 的计算机程序。

在下文的实例中，当涉及 CES 生产函数的应用问题时，会对比随机游走链 M-H 算法和独立链 M-H 算法。

5.5.3 Metropolis-within-Gibbs 算法

M-H 算法解决的是 $p\left(\theta|y\right)$ 的后验模拟问题。第 4 章介绍了另外一个后验模拟方法，即 Gibbs 抽样器。Gibbs 抽样器解决的是当有两个分块 $\theta=\left(\theta_{(1)}{}',\ \theta_{(2)}{}'\right)'$ 时，如何从 $p\left(\theta_{(1)}|y,\ \theta_{(2)}\right)$ 和 $p\left(\theta_{(2)}|y,\ \theta_{(1)}\right)$ 序贯提取抽样的问题。对于先验分布采用独立正态-伽马分布的正态线性回归，由于 $p\left(\beta|y,\ h\right)$ 为正态分布密度函数，$p\left(h|y,\ \gamma\right)$ 为伽马分布密度函数，采用 Gibbs 抽样器较为简单。对于非线性回归模型，h 的先验分布为无信息分布或者独立伽马分布，这意味着 $p\left(h|y,\ \gamma\right)$ 为伽马分布密度函数。然而，由于 $p\left(\gamma|y,\ h\right)$ 与式（5.5）成比例，因此它的密度函数形式并不易于提取抽样。乍看起来，对于非线性模型，似乎无法构建涉及 $p\left(h|y,\ \gamma\right)$ 和 $p\left(\gamma|y,\ h\right)$ 的 Gibbs 抽样器。不过可以证明，如果使用 M-H 算法提取 $p\left(\gamma|y,\ h\right)$ 的抽样，得到的模拟抽样 $\gamma^{(s)}$ 和 $h^{(s)}$ 就是有效的后验模拟抽样，$s=1,\ \cdots,\ S$。从数学角度看，对 Gibbs 抽样器的任何一个（或者两个）条件后验分布 $p\left(\theta_{(1)}|y,\ \theta_{(2)}\right)$ 和 $p\left(\theta_{(2)}|y,\ \theta_{(1)}\right)$，采用 M-H 算法提取抽样是完全可接受的。即使 Gibbs 抽样器的分块数量超过 2 个，这个论断也成立。这种 Metropolis-within-Gibbs 算法得到广泛使用。之所以如此，是因为对于大多数模型来说，大多数条件后验分布都容易提取样本，但总是有那么一个或两个条件后验分布不容易提取样本。对于这些不容易提取样本的条件后验分布，可以采用 M-H 算法。下文的实例中将会展示，如何使用 Metropolis-within-Gibbs 算法解决非线性模型的后验模拟问题。

|5.6| 模型拟合好坏的测度：后验预测 p 值

进行模型比较的典型贝叶斯方法是后验机会比，也就是两个完整模型的相对概率。不过有些情况下，研究人员关注的是一些绝对意义上的模型好坏，而不是相对于另一个特殊模型的好坏。在某些情况下，如第 3 章中所讨论的那样，研究人员可能使用的是不适当、无信息的先验分布。如果使用无信息先验分布的参数不是两个模型共有的，计算出的后验机会比没有任何意义。无论哪一种情况，利用后验预测 p 值方法取代后验机会比都是明智之举。对此方法感兴趣的读者，可以阅读 Gelman 和 Meng（1996）一文了解详情。对于下面所介绍的基本方法的改进和扩展，读者可以参阅 Bayarri 和 Berger（2000）的研究成果。

要说明后验预测 p 值方法的来龙去脉，首先要区分实际观测数据 y 和研究模型生成的可观测数据 y^*（即 y^* 是 $N\times1$ 随机向量，概率密度函数为 $p\left(y^*|\theta\right)$ 是不涉及实际观测数据 y 的似然函数）。令 $g\left(\cdot\right)$ 为关注的某个函数，则 $p\left(g\left(y^*\right)|y\right)$ 表示看到数据后模型

对 $g\left(y^{*}\right)$ 的概括和总结。换句话说，$p\left(g\left(y^{*}\right)|y\right)$ 指明了模型会生成哪种类型的数据集。对于已观测数据，可以直接计算 $g\left(y\right)$。如果 $g\left(y\right)$ 位于 $p\left(g\left(y^{*}\right)|y\right)$ 尾部的极末端，模型解释 $g\left(y\right)$ 的能力就很差（即 $g\left(y\right)$ 不具备模型所生成数据的特征）。利用数学语言说就是能计算出尾部区域概率，类似于频率学派的 p 值。具体来说，后验预测 p 值就是模型生成数据的尾部极值特征比实际观测数据大的概率（即类似于频率学派的 p 值。既可以报告单边 p 值，也可以报告双边 p 值）。

利用模拟方法可以计算出 $p\left(g\left(y^{*}\right)|y\right)$。方法与之前做预测推断所用方法极为类似。也就是说，与式（4.28）以及相应讨论类似，有

$$p\left(g\left(y^{*}\right)|y\right)=\int p\left(g\left(y^{*}\right)|\theta,y\right)p\left(\theta|y\right)d\theta=\int p\left(g\left(y^{*}\right)|\theta\right)p\left(\theta|y\right)d\theta \tag{5.13}$$

给定 θ，实际数据并不会为 y^{*} 增加额外信息。基于这一事实，得到式（5.13）的最后一个等号。首先利用后验模拟方法从 $p\left(\theta|y\right)$ 提取抽样，之后按照第 4 章式（4.30）~式（4.32）预测所用方法，从给定参数值的模型中提取人造数据模拟 $p\left(g\left(y^{*}\right)|\theta\right)$。

后验预测 p 值有两个用处。首先，它可用于测度拟合好坏，即利用模型生成已观测数据的可能性的绝对大小。其次，它可用于比较不同模型。也就是说，如果一个模型的后验预测 p 值远低于另外一个模型的后验预测 p 值，则证据表明应放弃 p 值较低的那个模型。不过大多数贝叶斯计量经济学者喜欢利用后验机会比作模型比较。除非研究中使用了无信息先验分布，进而导致后验机会比无意义或者难以解释，才会不得已使用后验预测 p 值。

使用后验预测 p 值方法需要选择函数 g（·）。函数 g（·）的确切形式因实证应用的不同而不同。举例来说，重新考虑非线性回归模型。对于非线性回归模型，有

$$y^{*}=f\left(X_{i},\gamma\right)+\varepsilon_{i}, \ i=1,\cdots,N$$

或者，在给定关于误差的假设条件下，有

$$p\left(y^{*}|\gamma,h\right)=f_{N}\left(y^{*}|f\left(X,\gamma\right),h^{-1}I_{N}\right) \tag{5.14}$$

其中，$f\left(X,\gamma\right)$ 为式（5.2）所定义的 N 维向量。你会发现，只要给定模型的参数值，仅需要从多元正态分布中提取随机抽样，就能轻而易举地模拟出 y^{*} 的值。对于许多模型，普遍存在这样的简便条件。这意味着在很多情况下，都能轻而易举地计算出后验预测 p 值。

对于采用式（5.4）所示无信息先验分布的非线性回归模型来说，由于通过积分可以消掉 h，因此式（5.14）可以再次简化。具体来说，使用与从式（5.5）推导出式（5.6）基本相同的原理，可以得到

$$p\left(y^{*}|\gamma\right)=f_{t}\left(y^{*}|\ f\left(X,\gamma\right),\bar{s}^{2}I_{N},N\right) \tag{5.15}$$

其中

$$\bar{s}^{2}=\frac{\left[y-f\left(X,\gamma\right)\right]'\left[y-f\left(X,\gamma\right)\right]}{N} \tag{5.16}$$

因此，给定 γ，利用多元 t 分布能够提取 y^{*} 的抽样。

这些抽样可以看作模型能够生成的数据集。后验预测 p 值方法的基本思想就是，如果这个模型合乎情理，实际观测数据特征应该和模型普遍生成的数据一致。正式的度量

指标是计算出密度函数 $p\left(g\left(y^*\right)|y\right)$ 中 $g\left(y\right)$ 所在的分位点。

要进行更严密的分析，需暂时离开主题，简单讨论几种 g（）的函数形式。普遍做法是利用残差分析计算模型的拟合优度。频率学派计量经济学会计算出随机误差 ε_i 的 OLS 估计，我们称之为残差。通过考察这些残差的特征，能够判定模型基本假设是否合理。在贝叶斯计量经济学中，利用

$$\varepsilon_i = y_i - f\left(X_i, \gamma\right)$$

计算误差，$i=1$，$\cdots$，N。我们已经假设这些误差具有各式各样的特征。具体来说，已经假设这些误差独立同分布，服从 $N\left(0, h^{-1}\right)$。对于具体数据，这些假设可能不太合理，这就需要研究人员去做统计检验。句子"误差独立同分布，并且服从正态分布"虽然很简单，里面却包含了好几个假设（例如误差之间相互独立，以及误差的方差相同等），研究人员需要逐一进行检验。这里重点考察正态性假设。正态分布有两个特点，一是对称，二是尾部具有特定形状。用统计学术语说就是正态分布偏度为 0，尾部具有特定的峰度（见附录 B，定义 B.8）。偏度和峰度由分布的三阶矩和四阶矩度量。对于标准正态分布（即 $N\left(0, 1\right)$），三阶矩为 0，四阶矩为 3。根据正态性假设，下面广泛使用的偏度和超峰度度量应该都为 0，即

$$Skew = \frac{\sqrt{N}\sum_{i=1}^{N}\varepsilon_i^3}{\left[\sum_{i=1}^{N}\varepsilon_i^2\right]^{3/2}} \qquad (5.17)$$

和

$$Kurt = \frac{N\sum_{i=1}^{N}\varepsilon_i^4}{\left[\sum_{i=1}^{N}\varepsilon_i^2\right]^{2}} - 3 \qquad (5.18)$$

由于 ε_i 不可观测，也就无法直接计算偏度和超峰度。频率学派计量经济学会用 OLS 方法估计之前的公式，利用得到的残差代替 ε_i，进而对偏度或超峰度进行统计检验。如果发现残差有偏或者超峰度过大，表明正态性假设不恰当。

与频率学派计量经济学对应，贝叶斯计量经济学要计算式（5.17）和式（5.18）的预期值，之后再看这两个预期值是否合理。用数学描述就是，一旦完成后验模拟，就可以直接计算出

$$E\left[Skew|y\right] = E\left[\frac{\sqrt{N}\sum_{i=1}^{N}\left[y_i - f\left(X_i, \gamma\right)\right]^3}{\left[\sum_{i=1}^{N}\left[y_i - f\left(X_i, \gamma\right)\right]^2\right]^{3/2}}\middle| y\right]$$

也就是说，偏度就是模型参数（和数据）的函数，进而可以计算出其后验均值。计算方法与计算函数 g（）后验均值（例如式（5.7））的方法相同。按照相同的方式，可以计算出 $E\left[Kurt|y\right]$。如果正态性假设合理，则 $E\left[Kurt|y\right]$ 和 $E\left[Skew|y\right]$ 都应该接近 0。

书归正传，现在接着讨论关于后验预测 p 值方法的话题。利用后验预测 p 值可以

解决上一段所说的问题。上一段强调说，$E\left[Skewly\right]$ 和 $E\left[Kurtly\right]$ 都是观测数据的函数，可以通过后验模拟方法来计算。对于任何可观测数据 y^*，按照相同办法也能计算出 $E\left[Skewly^*\right]$ 和 $E\left[Kurtly^*\right]$。如果对各式各样的可观测数据 y^*，计算出 $E\left[Skewly^*\right]$ 和 $E\left[Kurtly^*\right]$ 值之后，就分别得到偏度和超峰度值的分布。利用模型能够生成这个分布。如果无论 $E\left[Skewly\right]$ 还是 $E\left[Kurtly\right]$，都位于 $E\left[Skewly^*\right]$ 和 $E\left[Kurtly^*\right]$ 分布尾部的远端，表明拒绝正态性假设。还须强调一点，$E\left[Skewly\right]$ 和 $E\left[Kurtly\right]$ 是数值，而 $E\left[Skewly^*\right]$ 和 $E\left[Kurtly^*\right]$ 是随机变量，服从式（5.13）所示的概率分布。利用之前所用的表示方法，可以设 $g\left(y\right)=E\left[Skewly\right]$ 或 $E\left[Kurtly\right]$，并令 $g\left(y^*\right)=E\left[Skewly^*\right]$ 或 $E\left[Kurtly^*\right]$。

实践应用时，对于采用无信息先验分布的非线性回归模型来说，计算偏度的后验预测 p 值程序包括下面步骤。按照相同方式可以计算出超峰度（或者关注的其他函数）。完成这些步骤的前提是已经掌握了后验模拟方法（即 M-H 算法，通过这个算法能提取后验分布抽样）。前一节已经交代了如何编写这个后验模拟方法程序。

第 1 步：利用后验模拟方法提取抽样 $\gamma^{(s)}$。

第 2 步：根据式（5.15），从 $p\left(y^*|\gamma^{(s)}\right)$ 生成代表性数据 $y^{*(s)}$。

第 3 步：设 $\varepsilon_i^{(s)}=y_i-f\left(X_i,\ \gamma^{(s)}\right)$，$i=1,\ \cdots,\ N$。计算式（5.17）在 $\varepsilon_i^{(s)}$ 的值，得到 $Skew^{(s)}$。

第 4 步：设 $\varepsilon_i^{*(s)}=y_i^{*(s)}-f\left(X_i,\ \gamma^{(s)}\right)$，$i=1,\ \cdots,\ N$。计算式（5.17）在 $\varepsilon_i^{*(s)}$ 的值，得到 $Skew^{*(s)}$。

第 5 步：第 1 步到第 4 步重复进行 S 次。

第 6 步：对 S 个抽样 $Skew^{(1)},\ \cdots,\ Skew^{(s)}$ 取平均值，估计得到 $E\left[Skewly\right]$。

第 7 步：对于 S 个抽样 $Skew^{*(1)},\ \cdots,\ Skew^{*(s)}$，计算小于第 6 步中的 $E\left[Skewly\right]$ 估计值的比例。如果这个比例小于 0.5，这个比例就是后验预测 p 值的估计值。如果这个比例大于等于 0.5，后验预测 p 值的估计值等于 1 减去这个比例。

对于后验预测 p 值到底为多少才能拒绝模型正态性假设，并没有硬性规定。根据经验，只要后验预测 p 值小于 0.05（或者 0.01），就拒绝模型的正态性假设。要牢记一点，如果偏度的后验预测 p 值等于 0.05，就可以说"模型生成的偏度测度大于实际数据的偏度测度的可能性只有 5%。因此，利用模型生成已观测数据的可能性极小"。

|5.7| 模型比较：Gelfand-Dey 方法

如果能够诱导出信息先验分布，并有两个或更多模型需要考察，后验机会比依然是最好的模型比较方法。对于非线性回归模型，需要比较选择不同 $f\left(\cdot\right)$ 的结果。这通常涉及非嵌套模型比较。抑或者，可能要比较非线性回归模型和线性回归模型。从前面各章的结果看，线性回归模型无疑更易于处理。因此只有物有所值的情况下，才会使用复杂的非线性模型。对于式（5.1）所示的 CES 生产函数，如果 $\gamma_{k+1}=1$，模型退化为线性模型。这就意味着线性模型嵌套在非线性模型之中。也就是说，我们将有两个模型，模型 M_1：$\gamma_{k+1}=1$ 和模型 M_2：γ 无约束。对于此类嵌套模型，利用 Savage-Dickey 密度比率进行模型比较通常较为方便（见第4章，定理4.1）。对于非线性回归模型，如果 γ 的先验分布较为简单，就能轻而易举地计算出 Savage-Dickey 密度比率（即在 Savage-Dickey 密度比率中，通常很容易就能计算出 γ 的后验分布在 $\gamma_{k+1}=1$ 的值。因此计算 Savage-Dickey 密度比率的难易程度只取决于先验分布的简便程度）[①]。举例来说，如果先验分布为

$$p(\gamma,h) \propto \frac{p(\gamma)}{h}$$

γ 的后验分布为式（5.6）乘上 $p(\gamma)$。不过，如果先验分布较为复杂，基本不可能轻而易举地计算出 Savage-Dickey 密度比率。

总而言之，无论是非嵌套模型比较问题还是嵌套模型比较问题，如果无法轻松计算出 Savage-Dickey 密度比率的值，就需要寻找其他更一般的方法来计算后验机会比。Gelfand 和 Dey（1994）提出的就是此类方法。实际上，Gelfand 和 Dey（1994）方法基本上对任何模型都适用，不管是前面几章介绍过的模型还是后面几章即将介绍的模型。BACC（见 McCausland and Stevens，2001）工具箱中包含了可以完成 Gelfand-Dey 算法的计算机程序，研究人员利用 BACC 可以自动完成这个方法的算法。

Gelfand-Dey 方法的基本思想如下。模型 M_i 的边缘似然函数的倒数取决于参数向量 θ。给定特定的函数 $g(\cdot)$，边缘似然函数的倒数可以写为 $E\left[g(\theta)|y, M_i\right]$ 的形式。此外，本书通篇都在强调，之所以精心设计诸如 M-H 算法等后验模拟算法，目的就是要估计这样的统计量。下面这个定理给出了如何选择 $g(\cdot)$。

定理 5.1 计算边缘似然函数的 Gelfand-Dey 方法

令 $p(\theta|M_i)$，$p(y|\theta, M_i)$ 和 $p(\theta|y, M_i)$ 分别表示定义在区域 Θ 上的模型 M_i 的先验分布、似然函数和后验分布。如果 $f(\theta)$ 为区域 Θ 支持的概率密度函数（p.d.f），则

$$E\left[\frac{f(\theta)}{p(\theta|M_i)p(y|\theta,M_i)}\middle| y,M_i\right] = \frac{1}{p(y|M_i)} \tag{5.19}$$

证明

$$
\begin{aligned}
E\left[\frac{f(\theta)}{p(\theta|M_i)p(y|\theta,M_i)}\middle| y,M_i\right] &= \int \frac{f(\theta)}{p(\theta|M_i)p(y|\theta,M_i)} p(\theta|y,M_i)d\theta \\
&= \int \frac{f(\theta)}{p(\theta|M_i)p(y|\theta,M_i)} \frac{p(\theta|M_i)p(y|\theta,M_i)}{p(y|M_i)} d\theta \\
&= \frac{1}{p(y|M_i)} \int f(\theta)d\theta \\
&= \frac{1}{p(y|M_i)}
\end{aligned}
$$

[①] 值得一提的是，给定后验模拟结果 $\gamma^{(s)}$，$s=1$，…，S，如果已有算法能得到 $p(\gamma|y)$ 的近似分布。利用 $p(\gamma|y)$ 的近似分布，能计算出 Savage-Dickey 密度比率的分子。不过，这算法属于非参数密度估计的范畴，通常需要其他专业知识，这个问题超出本书的研究范围。这里不再对此进行深入讨论。不过，如果读者熟悉非参数方法，可以考虑使用这种方法。

这个定理看起来很强大。根据这个定理，无论是取什么样的概率密度函数 $f(\theta)$，只要设

$$g(\theta) = \frac{f(\theta)}{p(\theta \mid M_i) p(y \mid \theta, M_i)} \qquad (5.20)$$

就可以利用后验模拟结果估计出 $E[g(\theta) \mid y, M_i]$。这与估计其他感兴趣的后验数字特征的方法别无二致。不过，要用好 Gelfand-Dey 方法，就必须精心选择函数 $f(\theta)$。例如，Geweke（1999）讨论认为，根据 Gelfand-Dey 方法的渐进理论，$\frac{f(\theta)}{(p(\theta \mid M_i) p(y \mid \theta, M_i))}$ 必须有上界（即对参数 θ 的所有可能取值，$\frac{f(\theta)}{(p(\theta \mid M_i) p(y \mid \theta, M_i))}$ 必须为有限值）。重要抽样需要精心选择重要函数，M-H 算法需要精心选择候选生成密度函数，无独有偶，Gelfand-Dey 方法需要精心选择函数 $f(\theta)$。

Geweke（1999）建议采用如下策略选择函数 $f(\theta)$，实践结果表明效果不错。这个策略是令 $f(\cdot)$ 服从尾部被截断的正态密度函数。之所以作截断处理，是因为很难保证 $\frac{f(\theta)}{p(\theta \mid M_i) p(y \mid \theta, M_i)}$ 在正态密度函数的尾部是有限值。通过去掉尾部，设 $f(\theta)$ 在这些可能出问题区域的取值为 0。用数学语言说，就是令 $\hat{\theta}$ 和 $\hat{\Sigma}$ 为利用后验模拟方法得到的 $E[\theta \mid y, M_i]$ 和 $var[\theta \mid y, M_i]$ 估计量。此外，对于某些概率 $p \in (0, 1)$，令 $\hat{\Theta}$ 表示 $f(\theta)$ 的支撑空间，定义为

$$\hat{\Theta} = \left\{ \theta : (\hat{\theta} - \theta)' \hat{\Sigma}^{-1} (\hat{\theta} - \theta) \leqslant \chi^2_{1-p}(k) \right\} \qquad (5.21)$$

其中，$\chi^2_{1-p}(k)$ 为卡方分布的第（1-p）个百分位点，k 为卡方分布的自由度，等于 θ 中要素数量（见附录 B，定义 B.22）。Geweke（1999）建议取 $f(\theta)$ 为区域 $\hat{\Theta}$ 截断的多元正态分布，即

$$f(\theta) = \frac{1}{p(2\pi)^{k/2}} \left| \hat{\Sigma} \right|^{-1/2} \exp\left[-\frac{1}{2} (\hat{\theta} - \theta)' \hat{\Sigma}^{-1} (\hat{\theta} - \theta) \right] 1(\theta \in \hat{\Theta}) \qquad (5.22)$$

其中，1（）为示性函数。如果不出所料的话，p 取较小值（例如 $p=0.01$）时结果会很好，这样估计边缘似然函数时会包含更多的抽样。但 Geweke（1999）指出，如果使用不同的 p 值去做的话，并不会增加多少成本。和利用后验模拟方法估计所关注的后验数字特征一样，采用标准做法（就是用第 4 章的式（4.12）和式（4.13））能够计算出标准误，进而评价 Gelfand-Dey 边缘似然函数估计量的精确度。利用 BACC 软件包的一个子程序就能做 Gelfand-Dey 方法，并报告研究人员选用不同 p 值对应的标准误。

需强调一点，定理 5.1 介绍的计算边缘似然函数的通用 Gelfand-Dey 方法普遍适用于各种模型。实际应用过程中，唯一真正要做的是找到可行的后验模拟方法，以及已知 p（$\theta \mid M_i$）和 p（$y \mid \theta, M_i$）。后面的条件不可或缺。有些时候，可能仅知道先验分布和/或似然函数的核函数，并不知道完整的概率密度函数，此时就无法使用 Gelfand-Dey 方法。仅当后验分布的支撑空间包含式（5.21）定义的区域（即 $\hat{\Theta} \in \Theta$）时，Geweke（1999）介绍的 Gelfand-Dey 方法才适用。对于不符合此类的其他情形，Geweke（1999）也给出了一些建议，需要对 Gelfand-Dey 方法做些细微改变才能适用。如果读者对此感兴趣，

可以阅读 Geweke（1999）的文章详细了解。Geweke（1999）介绍的 Gelfand-Dey 方法，虽然缺少一点普遍适用性，但仍然可以用于大量模型。当然，本书中所讨论的模型基本都可以使用。

|5.8| 预测

非线性模型的预测推断问题，依然可以采用第4章介绍的方法来解决。也就是说，首先利用 M-H 算法提取 $p(\gamma|y)$ 抽样。之后给定这些抽样，提取 $p(y^*|y, \gamma^{(s)})$ 的抽样。按照式（4.32）取平均值，就得到所关注的预测函数估计值。比如说，如果采用式（5.2）的无信息先验分布，采用推导式（3.40）所用的方法，可以证明有

$$p\left(y^*\middle| y, \gamma\right) = f_t\left(y^*\middle| f\left(X^*, \gamma\right), \vec{s}^2 I_T, N\right)$$

其中，$\vec{s}^2$ 由式（5.16）定义。因此，给定 γ，很容易就得到 y^* 的抽样。

|5.9| 实例

我们以一个微观的应用作为例子，说明如何做非线性回归模型的贝叶斯推断。所用数据为 $N=123$ 个公司的产出数据 y，投入要素包括劳动力 x_1 和资本 x_2。无须担心度量单位问题，这里所有的因变量和自变量都作了标准化处理，标准差均为1。也就是说，每个变量都除以自身的标准差。时常会做这样的标准化处理，此时系数的意义转变为变量的每标准差变化结果。比方说线性回归模型的系数 β_j，其意义是："如果解释变量 j 增加 1 单位标准差，因变量通常增加 β_j 单位标准差。"

假设采用式（5.1）所示的 CES 生产函数

$$y_i = \gamma_1 + \left(\gamma_2 x_{i1}^{\gamma_4} + \gamma_3 x_{i2}^{\gamma_4}\right)^{1/\gamma_4} + \varepsilon_i$$

之所以截距项采用加法形式，只要施加简单约束 $\gamma_4 = 1$，就得到一个线性回归模型。

现在比较使用独立链和随机游走链 M-H 算法的模型后验推断结果，先验分布采用式（5.4）的无信息先验分布。给定式（5.8）所示的接受概率，重点考察 $\gamma = (\gamma_1, \gamma_2, \gamma_3, \gamma_4)'$ 的边缘后验分布。那么这两个算法的候选生成密度函数如何构建呢？首先使用优化方法，计算出 $\hat{\gamma}_{max}$ 和 $p(\gamma|y)$ 的众数。利用最优化方法（这里采用 Jim LeSage 计量经济学工具箱的最优化方法，尽管大多数最优化软件都会得到相同的结果）估计出海塞矩阵，之后利用得到的海塞矩阵构建出 5.5.1 节所述的 $\overline{var(\hat{\gamma}_{max})}$。

表 5-1 列出了两个算法初步运行的相关结果。采用 5.5 节所述步骤编写算法的计算机程序。这两个算法的唯一区别是候选生成密度函数和接受概率不同（见式（5.9）和式（5.11））。独立链 M-H 算法从 $f_t\left(\gamma\middle| \hat{\gamma}_{max}, \overline{var(\hat{\gamma}_{max})}, 10\right)$ 密度函数提取候选样本，而随机游走链 M-H 算法从 $f_N\left(\gamma\middle| \gamma^{(s-1)}, \overline{var(\hat{\gamma}_{max})}\right)$ 密度函数提取候选样本。无论哪种算法，候选生成密度函数采用不同的协方差矩阵无疑会提高算法的运行效果。比如说，可以用

初步运行 M-H 算法得到 $var\,(\gamma|y)$ 的近似结果来代替 $\overline{var\,(\hat{\gamma}_{\max})}$，或者候选生成密度函数也可以采用 $\overline{cvar\,(\hat{\gamma}_{\max})}$，之后试用不同的 c 值来提高算法效果。对于独立链 M-H 算法候选密度生成函数中的自由度参数，可以试用不同的值。无论哪种算法，抽样数都取 S=25 000。

表 5-1 两种 M-H 算法的后验分布性质

	独立链M-H算法		随机游走链M-H算法	
	均值	方差	均值	方差
γ_1	1.04	0.05	1.02	0.06
γ_2	0.73	0.08	0.72	0.12
γ_3	0.97	0.12	1.00	0.16
γ_4	1.33	0.23	1.36	0.29

当采用独立链 M-H 算法时，7.4% 的候选抽样被接受。当采用随机游走链 M-H 算法时，20.6% 的候选抽样被接受。表 5-1 的结果表明，即使简单地运行两个不同的算法，得到的结果也大同小异。与后验标准差相比，估计得到的后验均值相差无几。尽管两个算法估计得到的后验标准差稍有差别，但也相差不大。当然，如果研究人员要得到更为精确的估计结果，还可以对候选生成密度函数进行微调，或者增加抽样数量。[①]

由于表 5-1 的结果是使用不适当的无信息先验分布得到的，因此就无法使用后验机会比进行模型比较。不过，我们将使用后验预测 p 值度量模型拟合数据的程度是否够好。5.6 节已经介绍了如何计算后验预测 p 值，并给出了编写计算机程序的步骤。简而言之，每次抽样都是从式（5.15）提取人工数据，之后利用式（5.17）和式（5.18）计算偏度和超峰度，进而得到偏度和超峰度的后验预测密度函数。用数学语言描述就是计算 $E\,[Skew|y^*]$ 和 $E\,[Kurt|y^*]$。由于 y^* 是随机变量，因此 $E\,[Skew|y^*]$ 和 $E\,[Kurt|y^*]$ 也是随机变量。我们还能计算出已观测数据的偏度 $E\,[Skew|y]$ 和峰度 $E\,[Kurt|y]$。由于 y 不是随机变量，因此 $E\,[Skew|y]$ 和 $E\,[Kurt|y]$ 也不是随机变量。通过观察 $E\,[Skew|y]$ 和 $E\,[Kurt|y]$ 在 $E\,[Skew|y^*]$ 和 $E\,[Kurt|y^*]$ 的后验预测密度函数的位置，可以判断模型拟合数据的好坏。

图 5-1 和图 5-2 给出了 $E\,[Skew|y^*]$ 和 $E\,[Kurt|y^*]$ 的后验预测密度函数的近似图像。这两个图就是 5.6 节随机抽样 $Skew^{*(1)}$，$\cdots$，$Skew^{*(s)}$ 和 $Kurt^{*(1)}$，$\cdots$，$Kurt^{*(s)}$ 的直方图。这两个图上的"已观测偏度"和"已观测峰度"分别表示 $E\,[Skew|y]$

---

① 使用 CPU 为奔腾 500MHz 的计算机，程序运行不超过 5 分钟就能得到表 5-1 的结果。我们可以轻松提取几十万个抽样（即午饭前让程序运行，吃完午饭程序就已完成），即使提取几百万个随机抽样也不会太困难（即傍晚下班前让程序运行，第二天早晨上班程序就已完成）。随着计算机计算速度越来越快，提取大量抽样也变得越来越轻松。这对于实证研究来说意义非凡。研究人员设定一定的精确度水平后，就要选择是提高后验模拟算法效率还是牺牲算法效率增加样本数量。权衡这种选择的利弊得失，提高算法效率就会增加研究人员的研究时间，增加样本数量就会增加计算机运行时间。对于大多数研究人员来说，自身的时间价值无疑要高于计算机的时间价值，因此研究人员对待算法的态度普遍是"适可而止"，而不是"最好"。

和 $E[Kurtly]$。也就是说，偏度（或峰度）的后验预测密度函数说的是所研究模型生成的偏度（或峰度）值的分布。举例来说，图5-1表明，对于实例中的非线性回归模型，基本上总是生成偏度绝对值小于1的抽样数据。如果利用实际数据计算出的偏度的绝对值大于1，证据表明不适合使用此非线性模型拟合数据。事实上，$E[Skewly]$ =0.17，接近图5-1密度函数的中心。对应p值为0.37，进一步表明本模型生成的人造数据中，37%的数据大于实际数据生成的偏度。因此，实际数据所体现出的偏度特征与非线性回归模型所展现出的一致。考察超峰度的后验预测密度函数会发现，超峰度也有类似结果。利用已观测数据计算出峰度 $E[Kurtly]$ =-0.37，也和模型生成的峰度类型一致。事实上，后验预测p值等于0.38，表明此模型生成的38%人造数据大于已观测数据计算出的峰度 $E[Kurtly]$。据此可以得出结论，本例中所用非线性回归模型拟合数据效果非常好（至少从偏度和峰度看，非常好）。

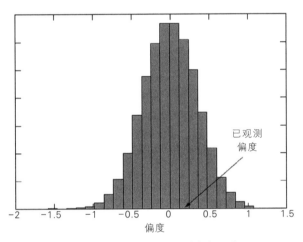

图5-1 偏度的后验预测密度函数

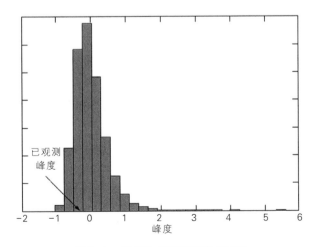

图5-2 峰度的后验预测密度函数

到目前为止，实例重点考察参数 γ，而对其他参数 h 还没有说上一言半语。如果要对参数 h 做后验推断，需要利用后验模拟方法提取样本 $h^{(s)}$。此外，要使用 Gelfand-Dey 方法（定理 5.1）计算边缘似然函数，需要从整个参数向量 $\theta=(\gamma',h)'$ 中提取样本。正因如此（并且本就打算说明另一个后验模拟算法），我们会简要推导出 Metropolis-within-Gibbs 算法（见 5.5.3 节），利用它从 $p(h|y,\gamma)$ 和 $p(\gamma|y,h)$ 序贯提取样本。

下面考察使用线性模型是否就足以解决问题，进而说明如何使用后验机会比进行模型比较。此时约束模型为 M_1：$\gamma_4=1$，无约束模型为 M_2：$\gamma_4\neq1$。如果要计算比较这两个模型的后验机会比，需要采用信息先验分布。这两个模型的先验分布都采用独立正态-伽马分布（见第 4 章 4.2 节）。对于模型 M_2，γ 的先验分布与 h 的先验分布相互独立，γ 的先验分布为

$$\gamma \sim N\left(\underline{\gamma},\underline{V}\right)$$

h 的先验分布为

$$h \sim G\left(\underline{s}^{-2},\underline{v}\right)$$

这里超参数取值为 $\underline{\gamma}=(1,1,1,1)'$，$\underline{V}=0.25I_4$，$\underline{v}=12$ 以及 $\underline{s}^{-2}=10.0$。给定劳动边际产出和资本边际产出的数量级，以及数据经过标准化处理的条件，这些超参数取值具有一定的经济意义，但信息含量相对较少。

模型 M_1 使用相同的先验分布。但其参数向量 γ 现在只有三个元素，因此其 $\underline{\gamma}$ 和 $\underline{V}$ 也相应剔除最后一行和最后一列。

在第 4 章 4.2 节介绍线性回归模型时，已经给出关于模型 M_1 所必需的后验推断过程，包括提出后验模拟所有的 Gibbs 抽样器。对于采用相同先验分布的非线性回归模型来说，这里介绍 Metropolis-within-Gibbs 算法。要构建这个算法，首先要得到 $p(h|y,\gamma)$ 和 $p(\gamma|y,h)$。采用式（4.8）到式（4.10）一样的抽样方法，得到

$$h\mid y,\gamma \sim G\left(\underline{s}^{-2},\underline{v}\right) \qquad (5.23)$$

其中

$$\bar{v}=N+\underline{v}$$

并且

$$\bar{s}^2=\frac{\left[y-f(X,\gamma)\right]'\left[y-f(X,\gamma)\right]+\underline{v}\underline{s}^2}{\bar{v}}$$

根据式（5.5），并由 $p(\gamma|y,h)\propto p(\gamma,h|y)$，进而得到

$$p(\gamma\mid y,h)\propto \exp\left[-\frac{h}{2}\{y-f(X,\gamma)\}'\{y-f(X,\gamma)\}\right]$$
$$\propto \exp\left[-\frac{1}{2}(\gamma-\underline{\gamma})'\underline{V}^{-1}(\gamma-\underline{\gamma})\right] \qquad (5.24)$$

并不太容易从这个条件后验密度函数直接提取随机样本。幸好对 $p(\gamma|y,h)$ 可以采用 M-H 算法随机提取样本，将其与从伽马分布式（5.23）随机提取的样本结合起来，就得到 Metropolis-within-Gibbs 算法。在这个实证应用中，采用随机游走链 M-H 算法从式（5.24）随机提取样本。除了利用式（5.24）计算接受概率之外，采用这个算法就能

得到表5-1最后两列的数值。

既然已经提出模型 M_1 和模型 M_2 的后验模拟方法，根据后验模拟结果，利用 Gelfand-Dey 方法可以直接计算出边缘似然函数。5.7节已经对此作了详细介绍。简而言之，既然已经利用后验模拟器得到了随机抽样数据，就一定能计算出这些抽样的似然函数和先验分布（参见式（5.20））。由于模型 M_1 和模型 M_2 的先验分布都采用独立正态-伽马分布，因此能直接计算出先验分布的超参数。模型 M_1 的似然函数由式（3.3）给出，模型 M_2 的似然函数由式（5.3）给出。编写计算随机抽样后验分布特征的程序也不难。编写式（5.20）中的函数 $f(\theta)$ 程序比较容易，仅涉及式（5.21）和式（5.22）而已。一旦计算出每个后验抽样的先验分布、似然函数和 $f(\cdot)$，就能计算出式（5.20）所示的 $g(\cdot)$，对结果进行平均，就得到边缘似然函数的估计。和之前的实例一样，无论是线性回归模型还是非线性回归模型，在本书指定网站都可以找到计算边缘似然函数的程序代码。

这两个后验模拟器（即线性模型使用 Gibbs 抽样，非线性模型使用 Metropolis-within-Gibbs 算法）的预热样本数均为 $S_0=2\,500$，使用样本数均为 $S_1=25\,000$。计算边缘似然函数（见式（5.21））使用的 p 分别取 $p=0.01$、0.05 和 0.10。对于这三个截断值，估计得到的贝叶斯因子分别为 1.067、1.075 和 1.065。这三个估计值如此接近，再次表明后验模拟结果比较可靠。当然，采用第 4 章（见 4.2.4 节）的 MCMC 收敛诊断，可以给出 MCMC 收敛的正式统计结果。

贝叶斯因子接近 1，表明既可以使用线性模型，也可以使用非线性模型，二者无统计差别。后验均值 γ_4 减 1 的结果稍大于 1 倍标准差（见表5-1），这个结果也极为合理。

|5.10| 小结

本章介绍了非线性回归模型的贝叶斯推断方法。由于是非线性模型，意味着即使使用简单的无信息先验分布，也无法获得解析解。通常也不可能使用 Gibbs 抽样器进行后验模拟。正因为非线性模型的上述特点，必须引入一类新的具有普遍适用性的后验模拟方法，即 M-H 算法。M-H 算法中有两个算法比较常用，分别是独立链 M-H 算法和随机游走链 M-H 算法。本章对这两个算法做了详细介绍。如果能找到后验分布的近似分布，适宜使用独立链 M-H 算法。如果无法找到后验分布的近似分布，适宜使用随机游走链 M-H 算法。本章还在非线性模型框架下介绍了一个新方法，用于计算一个模型或多个模型的后验预测 p 值。后验预测 p 值通常用于度量模型拟合的好坏。本章还介绍了 Gelfand-Dey 方法，它是计算边缘似然函数的常用工具。

到目前为止，基本见识过了后续各章要用的基本概念和方法。在后验模拟方法方面，有蒙特卡罗积分方法、重要抽样方法、Gibbs 抽样方法和 M-H 算法。在模型比较方面，有计算边缘似然函数的 Gelfand-Dey 方法，以及 Savage-Dickey 密度比率方法。Savage-Dickey 密度比率方法虽然较为简单，但适用范围有一定的局限。最后还介绍了后验预测 p 值方法。后验预测 p 值方法主要用于度量模型拟合程度，当然也可以用于比较模型。本书其余各章，主要针对具体模型，采用这些常用工具和概念进行统计推断。还须再次强调，既然介绍了许多方法，这就意味着有些模型可以采用多种方法进行统计推断。举例来说，非线性回归模型既可以采用重要抽样方法，也可以采用 M–H 算法。要做模型比较，既可以使用后验机会比方法，也可以采用后验预测 p 值方法。具体选择使用哪种方法，可以见机行事。在本书中，针对具体模型具体分析。对于给定模型所做的选择，既不能说唯一，也未必是最好。

| 5.11 | 习题

5.11.1 理论习题

1.下列哪些模型本质上是线性模型？对于本质上是线性模型的，对其进行线性变换，写成具体因变量和自变量的线性回归模型形式。之后讨论其回归误差的分布特征。假设 y_i 和 x_i 为标量，且 ε_i 服从 $N(0, h)$，其中 $i=1, \cdots, N$。

(a) $y_i = \beta_1 x_i^{\beta_2} \varepsilon_i$

(b) $y_i = \left(\beta_1 + \beta_2 \dfrac{1}{x_i} \right) \varepsilon_i$

(c) $\dfrac{1}{y_i} = \beta_1 + \beta_2 \dfrac{1}{x_i} + \varepsilon_i$

(d) $y_i = \exp\left(\beta_1 + \beta_2 \dfrac{1}{x_i} + \varepsilon_i \right)$

(e) $y_i = \exp\left(\beta_1 + \beta_2 \dfrac{1}{x_i} \right) + \varepsilon_i$

(f) $y_i = \dfrac{1}{1 + \exp\left(\beta_1 + \beta_2 x_i + \varepsilon_i \right)}$

2.考虑下面的正态回归模型

$$y_i = \beta_1 + \beta_2 x_{i2} + \cdots + \beta_k x_{ik} + f(x_{i,k+1}, \cdots, x_{i,k+p}, \gamma) + \varepsilon_i$$

这个模型中既包含线性部分，也包含非线性部分。

(a) 使用无信息先验分布，推导模型的边缘后验分布 $p(\gamma|y)$。

(b) 讨论如果只想做参数 γ 的贝叶斯推断，可以使用哪种后验模拟方法。

(c) 讨论如果要做参数 γ 以及系数 $\beta_1, \cdots, \beta_k$ 的贝叶斯推断，要使用哪种后验模拟方法。

5.11.2 上机习题

在本书指定网址，可以下载相关数据和 MATLAB 程序。

3.使用住房价格数据和第 3 章的正态线性回归模型，先验分布采用自然共轭分布。[①]利用后验预测 p 值方法（见 5.6 节）考察这个模型是否合理刻画了数据的偏度和峰度。

4.使用住房价格数据以及习题 2 所示的部分非线性部分线性的正态线性回归模型。

---

① 住房价格数据可以在本书指定网站下载，或从 *Journal of Applied Econometrics* 的 Anglin 和 Gencay（1996）数据库（http//qed.econ.queensu.ca/jae/1996-v11.6/anglin-gencay/）下载。

β 和 γ 的先验分布可以任选，只要是信息先验分布都可以。采用正态先验分布当然最简便。

（a）利用习题 2 的结果，编写后验模拟程序。假设住房建筑面积和卧室数量这两个解释变量对房屋价格存在非线性影响，其他解释变量对房屋价格存在线性影响，并且 $f()$ 具有 CES 形式（见式（5.1））。

（b）根据后验模拟结果，说明建筑面积和卧室数量是否对房屋价格产生非线性影响？

（c）利用 Savage-Dickey 密度比率计算贝叶斯因子，检验回归关系是否是非线性回归（见 5.7 节开始的讨论）。

（d）再利用 Gelfand-Dey 方法计算贝叶斯因子，检验回归关系是否是非线性回归。

5. 以 $f_t\left(\theta \mid \hat{\theta}_{ML}, \widehat{var\left(\hat{\theta}_{ML}\right)}, v\right)$ 为重要函数，采用重要抽样方法重做本章的实例。

6. γ 和 h 分别取不同值，利用式（5.1）生成人工数据，考察独立链 M-H 算法和随机游走链 M-H 算法的效果。可以选择不同的候选生成密度函数和不同的抽样数进行考察。至于如何比较不同算法的效果，可以参照本章实例的做法。

第6章

线性回归模型：一般形式误差协方差矩阵

|6.1| 引言

本章重新考察线性回归模型

$$y = X\beta + \varepsilon \tag{6.1}$$

之前研究线性回归模型时，假设 ε 服从 $N(0_N, h^{-1}I_N)$。这个假设实际上包含了几个假设，其中部分假设可以适当放宽。误差均值为零就是个无关紧要的假设。如果模型误差的均值不等于零，可以将这个非零均值并入截距项。简而言之，这样就产生了一个新模型。这个新模型除了截距项与之前的模型不同外，误差的均值依然为零。不过，在许多应用中，假设误差的协方差矩阵为 $h^{-1}I_N$，就会对模型的估计和统计推断产生很大影响。同样，在很多情况下有必要放松误差的正态性假设。本章考察实证应用中重要的几种放宽假设的方式，进而研究放宽假设后模型的贝叶斯统计问题。

本章所用模型都以式（6.1）为基础，并假设

1. ε 为多元正态分布，均值为 0_N，协方差矩阵为 $h^{-1}\Omega$。其中，Ω 为 $N \times N$ 正定矩阵。

2. X 的所有元素要么固定不变（不是随机变量），要么如果是随机变量，则与 ε 的所有元素相互独立，并且 X 的概率密度函数为 $p(X|\lambda)$。其中，λ 为不包括 β 和 h 的参数向量。

注意：上述假设中除了关于误差协方差矩阵的假设之外，其余内容与第2章、第3章以及第4章的假设相同。不过通过本章会发现，误差协方差矩阵假设与分布假设密切相关。因此，在此框架下，可以放宽误差服从正态分布的假设。

下面讨论的各种模型，Ω 形式都各有不同。首先讨论与 Ω 形式选择有关的一般理论，之后考察一些应用中出现的 Ω 具体形式。首当其冲的是异方差问题。顾名思义，异方差指误差方差随观测值不同而不同。异方差主要有两类形式：一类是异方差形式已知，另一类是异方差形式未知。在后一种情况下，需要放宽正态性假设。具体来说，接下来讨论的是如何将异方差形式未知的具体模型与误差服从 t 分布的线性回归模型等价。在这个模型中，需要引入层次先验分布这个概念，本书余下各章将大量使用层次先

验分布。其次是误差相关问题。具体来说，讨论误差服从自回归或者 AR 过程的正态线性回归模型。AR 模型不仅仅用于研究误差协方差矩阵问题，它还是一类重要的时间序列模型。以 AR 模型为起点，可以更方便地引入其他时间序列方法。本章最后讨论的模型为似不相关模型或者称 SUR 模型。SUR 模型由几个方程组成，包含多个因变量。SUR 模型是第 9 章模型的重要组成部分。

|6.2| Ω 为一般形式的模型

6.2.1 引言

在讨论似然函数、先验分布、后验分布和计算方法之前，得先给出一个一般结论。这个结论对于模型解释和计算具有重大意义。根据附录 A，定理 A.10 的结论，对于正定矩阵 Ω，存在 $N \times N$ 矩阵 P，满足 $P\Omega P' = I_N$。如果式（6.1）两侧同时乘以 P，进行转换后得到模型

$$y^* = X^*\beta + \varepsilon^* \tag{6.2}$$

其中，$y^* = Py$，$X^* = PX$，$\varepsilon^* = P\varepsilon$。可以证明，$\varepsilon^*$ 服从 $N(0_N, h^{-1}I_N)$。因此转换后的模型式（6.2）与第 2 章、第 3 章以及第 4 章的正态线性回归模型相同。这个结论的重要价值表现在以下两个方面。一是如果 Ω 已知，对于误差协方差矩阵为非标量的正态线性回归模型，可以直接进行贝叶斯分析。研究人员可以先进行数据转换，之后利用前几章所用方法进行贝叶斯推断。二是如果 Ω 未知，模型式（6.2）自身给出了计算方法。给定 Ω，根据式（6.2），β 和 h 的后验分布形式与前几章相同。因此，可以使用前几章的相关结论推导 β 和 h 的后验特征。如果 β 和 h 的先验分布为 $NG(\underline{\beta}, \underline{V}, \underline{S}^{-2}, \underline{v})$，给定 Ω，第 2 章和第 3 章的所有结论都适用。例如，利用式（3.14）可以证明 $p(\beta|y, \Omega)$ 为多元 t 分布，与 $p(\Omega|y)$ 的后验模拟器结合在一起，可以对 β 和 Ω 进行后验推断。Griffiths（2001）在考察自然共轭先验分布的无信息极限情况时，就采用了这个做法。本章采用第 4 章 4.2 节的独立正态–伽马分布，建立 Gibbs 抽样器，序贯从 $p(\beta|y, h, \Omega)$，$p(h|y, \beta, \Omega)$ 和 $p(\Omega|y, \beta, h)$ 提取样本。前两个条件后验分布和第 4 章 4.2.2 节一样，是正态分布和伽马分布。$p(\Omega|y, \beta, h)$ 是什么分布，取决于 Ω 的确切形式。因此，唯一新增的内容是推导 $p(\Omega|y, \beta, h)$ 的后验分布。如果先验分布中施加了不等式约束，依然可以进行这种讨论（见第 4 章 4.3 节）。

6.2.2 似然函数

根据多元正态分布的性质，可以得到似然函数

$$p(y | \beta, h, \Omega) = \frac{h^{N/2}}{(2\pi)^{N/2}} |\Omega|^{-1/2} \left\{ \exp\left[-\frac{h}{2}(y - X\beta)\Omega^{-1}(y - X\beta) \right] \right\} \tag{6.3}$$

或者利用转换后的数据表示为

$$p(y^* | \beta, h, \Omega) = \frac{h^{N/2}}{(2\pi)^{N/2}} \left\{ \exp\left[-\frac{h}{2}(y^* - X^*\beta)'(y^* - X^*\beta) \right] \right\} \tag{6.4}$$

在第 3 章已经说明了如何将似然函数写成 OLS 估计量的表达式（见式（3.4）~

（3.7)）。这里对转换模型作相同推导，可以将似然函数写成广义最小二乘（GLS）估计量[①]的表达式

$$v = N - k \tag{6.5}$$

$$\hat{\beta}(\Omega) = \left(X^{*\prime}X^{*}\right)^{-1}X^{*\prime}y^{*} = \left(X'\Omega^{-1}X\right)^{-1}X'\Omega^{-1}y \tag{6.6}$$

以及

$$s^2(\Omega) = \frac{\left(y^{*} - X^{*}\hat{\beta}(\Omega)\right)'\left(y^{*} - X^{*}\hat{\beta}(\Omega)\right)}{v} \tag{6.7}$$

$$= \frac{\left(y - X\hat{\beta}(\Omega)\right)'\Omega^{-1}\left(y - X\hat{\beta}(\Omega)\right)}{v}$$

进而似然函数为

$$p\left(y\mid\beta,h,\Omega\right) = \frac{1}{(2\pi)^{N/2}}\left\{h^{1/2}\exp\left[-\frac{h}{2}\left(\beta - \hat{\beta}(\Omega)\right)'X'\Omega^{-1}X\left(\beta - \hat{\beta}(\Omega)\right)\right]\right\}\left\{h^{v/2}\exp\left[-\frac{hv}{2s(\Omega)^{-2}}\right]\right\} \tag{6.8}$$

6.2.3 先验分布

这里 β 和 h 的先验分布采用独立正态–伽马分布（见第 4 章 4.2.1 节），采用通用符号 $p(\Omega)$ 表示 Ω 的先验分布。换句话说，本节所用先验分布为

$$p\ (\beta,\ h,\ \Omega) = p\ (\beta)\ p\ (h)\ p\ (\Omega)$$

其中

$$p(\beta) = f_N\left(\beta\mid\underline{\beta},\underline{V}\right) \tag{6.9}$$

和

$$p(h) = f_G\left(h\mid\underline{v},\underline{s}^{-2}\right) \tag{6.10}$$

6.2.4 后验分布

后验分布与先验分布和似然函数的乘积成比例，表示形式为

$$p\left(\beta,h,\Omega\mid y\right) \propto p(\Omega)\left\{\exp\left[-\frac{1}{2}\left\{h\left(y^{*} - X^{*}\beta\right)'\left(y^{*} - X^{*}\beta\right) + \left(\beta - \underline{\beta}\right)'\underline{V}^{-1}\left(\beta - \underline{\beta}\right)\right\}\right]\right\} \times h^{\frac{N+\underline{v}-2}{2}}\exp\left[-\frac{h\underline{v}}{2\underline{s}^{-2}}\right] \tag{6.11}$$

这个后验分布表达式使用了式（6.4）的似然函数形式。当然也可以利用式（6.3）或者式（6.8）表示成其他表达形式。之所以不那样做，主要是因为 β、h 和 Ω 的联合后验密度函数并不是大家耳熟能详的形式，也就无法直接进行后验推断。幸好有一些条件后验分布形式比较简单。一如既往地使用第 4 章的做法（见式（4.4）~式（4.10）的相关讨论），可以证明给定模型其他参数，β 的条件后验分布为多元正态分布

$$\beta\mid y,h,\Omega \sim N\left(\bar{\beta},\bar{V}\right) \tag{6.12}$$

其中

$$\bar{V} = \left(\underline{V}^{-1} + hX'\Omega^{-1}X \right)^{-1} \tag{6.13}$$

$$\bar{\beta} = \bar{V} \left(\underline{V}^{-1} \underline{\beta} + hX'\Omega^{-1}X\hat{\beta}(\Omega) \right) \tag{6.14}$$

给定模型其他参数，h 的后验分布为伽马分布

$$h \mid y,\beta,\Omega \sim G\left(\bar{s}^{-2}, \bar{v} \right) \tag{6.15}$$

其中

$$\bar{v} = N + \underline{v} \tag{6.16}$$

$$\bar{s}^2 = \frac{\left(y - X\beta \right)'\Omega^{-1}\left(y - X\beta \right) + \underline{v}\,\underline{s}^2}{\bar{v}} \tag{6.17}$$

给定 β 和 h，Ω 条件后验分布的核函数为

$$p\left(\Omega \mid y,\beta,h \right) \propto p(\Omega)|\Omega|^{-1/2}\left\{ \left[\exp\left[-\frac{h}{2}\left(y - X\beta \right)'\Omega^{-1}\left(y - X\beta \right) \right] \right] \right\} \tag{6.18}$$

通常，这个条件后验分布并不容易识别。在本章后面各节中，我们会考虑 Ω 的具体形式，进而得到恰当的后验模拟器。现在需要提醒注意的是，由于 $p(\beta|y, h, \Omega)$ 是正态分布，$p(h|y, \beta, \Omega)$ 是伽马分布，可以直接采用 Gibbs 抽样器从 $p(\Omega|y, \beta, h)$ 进行后验抽样。

|6.3| 异方差形式已知

6.3.1 引言

如果误差方差随着观测值不同而不同，就说存在异方差。对于前面各章研究的模型，都假设每个观测值的误差方差相同，也就是同方差。下面两个例子说明，实践中经常会出现异方差。首先考虑一个微观经济学的例子，因变量为企业销售量。如果误差与企业规模成比例，小企业的误差通常要小于大企业的误差。第二个例子是如果研究所用的数据来自不同的国家，也可能会出现异方差。与发展中国家相比，发达国家的统计部门收集统计数据的能力更强，误差也就会比发展中国家小一些。

在回归模型中，如果有

$$\Omega = \begin{bmatrix} \omega_1 & 0 & . & . & 0 \\ 0 & \omega_2 & 0 & . & . \\ . & 0 & . & . & . \\ . & . & . & . & 0 \\ 0 & . & . & 0 & \omega_N \end{bmatrix} \tag{6.19}$$

则说回归模型存在异方差。换句话说就是，存在异方差的正态线性回归模型除了假设 $var(\varepsilon_i) = h^{-1}\omega_i$，$i = 1, \cdots, N$ 之外，其余假设条件都与第 2~4 章模型一样。

上面提到的两个例子表明，我们通常知道（至少会怀疑）异方差会取什么形式。举例来说，ω_i 取决于企业 i 是大企业还是小企业，或者国家 i 是发展中国家还是发达国家。这里假设

$$\omega_i = h(z_i, \alpha) \tag{6.20}$$

其中，$h()$ 是一个取正数的函数，取值取决于参数 α 和 p 维数据向量 z_i。z_i 包括一些或

者所有解释变量 x_i。普遍做法是取 h（）为

$$h\ (z_i,\ \alpha)\ =\ (1+\alpha_1 z_{i1}+\alpha_2 z_{i2}+\cdots+\alpha_p z_{ip})^{\ 2} \qquad (6.21)$$

但本节讨论中，$h\ (z_i,\ \alpha)$ 取其他形式。

本模型的先验分布、似然函数和后验分布就取 6.2 节的形式，只不过其中的 Ω 取式（6.19）的形式。据此这里就不再写出它们的表达式。不过需要提醒的是，本节中 Ω 取决于 α，因此下面的公式也写成取决于 α 的表达式。

对于存在异方差的模型，进行贝叶斯推断，需要做后验模拟。根据之前的讨论，采用 Metropolis-within-Gibbs 算法（见第 5.5.3 节）可能比较合适。具体来说，由式（6.12）和式（6.15）可知，$p\ (\beta|y,\ h,\ \alpha)$ 为正态分布，$p\ (h|y,\ \beta,\ \alpha)$ 是伽马分布，所以只要找到从 $p\ (\alpha|y,\ \beta,\ h)$ 提取样本的方法，就建立了完整的后验模拟器。不巧的是，如果将式（6.19）和式（6.20）代入到式（6.18），则得到 $p\ (\alpha|y,\ \beta,\ h)$ 的表达式。显然，$p\ (\alpha|y,\ \beta,\ h)$ 不可能是形式简单的密度函数。幸好有 M-H 算法，问题还是能够解决的。下面的例子就采用了随机游走链 M-H 算法（见第 5 章 5.5.2 节）。当然也可以使用其他 M-H 算法。对于所关注假设（例如如果假设异方差不存在，就有 $\alpha_1=\cdots=\alpha_p=0$）的贝叶斯因子，可以采用 Gelfand-Dey 方法来计算。当然也可以计算后验预测 p 值或者 HPDI，这样还可以兼顾考察拟合程度以及模型的适当性。模型的预测推断可以采用第 4 章 4.2.6 节介绍的方法来完成。

6.3.2 例子：异方差形式已知

本节依然以第 3 章使用的住房价格数据为例，说明如何使用 Gibbs 抽样做异方差形式已知的正态线性回归模型的后验模拟。第 3 章 3.9 节简要介绍了数据的因变量和解释变量。这里假设异方差取式（6.21）的形式，并且 $z_i = (x_{i2},\ \cdots,\ x_{ik})\ '$。$\beta$ 和 h 的先验分布采取式（6.9）和式（6.10）的形式，超参数取值和第 4 章 4.2.7 节相同。α 取无信息先验分布，形式为

$$p\ (\alpha) \propto 1$$

注意，这个先验分布不适当，因此对于涉及 α 元素的假设，无法计算出有意义的贝叶斯因子。因此，在表 6-1 给出了后验均值、后验标准差以及 95% 的 HPDI。

表6-1 β、h 和 α 的后验分布结果

	均值	标准差	95% 的 HPDI
β_1	−5 453.92	2 976.04	[−10 310，557]
β_2	6.12	0.40	[5.42，6.82]
β_3	3 159.52	1 025.63	[1 477，4 850]
β_4	14 459.34	1 672.43	[11 742，17 224]
β_5	7 851.11	939.34	[6 826，9 381]
h	1.30×10^{-7}	4.05×10^{-8}	[7×10^{-8}，2×10^{-7}]
α_1	5.49×10^{-4}	1.36×10^{-4}	[3×10^{-4}，8×10^{-4}]
α_2	0.68	0.32	[0.21，1.26]
α_3	0.70	0.42	[0.08，1.40]
α_4	−0.35	0.33	[−0.89，0.18]

采用Metropolis-within-Gibbs算法进行后验模拟，分别根据式（6.12）和式（6.15）提取β和h的样本。采用随机游走链M-H算法，增量为正态随机变量（见第5章，式（5.10）），提取$p(\alpha|y, \beta, h)$的样本。只要给出Ω的确切形式，根据式（6.18）和式（6.21）就能得到$p(\alpha|y, \beta, h)$的表达式。计算式（6.18）在以前候选抽样处的取值，进而计算出接受概率（见第5章式（5.11））。对于建议（proposal）密度函数的方差，即式（5.12）中$\sum$的值，首先设$\sum = cI$，之后试验不同的c值，确定能得到合理接受概率的c值。之后利用这个c值作后验模拟，估计出α的后验方差$\overline{var(\alpha|y)}$。之后设$\sum = c\,var(\alpha|y)$，试验不同的c值，直到找到平均接受概率大致为0.50的c值。最终运行30 000次抽样，忽略掉其中5 000个预热抽样。MCMC诊断结果表明Metropolis-within-Gibbs算法收敛。标准误结果表明，相对于所有参数的后验标准差，近似误差较小。

表6-1表明住房价格数据确实存在异方差。也就是说，95%的HPDI不包括α_1、α_2和α_3的零值，表明住房建筑面积、卧室数量和浴室数量是导致异方差的主要解释变量。所有系数的估计值都为正，表明大房子的误差方差通常要大于小房子的误差方差。之前各章作模型估计和检验时，都忽略了模型的异方差问题。那么忽略异方差到底对模型估计和检验产生什么样的影响呢？现在通过比较表6-1和表4-1的结果来考察。表4-1与表6-1使用了相同的数据，β和h的先验分布也相同。不过表4-1给出的是假设模型同方差的结果。通过比较发现，异方差确实对β的后验结果产生影响。举例来说，同方差模型中，β_4的后验均值为16 133，异方差模型的结果为14 459。但这点差别某种程度上相当小，可以认为异方差对β的统计推断影响有限。

| 6.4 | 异方差形式未知：误差服从t分布

6.4.1 一般情况下的讨论

在上一节讨论中，假设异方差为式（6.20）所示的形式，那么问题是知道存在异方差，但不知道异方差的形式怎么办？换句话说，可以接受式（6.19）形式的异方差，但难以接受具有式（6.20）函数形式的异方差。如果有N个观测值，需要估计$N+k+1$个参数（即β、h，且$w = (w_1, \cdots, w_N)'$），处理这种形式未知的异方差看起来难度不小。好在对本章上一节的方法扩展后，可以用于解决此模型的统计推断问题。此外，提出解决形式未知异方差问题的重要价值表现在以下两个方面。一是，这个方法需要使用层次先验分布，本书余下各章会反复用到层次先验分布这个概念。从贝叶斯统计理论最新进展看，层次先验分布起着非常重要的促进作用。层次先验分布越来越受到计量经济学的欢迎。对于形式灵活、参数更多的模型，普遍使用层次先验分布来简化统计分析。[1]二是，利用这个模型可以介绍很多概念，进而建立更为灵活的计量模型（见第10章）。具

---

① 频率学派也会经常遇到具有层次结构的模型，不会对本书讨论的层次模型感到陌生。不过，利用频率学派统计理论处理这类模型会非常困难。因此，在统计文献中，利用贝叶斯方法处理层次模型特别流行。

体来说，就是能放宽之前一直使用的误差正态性假设。

首先要做的是诱导 $p(\omega)$，也就是 N 维向量 ω 的先验分布。与上一章一样，使用误差精确度要比方差方便得多。因此，定义 $\hat{\lambda} \equiv (\lambda_1, \lambda_2, ..., \lambda_N)' \equiv (\omega_1^{-1}, \omega_2^{-1}, ..., \omega_N^{-1})'$。考虑 λ 具有如下先验分布

$$p(\lambda) = \prod_{i=1}^{N} f_G(\lambda_i | 1, v_\lambda) \tag{6.22}$$

λ 的先验分布取决于超参数 v_λ，v_λ 的取值需要研究人员来确定，并假设 λ_i 都来自同一分布。换句话说，式（6.22）表明 λ_i 为独立同分布抽样，服从伽马分布。要解决 λ_i 高维向量导致的问题，这个假设（或类似的东西）就不可或缺。从直觉上看，如果将 $\lambda_1, \cdots, \lambda_N$ 看作 N 维完全独立和无约束参数来处理的话，就会发现观测值不够，无法估计这些参数。式（6.22）赋予 λ_i 某种结构，这样就能够完成估计。也就是说，所有的误差方差可以各不相同，但却来自同一分布。这样，模型具有了极强的灵活性，但依然保持足够的结构特征，能够完成统计推断。

你或许还在困惑不解，为什么要选择式（6.22）这种具体形式。例如，为什么 λ_i 是均值为 1 伽马分布的独立同分布抽样？毫不讳言地讲，对于这个模型，如果似然函数采取式（6.3）的形式，先验分布采取式（6.9）、式（6.10）和式（6.22）的形式，得到的结果与独立同分布误差服从自由度为 v_λ 的 t 分布的线性回归模型结果完全相同。换句话说，如果一开始假设

$$p(\varepsilon_i) = f_t(\varepsilon_i | 0, h^{-1}, v_\lambda) \quad i = 1, \cdots, N \tag{6.23}$$

用它来推导似然函数，并用式（6.9）和式（6.10）分别作为 β 和 h 的先验分布，就能得到完全一样的后验分布。这里不给出此结论的严格数学证明，感兴趣的读者可以参考 Geweke（1993）的研究，这本书中给出了相关证明和进一步解释。不过，这个结论不仅是有力证据，还会带来很大便利。t 分布与正态分布非常相似，但 t 分布尾部更厚，形式也更灵活。事实上，正态分布是 t 分布当 $v_\lambda \to \infty$ 时的极限情况。因此，模型误差可以采用更灵活的分布，但无须离开很熟悉的正态线性回归模型框架，就能进行估计和统计推断。不仅如此，采用上面提到的计算方法还可以提取样本，进而得到误差为独立 t 分布的线性回归模型的后验模拟器。正因如此，这里也就不再明确阐述与本模型似然函数有关的内容。

在第 10 章还会进一步放宽假设，讨论其他形式更灵活的模型。不过有必要指出，这里讨论的模型涉及某种特定形式的混合正态分布。从直觉上看，如果正态分布过于严格，通过对多个正态分布进行加权平均，就能生成一个更灵活的分布。如果混合的正态分布越来越多，得到的分布也就变得越来越灵活。在第 10 章会看到，用这个分布可以逼近任何分布，精确度还很高。因此，如果经济理论无法给出似然函数的具体形式，并且研究中希望保持模型的灵活性，就可以采用混合正态分布模型这个有力工具。对于形式未知的异方差模型，做法就是将其看作标度混合正态分布。这意味着假设 ε_i 是独立同分布，服从 $N(0, h^{-1}\lambda_i^{-1})$，并且 λ_i 的先验分布为式（6.22）的形式，等同于假设误差分布是不同正态分布的加权平均（或混合）。这些正态分布的方差不同（即标度不同），但

均值相同（即所有误差的均值都是0）。如果利用密度函数$f_G(\lambda_i|1, v_\lambda)$进行混合，混合正态分布的结果就等价于一个t分布。不过，如果不使用密度函数$f_G(\lambda_i|1, v_\lambda)$，而是使用其他密度函数进行混合，将会得到其他分布。这个分布会比正态分布更具有灵活性。第10章将会对此做进一步的详细讨论。

在之前的讨论中，假设v_λ是已知的。在实际应用中，假设v_λ已知显然不太合理，因此需要将v_λ作为未知参数来看待。在贝叶斯分析框架内，每个参数都需要设定先验分布。目前只能用通用符号$p(v_\lambda)$来表示v_λ的先验分布。注意，λ的先验分布分两步来设定，一步是式（6.22），另一步是$p(v_\lambda)$。换句话说，λ的先验分布可以表示为$p(\lambda|v_\lambda)p(v_\lambda)$。这种表示成两步或者更多步乘积的先验分布，称为层次先验分布。将先验分布写成层次先验分布形式，通常便于表示先验信息。因此，层次先验分布将在后面各章中大显身手。不过，这里要着重强调层次先验分布的便捷之处。层次先验分布从来不是真正想要的结果。根据概率原理，每个层次先验分布都能写成非层次先验分布形式。目前来说，根据$p(\lambda)=\int p(\lambda|v_\lambda)p(v_\lambda)dv_\lambda$这个结果，得到$\lambda$的非层次先验分布才是真正目的。

在之前的例子中，都是使用后验均值作为参数的点估计量，使用后验标准差度量点估计具有不确定性。不过，在第1章就指出，对于所有有效概率密度函数，并不总是存在均值和标准差。这个模型就是首例——模型的均值和标准差就未必存在。具体来说，Geweke（1993）证明，如果按普遍做法，β使用无信息先验分布（即在区间$(-\infty, \infty)$，$p(\beta)\propto 1$），除非$p(v_\lambda)$在区间$(0, 2]$等于0，否则后验均值就不存在。除非$p(v_\lambda)$在区间$(0, 4]$等于0，否则后验标准差就不存在。因此，如果研究中β使用无信息先验分布，要么剔除掉v_λ的较小值，要么报告后验中位数和四分位点区间（只要是有效概率密度函数，就存在四分位点区间）。如果β使用式（6.9）那样的信息正态先验分布，则β的后验均值和标准差就存在。

尽管v_λ使用无信息先验分布存在风险，但依然值得一试。初学者在使用无信息先验分布时，可能会使用不适当的均匀先验分布

$$p(v_\lambda)\propto 1, \quad v_\lambda\in(0, \infty)$$

考虑对于相等间隔的区间，赋予相同的先验权重。但当$v_\lambda\to\infty$时，自由度为v_λ的t分布收敛于正态分布。在实际应用过程中，当$v_\lambda>100$时，基本就把t分布等同为正态分布。所以，初学者设定的这个无信息先验分布，本质上是赋予这个区域的权重为1（即$p(v_\lambda\leq 100)/p(v_\lambda>100)=0$）。所以这个先验分布根本不是无信息先验分布，而是信息先验分布：它明确表示误差服从正态分布！这个例子说明，选择无信息先验分布时，一旦不慎就会出问题。现有大量贝叶斯文献研究如何构建无信息先验分布（Zellner（1971）对此作了介绍）。本书对此就不做详细讨论了（第12章12.3节还是做了一些说明）。不过还是要再三提醒，确定无信息先验分布时，一定要慎之又慎，小心驶得万年船。

6.4.2 贝叶斯计算

本小节建立Gibbs抽样器，对β、h、λ以及v_λ进行后验分析。建立Gibbs抽样器需

要推导出这些参数的完全条件后验分布。前面已经推导出两个后验分布了，分别是式（6.12）的 $p(\beta|y, h, \lambda)$ 和式（6.15）的 $p(h|y, \beta, \lambda)$[①]。因此，下面重点推导 $p(\lambda|y, \beta, h, v_\lambda)$ 和 $p(v_\lambda|y, \beta, h, \lambda)$。将式（6.22）所示的先验分布代入到式（6.18）所示的条件后验分布的一般表达式，就能得到 $p(\lambda|y, \beta, h, v_\lambda)$ 的表达式。通过考察 λ_i 的密度函数发现，λ_i（给定模型的其他参数）相互独立，并且 λ_i 的条件后验分布服从伽马分布。用数学语言表达就是

$$p\left(\lambda \mid y, \beta, h, v_\lambda\right) = \prod_{i=1}^{N} p\left(\lambda_i \mid y, \beta, h, v_\lambda\right) \tag{6.24}$$

并且

$$p\left(\lambda_i \mid y, \beta, h, v_\lambda\right) = f_G\left(\lambda_i \mid \frac{v_\lambda + 1}{h\varepsilon_i^2 + v_\lambda}, v_\lambda + 1\right) \tag{6.25}$$

从上面的表达式发现，只要知道 β，就可以计算 ε_i，进而就可以利用 Gibbs 抽样器计算式（6.25）的伽马密度函数的参数。

到目前为止，我们一直对 v_λ 的先验分布三缄其口，并且 v_λ 先验分布的具体形式确实对其他参数的条件后验分布不起任何作用。不过，由于 $p(v_\lambda)$ 的形式确实会影响到 $p(v_\lambda|y, \beta, h, \lambda)$ 的形式，因此就需要设定其形式。因为必然有 $v_\lambda > 0$，所以采用指数分布作为其先验分布。根据附录 B，定理 B.7，指数分布的密度函数实际上就是自由度为 2 的伽马分布，因此有

$$p\left(v_\lambda\right) = f_G\left(v_\lambda \mid \underline{v}_\lambda, 2\right) \tag{6.26}$$

如果使用其他先验分布，需要对下面的后验模拟算法作微小调整。

推导 $p(v_\lambda|y, \beta, h, \lambda)$ 相对容易。因为似然函数与 v_λ 无关，并且已证明 $p(v_\lambda|y, \beta, h, \lambda) = p(v_\lambda|\lambda)$。因此根据贝叶斯定理，有

$$p\left(v_\lambda|\lambda\right) \propto p\left(\lambda|v_\lambda\right) p\left(v_\lambda\right)$$

进而 v_λ 条件后验分布的核函数就等于式（6.22）乘上式（6.26）。因此有

$$p\left(v_\lambda \mid y, \beta, h, \lambda\right) \propto \left(\frac{v_\lambda}{2}\right)^{Nv_\lambda/2} \Gamma\left(\frac{v_\lambda}{2}\right)^{-N} \exp\left(-\eta v_\lambda\right) \tag{6.27}$$

其中

$$\eta = \frac{1}{\underline{v}_\lambda} + \frac{1}{2}\sum_{i=1}^{N}\left[\ln\left(\lambda_i^{-1}\right) + \lambda_i\right]$$

式（6.27）不是标准密度函数形式，因此需要使用 M-H 算法提取抽样。不过，如果你详细阅读 Geweke（1993）的文献，会注意到他推荐使用另外一种有用算法来提取样本，这种算法叫作可接受抽样（acceptance sampling）。可接受抽样算法尤其适用于从单变量且可能有界的非标准分布中提取样本。这里就不讨论这个算法了，Geweke

---

① 从数学角度看，Gibbs 抽样器所用的完全条件后验分布应该是 $p(\beta|y, h, \lambda, v_\lambda)$ 和 $p(h|y, \beta, \lambda, v_\lambda)$。但是，一旦给定 λ 为条件，给定 v_λ 将不再增加任何新的信息，因此有 $p(\beta|y, h, \lambda, v_\lambda) = p(\beta|y, h, \lambda)$，以及 $p(h|y, \beta, \lambda, v_\lambda) = p(h|y, \beta, \lambda)$。

（1993）详细讨论了可接受抽样，以及它和本模型之间的关系（见第12章12.1节）。Devroye（1986）对可接受抽样的一般做法做了完整论述。

对于一些假设（例如$\beta_j=0$），可以利用Savage-Dickey密度比率进行模型比较。计算方法参见第4章4.2.5节。不巧的是，利用Savage-Dickey密度比率并不能轻而易举地计算出所有假设的贝叶斯因子。举例来说，有时可能想检验一下是否有证据拒绝正态性假设。此时，要比较的模型分别为M_1：$v_\lambda \to \infty$ 和 M_2：v_λ 为有限值。这些模型很难转换成嵌套模型框架，也就不适合使用Savage-Dickey密度比率进行模型比较。好在还可以使用Gelfand-Dey方法计算出贝叶斯因子，进而比较这两个模型。但要注意，这里每个模型都需要做后验模拟（即模型M_1需要使用第4章4.2节的后验模拟器，模型M_2需要使用本节介绍的后验模拟器）。或者计算后验预测p值或HPDI，一并考察模型的拟合程度和恰当性。至于本模型的预测推断问题，可以采用第4章4.2.6节的方法来完成。

6.4.3 例子：误差服从t分布的回归模型

下面接着以大家熟悉的第3章使用的住房价格数据为例，说明如何使用Gibbs抽样解决误差服从独立t分布的线性回归模型（或者，与之等价的异方差形式未知的正态线性回归模型）的统计推断问题。3.9节简要介绍了此数据的因变量和解释变量，这里不再赘述。β和h的先验分布分别为式（6.9）和式（6.10）。超参数的取值与第4章4.2.7节相同。v_λ的先验分布取决于超参数$\underline{v}_\lambda$，即它的先验均值。这里设$\underline{v}_\lambda$=25，也就是说把先验权重主要赋予了误差分布的尾部远端（例如$v_\lambda<10$）和基本服从正态分布的误差（例如$v_\lambda>40$）。

后验模拟器采用Metropolis-within-Gibbs算法，分别从式（6.12）和式（6.15）中提取β和h的抽样。利用式（6.25）提取p（$\lambda|y$，β，h，v_λ）的样本。对于p（$v_\lambda|y$，β，h，λ）的抽样，则采用随机游走链M-H算法（见第5章式（5.10）），其增量随机变量服从正态分布。利用式（6.27），计算以前的抽样和候选抽样的取值，得到接受概率（见第5章式（5.11））。对于v_λ值小于等于0的候选抽样，接受概率设为0。对于式（5.12）中的$\sum$，也就是建议密度函数的方差，首先设$\sum$=c，之后试验不同的c值，直到找到较为合理的接受概率为止。之后采用这个c值运行后验模拟器，估计v_λ的后验方差，即$\overline{var\left(v_\lambda|\,y\right)}$。接下来，再设$\sum$=$c\,\overline{var\left(v_\lambda|\,y\right)}$，试验不同的$c$值，直到找到平均接受概率取值大致为0.5的$c$值为止。最终得到30 000个抽样，剔除了前5 000个预热抽样。MC-MC诊断结果表明，Metropolis-within-Gibbs算法收敛。标准误的结果表明，相对于所有参数的后验标准差，近似误差都较小。

表6-2报告了关键参数的后验结果。这些结果表明，从定性角度看，β各元素的后验结果与表4-1和表6-1的结果基本一致。但v_λ的后验结果表明，误差分布与正态分布存在较大差距。因为这些关键参数都是单变量，利用直方图可以考察后验分布的近似结果。图6-1表明p（$v_\lambda|y$）的偏度非常大，再次证实后验概率基本都赋予了较小的自由度参数。不过，没有证据表明后验概率都赋予了极小的值。如果分布尾部非常厚的话，极小的值的后验概率就会很大。柯西分布就是v_λ=1的t分布。如果尾部达到这个厚度的

话，其均值就不存在了。这意味着没有证据表明住房价格数据的误差分布具有这样的极端厚尾特征。

6.5 误差存在序列相关

6.5.1 引言

很多时间序列变量由于惯性，调整需要时间等原因，会存在序列相关。由于变量在不同时间取值存在相关性，误差也会体现出这种序列相关性。因此在研究误差协方差矩阵时，就要考虑这种序列的相关性。前几章都假设 ε 服从 $N(0_N, h^{-1}I_N)$。本章前几节放宽这个假设，允许误差协方差矩阵是对角矩阵。尽管如此，到目前为止，依然还是假设误差之间相互无关（即 $E(\varepsilon_i\varepsilon_j)=0$，$i\neq j$）。本节研究的模型将进一步放宽此假设。

表6-2 β 和 v_λ 的后验结果

	均值	标准差	95%的 HPDI
β_1	−413.15	2 898.24	[−5 153, 4 329]
β_2	5.24	0.36	[4.65, 5.83]
β_3	2 118.02	972.84	[501, 3 709]
β_4	14 910.41	1 665.83	[12 188, 17 631]
β_5	8 108.53	955.74	[6 706, 9 516]
v_λ	4.31	0.85	[3.18, 5.97]

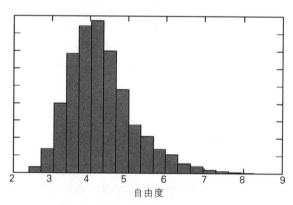

自由度

图6-1　自由度参数的后验密度函数

入乡随俗，按照普遍做法，用下标 t 表示时间。也就是说，y_t 表示因变量时期 1 到时期 T 的观测值，$t=1, \cdots, T$。例如，y_t 表示 1946—2001 年间的年度 GDP 观测值。当误差存在序列相关时，简单形式是服从一阶自回归过程，即 AR（1）过程

$$\varepsilon_t = \rho\varepsilon_{t-1} + u_t \tag{6.28}$$

其中，随机变量 u_t 是独立同分布，服从 $N(0, h^{-1})$。这样设定，表示某一期的误差取值与前一期误差有关。

在时间序列文献中，已经提出用大量数学工具来理解各种时间序列模型的性质。本节只简要介绍几种方法[①]，用通用符号 z_t 表示时间序列。本节设 $z_t = \varepsilon_t$，这个概念很重要，后面几章将会用到。标准假设是生成时间序列的过程从 $-\infty$ 时期开始一直持续到 ∞ 时期。计量经济学家观测到时期 $t=1$，$\cdots$，T 的生成过程。对于随机过程 z_t，如果对于每个 t 和 s：

$$E(z_t) = E(z_{t-s}) = \mu$$

$$var(z_t) = var(z_{t-s}) = \gamma_0$$

并且

$$cov(z_t, z_{t-s}) = \gamma_s$$

则称随机过程 z_t 协方差平稳。其中，μ、γ_0 和 γ_s 为有限值。通俗地讲，如果时间序列是协方差平稳的，此时间序列的均值为常数，两个观测值之间的方差和协方差取决于两个观测值之间的间隔时期数。经济中的许多时间序列是平稳的，即使不是，也是差分平稳的。z_t 的一阶差分 Δz_t 定义为

$$\Delta z_t = z_t - z_{t-1}$$

同样对于 $m>1$，定义 z_t 的 m 阶差分为

$$\Delta^m z_t = \Delta^{m-1} z_t - \Delta^{m-1} z_{t-1}$$

那么差分有什么经济意义呢？假设 z_t 为价格的对数，则 Δz_t（近似）为价格的百分比变化，也就是通货膨胀率。$\Delta^2 z_t$ 表示通货膨胀率的百分比变化。上述指标在宏观经济模型中的重要意义不言而喻。

如果要考察时间序列变量的平稳性，普遍采用的工具是自协方差函数 γ_s。与自协方差函数关系非常密切的函数是自相关函数 γ_s/γ_0，度量间隔 s 期的两个观测值之间的相关性，$s=0$，$\cdots$，∞。这两个函数都与 s 有关，通常会画出它们的图像，观察当 s 增加时，二者如何变化。举例说，宏观经济变量的自相关函数通常随着 s 的增加而下降。这是因为与早期发生的事件比，近期发生的事件对当前宏观经济环境的影响更大。

现在回头考虑误差服从式（6.28）所示的 AR（1）过程。为了便于刻画 AR（1）过程的性质，可以将 ε_t 写成关于 u_{t-s} 的表达式，$s=0$，$\cdots$，∞。由于 $\varepsilon_{t-1} = \rho\varepsilon_{t-2} + u_{t-1}$，将其代入式（6.28），得到

$$\varepsilon_t = \rho^2 \varepsilon_{t-2} + \rho u_{t-1} + u_t$$

之后代入关于 ε_{t-2} 的表达式，得到关于 ε_{t-3} 的表达式，依然可以继续代入。按照这种方式持续代入 ε_{t-s} 的表达式，最终得到：

$$\varepsilon_t = \sum_{s=0}^{\infty} \rho^s u_{t-s} \tag{6.29}$$

写成这种形式后，如果要计算 ε_t 的均值、方差和协方差，就会发现问题了。如果

① 因篇幅所限，本书不可能详细讨论时间序列方法。想详细了解时间序列模型的贝叶斯分析方法的读者，可以阅读 Bauwens、Lubrano 和 Richard（1999）的文章。对于非贝叶斯的时间序列方法，Enders（1995）的研究是一个不错的选择。

$|\rho| > 1$，ρ^s 趋于无穷大。即使 $\rho=1$，也涉及无穷多有限值的求和问题。实际上，要想时间序列平稳，就要求 $|\rho|<1$。

如果施加了约束 $|\rho|<1$，可以证明有 $E(\varepsilon_t)=0$

$$\gamma_0 = var(\varepsilon_t) = h^{-1}\sum_{s=0}^{\infty}\rho^{2s} = \frac{1}{h(1-\rho^2)}$$

并且

$$\gamma_s = cov(\varepsilon_t, \varepsilon_{t-s}) = \frac{\rho^s}{h(1-\rho^2)}$$

注意，由于 $|\rho|<1$，因此自协方差函数 γ_s 随着 s 的增加而下降。从直觉来看，对于 AR（1）过程，过去的影响会逐渐消失。

根据上述结果，可以将 ε 的协方差矩阵写成 $h^{-1}\Omega$ 形式，其中

$$\Omega = \frac{1}{1-\rho^2}\begin{bmatrix} 1 & \rho & \rho^2 & \cdot & \rho^{T-1} \\ \rho & 1 & \rho & \cdot & \cdot \\ \rho^2 & \rho & \cdot & \cdot & \rho^2 \\ \cdot & \cdot & \cdot & \cdot & \rho \\ \rho^{T-1} & \cdot & \rho^2 & \rho & 1 \end{bmatrix} \tag{6.30}$$

AR（1）模型可以进行扩展，包含更多过去时期或者滞后期。定义存在 p 阶滞后的自回归过程，即 AR（p）为

$$\varepsilon_t = \rho_1\varepsilon_{t-1} + \cdots + \rho_p\varepsilon_{t-p} + u_t \tag{6.31}$$

利用研究 AR（1）模型所用方法，可以计算 AR（p）过程的均值、方差和自协方差函数。下节的研究结果表明，做 AR（p）过程的贝叶斯推断，并不需要知道自协方差函数的确切形式。因陋就简，这里也就不给出 AR（p）过程的自协方差函数的表达式了。想详细了解 AR（p）过程的自协方差函数，读者可以参阅 Enders（1995）等人的时间序列教材。这里只需知道 AR（p）过程具有与 AR（1）过程相似的特征也就足够了，尽管 AR（p）过程的特征更灵活多样。

借此良机，介绍一些时间序列模型的其他表示符号。用 L 表示滞后算子，满足 $L\varepsilon_t = \varepsilon_{t-1}$。如果写成一般形式为 $L^m\varepsilon_t=\varepsilon_{t-m}$。这样，AR（$p$）过程就可以表示为

$$(1-\rho_1 L-\cdots-\rho_p L^p)\,\varepsilon_t=u_t$$

或者表示为

$$\rho(L)\,\varepsilon_t=u_t$$

其中，$\rho(L)=(1-\rho_1 L-\cdots-\rho_p L^p)$ 为滞后算子的 p 阶多项式。可以证明，如果方程 $\rho(z)=0$ 根的绝对值都大于 1，则 AR（p）过程平稳。未雨绸缪，这里定义 $\rho=(\rho_1, \cdots, \rho_p)'$，并令 Φ 表示 AR（p）模型的平稳区域。

6.5.2 贝叶斯计算

对于误差为 AR（p）过程的正态线性回归模型，通过调整一般情形，即未设定 Ω 形式的式（6.12）、式（6.15）和式（6.18），就可以得到此模型贝叶斯推断的后验模拟器。如果采用一阶近似，可以假设条件后验分布为简单形式。近似过程中需要处理初始条件。这句话是什么意思呢？现在看如何将模型转换成式（6.2）。如果误差为 AR（p）过

程，就可以计算出 Ω 的形式。之后通过矩阵变换 $P\Omega P' = I$，得到矩阵 P，进而可以转换成式（6.2）的形式。还有一种做法，首先将回归模型改写为

$$y_t = x_t'\beta + \varepsilon_t \tag{6.32}$$

其中，$x_t = (1, x_{t2}, \cdots, x_{tk})'$。式（6.32）两侧同时乘以 $\rho(L)$，并定义 $y_t^* = \rho(L)y_t$ 且 $x_t^* = \rho(L)x_t$，进而有

$$y_t^* = x_t^{*'}\beta + u_t \tag{6.33}$$

前面已经假设 u_t 为独立同分布随机变量，服从 $N(0, h^{-1})$，因此转换后得到的式（6.33）就是误差独立同分布的正态线性回归模型。不过，这里须注意在转换过程中，$t \leqslant p$ 的取值也会发生变化。例如，y_t^* 的值取决于 $y_0, \cdots, y_{1-p}$ 的取值，$y_0, \cdots, y_{1-p}$ 称为初始条件。因为仅能观测到 $t=1, \cdots, T$ 期间数据的值，所以初始条件 $y_0, \cdots, y_{1-p}$ 的值观测不到。如何处理这些初始条件就是一个棘手的问题。如果 AR（p）过程非平稳或者接近非平稳时，就更棘手了。对此感兴趣的读者，可以阅读 Bauwens、Lubrano 和 Richard（1999）或者 Schotman（1994）的论文了解详情。因为这里假设误差是平稳过程，初始条件影响有限，姑且置之不理。普遍做法是不使用 $t=1, \cdots, T$ 的数据计算似然函数，而是用 $t=p+1, \cdots, T$ 的数据。只要 p 相对 T 很小，得到的近似似然函数就非常接近于真实似然函数。因为当 $t=p+1, \cdots, T$ 时，y_t^* 和 x_t^* 与观测不到的滞后值无关，这样就可以直接进行转换，得到式（6.33）。

删繁就简，这里就不再引入新的符号表示 $t=p+1, \cdots, T$ 的似然函数和后验函数了。本节余下部分，就把 y、y^*、ε 以及 ε^* 看作（$T-p$）阶向量（即剔除前 p 个元素）。X 和 X^* 为（$T-p$）$\times k$ 矩阵。经过这样改变之后，根据之前的结论可以直接得到 Gibbs 抽样算法。从直观上看，$p(\beta|y, h, \rho)$ 和 $p(h|y, \beta, \rho)$ 分别由式（6.12）和式（6.15）给出。由于 $t=p+1, \cdots, T$ 的 ε_t 已知，并且知道式（6.31）就是（误差方差已知的）正态线性回归模型，其系数为 ρ。因此只要给定 β 和 h，就可以利用前几章的标准贝叶斯推断结果，推导出 $p(\rho|y, \beta, h)$。

用数学语言描述，由于 β 和 h 是独立正态-伽马先验分布，表达式分别由式（6.9）和式（6.10）给出。因此对 6.2 节结论进行修正就可以得到

$$\beta \Big| y, h, \rho \sim N(\bar{\beta}, \bar{V}) \tag{6.34}$$

其中

$$\bar{V} = \left(\underline{V}^{-1} + hX^{*'}X^*\right)^{-1} \tag{6.35}$$

$$\bar{\beta} = \bar{V}\left(\underline{V}^{-1}\underline{\beta} + hX^{*'}y^*\right) \tag{6.36}$$

给定模型其他参数，h 的后验分布为伽马分布

$$h \Big| y, \beta, \rho \sim G(\bar{s}^{-2}, \bar{v}) \tag{6.37}$$

其中

$$\bar{v} = T - p + \underline{v} \tag{6.38}$$

$$\bar{s}^2 = \frac{\left(y^* - X^*\beta\right)'\left(y^* - X^*\beta\right) + \underline{v}\underline{s}^2}{\bar{v}} \tag{6.39}$$

ρ 的后验分布与其自身的先验分布有关。ρ 的先验分布形式不限，只要能反映研究人员的非数据信息就可以。这里可以假设 ρ 的先验分布为在平稳区域截断的多元正态分布。即

$$p(\rho) \propto f_N\left(\rho \mid \underline{\rho}, \underline{V}_{\rho}\right)1(\rho \in \Phi) \tag{6.40}$$

其中，1（$\rho \in \Phi$）为示性函数，在平稳区域取值为1，其他区域取值为0。有了这样的先验分布，就可以直接得到后验分布

$$p(\rho \mid y, \beta, h) \propto f_N\left(\rho \mid \bar{\rho}, \bar{V}_{\rho}\right)1(\rho \in \Phi) \tag{6.41}$$

其中

$$\bar{V}_{\rho} = \left(\underline{V}_{\rho}^{-1} + hE'E\right)^{-1} \tag{6.42}$$

$$\bar{\rho} = \bar{V}_{\rho}\left(\underline{V}_{\rho}^{-1}\underline{\rho} + hE'\varepsilon\right) \tag{6.43}$$

并且 E 为（$T-p$）$\times k$ 矩阵，第 t 行为（ε_{t-1}，$\cdots$，ε_{t-p}）。

利用 Gibbs 抽样器，根据式（6.34）、式（6.37）和式（6.41）序贯提取样本。由于式（6.41）是截断多元正态分布，不是简单的多元正态分布，因此有点复杂。但也无妨，首先从非截断变量中提取样本，之后剔除处于平稳区域外的样本，就得到截断多元正态分布的样本。只要 $\bar{\rho}$ 位于平稳区域内，至少距离平稳区域不太远，这样做就行得通。当然也可以采用 M-H 算法，或者采用 Geweke（1991）的方法随机提取截断多元正态分布的样本。利用第4章4.2.6节的方法可以完成本模型的预测推断，计算出后验预测 p 值或者 HPDI，兼顾考察模型的拟合程度和适当性。对于感兴趣的任何假设，都可以利用 Savage-Dickey 密度比率或者 Gelfand-Dey 方法计算出贝叶斯因子。由于根据式（6.41）只能得到 p（ρ|y，β，h）的核函数，因此利用 Savage-Dickey 密度比率要略微复杂一些。回顾第4章4.2.5节，利用 Savage-Dickey 密度比率需要知道完整的密度函数表达式 p（ρ|y，β，h）或者 p（ρ|y），仅仅知道核函数是不够的。当 $p=1$ 时，由于 p（ρ|y，β，h）是单变量截断正态分布，而单变量密度函数形式大家都熟知（Poirier，1995，p.115），这样就可以很容易计算出积分常数。一旦 $p>1$，平稳区域非线性，就很难用数学分析方法求出 p（ρ|y，β，h）。但好在可以使用后验模拟方法直接计算出必要的积分常数。也就是说，式（6.41）对应的密度函数为

$$p(\rho \mid y, \beta, h) = \frac{f_N\left(\rho \mid \bar{\rho}, \bar{V}_{\rho}\right)1(\rho \in \Phi)}{\int_{\Phi} f_N\left(\rho \mid \bar{\rho}, \bar{V}_{\rho}\right)d\rho}$$

实践中普遍采用的后验模拟器是从 $f_N\left(\rho \mid \bar{\rho}, \bar{V}_{\rho}\right)$ 随机提取样本，之后忽略掉位于平稳区域外的样本。但 $\int_{\Phi} f_N\left(\rho \mid \bar{\rho}, \bar{V}_{\rho}\right)d\rho$ 就是保留下来的样本比例。因此 Gibbs 抽样器步骤中随时都可以估计出这个比例，只要计算某个接受抽样前被拒绝掉的抽样个数就可以。$1-\int_{\Phi} f_N\left(\rho \mid \bar{\rho}, \bar{V}_{\rho}\right)d\rho$ 近似等于被拒绝的抽样数量除以被拒绝的抽样数量加1。如果 Gibbs 抽样次数趋于无穷，近似误差趋于0。截断密度函数的积分常数通常都能计算出来。首

先从对应非截断密度函数随机提取样本，之后计算位于截断区域内的样本比例就能得到这个积分常数。囿于所用的先验分布，可能就需要使用这种方法计算积分常数。

6.5.3 例子：误差存在序列相关的正态回归模型

针对误差存在序列相关的正态线性回归模型，下面以棒球数据为例，说明如何进行贝叶斯推断。因变量是1903年至1999年间美国纽约洋基棒球队胜率。为了说明洋基队的赛场表现，采用各种指标测度球队的进攻和防守效果。因此，所用变量为：

- y_t=第 t 年胜率（PCT）=获胜场次/（获胜场次+失利场次）；
- x_{t2}=第 t 年球队上垒百分比（OBP）；
- x_{t3}=第 t 年球队平均长打率（SLG）；
- x_{t4}=第 t 年球队平均防御率（或自责失分率）（ERA）

是否了解棒球常识并无碍于对实证例子的理解。读者只要知道所有解释变量都是测度球队赛场表现的就足矣。根据理论推测，x_{t2} 和 x_{t3} 与获胜百分比正相关，x_{t4} 与获胜百分比负相关。尽管上一句话披露了一些先验信息，但参数 β 依然采用无信息先验分布，并设 $\underline{V}^{-1}=0_{k \times k}$。误差精确度参数也采用无信息先验分布，并设 $\underline{v}=0$。设定好之后，$\underline{\beta}$ 和 $\underline{s}^{-2}$ 的取值就无关紧要了。利用上一节的方法，计算出 Savage-Dickey 密度比率，比较存在约束 $\rho_j=0$ 的模型和无约束模型，$j=1, \cdots, p$。这里需要知道 ρ 的先验信息，因此设 $\underline{\rho}=0$ 和 $\underline{V}_{\rho}=cI_p$。下文需要选择各种 c 值作先验分布的敏感性分析。本节均取 $p=1$。在此之前预先对 p 取较大值作了测试，结果表明无论是贝叶斯因子还是 HPDI 都不支持自相关阶数大于1的假设。为了便于直观理解，当 $p=1$ 时，根据平稳条件有 $|\rho|<1$。如果 ρ_1 接近1，表明自相关程度较大。

这里共运行了 30 000 次随机抽样，剔除 5 000 个预热样本，利用剩余的 25 000 个样本进行贝叶斯推断。MCMC 诊断表明 Gibbs 抽样器收敛；标准误表明，相对于所有参数的后验标准差，近似误差相对较小。

表6-3给出了参数 β 的后验估计结果，其中，$c=0.09$。c 的取值如此小，反映了误差的自相关程度非常小（即 ρ_1 的先验标准差为0.3）这个先验信息。不出所料，自变量 OBP 和 SLG 的系数估计结果是正的，自变量 ERA 对球队获胜产生负面影响。

表6-3　　　　　　　　　　　　　参数 β 的后验估计结果

	均值	标准差	95% 的 HPDI
β_1	0.01	0.07	［-0.11，0.12］
β_2	1.09	0.35	［0.52,1.66］
β_3	1.54	0.18	［1.24,1.83］
β_4	-0.12	0.01	［-0.13，-0.10］

本书开始就强调了先验分布敏感性分析的重要性。囿于篇幅，之前的实例都没有考察先验分布的敏感性。机缘巧合，在这里对 AR（1）系数作了先验分布的敏感性分析。表6-4就给出了 c 取不同值时的先验分布敏感性分析结果。表6-4的结果表明，除了先

验信息取 $c=0.01$ 存在极强影响外，先验信息对后验结果的影响都较小。体现在当 c 在 0.09 和 100 之间取值时，后验均值、标准差以及 HPDI 几乎都一样。后者取值非常大，实际上表明先验信息非常扁平，在平稳区域内几乎不包含什么信息。贝叶斯因子对于先验信息变化也表现得相当稳健。这里需要插一句，贝叶斯因子之所以表现出稳健性，归因于先验分布在平稳区域这个闭区间截断。毋忘历史：当参数的支持空间无界时，如果采用不适当无信息先验分布，贝叶斯因子就会出问题（例如第 3 章 3.6.2 节的问题）。

表 6-4　　　　　　　　　　　　　　　ρ_1 的后验估计结果

	均值	标准差	95% 的 HPDI	$\rho_1=0$ 的贝叶斯因子
$c=0.01$	0.10	0.07	$[-0.02, 0.23]$	0.49
$c=0.09$	0.20	0.10	$[0.03, 0.36]$	0.43
$c=0.25$	0.21	0.11	$[0.04, 0.39]$	0.56
$c=1.0$	0.22	0.11	$[0.05, 0.40]$	0.74
$c=100$	0.22	0.11	$[0.05, 0.40]$	0.84

| 6.6 |　似不相关回归模型

6.6.1　引言

本章考察的最后一个模型是似不相关回归模型（SUR）。这是一个多方程模型，无论是模型的外在意义还是模型本身的构建方式都备受瞩目。似不相关回归模型是其他常用模型的一个组成部分。在许多经济环境中，都会用到多方程模型。举例来说，研究消费问题时，就涉及估计每种消费品（即食品、耐用消费品以及非耐用消费品等）的方程。如果研究微观经济，可能会涉及估计每个生产要素的要素需求方程。[1] 在许多情况下，利用前几章的方法一次估计一个方程，并不会犯多大错误。而一次估计所有的方程，则能够提高估计的精确度。本节就讨论如何一次估计所有的方程。

SUR 模型可以表示为

$$y_{mi} = x_{mi}'\beta_m + \varepsilon_{mi} \tag{6.44}$$

有 $i=1, \cdots, N$ 个观测样本，有 $m=1, \cdots, M$ 个方程。y_{mi} 表示第 m 个方程中因变量的第 i 个观测值；x_{mi} 为 k_m 阶向量，表示第 m 个方程中解释变量向量的第 i 个观测值；β_m 为 k_m 阶向量，表示第 m 个方程中的回归系数。[2] 在 SUR 模型中，每个方程的解释变量数量可以不同，但不同方程的部分解释变量可以相同，或者不同方程具有完全相同的解释变量。

SUR 模型可以改写为大家熟悉的形式。首先，将所有方程堆叠成向量/矩阵形式，

---

[1]　如果读者熟知计量经济学，就会知道联立方程的简化式是一个 SUR 模型。同样道理，向量自回归模型或者说 VAR 模型也是一个 SUR 模型（见第 12 章第 12.4 节）。

[2]　这里的表示符号与之前所用的稍有不同。本节，x_{mi} 为向量，第一个下标表示第几个方程。在此之前，x_{ij} 为数字，表示第 j 个解释变量第 i 个观测值的取值。

令 $y_i = (y_{1i}, \cdots, y_{Mi})'$, $\varepsilon_i = (\varepsilon_{1i}, \cdots, \varepsilon_{Mi})'$, $\beta = (\beta_1, \cdots, \beta_M)'$

$$X_i = \begin{pmatrix} x'_{1i} & 0 & . & . & 0 \\ 0 & x'_{2i} & 0 & . & . \\ . & . & . & . & . \\ . & . & . & . & 0 \\ 0 & . & . & 0 & x'_{Mi} \end{pmatrix}$$

并定义 $k = \sum_{m=1}^{M} k_m$。利用上面的表示符号，可以将式（6.44）改写为

$$y_i = X_i \beta + \varepsilon_i \tag{6.45}$$

将所有观测值都堆叠起来，得到 $y = (y_1, \cdots, y_N)'$，$\varepsilon = (\varepsilon_1, \cdots, \varepsilon_N)'$，$X = (X_1, \cdots, X_N)'$。这样式（6.45）就可以写为

$$y = X\beta + \varepsilon$$

这样，SUR 模型就可以改写成大家熟悉的线性回归模型形式。

到目前为止，尚未提及此模型的误差项性质。如果假设对于所有 i 和 m，ε_{mi} 是独立同分布，服从 $N(0, h^{-1})$，SUR 模型就变成第 2 章、第 3 章和第 4 章的正态线性回归模型。不过在许多应用中，不同观测值的误差项之间普遍存在序列相关。因此这里假设对于 $i = 1, \cdots, N$，ε_i 是独立同分布，服从 $N(0, H^{-1})$。其中 H 为 $M \times M$ 阶的误差精确度矩阵。有了这样的假设之后，就会发现 ε 服从 $N(0, \Omega)$，其中 Ω 为 $NM \times NM$ 分块矩阵

$$\Omega = \begin{pmatrix} H^{-1} & 0 & . & . & 0 \\ 0 & H^{-1} & 0 & . & . \\ . & . & . & . & . \\ . & . & . & . & 0 \\ 0 & . & . & 0 & H^{-1} \end{pmatrix} \tag{6.46}$$

这样一看，SUR 模型依然属于本章研究的那类模型。先验分布、似然函数和后验分布依然如 6.2 节所讨论的那样。如果观察得细致入微，就会发现本模型中没有出现 h。这个差别影响不大，h 仅仅是一个数值，前一节出于方便起见将其分解出来。对于 SUR 模型，再按这种方式分解出一个数值来就不太划算了（尽管想分解，还是能分解出来）。

6.6.2 先验分布

这里值得赘述的是 SUR 模型先验分布的诱导方法。在文献中，这个话题已经受到广泛关注。本节使用独立正态-Wishart 分布作为先验分布，即

$$p(\beta, H) = p(\beta) p(H)$$

其中

$$p(\beta) = f_N(\beta | \underline{\beta}, \underline{V}) \tag{6.47}$$

并且

$$p(H) = f_W(H | \underline{v}, \underline{H}) \tag{6.48}$$

独立正态-Wishart 分布是大家熟悉的独立正态-伽马分布的扩展形式。其中，Wishart 分布是伽马分布的矩阵形式，定义见附录 B，定义 B.27。诱导先验分布最关键是要知道 $E(H) = \underline{v}\underline{H}$，这样只要设 $\underline{v} = 0$ 和 $\underline{H}^{-1} = 0_{M \times M}$（见附录 B，定理 B.16），就能得到无信息先验分布。

不过，SUR 模型还可以使用其他先验分布。具体来说，先验分布可以采用正态-

Wishart自然共轭分布，它与第3章使用的自然共轭先验分布类似。这个先验分布的优势在于能获得解析解，这样就不需要做后验模拟。不过SUR模型的这个自然共轭先验分布也有缺点，那就是约束太多。举例来说，两个方程之间的系数（即β_m和β_j，$j \neq m$）先验协方差都与同一矩阵成比例。基于这个原因，实证研究中更关注自然共轭先验分布的各种无信息形式。此外，不少文献尝试寻找约束较少的自然共轭先验分布扩展形式。如果读者对这个领域感兴趣，可以阅读Dreze和Richard（1983）或Richard和Steel（1988）的文献。

6.6.3 贝叶斯计算

如果模型先验分布采用式（6.47）和式（6.48）的形式，可以利用式（6.12）和式（6.18）进行Gibbs抽样，就可以实现贝叶斯计算。不过好事多磨，两个条件后验分布都涉及$NM \times NM$矩阵Ω的逆矩阵，计算这个逆矩阵需要费一番力气。好在运气不坏，由于矩阵Ω的分块矩阵是对角矩阵，只要使用些数学分析手段，就可以求出逆矩阵。求出逆矩阵后，$p(H \mid y, H)$和$p(H \mid y, \beta)$的形式就变得容易处理了。具体来说

$$\beta \big| y, H \sim N(\bar{\beta}, \bar{V}) \tag{6.49}$$

其中

$$\bar{V} = \left(\underline{V}^{-1} + \sum_{i=1}^{N} X'_i H X_i \right)^{-1} \tag{6.50}$$

$$\bar{\beta} = \bar{V} \left(\underline{V}^{-1} \underline{\beta} + \sum_{i=1}^{N} X'_i H y_i \right) \tag{6.51}$$

给定β、H的后验条件分布为Wishart分布，即

$$H \big| y, \beta \sim W(\bar{v}, \bar{H}) \tag{6.52}$$

其中

$$\bar{v} = N + \underline{v} \tag{6.53}$$

$$\bar{H} = \left[\underline{H}^{-1} + \sum_{i=1}^{N} (y_i - X_i \beta)(y_i - X_i \beta)' \right]^{-1} \tag{6.54}$$

利用现有的Wishart分布随机数生成器（例如，James LeSage's计量经济工具箱就包含这个MATLAB代码），修正Gibbs抽样器就可以从$p(\beta \mid y, H)$和$p(H \mid y, \beta)$序贯提取样本。

利用第4章4.2.6节的方法，可以实现本模型的预测推断。计算后验预测p值和HP-DI，可以考察模型的拟合好坏和恰当性。Savage-Dickey密度比率特别容易计算。既然如此，你还会计算后验机会比么!!!

6.6.4 例子：似不相关回归模型

要举例说明SUR模型的贝叶斯推断过程，需要将误差自相关例子所用的棒球数据加以扩展。在误差自相关例子中，只选取纽约洋基队这支棒球队，考察球队上垒百分比（OBP）、平均长打率（SLG）和平均防御率（ERA）对球队胜率（PCT）的影响。前两个解释变量测度了球队进攻表现，后一个解释变量测度了球队防守表现。本例增加波士

顿红袜队（洋基队的主要对手），方程也就增加了一个。这样就有了两个方程，一支队伍对应一个方程。每个方程的解释变量分别对应球队的 OBP、SLG 和 ERA。6.5.3 节已经对数据做了较为详细的描述，这里不再赘述。

H 采用无信息先验分布，设 $\underline{v}=0$ 和 $\underline{H}^{-1}=0_{2\times 2}$。对于回归系数，设 $\underline{\beta}=0_k$ 和 $\underline{V}=4I_k$。这些先验分布设定反映了先验信念的信息匮乏。回归系数都是以原点为中心，表示解释变量对因变量没有影响。但每个系数的先验标准差为 2，这个值较大，表明解释变量可以对因变量产生较大影响。

表 6-5 的结果利用了 30 000 次 Gibbs 随机抽样，其中剔除了 5 000 个预热样本，保留下 25 000 个样本。MCMC 诊断表明 Gibbs 抽样器收敛，标准误表明与所有参数的后验标准差相比，近似误差相对较小。这里没有给出 H 的后验结果，是因为 H 不好解释。本例重点考察两个方程误差之间的相关性（即 corr（ε_{1i}，ε_{2i}））。假设对于所有 $i=1$，$\cdots$，N，corr（ε_{1i}，ε_{2i}）都相同。如果相关性为零，使用 SUR 模型就徒劳无功。只需对每个方程分别做后验推断就行。本书始终都在强调（例如见第 1 章 1.2 节或者第 3 章 3.8 节）利用后验模拟结果可以对模型参数的任何函数进行后验推断。因此，利用 H 的 Gibbs 抽样可以推导出 corr（ε_{1i}，ε_{2i}）的后验性质。事实胜于雄辩，对于这个数据，两个方程误差之间的相关系数非常接近 0。也就是说，构建 SUR 模型的意义不大。如果 H 采用信息先验分布，可以用 Savage-Dickey 密度比率计算贝叶斯因子。贝叶斯因子再次从统计角度证明两个方程误差不相关。

表 6-5　　　　　　　　　　β 和误差相关性的后验推断结果

	均值	标准差	95% 的 HPDI
纽约洋基队方程			
β_1	0.03	0.06	[-0.06，0.13]
β_2	0.92	0.30	[0.43，1.41]
β_3	1.61	0.15	[1.36，1.86]
β_4	-0.12	0.01	[-0.13，-0.10]
波士顿红袜队方程			
β_5	-0.15	0.06	[-0.26，-0.05]
β_6	1.86	0.28	[1.41，2.32]
β_7	1.24	0.15	[0.99，1.50]
β_8	-0.11	0.01	[-0.12，-0.10]
方程误差之间的相关性			
corr(ε_{1i}，ε_{2i})	-0.01	0.11	[-0.18，0.17]

回归系数测度了 OBP、SLG 和 ERA 对球队战绩的影响。对于这两支队伍来说，结果都有意义。结果表明 OBP 和 SLG 值越大，球队胜率越高；ERA 值越小，球队胜率越高。棒球球迷可能会问，这两个方程的系数有没有差别呢？毕竟棒球比赛要讲究技战术。有些比赛，强力击球手是获胜关键；另一些比赛，其他投手则是获胜秘诀，以此类推。检查表 6-5 的结果发现，除一个例外情况外，相对于这两个方程回归系数的标准

差，后验均值大致相同。进一步检查两个方程95%的HPDI发现，回归系数重叠程度较高。这里出现的例外是OBP，这两个方程的回归系数 β_2 和 β_6 结果相差非常大。那么这两个方程的系数是不是就是不同呢？这可以通过计算贝叶斯因子，比较模型 M_1：$\beta_j - \beta_{k_1+j} = 0$ 和无约束模型 M_2 来给出正式答案，其中 $j=1$，$\cdots$，k_1。可以利用第4章4.2.5节描述的方法计算出 Savage-Dickey 密度比率，进而计算得到贝叶斯因子。由于系数 β 的先验分布和条件后验分布都是正态分布（见式（6.47）和式（6.49）），因此 β 元素线性组合的先验分布和条件后验分布也是正态分布。顺理成章，仅用正态密度函数就可以计算出 Savage-Dickey 密度比率。对于施加方程回归系数对应相等约束的模型来说，支持此模型四个解释变量的贝叶斯因子分别为2.84、0.45、3.05和255.84。这些结果并不是一边倒地支持回归系数对应相等的结果。但有意外收获，这个结果再次说明两个方程中唯有OBP的影响不同。棒球评论员知道纽约洋基队的OBP系数较小，SLG系数较大（尽管统计不显著），就可以得出这样的结论：纽约洋基队的胜利绝不是因为有强力击球手。熟悉棒球历史的人如果回忆下纽约洋基队的辉煌历史，我想他们会对此结论深表赞同。

值得一提的是本例纯粹就是个例子，别无他意。如果认真研究的话，毫无疑问还要使用其他棒球队的数据，还要引入其他解释变量。举个例子说，纽约洋基队的比赛成绩可能不仅仅取决于洋基队的OBP、SLG以及ERA等因素，还可能包括比赛对手的相关变量。此外，上一节的结果表明，模型误差可能存在自相关。

|6.7| 小结

本章针对误差分布为 $N(0, h^{-1}\Omega)$ 的正态线性回归模型，考察模型的贝叶斯推断问题。这种误差结构包括了实证研究面临的许多特殊情况。讨论完一般情况之后，考虑下列特殊情况的贝叶斯推断问题。这些特殊情况包括：方差形式已知和未知两种情况下的异方差问题、自相关问题以及似不相关回归模型。使用的后验计算方法包括Gibbs抽样器或者Metropolis-within-Gibbs算法。

对于正态线性回归模型来说，方差形式未知的异方差问题尤为重要，因为这个模型结果等同于误差服从独立 t 分布的正态线性回归模型。这是混合正态分布的一个简单例子。如果需要放松分布假设时，大家会普遍采用混合正态分布。第10章会对此进行详细探讨。在异方差模型中，引入了层次先验分布概念，在接下来的几章会反复用到这个概念。

误差自相关的正态线性回归模型和SUR模型是下面几章模型的建筑基石。在讨论误差自相关的正态线性回归模型时，介绍了时间序列的一些基本概念。在讨论SUR模型时，介绍了多方程框架，后面涉及多项选择Probit模型以及状态模型的章节（见第8章和第9章）会用到这个框架。

必须反复强调一点，Gibbs抽样器以及相关算法具有模块化结构，这非常便于模型组合和扩展。第9章将针对SUR模型的扩展形式，即多项选择的Probit模型，介绍如何利用SUR模型的Gibbs抽样器构建两个模块，进而形成更复杂的Gibbs抽样器。如果线性模型的误差服从独立 t 分布，并且存在自相关，那么该如何处理呢？只需将误差服从 t

分布的回归模型的后验模拟器与误差存在自相关模型的后验模拟器组合起来就行。如果 SUR 模型的误差存在形式已知的异方差，可以将 6.3 和 6.6 节的结果组合起来。针对误差服从 t 分布，并且存在自相关的非线性回归模型，将第 5 章的后验模拟器与 6.3 节和 6.5 节的后验模拟器组合起来，就能解决其后验模拟问题。本质上，这样的组合无穷无尽。大多数后验模拟器的核心通常是模块。模块化是后验模拟器的巨大优势，只需对模块进行简单扩展，就可以将贝叶斯方法应用到新领域。

|6.8| 习题

6.8.1 理论习题

1.（a）对于误差协方差矩阵为 Ω 的正态线性回归模型，先验分布采用式（6.9）和式（6.10）所示的独立正态-伽马分布，后验结果 6.2 节已经给出了。那么如果 β 和 h 的先验分布采用第 3 章 3.4 节的自然共轭正态-伽马分布，后验结果会发生什么变化？

（b）根据（a）的结果，说明如何扩展 6.3 节异方差模型的后验模拟器，解决先验分布采用自然共轭正态-伽马分布的后验模拟问题。

（c）根据（a）的结果，说明如何扩展 6.4 节回归模型误差服从 t 分布的后验模拟器，解决先验分布采用自然共轭正态-伽马分布的后验模拟问题。

（d）根据（a）的结果，说明如何扩展 6.5 节回归模型误差存在自相关的后验模拟器，解决先验分布采用自然共轭正态-伽马分布的后验模拟问题。

2. 如果将本章所有模型都调整为第 5 章的非线性回归函数，如何构建后验模拟器？

3. 如果线性回归模型的误差服从独立 t 分布，并且是 AR（p）过程，如何构建后验模拟器？（提示：如果不会做，可以参考 Chib（1993）给出的结果）

6.8.2 上机习题

本章上机习题与其说是标准教科书习题，不如说是一个小项目。从本书指定网站可以下载数据和 MATLAB 程序。在应用计量经济学杂志存档数据中，查找 Anglin 和 Gencay（1996）的文献也可以获得相应的住房价格数据（http://qed.econ.queensu.ca/jae/1996-v11.6/anglingencay/）。

4. 本题要使用住房价格数据。第 4 章已经使用这个数据，对正态线性回归模型作了贝叶斯推断。本章依然利用这个数据，考察了异方差形式已知（见 6.3.2 节）以及误差服从独立 t 分布（见 6.4.3 节）等情况的贝叶斯推断问题。对于上述几种情况，β 和 h 的先验分布都是独立正态-伽马分布，超参数取值都与第 4 章 4.2.7 节相同。这里依然使用这个先验分布。其他参数（异方差情况下的 α，以及误差服从 t 分布情况下的 v_λ）使用信息先验分布，形式可以任选。

（a）编写计算机程序，对上述三个模型实施贝叶斯推断（也可以从本书指定网站下载相关程序，之后进行适当调整）。假设研究对象是住房建筑面积对住房价格的影响（即 β_2）。利用贝叶斯模型平均方法计算此边际效应的后验均值和标准差。

背景知识：在第 2 章的预测部分，利用方程（2.42）简要描述了贝叶斯模型平均方法。第 11 章将要详细介绍贝叶斯模型平均知识。简单来说，如果 g（β_2）是 β_2 的函数，

根据条件概率原理，有

$$E\left[g(\beta_2)\middle|\,y\right]=\sum_{r=1}^{R}E\left[g(\beta_2)\middle|\,y,M_r\right]p\left(M_r\middle|\,y\right)$$

因此，根据贝叶斯计量经济学方法，如果得到了所有模型的估计结果，就可以通过加权平均得到 $E[g(\beta_2)|y]$。其中权重为 $p(M_r|y)$。

（b）编写计算机程序，将（a）的所有扩展都纳入到一个模型中。也就是说，假设存在线性回归模型，误差服从 t 分布，并且异方差形式已知。提出解决此线性回归模型贝叶斯推断的后验模拟器。利用编写的计算机程序，计算 β_2 的后验均值和标准差，并与（a）的结果进行比较。

5.此题需要自己准备时间序列数据（例如6.5.3节纽约洋基队的战绩数据，也可以人工生成数据）。

（a）针对误差服从 AR（p）过程的正态线性回归模型，编写后验模拟的计算机程序（也可以从本书指定网站下载6.5.3节实例所用的计算机程序，之后研究透彻）。

（b）针对误差服从独立 t 分布，并且服从 AR（p）过程的线性回归模型，利用习题3的推导结果，编写计算机程序实现后验模拟，并利用此后验模拟器计算出模型所有参数的后验均值和标准差。

（c）在（b）的计算机程序中加入代码，计算选择 AR（p）模型滞后阶数 p 的贝叶斯因子。要用到 Savage-Dickey 密度比率。利用编写的程序，针对所用数据，选择最优滞后 p 值。

（d）在（a）和（b）的程序中加入代码，利用 Gelfand-Dey 方法计算边缘似然函数。利用编写的计算机程序确定所用数据的误差是正态分布还是 t 分布。

| 第 7 章 |

面板数据的线性回归模型

|7.1| 引言

前几章主要考虑每个观测单位只有一个数据点的情况。举例来说，y_i 是一个数值，仅包含因变量的一个观测值。不过在经济学及其相关领域，很多时候每个变量都有多个观测值。拿微观经济学的一个例子——企业生产——来说，许多企业普遍都有多年的产出和投入数据。在经济增长文献中，都使用了许多国家的多年数据。再拿金融学来说，可能要用许多企业多天的股票价格数据。再拿市场营销来说，收集到的数据是许多顾客多次光临店铺的购买数据。上述例子有一个共同特点，就是能获得 N 个人或企业的 T 个观测数据。计量经济学将此类数据称为面板数据（panel data），统计学文献将此类数据称为纵向数据（longitudinal data）。本章就讨论面板数据模型及其恰当的贝叶斯推断方法。本章不会用到新的计算方法。只需要将前几章介绍的不同模型和后验模拟方法按照某种方式组合到一起。本章要用到前面介绍的层次先验分布的表示方法。本章按照回归系数的结构来组织。首先假设所有个体的回归系数都相同（混同模型（the pooled model）），之后考虑回归系数的截距项存在个体差异的模型（个体效应模型（the individual effects model）），接着考察所有回归系数都存在个体差异的模型（随机系数模型（the random coefficients model））。实证研究中经常用到一个特殊的个体效应模型，即随机前沿模型（the stochastic frontier model），本章要对此作详细介绍。本章要介绍 Chib（1995）提出的一个新的计算边缘似然函数方法，即 Chib 方法。当参数空间维度较高时，且要使用 Gibbs 抽样器进行后验模拟，就要用到 Chib 方法。

首先要对前几章的表示符号做些拓展，用来表示面板数据（提醒读者注意，有一些符号与前几章存在些许差别）。令 y_{it} 和 ε_{it} 表示因变量和误差项第 i 个个体的第 t 个观测值，其中 $i=1$, …, N, $t=1$, …, T。令 y_i 和 ε_i 分别表示第 i 个个体的因变量观测值和误差项向量，观测值数量为 T。对于本章的一些回归模型，重要的一点是区分截距项和斜率系数项。因此，定义 X_i 为 $T×k$ 矩阵，包含第 i 个个体 k 个解释变量（包含截距项）的 T 个观测值。$\tilde{X}_i$ 为 $T×(k-1)$ 矩阵，等于 X_i 矩阵剔除截距项后的结果，即 $X_i = \begin{bmatrix} \iota_T & \tilde{X}_i \end{bmatrix}$。将所

有 N 个个体的观测值堆叠在一起，就得到 TN 维向量 $y=\begin{bmatrix} y_1 \cdots y_N \end{bmatrix}'$ 和 $\varepsilon=\begin{bmatrix} \varepsilon_1 \cdots \varepsilon_N \end{bmatrix}'$。同样，将所有解释变量的观测值堆叠在一起，得到 $TN \times K$ 矩阵 $X=\begin{bmatrix} X_1 \cdots X_N \end{bmatrix}'$。

|7.2| 混同模型

在混同模型中，假设个体具有相同的线性回归关系。由此

$$y_i = X_i\beta + \varepsilon_i \tag{7.1}$$

其中，$i=1$，$\cdots$，N，β 为 k 阶回归系数向量（包括截距项）。

似然函数形式取决于误差项假设。对于 i，$j=1$，$\cdots$，N，本章假设：

1. ε_i 为多变量正态分布，均值为 0_T，协方差矩阵为 $h^{-1}I_T$。

2. ε_i 和 ε_j 相互独立，其中 $i \neq j$。

3. X_i 的所有元素要么保持固定（即不是随机变量），要么如果是随机变量，则和 ε_j 的所有元素相互独立。概率密度函数为 p（$X_i|\lambda$），其中，λ 为不包含 β 和 h 的参数向量。

这些假设基本上和前几章的假设相同。只不过这里允许 ε_{it} 和 ε_{is} 相互独立，其中 $t \neq s$。换一种说法就是，允许一个特定个体的 T 个误差与另一个个体的误差相互独立。当然，如果每个时期相同个体报告数据的错误具有一致性，则这个假设似乎没什么意义。此时，研究中可能会假设 ε_i 的协方差矩阵为 Ω。对于这种情况，可以借鉴 SUR 模型（见第6章6.6节）的思路进行直接处理。

如果假设所有个体和时期之间的误差相互独立，混同模型就退化成第2、3、4章所述的线性回归模型。换种说法就是所有个体和时期的观测数据混同起来，得到一个大的回归模型。因此，这里就不再详细讨论混同模型了。

简而言之，根据上述假设，似然函数具有如下形式

$$p\left(y \mid \beta,h \right) = \prod_{i=1}^{N} \frac{h^{T/2}}{\left(2\pi \right)^{T/2}} \left\{ \exp\left[-\frac{h}{2}\left(y_i - X_i\beta \right)'\left(y_i - X_i\beta \right) \right] \right\}$$

这个似然函数还可以写成

$$p\left(y \mid \beta,h \right) = \frac{h^{NT/2}}{\left(2\pi \right)^{NT/2}} \left\{ \exp\left[-\frac{h}{2}\left(y - X\beta \right)'\left(y - X\beta \right) \right] \right\}$$

这正是第3章和第4章似然函数（例如第3章，式（3.3））的修正形式，只不过考虑了 TN 个观测值。因此，可以使用第3章和第4章的方法，直接对混同模型进行贝叶斯推断。

下文的实例会使用独立正态-伽马先验分布（其中 $\beta \sim N\left(\underline{\beta}, \underline{V} \right)$ 和 $h \sim G\left(\underline{s}^{-2}, \underline{v} \right)$），以及第4章4.2节的相关方法。

|7.3| 个体效应模型

混同模型假设每个时期每个个体具有相同的回归关系。在很多实证研究中，这个假设有悖常理。以市场营销问题为例，y_{it} 表示时期 t 第 i 种饮料的销售量。这种饮料的销售

量不仅取决于诸如价格等容易观测的解释变量，还取决于一些数据不易获得的解释变量，如品牌的拥趸数量。因此，采用如下形式的模型较为适当

$$y_{it} = \alpha_i + \beta x_{it} + \varepsilon_{it}$$

其中，x_{it}为时期t第i种饮料的价格。饮料品牌的拥趸效应通过截距变化来反映（即α_i的下标i）。换句话说，具有相同价格的两个不同品牌的饮料，可能会有不同的预期销量。这样的例子还有很多，截距项都会因个体的不同而不同。这里先简明扼要地研究一下随机前沿模型。根据随机前沿模型的经济理论基础，截距项应随着个体的不同而不同。此类模型称为个体效应模型，其中，α_i称为个体效应。频率学派计量经济学也有类似的术语，即随机效应模型和固定效应模型。这两类模型就是常见的个体效应模型。

7.3.1 似然函数

本模型的似然函数基于如下回归方程

$$y_i = \alpha_i = \iota_T + \tilde{X}_i \tilde{\beta} + \varepsilon_i \tag{7.2}$$

这些符号的意义非常清晰，α_i表示第i个个体回归方程的截距项，$\tilde{\beta}$表示斜率系数向量（假设所有个体都相同）。式（7.2），加上式（7.1）后面的误差项假设，得到如下形式的似然函数

$$p\left(y \mid \alpha, \tilde{\beta}, h\right) = \prod_{i=1}^{N} \frac{h^{T/2}}{(2\pi)^{T/2}} \left\{ \exp\left[-\frac{h}{2} \left(y_i - \alpha_i - \tilde{X}_i \tilde{\beta} \right)' \left(y_i - \alpha_i - \tilde{X}_i \tilde{\beta} \right) \right] \right\} \tag{7.3}$$

其中，$\alpha = (\alpha_1, \cdots, \alpha_N)'$。

7.3.2 先验分布

当然了，贝叶斯分析可以使用任意一种先验分布，包括无信息先验分布。本章考虑如下两种类型先验分布。这两种先验分布具有计算简单、使用广泛的特点。

非层次先验分布

下面说明使用非层次先验分布的来龙去脉。式（7.2）的回归方程可以写为

$$y = X^* \beta^* + \varepsilon \tag{7.4}$$

其中，X^*为$TN \times (N+k-1)$矩阵

$$X^* = \begin{bmatrix} \iota_T & 0_T & \cdots & 0_T & \tilde{X}_1 \\ 0_T & \iota_T & \cdots & \cdot & \tilde{X}_2 \\ \cdot & 0_T & & \cdot & \cdot \\ \cdot & \cdot & \cdots & 0_T & \cdot \\ 0_T & \cdot & \cdots & \iota_T & \tilde{X}_N \end{bmatrix}$$

并且

$$\beta^* = \begin{bmatrix} \alpha_1 \\ \cdot \\ \cdot \\ \alpha_N \\ \tilde{\beta} \end{bmatrix}$$

显而易见，一旦写成这种形式之后，个体效应模型就可以写成类似于第3章和第4

章的回归模型，第3章和第4章介绍的先验分布都可作为（β^*，h）的先验分布。熟悉频率学派计量经济学的读者会发现，采用非层次先验分布进行贝叶斯分析的模型与固定效应模型类似。为什么呢？因为 X^* 是一个矩阵，矩阵中不仅包含解释变量，还包含每个个体虚拟变量。

本章会使用第4章4.2节所用的独立正态-伽马先验分布，并假设 β^* 和 h 采用相互独立的先验分布

$$\beta^* \sim N\left(\underline{\beta}^*, \underline{V}\right) \tag{7.5}$$

以及

$$h \sim G\left(\underline{s}^{-2}, \underline{v}\right) \tag{7.6}$$

层次先验分布

现代统计理论的研究重点逐渐转向高维参数向量模型。正如第6章6.4节所述的，贝叶斯方法之所以越来越流行，一个重要原因就是采用层次先验分布可以解决高维参数空间出现的许多问题。个体效应模型就是高维参数空间模型，有 $N+k$ 个参数（即 N 个截距项 α，$k-1$ 个斜率系数 $\tilde{\beta}$，加上误差精度 h）。如果 T 远远小于 N，即相对于样本规模，参数个数太多[①]，此时使用层次先验分布就比较恰当。事实上，这种情况也普遍采用这种先验分布。

为了便于处理，对于 $i=1, \cdots, N$，假设层次先验分布

$$\alpha_i \sim N\left(\mu_\alpha, V_\alpha\right) \tag{7.7}$$

并且对于 $i \neq j$，α_i 和 α_j 相互独立。如果将 μ_α 和 V_α 看作未知参数，都有自己的先验分布，此时先验分布就出现了层次结构。假设 μ_α 和 V_α 相互独立，并且有

$$\mu_\alpha \sim N\left(\underline{\mu}_\alpha, \underline{\sigma}_\alpha^2\right) \tag{7.8}$$

以及

$$V_\alpha^{-1} \sim G\left(\underline{V}_\alpha^{-1}, \underline{v}_\alpha\right) \tag{7.9}$$

无论是层次先验分布还是非层次先验分布，都允许每个个体存在不同的截距项。不过，层次先验分布更具结构性，它假设所有截距都取自相同分布。如果这种额外结构和数据一致，估计结果就会更精确。

对于其他参数，都假设非层次先验分布采用各种独立正态-伽马分布。因此有

$$\tilde{\beta} \sim N\left(\underline{\beta}, \underline{V}_\beta\right) \tag{7.10}$$

以及

$$h \sim G\left(\underline{s}^{-2}, \underline{v}\right) \tag{7.11}$$

对于熟悉频率学派计量经济学的读者来说，会发现采用此类层次先验分布的贝叶斯分析模型，类似于频率学派所谓的随机效应模型。

[①]　对于政府收集的经济调查数据，通常要使用面板数据方法。这些调查数据往往是每隔几年（例如 $T=5$），对大量人口（例如 $N=10\ 000$）发放不同问题（例如消费支出或者工作等）的调查问卷。此时，N 就远大于 T。

7.3.3 贝叶斯计算

采用非层次先验分布时的后验推断

如果采用式（7.5）和式（7.6）的非层次先验分布，就会得到采用独立正态-伽马先验分布的线性回归模型。因此，就可以使用第4章所述的方法实施后验推断。具体来说，建立Gibbs抽样器，从

$$\beta^*|\ y,h \sim N\left(\bar{\beta}^*,\bar{V}\right) \tag{7.12}$$

和

$$h|\ y,\beta^* \sim G\left(\bar{s}^{-2},\bar{v}\right) \tag{7.13}$$

序贯提取抽样。其中

$$\bar{V} = \left(\underline{V}^{-1} + hX^{*\prime}X^*\right)^{-1}$$

$$\bar{\beta}^* = \bar{V}\left(\underline{V}^{-1}\underline{\beta}^* + hX^{*\prime}y\right)$$

$$\bar{v} = TN + \underline{v}$$

以及

$$\bar{s}^2 = \frac{\sum_{i=1}^{N}\left(y_i - \alpha_i \iota_T - \tilde{X}_i\tilde{\beta}\right)'\left(y_i - \alpha_i \iota_T - \tilde{X}_i\tilde{\beta}\right) + \underline{v}\underline{s}^2}{\bar{v}}$$

利用第4章4.2.4节介绍的MCMC诊断，可以判断Gibbs抽样器的收敛性和近似程度。利用第4章4.2.6节的方法，可以对本模型进行预测推断。对于模型比较问题，使用前几章讲述的任何一种方法都可以。

如果N比较大，数值计算就会出问题。这是因为计算过程要求$(N+k-1)\times(N+k-1)$阶矩阵$\bar{V}$必须可逆。如果矩阵的维数过高，计算矩阵逆的计算机算法就变得不可靠。此时，可以使用分块矩阵逆的定理（例如附录A，定理A.9），降低求逆的矩阵维数。

采用层次先验分布时的后验推断

采用式（7.7）到式（7.11）的层次先验分布，可以直接推导出后验分布。但这里不再细谈。推导过程无非是先验分布和似然函数相乘，之后考察$\tilde{\beta}$、h、α、μ_α、V_α的相应结果，进而求出条件后验分布的核。利用Gibbs抽样器，序贯从条件后验分布中提取样本，就可以完成后验模拟。

给定a，推导$\tilde{\beta}$和h的条件后验分布方法，与采用独立正态-伽马先验分布的线性回归模型所用方法相同。因此有[1]

$$\tilde{\beta}|\ y,h,\alpha,\mu_\alpha,V_\alpha \sim N\left(\bar{\beta},\bar{V}_\beta\right) \tag{7.14}$$

以及

$$h|\ y,\tilde{\beta},\alpha,\mu_\alpha,V_\alpha \sim G\left(\bar{s}^{-2},\bar{v}\right) \tag{7.15}$$

---

[1] 注意，下列方程的$p\left(\tilde{\beta}|\ y,h,\alpha,\mu_\alpha,V_\alpha\right)$和$p\left(h|\ y,\tilde{\beta},\alpha,\mu_\alpha,V_\alpha\right)$与$\mu_\alpha$和$V_\alpha$相互独立，因此等价于$p\left(\tilde{\beta}|\ y,h,\alpha\right)$和$p\left(h|\ y,\tilde{\beta},\alpha\right)$。这里之所以使用了所有符号，就是要强调，下节使用的Gibbs抽样需要从完全后验条件概率分布中提取样本（见第4章第4.2.3节）。

其中

$$\bar{V}_\beta = \left(\underline{V}_\beta^{-1} + h \sum_{i=1}^{N} \tilde{X}_i' \tilde{X}_i \right)^{-1}$$

$$\bar{\beta} = \bar{V} \left(\underline{V}_\beta^{-1} \underline{\beta} + h \sum_{i=1}^{N} \tilde{X}_i' \left[y_i - \alpha_i \iota_T \right] \right)$$

$$\bar{v} = TN + \underline{v}$$

以及

$$\bar{s}^2 = \frac{\sum_{i=1}^{N} \left(y_i - \alpha_i \iota_T - \tilde{X}_i \tilde{\beta} \right)' \left(y_i - \alpha_i \iota_T - \tilde{X}_i \tilde{\beta} \right) + \underline{v} \underline{s}^2}{\bar{v}}$$

对于 $i \neq j$，α_i 的条件后验分布与 α_j 的条件后验分布相互独立。α_i 的条件后验分布为

$$\alpha_i \big| \ y, \tilde{\beta}, h, \mu_\alpha, V_\alpha \sim N\left(\bar{\alpha}_i, \bar{V}_i \right) \tag{7.16}$$

其中

$$\bar{V}_i = \frac{V_\alpha h^{-1}}{T V_\alpha + h^{-1}}$$

并且

$$\bar{\alpha}_i = \frac{V_\alpha \left(y_i - \tilde{X}_i \tilde{\beta} \right)' \iota_T + h^{-1} \mu_\alpha}{\left(T V_\alpha + h^{-1} \right)}$$

最后，层次参数 μ_α 和 V_α 的条件后验分布为

$$\mu_\alpha \big| \ y, \tilde{\beta}, h, \alpha, V_\alpha \sim N\left(\bar{\mu}_\alpha, \bar{\sigma}_\alpha^2 \right) \tag{7.17}$$

并且

$$V_\alpha^{-1} \big| \ y, \tilde{\beta}, h, \alpha, \mu_\alpha \sim G\left(\bar{V}_\alpha^{-1}, \bar{v}_\alpha \right) \tag{7.18}$$

其中

$$\bar{\sigma}_\alpha^2 = \frac{V_\alpha \underline{\sigma}_\alpha^2}{V_\alpha + N \underline{\sigma}_\alpha^2}$$

$$\bar{\mu}_\alpha = \frac{V_\alpha \underline{\mu}_\alpha + \underline{\sigma}_\alpha^2 \sum_{i=1}^{N} \alpha_i}{V_\alpha + N \underline{\sigma}_\alpha^2}$$

$$\bar{v}_\alpha = \underline{v}_\alpha + N$$

以及

$$\bar{V}_\alpha = \frac{\sum_{i=1}^{N} \left(\alpha_i - \mu_\alpha \right)^2 + \underline{V}_\alpha \underline{v}_\alpha}{\bar{v}_\alpha}$$

注意，式（7.14）到式（7.18）所用的 Gibbs 抽样器，仅需生成正态分布和伽马分布的随机数。因此，尽管公式看起来有点烦琐，编写模型的后验模拟程序倒是不难。利用第 4 章介绍的方法可以进行预测分析，利用 MCMC 诊断方法可以验证 Gibbs 抽样器的收敛性。

|7.4| 随机系数模型

混同模型假设所有个体都有相同的线性回归线。而个体效应模型假设所有个体具有相同斜率的回归线,但截距可能各有不同。某些时候,需要放松个体效应模型的同斜率假设,进而有

$$y_i = X_i \beta_i + \varepsilon_i \tag{7.19}$$

其中,β_i 为 k 阶回归系数向量,不仅包括斜率,还包括截距。式(7.19)对于所有的 $i=1,\cdots,N$ 都成立,因此整个模型包括 $Nk+1$ 个参数(即每个个体有 k 个回归系数,共 N 个个体,之后加上误差精确度 h)。除非 T 远大于 N,否则无论精确度有多高,都很难估计出模型的所有参数。因此,回归系数普遍采用层次先验分布。此类模型称为随机系数模型。

为什么会出现此类模型呢?回顾下市场营销的例子。在这个例子中,因变量为某个具体品牌饮料的销售量,自变量 X_i 包含截距和饮料价格。因为 β_i 随着饮料品牌的变化而变化,这就意味着具有相同价格的两种饮料,具有不同的预期销售量(即截距项不同)。进一步说,价格的边际销售量会随着饮料品牌的变化而变化(即斜率系数不同)。如果品牌的忠诚度是一个重要因素,就一定会出现这样的品牌差别。使用层次先验分布会赋予这种差别某种结构,使用共同的分布来刻画上述差别。用白话说就是,随机系数模型允许每个个体存在差别,但层次先验分布意味着每个个体也没有多大差别。在许多应用中,此类模型具有合理性。

7.4.1 似然函数

根据前面的误差假设(见式(7.1)后的讨论),加上式(7.19),就得到似然函数

$$p(y \mid \beta, h) = \prod_{i=1}^{N} \frac{h^{T/2}}{(2\pi)^{T/2}} \left\{ \exp\left[-\frac{h}{2} (y_i - X_i \beta_i)' (y_i - X_i \beta_i) \right] \right\} \tag{7.20}$$

其中,$\beta = (\beta_1', \cdots, \beta_N')'$ 表示堆叠在一起的所有个体的回归系数。

7.4.2 随机系数模型的层次先验分布

有一个便于使用的层次先验分布,它假设 β_i 是相互独立的正态分布随机抽样,$i=1,\cdots,N$。因此,这里假设

$$\beta_i \sim N(\mu_\beta, V_\beta) \tag{7.21}$$

层次先验分布的第二个层次为

$$\mu_\beta \sim N\left(\underline{\mu}_\beta, \underline{\sum}_\beta \right) \tag{7.22}$$

和

$$V_\beta^{-1} \sim W\left(\underline{v}_\beta, \underline{V}_\beta^{-1} \right) \tag{7.23}$$

记得在第6章6.6节讨论SUR模型时,介绍了Wishart分布是伽马分布的矩阵推广形式(见附录B,定义B.27)。式(7.23)是参数化的Wishart分布,所以有 $E(V_\beta^{-1}) = \underline{v}_\beta \underline{V}_\beta^{-1}$。如果回想一下,只要设 $\underline{v} = 0$,就得到无信息先验分布。

对于误差精度，依然使用熟悉的伽马先验分布

$$h \sim G\left(\underline{s}^{-2}, \underline{v}\right) \tag{7.24}$$

7.4.3 贝叶斯计算

对于个体效应模型，建立 Gibbs 抽样器就可以实施后验推断。因为 Gibbs 抽样器仅需要完全条件后验分布，下面就直截了当介绍完全条件后验分布。完全条件后验分布的推导过程简单明了，只需要计算似然函数（7.20）与先验分布式（7.21）至式（7.24）的乘积。通过考察得到的表达式，就能够揭示所有相关后验条件分布的核。对于 $i=1$，$\cdots$，N，β_i 的条件后验分布相互独立，有

$$\beta_i | \ y, h, \mu_\beta, V_\beta \sim N\left(\bar{\beta}_i, \bar{V}_i\right) \tag{7.25}$$

其中

$$\bar{V}_i = \left(\underline{V}_\beta^{-1} + hX_i'X_i\right)^{-1}$$

以及

$$\bar{\beta}_i = \bar{V}_i\left(\underline{V}_\beta^{-1}\mu_\beta + hX_i'y_i\right)^{-1}$$

对于层次参数 μ_β 和 V_β，相关条件后验分布为

$$\mu_\beta | \ y, \beta, h, V_\beta \sim N\left(\bar{\mu}_\beta, \overline{\sum}_\beta\right) \tag{7.26}$$

以及

$$V_\beta^{-1} | \ y, \beta, h, \mu_\beta \sim W\left(\bar{v}_\beta, \left[\bar{v}_\beta \bar{V}_\beta\right]^{-1}\right) \tag{7.27}$$

其中

$$\overline{\sum}_\beta = \left(NV_\beta^{-1} + \underline{\sum}_\beta^{-1}\right)^{-1}$$

$$\bar{\mu}_\beta = \overline{\sum}_\beta\left(V_\beta^{-1}\sum_{i=1}^N \beta_i + \underline{\sum}_\beta^{-1}\underline{\mu}_\beta\right)$$

$$\bar{v}_\beta = N + \underline{v}_\beta$$

$$\bar{V}_\beta = \sum_{i=1}^N\left(\beta_i - \mu_\beta\right)\left(\beta_i - \mu_\beta\right)' + \underline{V}_\beta$$

并且 $\sum_{i=1}^N \beta_i$ 可以理解成包含 β_i 元素和的 k 阶向量。

误差精度的条件后验分布形式与此类似

$$h | \ y, \beta, \mu_\beta, V_\beta \sim G\left(\bar{s}^{-2}, \bar{v}\right) \tag{7.28}$$

其中

$$\bar{v} = TN + \underline{v}$$

以及

$$\bar{s}^2 = \frac{\sum_{i=1}^N\left(y_i - X_i\beta_i\right)'\left(y_i - X_i\beta_i\right) + \underline{v}\underline{s}^2}{\bar{v}}$$

涉及式（7.25）至式（7.28）的 Gibbs 抽样器，仅需要从正态分布、伽马分布和

Wishart 分布中生成随机数。因此，编写这个模型的后验模拟程序并不难。利用前几章介绍的方法可以进行预测分析，利用 MCMC 诊断可以检验 Gibbs 抽样器是否收敛。

|7.5| 模型比较：计算边缘似然函数的 Chib 方法

读者或许已经注意到，到目前为止尚未过多谈及此类模型的模型比较问题。许多类型的模型比较都可以使用之前各章所使用的方法。例如，要考察个体效应模型参数 $\tilde{\beta}$ 的确切约束，可以使用第 4 章 4.2.5 节的 Savage-Dickey 密度比率。如果研究人员不愿意计算后验机会比（例如，如果使用了无信息先验分布），可以计算 HPDI 和后验预测 p 值。尽管如此，对于本章介绍的模型，很多时候难以进行模型比较。举例来说，假设要比较采用层次先验分布的个体效应模型和混同模型。不难发现，混同模型无非是个体效应模型施加约束 $V_\alpha=0$ 的结果。如果一个模型嵌入到另外一个模型，就可以使用 Savage-Dickey 密度比率计算贝叶斯因子。天不遂人愿，考察式（7.18）就会发现这种做法存在问题。这里不得不设 $V_\alpha^{-1}=\infty$ 来计算 Savage-Dickey 密度比率。解决此问题的一种办法是 V_α^{-1} 取较大数值，但这也仅仅是给出了真实贝叶斯因子的大致近似值而已。因此，Savage-Dickey 密度比率很可能无法满足需要。研究人员当然可以考虑使用 Gelfand-Dey 方法。理论上这种方法能用于计算边缘似然函数。不过对于高维问题，Gelfand-Dey 方法可能不是很准确，根本原因在于很难选择出合适的函数 $f(\theta)$（见第 5 章式（5.21）和式（5.22））。在通常情况下，一旦参数空间的维度较高，计算边缘似然函数就会出现困难。Raftery（1996）（Gilks et al.，1996，Chpater 10，pp.173-176）详细讨论了解决此问题的各种方法。本节只介绍一种方法。在许多情况下，利用这种方法可以有效解决高维参数空间的边缘似然函数计算问题。

和之前的做法一样，引入新概念时采用通用符号。这里用 θ 表示参数向量，$p(y|\theta)$、$p(\theta)$ 和 $p(\theta|y)$ 分别表示似然函数、先验分布和后验分布。Chib（1995）提出使用 Chib 方法来计算边缘似然函数，其思想来自一个极简单的观察。根据贝叶斯原理有

$$p(\theta|y) = \frac{p(y|\theta)p(\theta)}{p(y)}$$

对上式进行整理，得到边缘似然函数 $p(y)$ 的表达式

$$p(y) = \frac{p(y|\theta)p(\theta)}{p(\theta|y)}$$

由于 $p(y)$ 与参数 θ 无关，所以可以计算上式右侧在任意点 θ^* 处的取值，得到的结果就是边缘似然函数。因此，对于任意点 θ^*，得到

$$p(y) = \frac{p(y|\theta^*)p(\theta^*)}{p(\theta^*|y)} \tag{7.29}$$

Chib 将其称为基本边缘似然函数等式。需要提醒的是，式（7.29）右侧所有的密度函数都是某个点处的取值。举例来说，$p(\theta^*)$ 为 $p(\theta=\theta^*)$ 的缩写。因此，如果知道似然函数、先验分布和后验分布的确切形式（即不仅仅知道核函数，而且确切知道概率密

度函数），就可以计算它们在某个点的取值，之后利用式（7.29）得到边缘似然函数。在大多数情况下，我们知道似然函数和先验分布的确切形式，但不知道后验分布的确切形式。因此，要使用Chib方法，就必须介绍如何计算某一点的后验分布（即计算 $p(\theta^*|y)$）。Chib（1995）介绍了各种情况下的计算方法。这里仅针对本章介绍的模型，介绍某些具体的后验分布计算方法。

计量经济学所用的很多模型都具有结构性，其参数向量可以划分为低维向量 θ 和高维向量 z。许多时候，向量 z 可以解释为潜变量。因此从 $p(\theta|y,z)$ 和 $p(z|y,\theta)$ 序贯提取样本的后验模拟程序，有时也称为数据增强型Gibbs抽样。之后几章将详细研究向量 z 不是此类潜变量的处理方法。这里把向量 z 看作个体效应（即 $z=\alpha$）或者随机效应（即 $z=$ 随机系数模型中的 β）。此时，可以直接使用式（7.29）计算边缘似然函数。也就是说，通过积分消掉高维参数向量 z，之后只处理低维向量 θ。如何去做呢？根据概率原理，有

$$p(\theta^*|y) = \int p(\theta^*|y,z)p(z|y)dz \tag{7.30}$$

对于 Gibbs 抽样器，只需要计算 $p(\theta^*|y, z^{(s)})$ 在每个抽样（即对于 $s=1, \cdots, S$）的取值，之后对上述结果取平均值，就可以计算出式（7.30）的值。简单说就是用弱大数定律来评价 Gibbs 抽样器（见第 4 章 4.2.3 节）。如果 $z^{(s)}$（$s=1, .., S$）的样本是来自 Gibbs 抽样器，当 S 趋于无穷时

$$\widehat{p(\theta^*|y)} = \frac{1}{S}\sum_{s=1}^{S} p(\theta^*|y, z^{(s)}) \tag{7.31}$$

收敛到 $p(\theta^*|y)$。

因此，如果能计算出 $p(y|\theta^*)$、$p(\theta^*)$ 和 $p(\theta^*|y, z)$（不是单单计算核函数，而是确切计算出概率密度函数），就可以利用数据增强型 Gibbs 抽样器的输出结果式（7.31），计算出边缘似然函数。理论上，点 θ^* 可以任选。不过实践中，如果点 θ^* 选自后验概率集中的区域，Chib 方法的效果会更好。普遍做法是基于 Gibbs 抽样器的初始运行数据，θ^* 取后验均值。

月有阴晴圆缺，面板数据模型无法使用上面介绍的 Chib 方法，因为 $p(\theta^*|y, z)$ 未知。好在对 Chib 方法进行推广，可以解决面板数据模型的适用性问题。假设将参数向量分为 θ_1 和 θ_2 两个分块（即 $\theta=(\theta_1', \theta_2')'$），就可以使用 Gibbs 抽样器，从 $p(\theta_1|y, z, \theta_2)$、$p(\theta_2|y, z, \theta_1)$ 以及 $p(z|y, \theta_1, \theta_2)$ 序贯提取样本。由此得到后验模拟输出结果 $\theta_1^{(s)}$、$\theta_2^{(s)}$ 以及 $z^{(s)}$，$s=1, \cdots, S$。要应用 Chib 方法，就必须计算 $p(\theta_1^*, \theta_2^*|y)$，其中 θ_1^*、θ_2^* 为任意一点。根据概率原理，有

$$p(\theta_1^*, \theta_2^*|y) = p(\theta_1^*|y) p(\theta_2^*|y, \theta_1^*) \tag{7.32}$$

$$p(\theta_1^*|y) = \iint p(\theta_1^*|y, \theta_2, z) p(\theta_2, z|y) d\theta_2 dz \tag{7.33}$$

以及

$$p(\theta_2^*|y, \theta_1^*) = \int p(\theta_2^*|y, \theta_1^*, z) p(z|y, \theta_1^*) dz \tag{7.34}$$

和式（7.31）得到 $p(\theta^*|y)$ 的估计一样，使用 Gibbs 抽样的输出结果可以得到

p（θ_1^*|y）的估计。也就是说，根据式（7.33）和弱大数定律，当 S 趋于无穷时

$$\widehat{p\left(\theta_1^*\mid y\right)} = \frac{1}{S}\sum_{s=1}^{S} p\left(\theta_1^*\mid y, z^{(s)}, \theta_2^{(s)}\right) \tag{7.35}$$

收敛到 p（θ_1^*|y）。

要使用式（7.32），需要介绍如何计算 p（θ_2^*|y，θ_1^*）。可以通过分开使用 Gibbs 抽样来完成。也就是说，如果建立第二个 Gibbs 抽样器，从 p（θ_2|y，z，θ_1^*）和 p（z|y，θ_1^*，θ_2）序贯提取样本，就可以利用后验模拟器的输出结果得到 p（θ_2^*|y，θ_1^*）的估计。也就是说，如果第二个 Gibbs 抽样器的后验模拟器输出结果为 $\theta_2^{(s)}$ 和 $z^{(s^*)}$，$s^* = 1$，$\cdots$，S^*，根据式（7.34）和弱大数定律，当 S^* 趋于无穷时

$$\widehat{p\left(\theta_2^*\mid y,\theta_1^*\right)} = \frac{1}{S^*}\sum_{s^*=1}^{S^*} p\left(\theta_2^*\mid y, z^{(s^*)}, \theta_1^{(s^*)}\right) \tag{7.36}$$

收敛到 p（θ_2^*|y，θ_1^*）。$\widehat{p\left(\theta_2^*\mid y,\theta_1^*\right)}$ 和 $\widehat{p\left(\theta_1^*\mid y\right)}$ 相乘，就得到 p（θ_1^*，θ_2^*|y）的估计，这恰是计算式（7.29）所需的结果。

注意，在这种情况下，Chib 方法也存在缺陷。Chib 方法需要运行两个 Gibbs 抽样器，这无疑大大增加了计算量。好在编程成本实际很低。如果已经编写好了基本 Gibbs 抽样器的计算机程序，从 p（θ_1|y，z，θ_2），p（θ_2|y，z，θ_1）以及 p（z|y，θ_1，θ_2）序贯提取样本。只要在此基础上增加少量代码，就能得到 Chib 方法。也就是说，式（7.35）和式（7.36）每个都需要计算概率密度函数，通常只需要增加一行代码。第二个 Gibbs 抽样器与第一个基本相同。所需要做的无非是删除从 p（θ_1|y，z，θ_2）提取样本的代码，替换成一行设 $\theta_1 = \theta_1^*$ 的代码，所以，尽管 Chib 方法看起来略为复杂一些，但在实践中却相当容易完成。

上述想法能够扩展到涉及将 θ 分成 B 块（即 $\theta = (\theta_1', \cdots, \theta_B')'$）的 Gibbs 抽样器。也就是说，由于

$$p\left(\theta_1^*, \theta_2^*, ..., \theta_B^*\mid y\right) = p\left(\theta_1^*\mid y\right)p\left(\theta_2^*\mid y, \theta_1^*\right), \cdots, p\left(\theta_B^*\mid y, \theta_1^*, \cdots, \theta_{B-1}^*\right)$$

进而利用原始的 Gibbs 抽样器计算 p（θ_1^*|y），利用第二个 Gibbs 抽样器计算 p（θ_2^*|y，θ_1^*）。以此类推，直到用第 B 个 Gibbs 抽样器计算 p（θ_B^*|y，θ_1^*，$\cdots$，θ_{B-1}^*）。同样，这个 Chib 方法计算量较大，但编程却极为简单。所有 B 个 Gibbs 抽样器基本都具有相同的结构。

对于采用层次先验分布的个体效应模型，$B = 4$（即 $\theta_1 = \tilde{\beta}$，$\theta_2 = h$，$\theta_3 = \mu_\alpha$，$\theta_4 = V_\alpha^{-1}$）以及 $z = \alpha$。对于随机系数模型，$B = 3$（即 $\theta_1 = h$，$\theta_2 = \mu_\beta$，$\theta_3 = V_\beta^{-1}$）以及 $z = \beta$。由于所有条件后验分布的形式都是已知的（见 7.3 节和 7.4 节），按照上述方法可以计算出 p（θ^*|y）的估计量。要利用 Chib 方法计算这些模型的边缘似然函数，必须计算 p（θ^*）和 p（y|θ^*）。对于个体效应模型，可以直接利用式（7.8）~式（7.11）计算先验分布。对于随机系数模型，可以直接利用式（7.22）~式（7.24）计算先验分布。似然函数的计算略为困难些，因为式（7.3）和式（7.20）的表达式采用了通用符号 p（y|θ，z），而不是 Chib 方法所需的 p（y|θ）。不过，根据多元正态分布性质，利用解析方法，对 p（y|θ，z）取积分得到 p（y|θ）。对于采用层次先验分布的个体效应模型，有

$p\left(y\mid\tilde\beta,h,\mu_\alpha,V_\alpha^{-1}\right)=\prod_{i=1}^{N}p\left(y_i\mid\tilde\beta,h,\mu_\alpha,V_\alpha^{-1}\right)$。其中

$y_i\mid\tilde\beta,h,\mu_\alpha,V_\alpha^{-1}\sim N\left(\mu_i,V_i\right)$

其中

$$\mu_i=\mu_\alpha\iota_T+\tilde X_i\tilde\beta$$

以及

$$V_i=V_\alpha\iota_T\iota_T{}'+h^{-1}I_T$$

对于随机系数模型，采用类似的推导过程，得到 $p\left(y\mid h,\mu_\beta,V_\beta^{-1}\right)=\prod_{i=1}^{N}p\left(y_i\mid h,\mu_\beta,V_\beta^{-1}\right)$。

其中

$$y_i\mid h,\mu_\beta,V_\beta^{-1}\sim N\left(\mu_i,V_i\right)\tag{7.37}$$

其中

$$\mu_i=X_i\mu_\beta$$

以及

$$V_i=X_iV_\beta X_i{}'+h^{-1}I_T$$

由此看出，利用 Chib 方法可以计算本章所有模型的边缘似然函数。Chib 和 Jeliazkov（2001）还对 Chib 方法作了扩展，介绍了如何利用 M-H 算法的输出结果计算边缘似然函数。不过，使用本方法毫无疑问使问题变复杂了，研究人员可以使用其他模型比较方法。对于（存在潜变量导致的）高维空间模型的模型选择和模型比较方法，是目前统计学文献关注的主题之一。感兴趣的读者可以参阅 Carlin 和 Louis（2000，6.5 节）了解详情。

|7.6| 实例

本节用实例说明如何做混同模型、采用非层次先验分布的个体效应模型，采用层次先验分布的个体效应模型，以及随机系数模型的统计推断。这里分别用 M_1，…，M_4 表示上述模型，并采用不同的人造数据。使用人造数据的好处有二：一是了解其数据生成过程，二是能够判别控制设置下的贝叶斯分析效果。所有模型的后验推断都采用上面介绍的 Gibbs 抽样器，并利用 Chib 方法计算边缘似然函数。共进行了 30 000 次抽样，剔除掉其中 5 000 个预热样本，利用剩余的 25 000 个样本计算模型的后验结果。MCMC 诊断表明，所有的 Gibbs 抽样器都收敛。标准误的结果表明，相对于所有参数的后验标准差，近似误差非常小。

两组人造数据都由个体效应模型生成。该模型包含一个截距项，一个解释变量（$k=2$）。这两组数据都设 $N=100$，$T=5$，$\tilde\beta=2$ 以及 $h=25$。第一组数据从正态分布 $a_i\sim N$（0，0.25）中独立抽取截距项。相对于误差方差和系数大小，截距项的方差较大。第二组数据的生成过程，有 25% 的概率 $a_i=-1$，有 75% 的概率 $a_i=1$。这种设定对于某个劳动经济学应用具有一定的合理性：如果有两组个体，这两组个体的差别通过截距项来表现。

至于误差精确度的先验分布，四个模型使用相同的先验超参数：$\underline s^{-2}=25$ 和 $\underline v=1$。对

于其余先验超参数，模型 M_1 设 $\underline{\beta} = 0_2$ 和 $\underline{V} = I_2$；模型 M_2 设 $\underline{\beta}^* = 0_{N+1}$ 和 $\underline{V} = I_{N+1}$；模型 M_3 设 $\underline{\beta} = 0$，$\underline{V} = 1$，$\underline{\mu}_\alpha = 0$，$\underline{\sigma}_\alpha^2 = 1$，$\underline{V}_\alpha^{-1} = 1$ 和 $\underline{v}_\alpha = 2$；模型 M_4 设 $\underline{\mu}_\beta = 0_2$，$\underline{\sum}_\beta = I_2$，$\underline{V}_\beta^{-1} = I_2$ 和 $\underline{v}_\beta = 2$。进一步考察就会发现，这些超参数选择揭示了先验分布的相对无信息（即相对于样本规模，自由度参数都较小，先验方差和协方差矩阵相对较大），这大致与数据生成过程一致。

这些模型都有很多参数。为简洁起见，这里只给出几个关键参数的后验结果。注意，模型 M_1、M_2 和 M_3 的斜率系数相同，因此表 7-1 至表 7-2 中用 $\tilde{\beta}$ 表示。模型 M_4 中的参数 μ_β 可与 $\tilde{\beta}$ 相提并论，因此在同一行给出这两个参数的结果。

表 7-1　　　　　　　　　　　　　第一组人造数据的后验结果

	模型 M_1	模型 M_2	模型 M_3	模型 M_4
$E(\tilde{\beta}\|y)$ 或 $E(\mu_\beta\|y)$	2.04	2.04	2.04	2.04
$\sqrt{var(\tilde{\beta}\|y)}$ 或 $\sqrt{var(\mu_\beta\|y)}$	0.08	0.03	0.03	0.04
$E(h\|y)$	3.61	28.41	27.86	30.20
$\sqrt{var(h\|y)}$	0.23	1.98	2.07	2.25
$\log[p(y)]$	−407	−3×10⁴	−66	−91

表 7-2　　　　　　　　　　　　　第二组人造数据的后验结果

	模型 M_1	模型 M_2	模型 M_3	模型 M_4
$E(\tilde{\beta}\|y)$ 或 $E(\mu_\beta\|y)$	1.88	2.03	2.01	2.00
$\sqrt{var(\tilde{\beta}\|y)}$ 或 $\sqrt{var(\tilde{\beta}\|y)}$	0.14	0.04	0.04	0.05
$E(h\|y)$	1.25	24.12	23.75	27.17
$\sqrt{var(h\|y)}$	0.08	1.67	1.73	2.08
$\log[p(y)]$	−669	−2×10⁴	−152	−168

表 7-1 给出了使用第一组人造数据得到的结论。结果表明，这四个模型的斜率系数估计结果都非常好（生成数据时，斜率系数设定为 2）。对于误差精确度，模型 M_2、M_3 和 M_4 的估计效果不错（生成数据时，误差精确度设定为 25），但模型 M_1 的估计结果过小。因为模型不允许斜率变化，这些变化必然由误差方差体现出来。这样就导致模型 M_1 的误差方差估计结果过大（相应的误差精确度过小）。在表 7-2 中依然会发现类似结

论。表7-2给出了使用第二组人造数据得到的结论。但需提醒注意的是，表7-2中模型M_1斜率系数的后验均值过低。这表明如果忽略系数变化，会导致错误的统计推断。也就是说，研究人员通过考察表7-1可能会得出结论：如果仅对斜率系数感兴趣，那么截距项变化形式的设定正确与否就无关紧要。但表7-2的结果表明事实绝不是这样子的。事实上，即使是研究人员不太关心的参数，模型也需要正确设定其变化形式，否则就会导致其他系数的错误统计推断。

图7-1和图7-2给出的是利用第一组人造数据得到的截距项信息。具体来说，取模型M_2和M_3的$E(\alpha_i|y)(i=1,\cdots,N)$，画出直方图。

这两个图看起来极为相似，表明无论是采用层次先验分布还是采用非层次先验分布，估计出的截距项结果基本相同。此外，生成第一组人造数据的$\alpha_i \sim N(0, 0.25)$，这两个图看上去非常精确地复制了数据生成过程的变化形式。

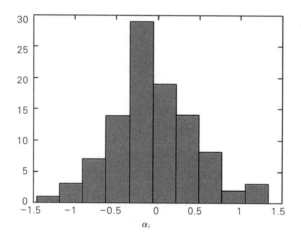

图7-1　采用非层次先验分布时的后验均值直方图α_i

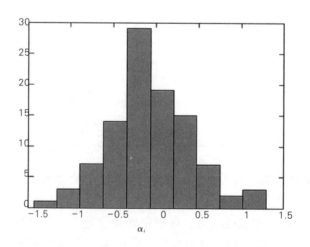

图7-2　采用层次先验分布时的后验均值直方图α_i

和图 7-1 和图 7-2 一样，图 7-3 和图 7-4 给出了利用第二组人造数据计算的后验均值。这两个图看起来也极为相似，很好地反映了数据生成过程。在第二组人造数据中，截距项有 25% 的概率取 $\alpha_i=-1$，有 75% 的概率取 $\alpha_i=1$。图 7-4 的结果令人着迷，其层次先验分布假设截距变化服从正态分布。但如果模型 M_3 使用了相对无信息的先验分布，此模型却能够拾取出数据中存在的极为非正态性的截距变化形式。

通过考察上述图形发现，两个个体效应模型能够很好地拾取出截距变化。随机系数模型的结果（这里没有给出）与此基本差不多，估计结果也非常好。

截至目前来看，贝叶斯方法都能很好地找出数据中的复杂变化。不过如果研究模型比较问题，就会发现存在诡异之处。表 7-1 和表 7-2 的最后一行给出了每个模型的对数边缘似然函数值。对于这两组人造数据，最优选择是采用层次先验分布的个体效应模型，其边缘似然函数值最高，其次是随机系数模型。对于这两组数据来说，符合情理。因为数据生成过程设定截距存在变化，而斜率系数没有变化。因此，由于模型 M_1 的截距没有变化，显然其对数似然函数值较低。由于模型 M_4 不仅截距存在差异，其斜率也存在（没有必要的）差异，显然不可能比模型 M_3 好。诡异现象就出在这两个表中，模型 M_2 除了没有采用层次先验分布之外，基本与 M_3 一样，但对数似然函数值却比模型 M_3 低好多。这是为什么呢？考察表 7-1 和表 7-2，以及图 7-1 和图 7-2 会发现这两个个体效应模型除了边缘似然函数值存在差异之外，后验结果基本相同。此外，对于第二组数据，模型 M_3 假设截距项服从正态分布，而这个假设本身就不对。可以确定，模型 M_2 没有用到正态分布假设，难道不应该比模型 M_3 更好吗？但事实却是模型 M_3 的边缘似然函数值更高，即使采用的是第二组数据。

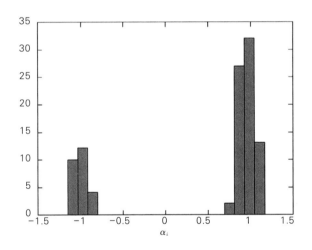

图 7-3　采用非层次先验分布时的后验均值直方图 α_i

这种诡异现象与参数空间的维度有关，问题出在使用了无信息先验分布的贝叶斯因子。记得在第 3 章 3.6.2 节介绍过，比较两个模型时，如果一个模型嵌套在另一个模型中，诱导先验分布时必须慎之又慎。举例说，如果模型 M_A 为无约束模型，模型 M_B 是模

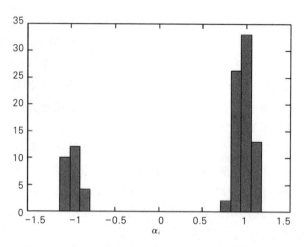

图 7-4　采用层次先验分布时的后验均值直方图 α_i

型 M_A 施加了 $\theta_1=0$ 这个约束条件。如果 θ_1 使用无信息先验分布，就会得到无意义的结果（例如可能出现不管采用什么数据，模型 M_B 都是最优选择的情况）。下面举个具体例子。假设真实值 $\theta_1=100$。在模型 M_A 中，θ_1 的先验分布为 $(-\infty，\infty)$ 上的均匀分布。贝叶斯计量经济学要牢记一些直觉，模型涉及似然函数和先验分布。对于模型 M_A，利用先验分布给 θ_1 赋权，所有赋权会产生荒唐的结果，令人啼笑皆非。例如，根据先验分布，p（$|\theta_1|\geqslant 1\,000\,000|M_A$）$/p$（$|\theta_1| < 1\,000\,000|M_A$）$\approx 1$，这意味着所有先验概率都位于区间 $|\theta_1|\geqslant 1\,000\,000$ 内。大意是说，利用贝叶斯方法来看模型 M_A，会说"根据数据，θ_1 的取值应该是 100 左右。但先验分布却说 θ_1 的取值在 $|\theta_1|\geqslant 1\,000\,000$ 区间内。所以这个模型愚蠢至极，不可能正确"。利用贝叶斯方法来看模型 M_B，会说："这个模型说 $\theta_1=0$，与数据不一致。但即使如此，模型 M_B 也要比模型 θ_1 好点，因此支持模型 M_B。"尽管这个例子考虑的是先验分布采用完全无信息先验分布。对于相对无信息的先验分布，这个结果也依然成立，只不过结论没有那么明显而已。

书归正传，回到面板数据模型。有效使用层次先验分布意味着模型 M_1、M_3 和模型 M_4 的参数空间分别为 $k+1$，$k+2$ 和 k（$k+1$）$/2+k+1$。不过模型 M_2 的参数空间为 $N+k$ 维。在本书的例子（以及大多数应用）中，N 远远大于 k，所以模型 M_2 的维度远大于其他模型。因此，模型 M_2 采用 102 维相对无信息先验分布，模型 M_3 则采用 4 维先验分布。仔细思考就会发现，问题出在采用相对无信息先验分布增加了先验分布的维度。如果待比较模型具有相同维度，这个问题通常可以视而不见。不过，由于这里的 M_2 具有如此高的维度，那就不能不考虑上一段所述的问题。

上面两段都是从直观角度而非数学角度进行的讨论。即便读者理解上述观点有些困难，还可以从第 3 章建立的经验规则角度去理解。在第 3 章讲过：利用后验机会比进行模型比较时，对于模型共同参数，使用无信息先验分布是可接受的。不过，所有其他参数应该使用适当的信息先验分布。如果待比较两个模型的参数个数相同，出于方便起见，使用适当的信息性较弱的先验分布，也是可接受的。不过，对于参数维度差异极大的两个模型，绝不可出于便利采用信息性较弱的先验分布。

在这个实例中，模型 M_2 之所以会出现如此低的边缘似然函数值，是因为先验分布取 $\beta^* \sim N\left(\underline{\beta}^*, \underline{V}\right)$，并取 $\underline{V} = I_{N+1}$。在许多情况下，很难想象研究人员会有如此强大的先验信念。在此背景下，最好避免使用后验机会比（至少涉及模型 M_2 的模型比较要避免），选择其他模型比较方法比较靠谱。例如，对于第二组数据，显然后验预测 p 值方法表明（采用正态层次先验分布的）模型 M_3 不适合用于刻画截距差异（见图 7-4）。相反，后验预测 p 值方法表明（没有假设截距变化服从正态分布的）模型 M_2 更合适。即便采用不太正式的方法，考察像图 7-1 至图 7-4 这样的直方图，也会发现模型 M_3 适合于第一组数据，但模型 M_2 更适合第二组数据。或者说，（诸如存在潜变量导致的）高维参数空间的模型选择方法和模型比较方法，是当前统计文献关注的热点问题。Carlin 和 Louis（2000，6.5 节）给出了一些大家感兴趣的方法。

| 7.7 | 效率分析和随机前沿模型

本节从经济理论出发，引出随机前沿模型。随机前沿模型可以归结为个体效应模型，但采用的层次先验分布与 7.3.2 节不同。这个模型本身就很重要，可以用于研究企业或经济个体的生产率或效率等核心问题。此外，推导随机前沿模型本身就是一个生动的实例，用于说明应用经济学家如何采用经济理论，以及如何构建计量经济模型。

7.7.1　随机前沿模型介绍

利用经济学的产出模型可以很好地阐述随机前沿模型的基本思想。假设在时刻 t，企业 i 的产出为 Y_{it}，使用的生产要素向量为 X_{it}^*（$i=1，\cdots，N，t=1，\cdots，T$）。假设企业已经掌握了最好的生产技术，可以将生产要素转换为产出。生产技术取决于未知参数向量 β，表示为

$$Y_{it} = f\left(X_{it}^*，\beta\right) \tag{7.38}$$

式（7.38）称为生产前沿，它度量了给定投入要素水平所能达到的最大产出数量。实践中，企业的实际产出会低于最大可能产出。实际产出与可行的最大产出之间的差是生产无效率的一种度量，是许多应用的核心问题。利用数学符号表示，式（7.38）可以扩展为

$$Y_{it} = f\left(X_{it}^*，\beta\right)\tau_i \tag{7.39}$$

其中，$0 < \tau_i \leq 1$ 度量了特定企业的生产效率。$\tau_i = 1$ 表示企业 i 完全有效率。那么 $\tau_i = 0.75$ 表示以最好的生产技术进行运营，企业 i 的产出仅达到了最好产出水平的 75%。这里假设每个企业都有一个具体的效率水平，并且效率水平不随时间变化而变化。这个假设可以放宽，感兴趣的读者可以参阅 Koop 和 Steel（2001）的文章了解详细情况。

遵循标准计量经济学的做法，利用模型中的随机误差项 ζ_{it} 度量（或设定）误差，进而得到

$$Y_{it} = f\left(X_{it}^*，\beta\right)\tau_i\zeta_{it} \tag{7.40}$$

由于存在测量误差，有效前沿具有随机特征，模型式（7.40）亦称为随机前沿模

型。如果生产前沿函数$f(\ )$是对数线性函数（例如柯布-道格拉斯型或者其对数变换形式），对式（7.40）取对数，得到

$$y_{it} = X_{it}\beta + \varepsilon_{it} - z_i \tag{7.41}$$

其中，$\beta = (\beta_1, \cdots, \beta_k)'$，$y_{it}=ln\ (Y_{it})$，$\varepsilon_{it}=ln\ (\zeta_{it})$，$z_i=-ln\ (\tau_i)$以及$X_{it}$为投入要素$X_{it}^*$的对数变换结果。由于$0<\tau_i\leq1$，因此$z_i$称作无效率项，是一个非负随机变量。假设$X_{it}$包含截距项，并且$\beta_1$为$X_{it}$的系数。注意，这个模型是一种个体效应模型。也就是说，β_1-z_i有着和7.3.2节α_i相同的功能。不过，对于随机前沿模型，经济理论本身已经说明如何选择层次先验分布。

值得一提的是，如果生产函数不是对数线性的（例如常弹性规模生产函数），将第5章的方法和本章提出的方法组合起来，就能进行贝叶斯推断。

如果将所有变量堆积成本章开始（7.1节）的矩阵形式，方程（7.41）可以写成

$$y_{it} = X_i\beta + \varepsilon_i - z_i\iota_T \tag{7.42}$$

上式的ι_T表示1的T维向量。

7.7.2 似然函数

似然函数形式与误差项的假设条件有关。除了采用本章开始（7.1节）的标准误差假设外，还可以假设对于所有的i和j，z_i和ε_j相互独立。得到似然函数

$$p(y\mid\beta,h,z) = \prod_{i=1}^{N}\frac{h^{T/2}}{(2\pi)^{T/2}}\left\{\exp\left[-\frac{h}{2}(y_i - X_i\beta + z_i\iota_T)'(y_i - X_i\beta + z_i\iota_T)\right]\right\} \tag{7.43}$$

其中，$z=(z_1, \cdots, z_N)'$。

在这种设定下，把z看作未知参数向量引入似然函数。在频率学派计量经济学中，似然函数定义为$p(y\mid\beta, h, \theta) = \int p(y\mid\beta, h, z)\ p(z\mid\theta)\ dz$。其中，$p(z\mid\theta)$为无效率项的分布假设，取决于未知参数向量$\theta$。从数学角度看，这种方法与利用$p(z\mid\theta)$作为层次先验分布的贝叶斯方法等价。换种说法就是，在随机前沿模型中，使用"似然函数"还是使用"层次先验分布"就是文字游戏，对于统计推断没有任何影响。感兴趣的读者可以阅读Bayarri、DeGroot和Kadane（1988）的文献，这篇文献对此做了详细讨论。

7.7.3 随机前沿模型的层次先验分布

生产前沿模型的系数和误差精确度使用大家广为熟知的独立正态-伽马先验分布

$$\beta \sim N\left(\underline{\beta}, \underline{V}\right) \tag{7.44}$$

和

$$h \sim G\left(\underline{s}^{-2}, \underline{v}\right) \tag{7.45}$$

无效率项使用层次先验分布。由于$z_i>0$，采用7.3.2节所用的正态层次先验分布就不合时宜了。文献中普遍采用截断正态分布，或者伽马分布族的成员作为先验分布。这里以指数分布为例，说明随机前沿模型的贝叶斯推断问题。指数分布是自由度为2的伽马分布（见定义B.22和定理B.7）。因此，假设对于$i\neq j$，z_i和z_j的先验分布相互独立，且有

$$z_i \sim G\left(\mu_z, 2\right) \tag{7.46}$$

根据先验分布的层次特征，可以把无效率项的均值看作一个参数，这个参数自身要有先验分布。$z_i > 0$，意味着 $\mu_z > 0$。同样，只要用误差精确度（h）代替误差方差（σ^2），误差分布依然可以采用熟悉的分布。很容易证明，与使用 μ_z 相比，使用 μ_z^{-1} 更容易处理。因此，先验分布形式为

$$\mu_z^{-1} \sim G\left(\underline{\mu_z^{-1}}, \underline{v_z}\right) \tag{7.47}$$

通过考察效率分布，通常可以诱导出超参数 $\underline{\mu_z^{-1}}$ 和 $\underline{v_z}$ 的值。也就是说，研究人员往往能够获得效率分布位置的先验信息。令 τ^* 表示效率分布的先验中位数。如果研究人员预期所选择的企业非常有效率，τ^* 可取较大值（例如 0.95）。如果研究人员预期很多企业缺乏效率，τ^* 可取较小值。van den Broeck 等（1994）的研究结果表明，设 $\underline{v_z} = 2$ 表示先验分布相对缺乏信息，设 $\underline{\mu_z^{-1}} = -ln\left(\tau^*\right)$ 表示效率分布的先验中位数为 τ^*。

上述是诱导先验分布普遍采用的方法。如果研究人员基于经济理论诱导出的先验分布超参数（即这里的 τ^*）能够解释得通，可以对其转换，得到模型的超参数（即这里的 $\underline{z}$ 和 $\underline{v_z}$）。

需要强调一点，经济理论往往会对先验分布施加约束条件。举例来说，研究人员可能会施加约束条件，反映生产前沿模型是生产要素的单调增函数。其他随机前沿模型，可能会要求施加约束条件，反映成本函数是凹函数或者不可能存在技术退步等。上述所有参数的不等式约束，都可以使用第4章4.3节的方法来施加。

7.7.4 贝叶斯计算

和个体纯效应模型做法一样，通过建立 Gibbs 抽样器可以完成后验推断。因为 Gibbs 抽样器仅要求有完全条件后验分布，而不再给出后验分布本身。这里也只给出了相关条件后验分布。除了 z 和 μ_z 的条件分布，其他条件后验分布与采用层次先验分布的个体效应模型的条件后验分布相同。

对于生产前沿参数，有

$$\beta \mid y, h, z, \mu_z \sim N\left(\bar{\beta}, \bar{V}\right) \tag{7.48}$$

其中

$$\bar{V} = \left(\underline{V}^{-1} + h\sum_{i=1}^{N} X'_i X\right)^{-1}$$

和

$$\bar{\beta} = \bar{V}\left(\underline{V}^{-1}\underline{\beta} + h\sum_{i=1}^{N} X'_i\left[y_i + z_i \iota_T\right]\right)$$

对于误差精确度，有标准结论

$$h \mid y, \beta, z, \mu_z \sim G\left(\bar{s}^{-2}, \bar{v}\right) \tag{7.49}$$

$$\bar{v} = TN + \underline{v}$$

以及

$$\bar{s}^2 = \frac{\sum_{i=1}^{N}\left(y_i + z_i\iota_T - X_i\beta\right)'\left(y_i + z_i\iota_T - X_i\beta\right) + \underline{vs}^2}{\bar{v}}$$

无效率项的条件后验分布相互独立（即 z_i 和 z_j 相互独立，$i\neq j$），并且都服从在正值截断的正态分布，概率密度函数为

$$p\left(z_i\middle|\ y_i, X_i, \beta, h, \mu_z\right) \propto f_N\left(z_i\middle|\ \bar{X}_i\beta - \bar{y}_i - (Th\mu_z)^{-1}, (Th)^{-1}\right)1\left(z_i \geq 0\right) \tag{7.50}$$

其中，$\bar{y}_i = \frac{\left(\sum_{i=1}^{T} y_{it}\right)}{T}$，并且 $\bar{X}_i$ 为（$1\times k$）矩阵，矩阵元素为第 i 个个体每个解释变量的均值。这里 $1\ (z_i\geq 0)$ 为示性函数，当 $z_i\geq 0$ 取 1，其他取 0。

μ_z^{-1} 的条件后验分布为

$$\mu_z^{-1}\middle|\ y, \beta, h, z \sim G\left(\bar{\mu}_z, \bar{v}_z\right) \tag{7.51}$$

$$\bar{v} = 2N + \underline{v}_z$$

并且

$$\bar{\mu}_z = \frac{N + \frac{\underline{v}_z}{2}}{\sum_{i=1}^{N} z_i + \underline{\mu}_z}$$

利用 Gibbs 抽样器，从式（7.48）至式（7.51）序贯提取样本，就可以对随机前沿模型进行贝叶斯推断。从截断正态分布（见式（7.50））提取样本的办法是，从相应正态分布中抽样，之后忽略掉 $z_i < 0$ 的样本。当然也有直接从截断正态分布提取样本的办法。本书相应网站就给出了这样一个 MATLAB 程序算法。利用第 4 章 4.2.6 节介绍的方法，可以作预测分析。利用 MCMC 诊断可以验证 Gibbs 抽样器的收敛性。模型比较可以采用前一节的方法，或者采用之前各章介绍的方法。举例来说，可以使用 Chib 方法计算边缘似然函数。

值得一提的是，经常会用到截面数据的随机前沿模型（即 $T=1$），上面介绍的所有方法都能用。但须注意，$T=1$ 时，不能使用不适当的无信息先验分布，这会导致不适当的后验分布结果。从直观看，如果 $T=1$，整个模型的参数个数大于样本个数（即 z、μ_z、β 和 h 一共有 $N+k+2$ 个参数，但仅有 N 个观测值）。如果缺乏先验信息，就无法做出有意义的后验推断。随机前沿模型引入无信息先验分布会出现哪些问题，Fernandez、Osiewalski 和 Steel（1997）对此作了探讨。

7.7.5 实例：随机前沿模型的效率分析

下面用实例说明如何做随机前沿模型的贝叶斯推断。用

$$y_{it} = 1.0 + 0.75x_{2,it} + 0.25x_{3,it} - z_i + \varepsilon_{it}$$

生成人造数据，$i=1, \cdots, 100$ 和 $t=1, \cdots, 5$。假设 $\varepsilon_{it}\sim N\ (0,\ 0.04)$，$z_i\sim G\ (-ln[0.85],\ 2)$，$x_{2,it}\sim U\ (0,\ 1)$ 以及 $x_{3,it}\sim U\ (0,\ 1)$。所有随机变量对于所有 i 和 t 都相互独立。在生产前沿模型的例子中，$x_{2,it}$ 和 $x_{3,it}$ 应该是生产要素。正因如此，选择二者的系数分别为 0.75 和 0.25，表示生产具有规模报酬不变的特征。无效率项分布的选择表明效率分布的中位数为 0.85。

所要求的先验分布分别为式（7.44）、式（7.45）和式（7.47）。这里选择

$$\underline{\beta} = \begin{bmatrix} 0.0 \\ 0.5 \\ 0.5 \end{bmatrix}$$

和

$$\underline{V} = \begin{bmatrix} 100.0 & 0.0 & 0.0 \\ 0.0 & 0.25^2 & 0.0 \\ 0.0 & 0.0 & 0.25^2 \end{bmatrix}$$

之所以选择这些值，是因为对于截距项的信息所知甚少，但关于斜率系数的信息要多些。具体来说，这些数值反映了这样一个信念，那就是不太可能偏离规模报酬不变特征太远。对于误差精确度，选择无信息先验 $\underline{v}=0$，这样如何选择 $\underline{s}^2$ 就显得无足轻重了。如上所述，选择相对缺少信息含量的设定 $\underline{v}_z = 2$ 和 $\underline{\mu}_z = -ln（0.85）$，意味着效率分布的先验中位数为 0.85。

利用 Gibbs 抽样器对式（7.48）至式（7.51）进行随机抽样，得到所有模型的后验结果。共进行了 30 000 次随机抽样，忽略前 5 000 个预热样本，保留剩下的 25 000 个样本。MCMC 诊断结果表明所有的 Gibbs 抽样器都收敛，标准误表明相对于后验标准差，所有参数的近似误差都非常小。本节重点关注效率问题，也就不再进行模型比较。

表 7-3 给出了随机前沿模型参数的后验均值和标准差。对于随机前沿模型，人们感兴趣的通常是特定企业的效率 τ_i，$i=1$，$\cdots$，N。由于 $\tau_i = \exp（-z_i）$，一如既往（见第 4 章 4.2.3 节），可以利用 Gibbs 抽样器得到 z_i 的抽样，对 z_i 进行变换，之后取平均值，得到 $E（\tau_i|y）$ 的估计值。由于篇幅所限，这里并没有给出所有企业（$N=100$）的效率值结果，只给出了 $E（\tau_i|y）$ 取最小、适中和最大的三个企业生产效率。在表 7-3 中标记为 $\tau_{\min}$、τ_{med} 和 $\tau_{\max}$。

表 7-3　　　　　　　　　　　基于人造数据的随机前沿模型的后验结果

	均值	标准差
β_1	0.98	0.03
β_2	0.74	0.03
β_3	0.27	0.03
h	26.69	1.86
μ_z	0.15	0.02
$\tau_{\min}$	0.56	0.05
τ_{med}	0.89	0.06
$\tau_{\max}$	0.97	0.03

从表7-3中可以发现，所有参数的后验均值都非常接近于数据生成过程中设定的真实值（其中$-ln$（0.85）=0.16），因此估计结果非常精确。效率的后验均值也比较合理，尽管其后验标准差较大（一会儿再讨论这个问题）。在政策研究中，研究人员会报告效率的后验均值（例如"估计结果表明，样本中效率最低企业的生产效率仅能达到生产前沿的56%"）。图7-5是所有100家企业生产效率后验均值的直方图。从图中可以大致看出企业生产效率的分布情况。

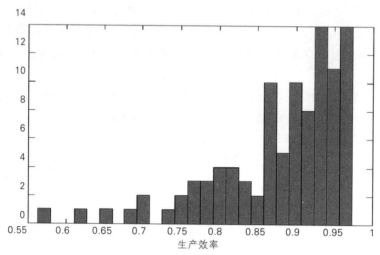

图7-5　生产效率后验均值的直方图

效率分析的一个重要问题是要回答点估计是否是企业生产效率评级的可靠指标。毕竟重要政策建议都基于发现企业A比企业B生产效率低这一结论。不过，表7-3表明生产效率的点估计通常都具有较大的标准差。随机前沿模型的实证研究中普遍存在这一现象。那么仅根据点估计结果就说企业A比企业B生产效率低，可能会导致错误的政策建议。利用Gibbs抽样器的输出结果可以直接发现问题的症结所在。举例来说，p（$\tau_A<\tau_B$|y）表示企业A生产效率低于企业B的概率。p（$\tau_A<\tau_B$|y）是模型参数的函数，按照标准做法可以求出它的值。简单说就是给定g（），p（$\tau_A<\tau_B$|y）可以表示成E［g（τ）|y］。利用Gibbs抽样器可以计算出这样的统计量（见第4章4.2.3节）。

对于本例数据，p（$\tau_{max}>\tau_{med}$|y）=0.89，p（$\tau_{max}>\tau_{min}$|y）=1.00，p（$\tau_{med}>\tau_{min}$|y）=1.00。这说明，百分之百地可以确信那些生产效率真正低的企业，一定比中等生产效率或者更高生产效率企业的生产效率低。89%可以确信更高生产效率企业比中等生产效率企业的生产效率高。因此可以得出结论，利用估计出的生产效率对企业进行评级，其生产效率确实存在差异。尽管如此，大多数情况却是研究人员无法确信排在第12位的企业就比排在第13位的企业生产效率高。图7-6给出了τ_{min}、τ_{med}和τ_{max}的完全后验分布。从图中可以看出，这些后验分布相当分散。

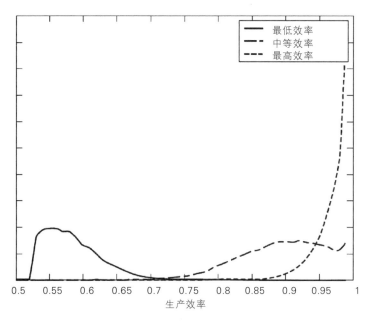

图 7-6　最低效率、中等效率、最高效率企业的后验分布

　　事实上，实证研究中普遍认为生产效率（或者用更一般的说法，个体效应）很难精确估计。由于随机前沿模型的误差由 ε_{it} 和 z_i 两部分构成，有时也称为复合误差模型。统计学上很难将一个误差分解为两部分。如果 T 很小，分解的难度更大。尽管如此，随机前沿模型依然使用广泛，如果使用得当，可以用来解决生产效率等相关问题。

|7.8| 拓展

　　利用本章介绍的面板数据模型，可以对各种异质性问题建模。在许多经济学领域，研究个体的不可观测异质性问题日益备受关注。例如，在劳动经济学领域，计量经济学家无法直接观测到所研究个体的很多特征（例如个体在受教育收益、休闲的价值以及生产效率等方面的差异）。正因如此，本节所研究模型也日益受到关注，对此扩展就可以直接用于研究其他各个方向。除了混同模型，所有其他模型都涉及个体或者企业之间的异质性（即随着下标 i 的变化而变化）。利用相同的办法，可以处理时间异质性模型（即随着下标 t 的变化异质性容易处理）。举例来说，在随机前沿模型中，研究人员希望生产前沿参数随着时间不断移动，借以表示技术进步。Koop、Osiewalski 和 Steel（2000）就提出这样一个模型，允许模型参数随着 i 和 t 的不同而变化。常见的情况是个体的 T 有所不同（例如第 i 个国家有 20 年的数据，第 j 个国家却只有 10 年的数据），这种数据类型也称为非平衡面板数据。处理这类数据，仅需要对 Gibbs 抽样器做微小改动。

　　随机前沿模型可以沿着多个方向进行拓展。对定义作微小改动，就可以用于研究成本前沿，而不再研究生产前沿。此外，无效率项分布可以包括解释变量，可以考察为什么一些企业的生产效率比另外一些企业高（关于这两类拓展方式的讨论，详见 Koop、

Osiewalski 和 Steel （1997））。

之前各章介绍的思想都可用于面板数据。由于使用的许多后验模拟器都具有模块化属性，很容易组装成各种模型。例如，对于非线性生产函数的随机前沿模型，就可以利用 Metropolis-within-Gibbs 算法与本章以及第 5 章介绍的算法组合起来进行贝叶斯推断。利用第 6 章的方法可以放宽各种误差假设。在本书写作期间，动态面板数据模型方兴未艾，此时 T 很大，假设误差项与时间无关显然不合理。第 8 章将要讨论时间序列模型，该模型中加入了迄今为止尚未讨论的很多复杂性。不过，简单的动态面板数据模型还是容易处理的，要么让 X_i 包含滞后的因变量，要么允许误差存在自相关。让 X_i 包含滞后因变量这种拓展方式比较平常，容易处理。允许误差存在自相关这种拓展方式，需要将第 6 章 6.5.2 节的 Gibbs 抽样器和本章介绍的 Gibbs 抽样器组合起来使用。

│7.9│ 小结

本章介绍了使用面板数据的几个模型。这几个模型的差别在于个体参数的变化程度。第一个模型为混同模型，个体参数不存在变化，模型等价于之前讨论的正态线性回归模型。第二个模型为一类模型，称为个体效应模型。在个体效应模型中，截距项随个体的不同而不同。本章主要考虑两种情况：一种是采用层次先验分布，另一种是采用非层次先验分布。层次先验分布和非层次先验分布的差别，类似于频率学派计量经济学中随机效应面板数据模型和固定效应面板数据模型之间的差别。第三个模型为随机系数模型，截距项和斜率系数都随着个体的变化而变化。第四个模型为随机前沿模型，其实随机前沿模型属于个体效应模型。利用随机前沿模型可以进行效率分析，"企业 i 的生产效率"基本上等价于"企业 i 的个体效应"。

上述所有模型的后验推断，都可以利用 Gibbs 抽样完成。正因如此，本章也就没有介绍新的后验模拟方法。不过，本章介绍了一个计算边缘似然函数的新方法：Chib 方法。这种方法的计算量较大，但当参数空间维度较高时，计算效果非常理想。此时，Gelfand-Dey 方法就很难完成计算任务。

本章还强调，直接在面板数据模型的 Gibbs 抽样器中增加之前各章使用的后验模拟器，就可以解决许多拓展模型的后验推断问题。

│7.10│ 习题

7.10.1 理论习题

1.正态线性层次回归模型的几个一般结论（Lindley and Smith，1972）。

令 y 为 N 维向量，θ_1、θ_2 和 θ_3 为长度分别等于 k_1、k_2 和 k_3 的参数向量。令 X、W 和 Z 为已知的 $N \times k_1$、$k_1 \times k_2$ 矩阵和 $k_2 \times k_3$ 矩阵。C_1、C_2 和 C_3 为已知的 $k_1 \times k_1$，$k_2 \times k_2$ 正定矩阵和 $k_3 \times k_3$ 正定矩阵。假设

$$y \mid \theta_1,\ \theta_2,\ \theta_3 \sim N\ (X\theta_1,\ C_1)$$

$$\theta_1 \mid \theta_2,\ \theta_3 \sim N\ (W\theta_2,\ C_2)$$

以及

$\theta_2 \mid \theta_3 \sim N(Z\theta_3, C_3)$

在这个习题中，将θ_3看作已知条件（例如，研究人员选择先验超参数向量）。

（a）证明

$y \mid \theta_2, \theta_3 \sim N(XW\theta_2, C_1 + XC_2X')$

也就是说，采用层次先验分布的正态线性回归模型可以写成一个采用非层次先验分布的正态线性回归模型。

（b）推导$p(\theta_1 \mid y, \theta_3)$。当$C_3^{-1} \rightarrow 0_{k_3 \times k_3}$时，$p(\theta_1 \mid y, \theta_3)$又会如何？

（c）推导$p(\theta_2 \mid y, \theta_3)$。

2.考虑这样一个模型，它既包含个体效应模型的元素，亦包含混同模型的某些元素。截距项和部分回归系数随个体变化而变化，而其他回归系数不变。也就是说

$y_i = X_i\beta_i + W_i\gamma + \varepsilon_i$

其中，系数变化的解释变量包含在X_i中，而系数恒定的解释变量包含在W_i中。写出本模型贝叶斯推断所用的Gibbs抽样器。讨论一下如何检验哪个解释变量的系数恒定不变。

3.假设所用数据为非平衡面板数据。也就是说，每个个体只有T_i个时期的数据。

（a）讨论对于非平衡面板数据，个体效应模型的后验模拟器（见7.3.3节）需作何调整。

（b）讨论对于非平衡面板数据，随机效应模型的后验模拟器（见7.4.3节）需作何调整。

4.当$T=1$时，面板数据退化为之前的截面数据。混同模型等价于第3章和第4章所述的正态线性回归模型。但即使$T=1$，本章其他模型与之前各章的模型依然截然不同。讨论$T=1$时个体效应模型的贝叶斯推断问题。分采用层次先验分布和非层次先验分布两种情况进行讨论。

5.考虑采用层次先验分布的个体效应模型。似然函数如式（7.3）所示，先验分布如式（7.7）~式（7.11）所示，条件后验分布如式（7.14）~式（7.18）所示。假设误差服从独立t分布（见第6章6.4节），对上述结论进行拓展。

6.在（7.7.4节）随机前沿模型的后验模拟器中，假设无效率项服从指数分布，$z_i \sim G(\mu_z, 2)$。推导$z_i \sim G(\mu_z, 4)$，$z_i \sim G(\mu_z, 6)$等情况下的后验模拟器。

注：自由度等于偶数（即$v=2, 4, 6, \cdots$）的伽马分布称为Erlang分布。对于假设无效率项服从Erlang分布的随机前沿模型，可以使用重要抽样方法对其进行贝叶斯推断。详细讨论参见van den Broeck、Koop、Osiewalski和Steel（1994）的文献。也可以使用Gibbs抽样进行贝叶斯推断，详情参见Koop、Steel和Osiewalski（1995）。Tsionas（2000）介绍了无约束伽马分布（$z_i \sim G(\mu_z, v)$，其中v为未知参数）情况下的贝叶斯推断问题。如果求解此问题有障碍，可以查阅上述文献。

7.10.2 上机习题

本章的上机习题与其说是教科书的习题，毋宁说是一个小的项目。相关数据和

MATLAB程序, 可以从本书相关网站下载。

7.(a) 根据第5题的答案, 编写计算机程序, 对采用层次先验分布和误差服从独立 t 分布的个体效应模型进行后验模拟。

(b) 采用7.6节实例的人造数据, 检验 (a) 的计算机程序。

(c) 在上述程序中加入代码, 计算 $p(v>30 \mid y)$。利用上述人造数据, 对误差的正态性进行非正式检验。

(d) 利用不同人造数据, 包括误差服从 t 分布的人造数据, 重复回答 (b) 和 (c)。

8.假设无效率项服从指数分布 (即 $z_i \sim G(\mu_z, 2)$), 对此随机前沿模型 (见 7.7.5 节) 进行实证研究。

(a) 根据第6题的答案, 假设 $z_i \sim G(\mu_z, 4)$, $z_i \sim G(\mu_z, 6)$, 重复上述实证研究。

(b) 编写计算机程序, 利用 Chib 方法计算上述三个模型的边缘似然函数。这三个模型的无效率项分布为 M_1: $z_i \sim G(\mu_z, 2)$; M_2: $z_i \sim G(\mu_z, 4)$; M_3: $z_i \sim G(\mu_z, 6)$。利用上述计算机程序比较这三个模型。

(c) 利用不同的无效率项分布生成不同的人造数据, 重复 (a) 和 (b)。

| 第 8 章 |

时间序列模型简介：状态空间模型

| 8.1 | 引言

顾名思义，时间序列数据是按照时间顺序排列的数据。宏观经济领域（例如从1986年开始每季度观测的失业率数据）和金融领域（一年中每天观测的具体股票价格数据）普遍会用到时间序列数据。关于时间序列计量经济学方法的文献非常丰富，仅用一章根本无法窥其全貌。本章仅介绍一类时间序列模型，称为状态空间模型。对于时间序列数据，状态空间模型的使用较为普遍。这样做的原因有三。首先，会看到状态空间模型本质上是层次结构模型。前几章强调过，采用层次先验分布的贝叶斯方法极具吸引力。其次，已出版的教材（Bauwens，Lubrano and Richard，1999）对其他主要时间序列计量经济学的贝叶斯分析方法做了详细介绍。[1]为了避免雷同，本书另辟蹊径来讨论时间序列分析问题。最后，状态空间模型与 Bauwens、Lubrano 和 Richard（1999）所用模型并没有太大的差别，只不过新瓶装旧酒，换种写法而已。[2]因此，利用状态空间模型，可以介绍 Bauwens、Lubrano 和 Richard（1999）所讲的所有内容。不过本书使用了层次结构框架，不仅大家熟悉，且便于计算。

在第 6 章 6.5 节讨论误差自相关的线性回归模型时，已经介绍了一些时间序列概念。关于时间序列基本概念和表示符号，可以回看这部分内容。例如，对于时间序列，用 t 和 T 代替 i 和 N，这样 y_t 表示因变量从时期 1 到时期 T 的观测值，$t=1$，…，T。在讨论状态空间模型之前，需要提醒的是，如果按照第 6 章（6.5 节）讨论的方法进行实践，读者可能会渐行渐远。举例来说，很多时候，误差自相关的线性回归模型是一个合适的时间序列模型。这个模型包含一个误差项 ε_t，它服从 AR（p）过程。普遍采用的单变量时间序列模型（即考察单一时间序列 y 行为的模型）是 y_t 服从 AR（p）过程

---

① 如果读者熟悉时间序列方法，会知道其他方法包括自回归移动平均（ARMA）模型以及动态回归模型的拓展。动态回归模型需要讨论单位根和协整等问题。

② 例如，任何 ARMA 模型都可以用状态空间来表示。

$$(1 - \rho_1 L - \cdots - \rho_p L^p) y_t = u_t \tag{8.1}$$

对这个模型进行贝叶斯分析所用的计算方法，可以通过直接对前面所述的计算方法简化得到。实际上，式（8.1）就是一个线性回归模型，其解释变量为因变量的滞后项

$$y_t = \rho_1 y_{t-1} + \cdots + \rho_p y_{t-p} + u_t \tag{8.2}$$

因此，之前各章所讨论的基本回归方法都与之休戚相关。式（8.2）可以扩展到包括其他解释变量（或其滞后项），同时保留回归框架，进而有

$$y_t = \rho_1 y_{t-1} + \cdots + \rho_p y_{t-p} + \beta_0 x_t + \beta_1 x_{t-1} + \cdots + \beta_q x_{t-q} + u_t \tag{8.3}$$

不过，这样的回归方法比之前复杂多了。大致说就是，大量时间序列文献采用对式（8.3）的系数施加约束条件（或进行其他转换）。当然诱导先验分布过程中包括截面数据模型没有涉及的一些重要问题。[1]

即使只讨论状态空间模型，用一章篇幅也只能讲述几个关键问题。因此，本章首先介绍最简单的单变量状态空间模型，称为局部水平（local level）模型。许多基本问题，包括先验分布诱导和计算，都可以在此模型框架下讨论。之后讨论更一般的状态空间模型。如果对此问题感兴趣，可以详细阅读 Westand Harrison（1997）的教材。[2]Westand Harrison（1997）所写的教材是一本非常流行的研究贝叶斯方法的教材。还有一本研究贝叶斯方法的教材是由 Kim 和 Nelson（1999）撰写的，此书介绍了状态空间模型及其扩展。

本章还使用状态空间模型介绍实证贝叶斯方法。各种层次模型中越来越流行使用这种方法。这是一个基于数据诱导先验超参数的方法。如果研究人员不想主观诱导信息先验分布，并且不想用无信息先验分布（例如不适当先验分布会导致贝叶斯因子无法解释的问题），实证贝叶斯方法就是不二选择。[3]

|8.2| 局部水平模型

局部水平模型表示为

$$y_t = \alpha_t + \varepsilon_t \tag{8.4}$$

其中，ε_t 是独立同分布，服从 $N(0, h^{-1})$。这个模型的独特之处是 α_t 项，它不可观测，假设服从随机游走过程

$$\alpha_{t+1} = \alpha_t + u_t \tag{8.5}$$

其中，u_t 是独立同分布，服从 $N(0, \eta h^{-1})$，并且对于所有 s 和 t，u_s 和 ε_t 相互独立。在式

---

① 如果读者想了解详情，除了 Bauwens、Lubrano 和 Richard（1999）外，还可以参考 *Econometric Theory*（volume 10，August/October，1994）和 *Journal of Applied Econometrics*（volume 6，October/December，1991）的相关论文。

② 关于状态空间模型贝叶斯分析的最新文章作者包括 Carlin、Polson 和 Stoffer（1992），Carter 和 Kohn（1994），DeJong 和 Shephard（1995），Fruhwirth-Schnatter（1995），Koop 和 van Dijk（2000）以及 Shively 和 Kohn（1997）。Durbin 和 Koopman（2001）的教材是一部好教科书，书中包括一些贝叶斯分析的内容。

③ Carlin 和 Louis（2000）撰写的教材是一本实证贝叶斯方法的优秀入门教材。不过这是一本统计学教材而不是计量经济学教材。

（8.4）中，t 取 1 到 T，而在式（8.5）中，t 取 1 到 $T-1$。根据式（8.5）并不能确定 α_1 的显性表达式，α_1 称为初始条件。式（8.4）称为观测（或测量）方程，式（8.5）称为状态方程。

在讨论局部水平模型的贝叶斯推断之前，需要花点时间考察它的来龙去脉。第 6 章 6.5 节讨论了 AR（1）模型，注意，如果滞后因变量的系数 ρ 等于 1，时间序列是非平稳的。根据式（8.5），显然 α_t 是非平稳的。具体来说，根据式（8.5），α_t 具有随机趋势。之所以会出现随机趋势，因为根据诸如式（8.5）的模型，序列随时间四处游荡（趋势），但仅有随机因素决定趋势行为。也就是说，与确定性趋势模型

$$\alpha_t = \alpha + \beta t$$

不同，确定性趋势模型的变量是时间的确切函数，随机趋势仅涉及随机误差项 u_t。还可以这样考察式（8.5）所展现的 α_t 趋势行为。式（8.5）可以表示为

$$\alpha_t = \alpha_1 + \sum_{j=1}^{t-1} u_j \tag{8.6}$$

因此（忽略初始条件）有 $var(\alpha_t) = (t-1)\eta h^{-1}$。此外，$\alpha_t$ 和 α_{t-1} 趋于同一值（即 $E(\alpha_t | \alpha_{t-1}) = 0$。换一种说法就是随机趋势项的方差随时间不断增大（进而游荡范围越来越宽），但 α_t 仅随时间逐渐变化。这与趋势概念的直观意义一致，趋势就是随时间而逐渐上升（或下降）的行为。

书归正传，继续讨论局部水平模型。根据式（8.4），可以将观测序列 y_t 分解为趋势部分 α_t 和误差部分或者不规则部分 u_t。[①]状态空间模型通常就是把观测序列分解为不同组成部分。局部水平模型仅有两个组成部分：一个是趋势项，一个是误差项。在更复杂的状态空间模型中，观测序列可以分解为更多组成部分（例如趋势项、误差项以及季节成分）。

值得一提的是，利用局部水平模型可以测度趋势项和随机成分的相对大小。这就是为什么误差方差要写成两种形式（即误差方差写成 h^{-1} 和 ηh^{-1}）。这样做，η 直接反映随机游走误差方差与测量方程误差方差的相对大小。也就是说，如果 $\eta \to 0$，式（8.5）的误差消失，因此对于所有 t，$\alpha_t = \alpha_1$。式（8.4）变为 $y_t = \alpha_1 + \varepsilon_t$。此时 y_t 围绕着常数水平 α_1 随机波动，根本没有任何趋势。不过，随着 η 增加（即 u_t 的方差越来越大），随机趋势作用越来越大。因此，对于经济时间序列，度量趋势行为重要性的一个巧妙方法是考察 η 的大小。如果读者熟悉时间序列的计量经济学知识，就会知道检验是否 $\eta = 0$ 就是单位根检验的方法之一。这里不讨论单位根检验的细节。仅强调一点，单位根检验在现代实证宏观经济学中的地位举足轻重。利用状态空间模型做单位根检验，直观且便捷。

再换个角度来看式（8.4）和式（8.5）。注意，y_t 的均值（或水平）为 α_t。由于均值随时间变化而变化，因此使用了局部水平模型这一术语。如果这样，α_t 就可以看作一个参数，顺理成章就可以进行贝叶斯推断。也就是说，式（8.4）可以看作一个极简单的

---

① 对于宏观经济学家，这个模型大致可以这样解释：趋势项反映了经济增长的长期趋势（例如劳动力增长，资本存量累积以及技术不断进步），而不规则项则反映了随机短期冲击对经济的影响（例如经济周期效应）。

线性回归模型，仅包含一个截距项。不同的是截距项随时间变化而变化。由此可以说局部水平模型是一个极简单的时变参数模型。对于更复杂的状态空间模型，回归系数或者误差方差都可以随时间变化。如果把 $\alpha = (\alpha_1, \cdots, \alpha_T)'$ 看作参数向量，要做贝叶斯推断，就必须诱导出 α 的先验分布。式（8.5）就给出了这样一个先验分布。也就是说，可以把式（8.5）看作定义了一个 α 的层次先验分布。这样一解释就发现，局部水平模型像极了第 7 章（7.3 节）的个体效应面板数据模型，只不过 $T = 1$ 而已。当然个体效应模型中的截距项随着个体的不同而不同，而局部水平模型的截距项随时间变化而变化。尽管如此，这两个模型的基本结构相同。由此可以得出结论，使用独立正态-伽马先验分布，对第 7 章所述的基本方法进行微调，就可以用于解决局部水平模型的贝叶斯推断问题。因此，本节推陈出新，使用自然共轭先验分布，介绍一个新的诱导先验分布的方法。

也就是说，使用独立正态-伽马先验分布的贝叶斯方法，与第 7 章介绍的方法基本相同，这里就不再赘述。具体来说，和第 7 章一样，提出一个数据增强型 Gibbs 抽样器。在 8.3 节，针对一般状态空间模型，提出一个此类算法。这个算法可用于局部水平模型。如果读者对独立正态-伽马先验分布感兴趣，可详细阅读 8.3 节。本节在自然共轭先验分布框架下介绍实证贝叶斯方法。

8.2.1　似然函数和先验分布

如果定义 $y = (y_1, \cdots, y_T)'$ 和 $\varepsilon = (\varepsilon_1, \cdots, \varepsilon_T)'$，局部水平模型可以写成矩阵形式

$$y = I_T \alpha + \varepsilon \tag{8.7}$$

采用标准假设，随机误差项 ε 服从多元正态分布，均值为 0_T，协方差矩阵为 $h^{-1} I_T$。此时局部水平模型就是正态线性回归模型，解释变量矩阵为单位矩阵（即 $X = I_T$），α 为 T 阶回归系数向量。因此，似然函数是正态线性回归模型的标准形式（例如，见第 3 章式（3.3））。

当然，做贝叶斯推断时，所用先验分布可以随心所欲。不过，状态方程式（8.5）表明应采用层次先验分布。这里采用一个自然共轭先验分布。为了便于与第 3 章采用自然共轭先验分布建立的正态线性回归模型而得出的结论相比较，求同存异，需要将局部水平模型做一些改变。首先定义一个 $(T-1) \times T$ 阶的一阶差分矩阵

$$D = \begin{bmatrix} -1 & 1 & 0 & 0 & \cdots & \cdots & 0 \\ 0 & -1 & 1 & 0 & \cdots & \cdots & 0 \\ \cdots & \cdots & \cdots & \cdots & \cdots & \cdots & \cdots \\ 0 & \cdots & \cdots & 0 & 0 & -1 & 1 \end{bmatrix} \tag{8.8}$$

怎么能把它与状态空间模型联系起来呢？注意

$$D\alpha = \begin{bmatrix} \alpha_2 - \alpha_1 \\ \cdot \\ \cdot \\ \alpha_T - \alpha_{T-1} \end{bmatrix}$$

因此，状态方程式（8.5）可以写为

$$D\alpha = u$$

其中，$u = (u_1, \cdots, u_{T-1})'$。如果假设 u 服从正态分布，根据状态方程可以确定 $D\alpha$ 是正态

层次先验分布。

上面模型参数的先验分布设定还不完整，还需要有 h 和 α_1 的先验分布。首先将式（8.7）写为

$$y = W\theta + \varepsilon \tag{8.9}$$

其中

$$\theta = \begin{bmatrix} \alpha_1 \\ \alpha_2 - \alpha_1 \\ \cdot \\ \cdot \\ \alpha_T - \alpha_{T-1} \end{bmatrix}$$

以及

$$W = \begin{pmatrix} 1 & 0'_{T-1} \\ \iota_{T-1} & C \end{pmatrix}$$

其中，ι_{T-1} 为所有元素为 1 的 T-1 阶向量。矩阵相乘，结果直接表明式（8.9）和式（8.7）恰好等价。矩阵求逆，结果直接表明 C（即矩阵 D 剔出第一列后的逆）是 $(T-1) \times (T-1)$ 阶下三角矩阵，所有非零元素等于 1。也就是说，矩阵 C 下三角的所有元素等于 1，上三角的所有元素等于 0。

首先要做的是诱导 θ 和 h 的自然共轭先验分布

$$\theta, h \sim NG\left(\underline{\theta}, \ \underline{V}, \ \underline{s}^{-2}, \ \underline{v}\right) \tag{8.10}$$

读者可以回顾第 3 章，了解正态-伽马分布的符号含义及性质。

状态方程中涉及 $\underline{\theta}$ 和 $\underline{V}$ 这两个先验信息。设 $\underline{\theta}$ 和 $\underline{V}$ 的具体结构为

$$\underline{\theta} = \begin{pmatrix} \underline{\theta}_1 \\ 0 \\ \cdot \\ \cdot \\ 0 \end{pmatrix} \tag{8.11}$$

$$\underline{V} = \begin{pmatrix} \underline{V}_{11} & 0'_{T-1} \\ 0_{T-1} & \eta I_{T-1} \end{pmatrix} \tag{8.12}$$

根据这个先验设定，$\alpha_{t+1} - \alpha_t$ 服从 $N = (0, \eta h^{-1})$，这恰好是本节开始所做的假设。由于这个先验设定取决于参数 η，所以具有层次结构。此外，设初始条件 α_1 的先验分布为 $N\left(\underline{\theta}_1, h^{-1}\underline{V}_{11}\right)$。

是时候做个总结了。上面所做的无非是把局部水平模型写成熟悉的正态线性回归模型，先验分布采用自然共轭分布。由于这是一个涉及状态空间模型的时间序列问题，自身就说明了如何选择先验分布。在贝叶斯分析范式中，把状态方程看作一个先验分布，不仅顺理成章，而且极具吸引力。不过需要指出一点，非贝叶斯计量经济学把层次先验分布看作似然函数的一部分。之前各章强调过，在很多模型中，模型哪部分归结为"似然函数"，哪部分归结为"先验分布"，有时显得很随意。

8.2.2　后验分布

如果采用自然共轭分布作为先验分布，正态线性回归模型的标准结论（见第3章）是 θ 和 h 的后验分布 $p(\theta, h|y)$ 服从 $NG(\bar{\theta}, \bar{V}, \bar{s}^{-2}, \bar{v})$，其中

$$\bar{\theta} = \bar{V}\left(\underline{V}^{-1}\underline{\theta} + W'y\right) \tag{8.13}$$

$$\bar{V} = \left(\underline{V}^{-1} + W'W\right)^{-1} \tag{8.14}$$

$$\bar{v} = \underline{v} + T \tag{8.15}$$

以及

$$\bar{v}\bar{s}^2 = \underline{v}\underline{s}^2 + \left(y - W\bar{\theta}\right)'\left(y - W\bar{\theta}\right) + \left(\bar{\theta} - \underline{\theta}\right)'\underline{V}^{-1}\left(\bar{\theta} - \underline{\theta}\right) \tag{8.16}$$

根据正态–伽马分布的性质，很容易将式（8.9）的参数表示转化为式（8.7）所示的参数表示。也就是说，$p(\theta|h, y)$ 为正态分布，并且知道正态分布的线性组合依然是正态分布（见附录B定理，B.10）。因此，如果 (θ, h) 的后验分布为 $NG(\bar{\theta}, \bar{V}, \bar{s}^2, \bar{v})$，则 (α, h) 的后验分布为 $NG(\bar{\alpha}, \bar{V}_\alpha, \bar{s}^2, \bar{v})$

其中

$$\bar{\alpha} = W\bar{\theta} \tag{8.17}$$

以及

$$\bar{V}_\alpha = W\bar{V}W' \tag{8.18}$$

因为使用自然共轭先验分布，能获得后验分布的解析解，也就不需要进行后验模拟。还有一点特别有趣，局部水平模型是回归模型，其回归系数个数等于观测值个数。在回归分析中，回归系数个数通常会远远小于观测值个数（之前各章所说的 $k \ll N$）。不过，局部水平模型表明，很多时候可以利用先验信息对参数数量巨大的模型做有效的后验推断。换一种表示方式就会发现问题，为什么没有刚好得到点 $\alpha = y$ 处的退化后验分布。毕竟，对于所有 t，设 $\alpha_t = y_t$ 会得到一个完美的拟合模型。此时，对于所有 t，$\varepsilon_t = 0$。可以证明在该点处，似然函数值无穷大。不过，由于有先验信息，贝叶斯后验分布并不位于似然函数取值无穷大处。根据状态方程，α_{t+1} 和 α_t 趋于同一个值，这会使得后验分布远离完美拟合点。在状态空间模型文献中，称为状态向量平滑（smoothing）。

由于这里考察的模型仅仅是采用自然共轭先验分布的正态线性回归模型，利用第3章所述的方法可以进行模型比较和预测。

8.2.3　实证贝叶斯方法

在前一章，要么使用主观诱导的先验分布，要么使用无信息先验分布。在本章框架下，如果主观诱导先验分布，意味着要选取 $\underline{\theta}$、$\underline{V}$、$\underline{s}^2$ 和 $\underline{v}$ 的值。如果采用无信息先验分布，$\underline{V}$ 和 $\underline{v}$ 取无信息值 $\underline{v} = 0$ 和 $\underline{V}^- = 0_{T \times T}$（见第3章3.5节）。[①] 不过，上述两种方法都有缺陷。主观诱导先验分布可能很困难，即使诱导出来，也可能会遭到使用其他先验分布学

[①]　需牢记一点，如何选择 $\underline{s}^{-2}$ 和 $\underline{v}$ 的非信息性值无关紧要。

者的批评和责难。如果使用无信息先验分布，由于得到的边缘似然函数没有定义，也就无法做贝叶斯模型比较。正因如此，一些贝叶斯计量经济学家使用所谓的实证贝叶斯方法来解决上述两个问题。鉴于局部水平模型应用中会出现一些大家感兴趣的问题，利用局部水平模型介绍实证贝叶斯方法责无旁贷。但实证贝叶斯方法不限于此，它可以用于其他模型，尤其适用于第7章和本章介绍的层次先验分布模型。不过要指出，实证贝叶斯方法并非完美无缺。由于实证贝叶斯方法首先利用数据选择先验超参数值，之后再利用这部分数据进行标准贝叶斯分析，这种二次使用数据的方式，遭到部分学者的质疑和批评。

使用实证贝叶斯方法，需要利用数据估计先验超参数，而不是主观选取超参数的值，或者设超参数取无信息值。边缘似然函数是解决此问题的最佳选择。具体来说，只要选择了先验超参数，就能计算出边缘似然函数。选择使得边缘似然函数最大的先验超参数值，做实证贝叶斯分析。不过，从所有可能的先验超参数值中进行搜索，困难之大可想而知。因此，往往只对一个或两个关键先验超参数使用实证贝叶斯方法。下面就以局部水平模型为例，说明如何使用实证贝叶斯方法。

对于式（8.10）、式（8.11）和式（8.12）所示的局部水平模型，其先验分布取决于五个超参数：η、$\underline{\theta}_1$、$\underline{V}_{11}$、$\underline{s}^{-2}$ 和 $\underline{v}$。毫无疑问，η 是最重要的超参数，代表着实证贝叶斯方法。毕竟在状态空间模型中，超参数 η 表示随机游走部分的相对大小，因此很难主观诱导超参数 η 的值。此外，如果想当然地将 η 取"无信息"极限值 $\eta \to \infty$，没有多大意义。因为 $\eta \to \infty$ 表示随机趋势成分完全优于不规则成分。这绝不是无信息的，而是极具信息性。因此，这里重点研究超参数 η。首先假设研究人员能够主观诱导超参数 $\underline{\theta}_1$、$\underline{V}_{11}$、$\underline{s}^{-2}$ 和 $\underline{v}$ 的取值。

根据第3章的结论（见式（3.34）），局部水平模型的边缘似然函数为

$$p\left(y \mid \eta \right) = c \left(\frac{|\bar{V}|}{|\underline{V}|} \right)^{1/2} \left(\overline{vs}^2 \right)^{-\bar{v}/2} \tag{8.19}$$

其中

$$c = \frac{\Gamma\left(\dfrac{\bar{v}}{2} \right) \left(\underline{v}\underline{s}^2 \right)^{\underline{v}/2}}{\Gamma\left(\dfrac{\underline{v}}{2} \right) \pi^{T/2}} \tag{8.20}$$

式（8.19）清楚地表明，边缘似然函数可看作是超参数 η 的函数（即前一章用符号 $p(y)$ 或 $p(y|M_j)$ 表示边缘似然函数。在这里，其值明显取决于 η）。进行实证贝叶斯分析的标准做法是选择 $\hat{\eta}$，即使得式（8.19）中 $p(y|\eta)$ 最大的 η 值。之后将 $\hat{\eta}$ 值代入式（8.12），就可以利用式（8.13）至式（8.18）做标准后验分析。对于局部水平模型，可以利用梯度搜索方法找到 $\hat{\eta}$。也就是说，研究人员在合适的梯度上，简单计算每个 η 值的 $p(y|\eta)$ 结果，之后选择使得 $p(y|\eta)$ 最大的那个 η 值，就是 $\hat{\eta}$。

在实证贝叶斯估计中，更为正式的办法是直接将 η 看作一个参数，之后利用条件概率法则进行贝叶斯推断。如果将 η 看作一个未知参数，根据贝叶斯定理，

$p(\eta|y) \propto p(y|\eta)p(\eta)$，其中，$p(\eta)$为先验分布，则有

$$p(\eta \mid y) \propto c\left(\frac{|\bar{V}|}{|\underline{V}|}\right)^{1/2} \left(\overline{vs^2}\right)^{-\bar{v}/2} p(\eta) \tag{8.21}$$

利用这个后验分布可以对η作统计推断。如果对模型的其他参数感兴趣，可以利用
$$p(\theta, h, \eta|y) = p(\theta, h|y, \eta) p(\eta|y)$$
作统计推断。因为$p(\theta, h|y, \eta)$服从正态-伽马分布（即以给定η的特定值为条件，式（8.13）至式（8.18）的后验结论成立），并且$p(\eta|y)$为一维，本模型可以用蒙特卡罗积分方法实施后验推断。即从$p(\eta|y) \propto p(y|\eta)p(\eta)$提取样本，给定这些样本，从$p(\theta, h|y, \eta)$提取样本，进而得到联合后验分布抽样。顺便提一下，如何从$p(\eta|y)$提取样本取决于$p(\eta)$的确切形式。不过，从单变量分布中提取样本的简单办法是利用离散分布来逼近。也就是说，对于梯度η_1，$\cdots$，η_B上的B个不同点，计算$p(\eta|y)$，得到$p(\eta_1|y)$，$\cdots$，$p(\eta_B|y)$的值。从得到的离散分布提取η的样本（即由$p(\eta = \eta_i) = p(\eta_i|y)$定义的分布，$i=1$，$\cdots$，$B$），近似等于从$p(\eta|y)$提取样本。随着$B$的增大，近似效果越来越好。在下面的实例中，就使用这种简单实用的方法对局部水平模型进行贝叶斯推断。

前述局部水平模型使用实证贝叶斯方法，需要选择超参数$\underline{\theta}_1$、$\underline{V}_{11}$、$\underline{s}^{-2}$和$\underline{v}$的值（如果采用上一段所述的第二种方法，还需要选择$p(\eta)$）。对于此类先验超参数以及大多数采用层次先验分布的模型（例如第7章的面板数据模型），普遍采用无信息先验分布。这种做法的效果还不错。尽管如此，对于局部水平模型，这种选择方式行不通。关于这一点，值得详细讨论。对于存在较多参数的模型，其贝叶斯推断都会存在这样的问题。

首先考虑如果设$\underline{v}$和$\underline{V}_{11}$取极限值$\underline{v} = \underline{V}_{11}^{-1} = 0$，会出现什么后果。此种情况下，$\underline{\theta}_1$和$\underline{s}^{-2}$的取值无关紧要。对于此类无信息先验分布，可以直接证明后验分布$p(\theta, \sigma^{-2}|y, \eta)$有定义。不过对于边缘似然函数，存在两个问题。第一个问题，无法确定式（8.20）的积分常数。这是之前已经讨论过的标准问题（例如，见第2章2.5节）。到目前为止，由于关注的是参数η，或者关注的是比较现有模型与其他误差方差具有相同无信息先验分布模型的边缘似然函数，此时第一个问题不算是严重问题。积分常数要么没有出现，要么通过求导消掉了（例如贝叶斯因子），可以忽略不计。第二个问题，当$\eta \to \infty$时，$\overline{vs^2}$趋于0。为什么会如此？注意到如果所有参数都取无信息先验分布，有$\bar{\theta} = (W'W)^{-1}W'y$和$y - W\bar{\theta} = 0_T$。这里就不给出数学证明过程了。不过通过这种简化足以表明，当$\eta \to \infty$时，式（8.10）的边缘似然函数变得无穷大。因此，对于任何数据，实证贝叶斯分析都会设$\hat{\eta} \to \infty$。可以证明此时有$E(\alpha|y) = y$，不会出现状态变量的平滑现象。因此，对于局部水平模型，如果$\underline{v}$和$\underline{V}_{11}^{-1}$取无信息先验分布，则实证贝叶斯方法失效。对于式（8.7）的线性回归模型，之所以会出现这个问题（大多数模型都不会出现这个问题），是因为解释变量个数等于观测值个数，可能会出现回归线完全拟合的情况。这里提出的基本观点是，如果模型参数较多，研究就要加倍小心，避免采用不适当的无信息先验分布。

通过前面的论述，我们知道局部水平模型不能使用$\underline{v} = \underline{V}_{11}^{-1} = 0$的实证贝叶斯方法。

不过，可以证明，如果设 $\underline{v} > 0$ 或者 $\underline{V}_{11}^{-1} > 0$（并且 $\underline{s}^2$ 和 $\underline{\theta}_1$ 选择合适的值），依然可以使用实证贝叶斯方法。直觉上，只要设定 $\underline{v} > 0$ 或者 $\underline{V}_{11}^{-1} > 0$，当 $\eta \rightarrow \infty$ 时，式（8.16）的 $\overline{vs^2}$ 就不会趋于 0。还须重点强调一下，只要设 $\underline{v} > 0$ 或者 $\underline{V}_{11}^{-1} > 0$，此时局部水平模型就可以使用实证贝叶斯方法，$h$ 和 θ_1 无须采用信息先验分布。

另外一种方法是将 η 看作参数（见式（8.21））。如果设 $\underline{v} = \underline{V}_{11}^{-1} = 0$，并且 η 使用不适当的先验分布，依然会出现类似的问题。举例来说，如果设 $\underline{v} = \underline{V}_{11}^{-1} = 0$，$p(\eta)$ 选择不适当的区间 $(0, \infty)$ 上的均匀分布，结果会发现 $p(\eta|y)$ 不是有效概率密度函数（即也是不适当的）。不过，如果设 $\underline{v} > 0$ 或者 $\underline{V}_{11}^{-1} > 0$，或者选择 $p(\eta)$ 为适当的概率密度函数，$p(\eta|y)$ 就是有效后验密度函数。因此，如果将 η 看作未知参数，且能找到 η 或 h 或 θ_1 的先验信息，依然可以进行贝叶斯推断。

8.2.4 实例：局部水平模型

下面举例说明局部水平模型如何做实证贝叶斯推断。首先根据式（8.4）和式（8.5）给定的模型，取 $\eta = 1$，$h = 1$ 以及 $\theta_1 \equiv \alpha_1 = 1$ 生成人造数据。对于先验分布，取 $\theta, h \sim NG(\underline{\theta}, \underline{V}, \underline{s}^{-2}, \underline{v})$，其中，$\underline{\theta}$ 和 $\underline{V}$ 如式（8.11）和式（8.12）所示。首先考虑四种先验信息设定。第一种先验信息设定，假设对所有参数信息都知之甚少，并设 $\underline{v} = 0.01$，$\underline{s}^{-2} = 1$，$\underline{\theta}_1 = 1$ 以及 $\underline{V}_{11} = 100$。注意，这个先验信息是生成数据所用参数值的中心（即 $\underline{s}^{-2} = 1$，$\underline{\theta}_1 = 1$），但表示这些值具有极度不确定性。也就是说，h 的先验信息所包含的信息，与观测值 0.01、初始条件的先验方差为 100 所包含的信息一样多。第二种先验信息设定中，除了设 h 完全没有信息以外（即 $\underline{v} = 0$），其他条件与第一种先验信息设定相同。第三种先验信息设定中，除了设 θ_1 完全没有信息外（即 $\underline{V}_{11}^{-1} = 0$），其余条件和第一种先验信息设定相同。第四种先验信息则设定参数 h 和 θ_1 都完全没有信息（即 $\underline{v} = \underline{V}_{11}^{-1} = 0$）。根据前面的讨论所知，对于第四种先验信息设定，无法应用实证贝叶斯方法。

图 8-1 给出了边缘似然函数的图像，η 值的梯度在 0 到 10 之间。四种先验信息的图像都极为相像。对于前三个先验信息，η 的实证贝叶斯估计值分别为 $\hat{\eta} = 0.828$，$\hat{\eta} = 0.828$ 和 $\hat{\eta} = 0.823$。实际上，即使是采用完全无信息设定（$\hat{\eta} \rightarrow \infty$），如果区间限制在 $(0, 10)$ 之间，也会得到 $\hat{\eta} = 0.829$。即使采用完全无信息先验设定，也仅当 η 取值极大时，才会出现反常结果。利用式（8.21）可以推导出 $p(\eta|y)$。由于没有设定 $p(\eta)$ 的形式，这意味着即使 $p(\eta)$ 选取区间 $(0, \infty)$ 上不适当的均匀先验分布，也不影响实例的分析。这种情况可以这样理解，实例说明如果所有参数都使用完全无信息先验分布，则 $p(\eta|y)$ 是有偏（不适当）分布。点 $\eta = 0.829$ 为众数，之后 $p(\eta|y)$ 逐渐增加，当 $\eta \rightarrow \infty$ 时，$p(\eta|y)$ 趋于无穷。使用基于图 8-1 的结论，等价于 η 使用区间 $(0, 10)$ 上的均匀分布。η 使用这样的先验分布，足以确保得到有意义的实证贝叶斯结论。

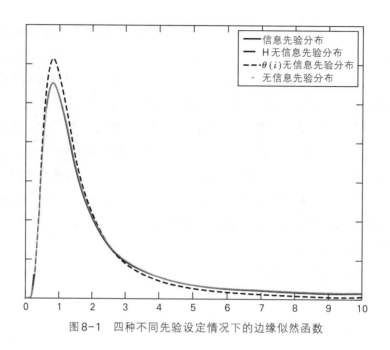

图8-1 四种不同先验设定情况下的边缘似然函数

    总而言之，实证贝叶斯方法的使用者往往只重点关注其中一个参数，其他参数均采用无信息先验分布。在局部水平模型中，如果采用自然共轭先验分布，这等于设定 $\underline{v} = \underline{V}_{11}^{-1} = 0$，并利用实证贝叶斯方法估计 η。根据前一小节的研究结果，理论上这几乎是不可能完成的任务，因为总是会得到 $\hat{\eta} \to \infty$。不过从实例的实际结果看，这种反常结果可能并不是重要问题。也就是说，仅需要知道 h 或初始条件或 η 的一点点信息，就能确保实证贝叶斯方法运行良好。

    到目前为止，我们专注于 η 的研究。不过关注的重点往往是状态方程，具体来说是估计模型的随机趋势。那么在这种情况下，如何应用实证贝叶斯方法呢？这里重点研究前一节第二种先验信息设定，只知道 h 的一点点先验信息（$\underline{v} = 0.01$，$\underline{s}^{-2} = 1$），而对其他信息一无所知。对于其他先验信息设定方式，得到的结论基本相同。通过设 $h=1$ 和 $\theta_1=1$，而分别取 $\eta=0$，0.1，1 和 100，模拟得到四组人造数据。

    图8-2（a）~（d）给出了这四组数据的趋势图。根据实证贝叶斯方法选择 η 值，利用式（8.17）计算 $E(\alpha|y)$。图中 $E(\alpha|y)$ 称为"拟合趋势"。在时间序列中，α 可看作随机趋势，往往是时间序列分析重点关注的统计量。在讨论随机趋势之前，有必要讨论一下数据本身。之所以 η 选择取不同值，目的是想说明 η 在确定数据特性方面的作用。根据图8-2α，没有随机趋势的时间序列（$\eta=0$）展现出围绕均值随机波动的特征。不过随着 η 的增加，趋势行为变得越来越明显。当 η 变得非常大时（见图8-2d），随机趋势逐渐起决定性作用，时间序列在较大的取值区间内平滑地随机游走。

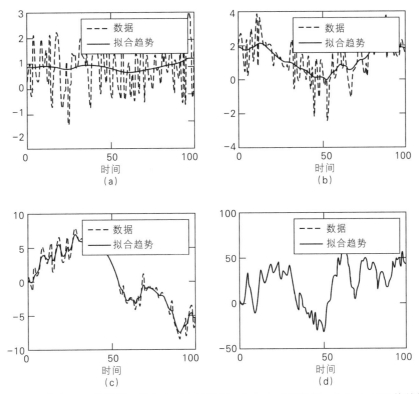

图8-2　(a) $h=0$ 的数据；(b) $h=0.1$ 的数据；(c) $h=1$ 的数据；(d) $h=100$ 的数据

对于实证贝叶斯方法所选择的 h，其估计值与生成人造数据所用的 h 值非常接近，得到的拟合趋势也非常有意义。在图8-2（a）中，没有趋势，拟合的随机趋势也几乎不存在（即几乎就是一条水平直线）。在图8-2（d）中，趋势起决定作用，拟合随机趋势与数据匹配得非常好（实际上很难发现图8-2（d）中的两条线有什么不同）。图8-2（b）和图8-2（c）的图像介于二者之间。

|8.3| 一般状态空间模型

本节讨论一个更一般的状态空间模型，即状态空间模型，写作

$$y_t = X_t \beta + Z_t \alpha_t + \varepsilon_t \tag{8.22}$$

以及

$$\alpha_{t+1} = T_t \alpha_t + u_t \tag{8.23}$$

这个模型表示与局部水平模型稍有区别，这里 α_t 可以是 $p×1$ 维向量，包含 p 个状态方程。进一步假设 ε_t 是独立同分布，服从 N（0，h^{-1}）。但 u_t 为 $p×1$ 维随机向量、独立同分布，服从 N（0，h^{-1}）。且对于所有的 s 和 t，ε_t 和 u_s 相互独立。X_t 和 Z_t 分别是 $1×k$ 维和 $1×p$ 维向量，包含解释变量和/或已知常数。T_t 为 $p×p$ 已知常数矩阵。如果 T_t 包含未知参数，可以按照下面所述方式来处理。

这个状态空间模型可能并不是最一般的模型（模型扩展见下节），但它的确包含了多种模型形式。要理解这个状态空间模型的各种行为，就需要讨论几种特殊情况。第一个特殊情况是局部水平模型，只需要设式（8.22）和式（8.23）中的 $p=1$，$k=0$，$T_t=1$ 以及 $Z_t=1$。局部水平模型可以将时间序列分解为随机趋势和不规则成分。第二个特殊情况是第 3 章和第 4 章所述的正态线性回归模型，只需要设式（8.22）的 $Z_t=0$。第三个特殊情况是带时变参数的正态线性回归模型，只需要 Z_t 包含某些或全部解释变量。第四个特殊情况为结构时间序列模型。许多结构时间序列模型可以写成式（8.22）和式（8.23）的形式。如果读者对此模型感兴趣，可以阅读 Durbin 和 Koopman（2001，第 3 章）的相关讨论，包括季节性问题，包括如何将普遍使用的整的自回归移动平均模型（或 ARIMA）写成状态空间模型形式。这里仅说明如何将一种普通的结构时间序列模型，即所谓的局部线性趋势模型写成状态空间形式。这个模型类似于局部水平模型，但趋势随时间变化而变化。即

$$y_t = \mu_t + \varepsilon_t$$
$$\mu_{t+1} = \mu_t + v_t + \xi_t$$

以及

$$v_{t+1} = v_t + \zeta_t$$

其中，ξ_t 是独立同分布，服从 $N(0, \sigma_\xi^2)$；ζ_t 是独立同分布，服从 $N(0, \sigma_\zeta^2)$。同时所有误差项都相互独立。可以发现只需设

$$\alpha_t = \begin{pmatrix} \mu_t \\ v_t \end{pmatrix}$$

$$u_t = \begin{pmatrix} \xi_t \\ \zeta_t \end{pmatrix}$$

$$T_t = \begin{pmatrix} 1 & 1 \\ 0 & 1 \end{pmatrix}$$

$$Z_t = (1 \quad 0)$$

$$H = \begin{pmatrix} \sigma_\xi^2 & 0 \\ 0 & \sigma_\zeta^2 \end{pmatrix}$$

和 $\beta=0$，这个局部线性趋势模型可以写成状态空间模型形式。简而言之，各种各样有用的回归模型和时间序列模型都能写成状态空间模型形式。

8.3.1 状态空间模型的贝叶斯计算

本书一直强调，贝叶斯推断的优势在于其本质是模块化。很多复杂模型的后验计算方法，通过简单模型的简单组合结果就可以得到。状态空间模型就是考察贝叶斯计算方法的绝佳例子。因此，这里跳过写出似然函数、先验分布和后验分布这些步骤，直接讨论贝叶斯计算问题，看看如何利用前几章的结论，对本模型实施贝叶斯推断。我们会发现后验模拟变得复杂，原因是与第 7 章式（7.17）类似，α 的条件后验分布不再与时间无关（即式（8.23）表明 α_t 和 α_{t-1} 不再相互独立）。这意味着不能简单地、一次性地从 α_t 提取出样本。直接进行 Gibbs 抽样涉及从 T 维正态分布进行随机抽样。一般来说，这会降低抽样速度。好在 DeJong 和 Shephard（1995）介绍了一种有效的 Gibbs 抽样方法，

可以解决此类模型的抽样问题。

考察式（8.22）就会发现，只要已知 α_t（与未观察到取值相对应），$t=1, \cdots, T$，状态空间模型退化为正态线性回归模型

$$y_t^* = X_t\beta + \varepsilon_t$$

其中，$y_t^* = y_t - Z_t\alpha_t$。此时除了因变量利用 y_t^* 替换 y 之外，前面几章中正态线性回归模型的所有结论都能使用。这表明，状态空间模型需要建立数据增强型 Gibbs 抽样器。也就是说，$p(\beta, h|y, \alpha_1, \cdots, \alpha_T)$ 具有第 3 章或第 4 章给出的简单形式，至于到底是哪个取决于所选择的先验分布。同样，如果 α_t 已知，状态方程式（8.23）就变成第 6 章（6.6 节）所述的似不相关回归（SUR）线性回归模型形式，$t = 1, \cdots, T$。$p(H|y, \alpha_1, \cdots, \alpha_T)$ 也变成大家熟悉的形式。[①]因此，如果能得到从 $p(\alpha_1, \cdots, \alpha_T|y, \beta, h, H)$ 提取样本的方法，就完全可以建立一个数据增强型 Gibbs 抽样器，用于解决状态空间模型的贝叶斯推断问题。下文针对一个具体的先验分布，建立这种 Gibbs 抽样器。但需强调的是，可以使用其他先验分布，不过需进行微小调整。

在这里，β 和 h 的先验分布采用独立正态–伽马分布，H 的先验分布采用 Wishart 分布，$\alpha_1, \cdots, \alpha_T$ 的先验分布根据状态方程确定。具体来说，假设先验分布形式为

$$p(\beta, h, H, \alpha_1, \cdots, \alpha_T) = p(\beta) p(h) p(H) p(\alpha_1, \cdots, \alpha_T|H)$$

其中

$$p(\beta) = f_N\left(\beta \,\middle|\, \underline{\beta}, \underline{V}\right) \tag{8.24}$$

$$p(h) = f_G\left(h \,\middle|\, \underline{s}^{-2}, \underline{v}\right) \tag{8.25}$$

以及

$$p(H) = f_W\left(H \,\middle|\, \underline{v}_H, \underline{H}\right) \tag{8.26}$$

对于状态向量的元素，将式（8.23）看作层次先验分布。如果将式（8.23）的时间下标看作从 0 开始（即 $t = 0, 1, \cdots, T$），并假设 $\alpha_0 = 0$，状态方程甚至为初始条件提供了先验信息。用数学语言说，相当于将这部分先验分布写成

$$p(\alpha_1, \cdots, \alpha_T|H) = p(\alpha_1|H) p(\alpha_2|\alpha_1, H) \cdots p(\alpha_T|\alpha_{T-1}, H)$$

其中，对于 $t = 1, \cdots, T - 1$

$$p(\alpha_{T+1}|\alpha_T, H) = f_N(\alpha_{T+1}|T_t\alpha_T, H) \tag{8.27}$$

以及

$$p(\alpha_1|H) = f_N(\alpha_1|0, H) \tag{8.28}$$

注意，H 和局部水平模型中的 η 作用相同。不过，由于 H 是 $p\times p$ 矩阵，对于这个高维模型，很难应用实证贝叶斯方法。此外，这里不再使用自然共轭先验分布，意味着 8.2 节的解析结果不再成立。

---

① 对于 T_t 包含未知参数的情况，涉及从 $p(H, T_1, \cdots, T_T|y, \alpha_1, \cdots, \alpha_T)$ 提取样本。这通常很容易完成。对于普通时不变（time-invariant）情形，$T_1 = \cdots = T_T$，$p(H, T_1, \cdots, T_T|y, \alpha_1, \cdots, \alpha_T)$ 简化成了 SUR 模型形式。

上述推理表明，最终目标是数据增强型Gibbs抽样器，从 $p(\beta|y, \alpha_1, \cdots, \alpha_T)$，$p(h|y, \alpha_1, \cdots, \alpha_T)$，$p(H|y, \alpha_1, \cdots, \alpha_T)$ 和 $p(\alpha_1, \cdots, \alpha_T|y, \beta, h, H)$ 序贯提取样本。对于前三个条件后验分布，可以利用前几章的结论来处理。具体来说，根据第4章的结果（4.2.2节），有

$$\beta|\, y,\ h,\ \alpha_1,\ ...,\ \alpha_T \sim N\big(\bar{\beta},\ \bar{V}\big) \tag{8.29}$$

以及

$$h|\, y,\ \beta,\ \alpha_1,\ ...,\ \alpha_T \sim G\big(\bar{s}^{-2},\ \bar{v}\big) \tag{8.30}$$

其中

$$\bar{V} = \left(\underline{V}^{-1} + h\sum_{t=1}^{T} X'_t X_t \right)^{-1} \tag{8.31}$$

$$\bar{\beta} = \bar{V}\left(\underline{V}^{-1}\underline{\beta} + h\sum_{t=1}^{T} X'_t \big(y_t - Z_t \alpha_t\big) \right) \tag{8.32}$$

$$\bar{v} = T + \underline{v} \tag{8.33}$$

以及

$$\bar{s}^2 = \frac{\sum_{t=1}^{T} \big(y_t - X_t\beta - Z_t\alpha_t\big)^2 + \underline{v}\underline{s}^2}{\bar{v}} \tag{8.34}$$

根据第6章（6.6.3节）SUR模型（没有解释变量）的相关结论，可得

$$H|\, y,\ \alpha_1,\ ...,\ \alpha_T \sim W\big(\bar{v}_H, \bar{H}\big) \tag{8.35}$$

其中

$$\bar{v}_H = T + \underline{v}_H \tag{8.36}$$

和

$$\bar{H} = \left[\underline{H}^{-1} + \sum_{t=0}^{T-1} \big(\alpha_{t+1} - T_t\alpha_t\big)\big(\alpha_{t+1} - T_t\alpha_t\big)' \right]^{-1} \tag{8.37}$$

要建立我们的Gibbs抽样器，还需得到 $p(\alpha_1, \cdots, \alpha_T|y, \beta, h, H)$ 以及从中提取样本的方式。尽管不难写出这个多元正态分布，但实践中不太容易提取随机抽样。这是因为这是一个 T 维分布，并且其元素之间高度相关。也正因如此，有许多统计学文献试图找到对这个分布进行随机抽样的有效办法（Carter和Kohn（1994）以及DeJong和Shephard（1995）这两篇文献做出了重要贡献）。这里采用DeJong和Shephard（1995）提出的方法，在许多应用中采用这个方法都取得了良好效果。如果读者对此方法的证明和推导感兴趣，可以阅读该文献。DeJong和Shephard（1995）的状态空间模型要比这里用的更具一般性，其形式为

$$y_t = X_t\beta + Z_t\alpha_t + G_t v_t \tag{8.38}$$

以及

$$\alpha_{t+1} = T_t\alpha_t + J_t v_t \tag{8.39}$$

式（8.38）中 $t=1, \cdots, T$，式（8.39）中 $t=0, \cdots, T$ 且 $\alpha_0=0$，v_t 是独立同分布，服从 $N(0, h^{-1}I_{p+1})$。其他变量和参数的定义与我们所用的状态空间模型一样。可以发现，只

要设

$$v_t = \begin{pmatrix} \varepsilon_t \\ u_t \end{pmatrix}$$

设（p+1）维行向量 G_t 为

$$G_t = (1 \quad 0 .. \quad 0)$$

并设 $p \times (p+1)$ 矩阵 J_t 为

$$J_t = [0_p \ A]$$

其中，A 为 p×p 矩阵，由

$$H^{-1} = \frac{1}{h} A A'$$

确定，则我们的状态空间模型就与式（8.38）和式（8.39）表示的模型相同。

由于 Gibbs 抽样器需要从 $p(\alpha_1, \cdots, \alpha_T | y, \beta, h, H)$ 提取样本，因此式（8.38）和式（8.39）中除了 α_t 和 v_t 之外的所有变量和参数都看作已知。DeJong 和 Shephard（1995）[①]的贡献是提出了一种算法，通过选择不同的 F_t，从 $\eta_t = F_t v_t$ 提取样本。从 η_t 提取样本可以转换为从 α_t 提取样本。这里采用这个算法时，任意选取 F_t，不过通常选择设 $F_t = J_t$。这样从状态方程误差项中提取样本后，可以直接转换成所需的 α_t 抽样。

DeJong 和 Shephard（1995）将他们的算法称为模拟平滑器（simulation smoother）。采用模拟平滑器算法，首先设 $a_1 = 0$，$P_1 = J_0 J_0'$，并计算 $t = 1, \cdots, T$ 的取值[②]

$$e_t = y_t - X_t\beta - Z_t a_t \tag{8.40}$$

$$D_t = Z_t P_t Z_t' + G_t G_t' \tag{8.41}$$

$$K_t = (T_t P_t Z_t' + J_t G_t') D_t^{-1} \tag{8.42}$$

$$\alpha_{t+1} = T_t \alpha_t + K_t e_t \tag{8.43}$$

以及

$$P_{t+1} = T_t P_t (T_t - K_t Z_t)' + J_t (J_t - K_t G_t) \tag{8.44}$$

将 e_t、D_t 和 K_t 的值存储起来，之后逆着时间顺序（即 $t = T, T-1, \cdots, 1$）再计算出一组数值。首先设 $r_T = 0$ 和 $U_T = 0$，之后计算

$$C_t = F_t (I - G_t' D_t^{-1} G_t - [J_t - K_t G_t]' U_t [J_t - K_t G_t]) F_t' \tag{8.45}$$

$$\xi_t \sim N(0, h^{-1}C_t) \tag{8.46}$$

$$V_t = F_t (G_t' D_t^{-1} Z_t + [J_t - K_t G_t]' U_t [T_t - K_t Z_t]) \tag{8.47}$$

$$r_{t-1} = Z_t' D_t^{-1} e_t + (T_t - K_t Z_t)' r_t - V_t' C_t^{-1} \xi_t \tag{8.48}$$

$$U_{t-1} = Z_t' D_t^{-1} Z_t + (T_t - K_t Z_t)' U_t (T_t - K_t Z_t) + V_t' C_t^{-1} V_t \tag{8.49}$$

以及

$$\eta_t = F_t (G_t' D_t^{-1} e_t + [J_t - K_t G_t]' r_t) + \xi_t \tag{8.50}$$

其中，$G_0 = 0$。利用这个算法得到 $\eta = (\eta_0, \cdots, \eta_T)'$，能够证明这正是 $p(\eta | y, \beta, h,$

---

① DeJong 和 Shephard (1995) 提出的算法还有一个好处，那就是计算机不需要有太大的存储空间，避免了必要的简并问题。这里就不对此做更多的讨论。

② 如果读者对状态空间的文献有所了解，就会知道这个计算称为运行卡尔曼滤波。

H）的随机抽样。取决于 F_t 的形式，能够将它转换成所需的 α_t 随机抽样，$t=1$，…，T。如果采用通常的选择，设 $F_t=J_t$，通过此算法可以得到状态方程误差项（即 $\eta_t=J_t v_t$）的随机抽样。利用式（8.39）以及 $\alpha_0=0$，就能将这个随机抽样转换成 α_t 的随机抽样。

这些公式看起来好复杂。不过，就算法而言，也就是一系列低维矩阵计算加上从正态分布提取随机抽样，就得到了 ξ_1。这种做法大大提高了计算机的运行速度。处理高维（例如 $T \times T$）矩阵的计算速度无疑非常慢。此外，在大多数应用中，矩阵 F_t、G_t、J_t 和 T_t 的形式都会比较简单，前面的方程也会简化。因此，很简单的任务就是认真编写 Gibbs 抽样器的各个组成部分的程序。

总之，利用前几章的结论，加上 DeJong 和 Shephard（1995）提出的算法，就能推导出数据增强型 Gibbs 抽样器，利用它可以序贯从 $p(\beta | y, \alpha_1, …, \alpha_T)$，$p(h | y, \alpha_1, …, \alpha_T)$，$p(H | y, \alpha_1, …, \alpha_T)$ 和 $p(\alpha_1, …, \alpha_T | y, \beta, h, H)$ 提取样本。只要得到了这个后验模拟器的输出结果，就可以和前几章（见第 4 章 4.2.3 节和 4.2.4 节）一样进行后验推断。直接利用第 4 章 4.2.6 节的方法可以对本模型进行预测推断。可以计算后验预测 p 值或 HPDI，了解模型的拟合情况和恰当性。利用 Chib 方法（见第 7 章 7.5 节）可以计算状态空间模型的边缘似然函数。Chib 方法的做法与第 7 章个体效应模型类似，需要把 $\alpha_1, …, \alpha_T$ 看作潜变量来处理。

8.3.2　实例：状态空间模型

下面举例说明状态空间模型的贝叶斯方法。这里使用 Koop 和 Potter（2001）分析所用的数据和某些模型。经济历史学家在研究工业革命和大萧条（例如见 Greasley and Oxley，1994）等历史问题时，会使用这个数据。这个数据包括英国 1701 年至 1992 年的工业产出的年度百分比变化。利用这个数据可以考察我们感兴趣的许多问题。本实例主要考察驱动工业产出增长的时间序列模型基本结构是否随着时间的变化而变化。为此，考虑时变系数的 AR（p）模型：

$$y_t = \alpha_{0t} + \alpha_{1t} y_{t-1} + \cdots + \alpha_{pt} y_{t-p} + e_t \tag{8.51}$$

其中，当 $i=0$，…，p 时

$$\alpha_{it+1} = \alpha_{it} + u_{it} \tag{8.52}$$

假设 ε_t 是独立同分布，服从 $N(0, h^{-1})$；u_{it} 是独立同分布，服从 $N(0, \lambda_i h^{-1})$。同时假设对于所有 s、t、r、i 和 j，ε_t、u_{is} 和 u_{jr} 相互独立。这么说吧，这是一个自回归模型，但自回归系数（以及截距项）随着时间逐渐演变。如果去掉 X_t，定义

$$\alpha_t = \begin{pmatrix} \alpha_{0t} \\ \alpha_{1t} \\ . \\ . \\ \alpha_{pt} \end{pmatrix}$$

$$u_t = \begin{pmatrix} u_{0t} \\ u_{1t} \\ . \\ . \\ u_{pt} \end{pmatrix}$$

$$Z_t = \begin{pmatrix} 1 & y_{t-1} & .. & y_{t-p} \end{pmatrix}$$

并设 $T_t = I_{p+1}$ 且

$$H^{-1} = h^{-1} \begin{pmatrix} \lambda_0 & 0 & 0 & . & 0 \\ 0 & \lambda_1 & . & . & . \\ . & 0 & . & . & . \\ . & . & . & . & 0 \\ 0 & . & . & . & \lambda_p \end{pmatrix}$$

能够发现，这个模型是状态空间模型式（8.22）和式（8.23）的特殊形式。本例选择 p =1 来说明模型结论。尽管之前利用本数据的文献表明，严谨的实证研究应该选择更大的滞后值 p。为了简化与初始条件有关的问题，四个因变量的数据都从 1705 年开始。这意味着式（8.51）中 y_{t-4} 总是存在观测数据。

参数 h 和 λ_i 采用信息先验分布[①]，$i=0$，$\cdots$，p。根据式（8.25），h 采用伽马先验分布，$\underline{v}=1$ 和 $\underline{s}^{-2}=1$。因为数据采用的是百分比变化，h 的先验分布聚集在某个值附近，并且 95% 的误差小于 2%。不过，h 的先验分布信息含量较少，它包含的信息与一个数据点（即 $\underline{v}=1$）的信息一样。如果 H 不是对角矩阵，可能需要设 H 的先验分布为 Wishart 分布。由于这里已经假设状态方程误差项之间相互无关，唯一需要做的是推导关于 λ_i 的 $p+1$ 个单变量先验分布。因此，当 $i=0$，$\cdots$，p 时，H 的 Wishart 先验分布式（8.26）可以简化为

$$p\left(\lambda_i^{-1} \right) = f_G\left(\lambda_i^{-1} \Big| \; \underline{\lambda}_i^{-1}, \underline{v}_i \right)$$

对于所有 i，都选择信息含量较少的值 $\underline{v}_i = 1$，但设 $\underline{\lambda}_i = 1$，使得 λ_i 先验分布的中心为 1。因为 AR（p）的系数通常很小（例如平稳 AR（1）过程，系数的绝对值都小于 1），这个先验分布的结果是系数随时间可能会发生相当大的变化。在这样的先验分布设定下，当 $i=0$，$\cdots$，p 时，H 的条件后验分布式（8.35）可以简化为

$$p\left(\lambda_i^{-1} \Big| \; y, \alpha_1, ..., \alpha_T \right) = f_G\left(\lambda_i^{-1} \Big| \; \bar{\lambda}_i^{-1}, \bar{v}_i \right)$$

其中

$$\bar{v}_i = T + \underline{v}_i$$

以及

$$\bar{\lambda}_i = \frac{h \sum_{t=0}^{T-1} \left(\alpha_{i,t+1} - \alpha_{it} \right) \left(\alpha_{i,t+1} - \alpha_{it} \right)' + \underline{v}_i \underline{\lambda}_i}{\bar{v}_i}$$

表 8-1 给出了状态空间模型的后验结果，使用了上述所说的数据和先验信息。Gibbs 抽样器共生成了 21 000 个样本，其中去掉前 1 000 个预热样本，保留之后的 20 000 个样本。表 8-1 的最后一列给出了 Geweke 收敛诊断，结果表明后验模拟器收敛。λ_0 和 λ_1 的后验均值和后验标准差表明，无论是截距项还是 AR（1）系数，参数都发生了较大

---

① 注意，这里并没有使用自然共轭先验分布，这意味着局部水平模型中得到的关于无信息先验分布的结论不再适用。Fernandez、Osiewalski 和 Steel（1997）的结论很重要，结论认为要得到适当的后验分布，就需要正确设定这些参数的先验分布。

变化。因此，除了工业产出增长具有随机趋势外，AR过程本身也随着时间变化而变化。图 8-3（a）和图 8-3（b）表明这些结论成立。图 8-3（a）和图 8-3（b）给出了这些参数的整个后验密度函数。[①]

表 8-1　　　　　　　　　　状态空间模型的后验结果

	均值	标准差	Geweke收敛诊断
h	0.17	0.04	0.99
λ_0	0.93	0.16	0.28
λ_1	0.61	0.11	0.64

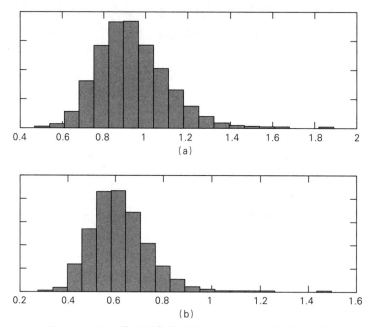

图 8-3　（a）λ_0 的后验密度函数；（b）λ_1 的后验密度函数

|8.4| 扩展

状态空间模型式（8.22）和式（8.23）涵盖了一系列大家感兴趣的时间序列模型（例如局部线性趋势模型、时变参数模型、有季节调整的模型等）。尽管这样，本模型还可以直接进行扩展，得到大量模型。一些扩展模型可以直接使用上面所述的方法来处

---

① 这里要强调一点，这就是一个介绍状态空间模型贝叶斯方法的例子，不能将其作为工业产出的具体模型。对于这个时间序列，严谨的实证研究需要考虑其他模型（例如带结构变化的模型）。

理。举例来说，前面已经讨论了正态状态空间模型，但可以将其扩展到 t 状态空间模型，只需在 Gibbs 抽样器中加入一个块就可以。也就是说，将第 6 章 6.4 节所讲的处理误差服从 t 分布的线性回归模型方法和本章提出的 Gibbs 抽样器结合起来。

有一些重要扩展模型，无法直接使用本书所述的方法处理。但读者只需阅读部分文献或经过些许思考，就足以找到解决这些模型贝叶斯推断问题的方法。这类例子包括各种非线性模型、机制转移模型或结构突变模型（见 Kim and Nelson（1999），Bauwens，Lubrano and Richard（1999）或本书第 12 章 12.4.1 节关于此类模型的讨论）。金融理论中有一个特别重要的模型，著名的随机波动率模型，就是本章所讨论模型的扩展。随机波动率模型具有此类时变误差方差，这在股票收益率序列和许多其他金融时间序列中常会遇到（Jacquier，Polson and Rossi（1994），这是关于此模型贝叶斯推断的第一本著作）。此模型可以写成

$$y_t = \varepsilon_t$$

其中，ε_t 是独立同分布，服从 $N(0, \sigma_t^2)$，且

$$\log(\sigma_t^2) = \log(\sigma^2) + \beta\log(\sigma_{t-1}^2) + u_t$$

其中，u_t 是独立同分布，服从 $N(0, 1)$。如果定义 $\alpha_t \equiv \log(\sigma_t^2)$，容易看出这是一个状态空间模型，状态方程与条件均值无关，而与误差的条件方差有关。用于对此模型进行贝叶斯推断的 Gibbs 抽样器，与本章提出的 Gibbs 抽样器非常相像。实际上，可以直接使用 DeJong 和 Shephard（1995）的算法，给定模型其他参数，从状态变量 α_t 的后验分布提取样本。因此所需要做的无非就是找到一个算法，即在给定其他状态变量的情况下，从其他参数提取样本而已。但相对更容易些（DeJong and Shephard，1995）。

本章所讨论的状态空间模型的最重要扩展可能是允许 y_t 为向量而不是标量。毕竟经济学家通常对时间序列之间的多变量关系感兴趣。这种扩展非常容易，因此可以对式（8.22）做重新阐释，y_t 为包含 q 个不同时间序列的 q 阶向量，这样所提出的后验模拟器只需做极小的变化。实际上，DeJong 和 Shephard（1995）的模型和式（8.38）至式（8.50）的算法是精心设计的，在多变量情况下依然成立。在后验模拟器中，利用这些方程可以从 $p(\alpha_1, \cdots, \alpha_T | y, \beta, h, H)$ 提取样本。从单变量状态空间模型到多变量状态空间模型，$p(H | y, \alpha_1, \cdots, \alpha_T)$ 同样不受影响。利用 SUR 模型所用方法（见第 6 章 6.6.3 节），可以建立完整的多变量模型 Gibbs 抽样器，得到 $p(\beta | y, \alpha_1, \cdots, \alpha_T)$ 和 $p(h | y, \alpha_1, \cdots, \alpha_T)$ 的随机抽样。由此可见，多变量状态空间模型的贝叶斯推断，只需对 8.3 节方法做些微小替代就能够实现。

这里需插一句，利用多变量状态空间模型可以考察时间序列之间是否存在协整关系。协整是实证宏观经济学的重要概念，与一组时间序列所呈现出的随机趋势的数量有关。下面介绍协整概念的来龙去脉。考虑下面的多变量状态空间模型

$$y_t = Z_t \alpha_t + \alpha_t \tag{8.53}$$

和

$$\alpha_{t+1} = \alpha_t + u_t \tag{8.54}$$

其中，q 向量 y_t 包含 q 个时间序列，p 向量 α_t 包含 p 个状态方程，H 是对角矩阵。如果 $p=q$ 并且 $Z_t = I_q$，模型变成多变量局部水平模型。此时 q 个时间序列每个都包含随机趋势。也就是说，模型可以写成

$$y_{it} = \alpha_{it} + \varepsilon_{it}$$

和

$$\alpha_{i,t+1} = \alpha_{it} + u_{it}$$

$i=1$，$\cdots$，q，每个时间序列都服从一个局部水平模型。q 个相互独立的随机趋势驱动 q 个时间序列。

不过，如果 $p<q$ 并且 Z_t 是 $q \times p$ 常数矩阵，此时会出现什么结果。此时 p 个随机趋势驱动 q 个时间序列。由于随机趋势数量少于时间序列数量，必然某些趋势是多个时间序列所共有。正因如此，如果 $p<q$，这个模型称为共同趋势模型。这种共同趋势行为还有另外一个说法，就是 q 个时间序列有共同趋势，或者协同趋势（co-trending）或者协整（cointegrated）。

在宏观计量经济学中，有关协整的文献数量相当庞大。这里只需要大家知道一点，许多经济时间序列中都存在协整关系。也就是说，许多经济时间序列似乎展现出随机趋势行为。不过，经济理论表明，许多经济时间序列变量通过均衡概念联系起来。实践中，基于上述两点考虑认为会存在协整关系。例如，假设 y_{1t} 和 y_{2t} 是两个时间序列，均衡时二者相等。实际上由于扰动和随机冲击的存在，几乎永远不会出现完美均衡。有单一随机趋势的双变量局部水平模型就符合这个理论预期。也就是说，这两个时间序列都展现出随机趋势行为。此外，当 $q=2$，$p=1$ 和 $Z_t = 1$ 时，式（8.53）和式（8.54）可以写为

$$y_{1t} = y_{2t} + (\varepsilon_{1t} - \varepsilon_{2t})$$

因此，去掉随机均衡误差 $(\varepsilon_{1t} - \varepsilon_{2t})$，就有 $y_{1t} = y_{2t}$。也可以这样认为，协整关系就是利用实证方法将宏观经济均衡概念展现出来。购买力平价、持久收入假说以及各种货币需求和资产定价模型等经济理论，常用来解释协整关系。

因此，通过考察众多宏观经济和金融应用发现，协整关系非常重要。在多元状态空间模型中，通过比较状态方程数量不同的模型，可以直接考察共同趋势数量。例如，研究人员可以给定不同的 p 值，分别计算式（8.53）和式（8.54）的边缘似然函数。如果 $p<q$ 的模型后验概率非常大，研究人员可以得出结论，有证据表明存在协整关系。

|8.5| 小结

本章介绍了相当一般的状态空间模型，同时介绍了大家感兴趣的一个特殊情况，称作局部水平模型。状态空间模型广泛用于处理时间序列数据，适合于各种行为（例如趋势，周期或季节性）建模。状态空间模型也备受贝叶斯计量学家的欢迎，可以看作带有层次先验分布的灵活模型。因此，状态空间模型的解释和计算方法与诸如个体效应面板数据模型或者随机系数面板数据模型等其他模型类似。

对于局部水平模型，先验分布采用自然共轭分布，结果表明存在解析结果。本章还

提出了一个诱导先验分布的新方法，称为实证贝叶斯方法。对于涉及层次先验分布的模型，实证贝叶斯方法尤其受到欢迎，通过使边缘似然函数取值最大来确定超参数的先验值。有了这个方法，研究人员可以避免主观诱导超参数的先验值或者利用无信息先验值。利用人造数据做了一个实例，说明实践中如何使用实证贝叶斯方法。

对于形式更一般的状态空间模型，使用独立正态–伽马分布作为先验分布，加上由状态方程定义的层次先验分布，说明如何建立所需的后验模拟器。将正态线性回归模型的结论和 SUR 模型的相关结论结合起来，利用 DeJong 和 Shephard（1995）提出的从状态方程（即 α_t，$t=1$，$\cdots$，T）提取样本的方法，建立此类后验模拟器。状态空间模型提供了贝叶斯计算具有模块化性质的良好示例，状态空间模型的扩展往往涉及在 Gibbs 抽样器中加入一个新模块。利用大家很感兴趣的一个经济历史应用，利用较长时期的工业生产时间序列和具有时变系数的 AR（p）模型，说明状态空间模型的贝叶斯推断问题。

本章最后一部分讨论本章所考察的状态空间模型的一些可能扩展。其中特别重要的扩展是随机波动率模型和多元状态空间模型。随机波动率模型在金融时间序列中广泛使用。多元状态空间模型则主要应用于宏观经济，包括考察协整关系以及相关问题。这里重点强调，只需对 8.3 节介绍的后验模拟器做微小调整，就能对这些扩展模型进行贝叶斯分析。

时间序列计量经济学是一个庞大的领域，本章受篇幅限制，只能有所取舍地介绍个别内容，许多重要问题只能避而不谈。第 12 章（12.4.1 节）会简单讨论一些其他时间序列专题。

|8.6| 习题

这些习题与其说是标准教科书问题，不如说是小项目。要记着从本书相关网站下载一些数据和 MATLAB 程序。

1.（a）利用 8.2 节、第 6 章 6.4 节的推导结果，推导误差服从独立 t 分布的局部水平模型的后验模拟器。对于模型参数的先验分布，用什么都行（尽管 6.4 节使用的自然共轭先验分布最简单）。

（b）根据（a）的推导结果编写程序。检验程序，数据可以选择实际数据（8.3.2 节实例采用的工业生产数据），也可以按照数据生成过程生成人造数据。

（c）在你编写的程序中加入代码，计算误差服从独立 t 分布的局部水平模型的边缘似然函数。根据你使用的数据，计算贝叶斯因子，比较误差服从正态分布的局部水平模型与误差服从 t 分布的局部水平模型。

2. 局部水平模型的单位根检验。作此习题，可以使用实际数据（8.3.2 节实例中采用的工业生产数据），也可以按照你所选择的数据生成过程生成人造数据。使用 8.2 节自然共轭正态–伽马先验分布的局部水平模型，采用 8.2.3 节实证贝叶斯方法的第二种方法。也就是说，将 η 看作未知参数，按照你的意愿选择 η 的先验分布（例如伽马分布或者均匀分布），推导 $p(\eta|y)$。要记住模型 M_1：$\eta>0$ 存在单位根，但模型 M_2：$\eta=0$ 不存在单位根。需要计算贝叶斯因子比较 M_1 和 M_2。

（a）推导出模型M_2的边缘似然函数公式。

（b）利用（a）的结果，编写计算所需贝叶斯因子的程序，并利用数据检验这个程序。

（c）考虑使用逼近方法计算比较模型M_1和模型M_2^*：$\eta=a$的贝叶斯因子。其中a是一个极小的数。利用Savage-Dickey密度比率，推导出比较模型M_1和模型M_2^*的贝叶斯因子的计算公式。

（d）利用数据，a取不同值（例如$a=0.01$，0.0001，0.0000001等），比较（c）的近似贝叶斯因子和（b）的贝叶斯因子。逼近办法的效果如何？

3. 利用8.3节一般状态空间模型所用方法，回到下列问题。可以使用实际数据（8.3.2节实例采用的工业生产数据），也可以按照你所选择的数据生成过程生成人造数据。

（a）编写程序，对8.3节的局部水平模型进行后验模拟。

（b）编写程序，对8.3节的局部线性趋势水平模型进行后验模拟。

（c）利用数据检验（a）和（b）中你编写的程序。

（d）调整程序，计算每个模型的边缘似然函数值，进而计算比较局部水平模型和局部线性趋势模型的贝叶斯因子。利用数据检验你编写的程序。要记住只有采用信息先验分布时，计算出的边缘似然函数才有意义。因此你需要选择信息先验分布。

（e）做先验敏感性分析，考察比较局部水平模型和局部线性趋势模型时，诱导先验分布过程中哪个方面更为重要。

第 9 章

定性和受限因变量模型

9.1 引言

正态线性回归模型神通广大，适用于多种数据。不过它要求给定 X 时的 y 分布是正态分布。对于许多应用，这个假设并不合理。本章讨论几类数据，它们都不适合使用正态线性回归模型。不过，这里要说明的是，只要对正态线性回归模型做些微的扩展，就能够用于解决此类非标准类型数据。需要铭记在心的是，这些非标准类型数据是因变量为定性变量或在某种程度上受限的变量。下面就介绍几个具体的例子。尽管如此，我们可以首先直观地了解一下。考虑一个交通经济学应用，其中研究人员想调查为什么有些人选择开车去上班，而另一些人选择坐公交车去上班。研究人员拿到的是一个调查数据，调查对象是上下班的通勤者，调查的问题是他们是开车还是坐公交车上下班，并要求提供个人特征（例如距离办公室的远近、薪资水平等）。如果研究人员要构建一个回归模型，解释变量就是这些个人特征。不过因变量是定性变量。也就是说，因变量是一个哑变量（如果通勤者开车，取 1；如果通勤者坐公交车，取 0）。显然，还要假设 0-1 哑变量（给定解释变量）服从正态分布毫无道理可言。

第二个例子考虑一个理论模型，考察企业意向投资水平和企业特征之间的关系。对应的实证模型是意向投资水平为因变量，企业特征为解释变量。不过，实践中基本不可能得到企业意向投资数据。实际上，观测到的都是实际投资数据。如果投资不可能为负，则实际投资仅等于取值为正的意向投资。意向投资为负，对应的实际投资为 0。因此，如果研究人员使用实际投资作为回归的因变量，使用的因变量就是错误的。此时，因变量是审查数据。这是受限因变量的一个例子。

下面会看到，上述两个例子表明，对于某些基础的潜因变量，假设其服从正态分布是合理的。第一个例子中，潜变量与每个通勤选择的效用有关。第二个例子中，意向投资是潜变量。不巧的是，哪个例子都无法完美观测到潜变量。在第一个例子中，只能观测到实际做出的选择，无法观测到选择的效用。在第二个例子中，观测到的潜变量是被审查过的。不过将这些例子与潜变量联系起来，也为如何进行贝叶斯推断指明了方向。

给定潜变量，这两个例子都是正态线性回归模型，利用前几章所述的方法就能进行后验模拟。如果给定实际数据和模型参数，能够得到潜变量的后验分布，那么利用数据增强型 Gibbs 抽样器就可以进行贝叶斯推断。这就是本章模型要采用的方法。

本章下一节首先利用数学语言阐述上一段所述的方法。之后将说明如何将这种通用方法应用于 tobit、probit 和有序 probit 这三个模型。再之后考虑因变量为多项选择的情况，也就是著名的多项 probit 模型。tobit 模型、probit 模型和有序 probit 模型的贝叶斯分析，需要将正态线性回归模型所用的方法和将观测数据与潜变量连接起来的模型组合起来。多项 probit 模型贝叶斯分析所用方法基本相同，只不过需要将正态线性回归模型部分替换为第 6 章（6.6 节）所述的似不相关回归模型（SUR）。

对于本章所有模型，正态线性回归模型依然是重要组成部分。这就需要把注意力放在 tobit 和 probit 模型族。尽管如此，还是要提醒一下，还有许多其他模型可以处理定性变量和受限因变量，但与正态线性回归模型的关系并不密切。本章也会介绍这些模型。如果读者想深入研究定性变量和受限因变量模型的贝叶斯分析，可以详细阅读下面几个重要文献：tobit 模型请阅读 Chib（1992）的文献；probit 模型扩展，包括有序模型请阅读 Albert 和 Chib（1993）的文献；多项 probit 模型请阅读 Geweke、Keane 和 Runkle（1997），McCulloch 和 Rossi（1994），McCulloch、Polson 和 Rossi（2000）以及 Nobile（2000）的文献。面板数据多项 probit 模型广泛用于市场营销领域。Allenby 和 Rossi（1999）对这类文献做了详细的介绍。

|9.2| 概览：定性和受限因变量的单变量模型

这里依然从第 3 章和第 4 章讨论的正态线性回归模型讲起。不过，会对表示符号做些微小调整，令 $y^* = (y_1^*, \cdots, y_N^*)'$ 表示因变量。这样，正态线性回归模型就可以写成

$$y_i^* = x_i'\beta + \varepsilon_i \tag{9.1}$$

其中，$x_i = (1, x_{i2}, \cdots, x_{ik})'$，或者将其写成矩阵形式

$$y^* = X\beta + \varepsilon \tag{9.2}$$

和第 3 章和第 4 章一样，假设：

1. ε 服从多元正态分布，均值为 0_N，协方差矩阵为 $h^{-1}I_N$。

2. X 的所有要素要么是固定的（即不是随机变量），要么即便是随机变量，也与 ε 的元素相互独立，概率密度函数为 $p(X|\lambda)$，其中 λ 为参数向量，不包含 β 和 h。

如果能观测到 y^*，就可以按照第 3 章或第 4 章所述办法进行分析。例如，如果 β 和 h 的先验分布采用正态–伽马自然共轭分布（或者无信息极限情况），根据第 3 章式（3.10）至式（3.13）得到解析性后验分布。比较模型所需的边缘似然函数如式（3.34）所示。如果 β 和 h 的先验分布采用独立正态–伽马分布，利用 Gibbs 抽样器，序贯从 $p(\beta|y^*, h)$ 和 $p(h|y^*, \beta)$ 提取样本，进行后验推断。这两个分布的密度函数分别见第 4 章的式（4.6）和式（4.8）。

本章假设 y^* 是不可观测的潜变量，按照某种方式与实际可观测数据 y 相关联。下一节就给出一些重要案例。对于要使用的方法，y^* 和 y 的关系应满足 $p(\beta, h|y^*, y)$

$=p\left(\beta, h|y^*\right)$（如果采用第 3 章的自然共轭先验分布），或者满足 $p\left(\beta|y^*, y, h\right)=$ $p\left(\beta|y^*, h\right)$ 和 $p\left(h|y^*, y, \beta\right)=p\left(h|y^*, \beta\right)$（如果采用第 4 章的独立正态–伽马先验分布）。直白地说，这些条件表示"如果知道了 y^*，也就知道了 y，不需要额外提供信息"。下面将看到，本章所有模型（以及本书没有讨论的其他一些模型）都具有这个特点。

如果 y^* 和 y 之间的关系满足上一段所述条件，可以利用数据增强型 Gibbs 抽样器进行贝叶斯推断。当先验分布采用自然共轭分布（或其无信息形式）时，后验模拟器序贯从 $p\left(\beta, h|y^*\right)$ 和 $p\left(y^*|y, \beta, h\right)$ 提取样本。当先验分布为独立正态–伽马分布时，后验模拟器序贯从 $p\left(\beta|y^*, h\right)$、$p\left(h|y^*, \beta\right)$ 和 $p\left(y^*|y, \beta, h\right)$ 提取样本。无论哪一种情况，唯一需要推导的是 $p\left(y^*|y, \beta, h\right)$。也就是说，$p\left(\beta, h|y^*\right)$ 和第 3 章 3.5 节所述完全相同。$p\left(\beta|y^*, h\right)$ 和 $p\left(h|y^*, \beta\right)$ 与第 4 章 4.2 节所述完全相同。正因如此，下面讨论中不再写出后面这几个条件后验密度函数，专注于考察 $p\left(y^*|y, \beta, h\right)$。

| 9.3 |　tobit 模型

对于审查数据，能用的模型中最简单的例子就是 tobit 模型。本章开始给出的例子中，实际投资为企业意向投资的审查观测值，就是此类审查数据发生的典型案例。这意味着 y^* 和 y 之间具有如下关系

$$y_i = y_i^*, \quad \text{当} \quad y_i{}^* > 0 \text{时}$$
$$y_i = 0, \quad \text{当} \quad y_i{}^* \leqslant 0 \text{时} \tag{9.3}$$

马上意识到如果知道了 y^*，也就知道了 y。正如前一节所说，有 $p\left(\beta, h|y^*\right) = p(\beta, h|y^*, y)$，可以使用第 3 章或第 4 章的结论，给定 y^*，从参数的后验分布提取样本。由此可知，这里仅需要推导出 $p\left(y^*|y, \beta, h\right)$，以及从中提取样本的方法，建立完整的 Gibbs 抽样器，就可以对 tobit 模型进行后验推断。

给定模型参数，可以直接推导出潜变量的后验分布。首先注意到，已经假设误差相互独立，因此潜变量必将具有相同性质。这样就有

$$p\left(y^*\mid y, \beta, h\right) = \prod_{i=1}^{N} p\left(y_i^*\mid y_i, \beta, h\right)$$

重点是 $p\left(y_i^*|y_i, \beta, h\right)$。必须考虑以下两种情况：$y_i > 0$ 和 $y_i = 0$。第一种情况比较简单：如果 $y_i > 0$，有 $y_i^* = y_i$。用数学语言说就是，如果 $y_i > 0$，y_i^* 的条件后验分布是一个退化的密度函数，所有概率都集中在点 $y_i^* = y_i$ 处。对于第二种情况，由于 $y_i = 0$ 意味着 $y_i^* \leqslant 0$，结合式（9.1）（即 y_i^* 的无条件分布为正态分布）就可以解决。也就是说，当 $y_i = 0$ 时，y_i^* 为截断正态分布。用数学语言说就是 $p\left(y_i^*|y_i, \beta, h\right)$ 可以写成

$$y_i^* = y_i, \quad \text{当} \quad y_i > 0 \text{时}$$
$$y_i^*\mid y_i, \beta, h \sim N\left(x'_i\beta, h^{-1}\right)1\left(y_i^* < 0\right), \quad \text{当} \quad y_i = 0 \text{时} \tag{9.4}$$

其中，$1\left(y_i^* < 0\right)$ 为示性函数，$y_i^* < 0$ 时取 1，其他情况取 0。

这样看来，将前几章的结论和式（9.4）组合起来，就建立了一个 Gibbs 抽样器，可以对 tobit 模型进行后验推断。当使用 MCMC 算法时，前几章中提出的所有模型比较和

预测方法都适用。例如，可以使用Savage-Dickey密度比率计算贝叶斯因子，以比较不同模型（见第4章4.2.5节）。当然也可以使用Chib方法（见第7章7.5节）计算tobit模型的边缘似然函数。采用第4章4.2.6节所述方法可以进行预测推断。当然，无论采用哪种Gibbs抽样算法，都可以使用第4章4.2.4节所述的MCMC诊断来验证收敛性，以考察近似误差的精确程度。

本节将考虑因变量在0处出现审查的情况。需要提出的是，审查可以出现在某个已知数c处，不过是这个模型微不足道的变化而已。同样，审查点可以存在上限和下限，如果上限值和下限值已知，依然能够处理。所有此类扩展仅仅改变式（9.4）中的截断点而已。对于审查出现在某个数值c处的情况，而c是未知参数，则这种情况是本模型的一个实质性扩展。即便如此，在Gibbs抽样器中额外加入模块（见习题1），依然可以解决此类问题。如果读者对tobit模型扩展应用的例子感兴趣，可以参阅Li（1999）的文献。

9.3.1 实例：tobit模型

这里使用人造数据作为例子，说明如何做tobit模型的贝叶斯推断。围绕着处理审查数据到底有多重要这个问题来组织例子材料。如果数据出现审查，就会破坏正态线性回归模型的正态性假设。不过，如果破坏正态性假设仅仅会造成小的问题，研究人员完全可以坚持使用熟悉又简单的正态线性回归模型，没必要使用更为复杂的tobit模型。下面我们就会看到，tobit模型的重要性随着数据审查力度的增加而提高。

人造数据的生成方式如下：首先从均匀分布$U（a，1）$中独立提取样本x_i，从正态分布$N（0，0.25）$中抽取样本ε_i，$i=1，\cdots，100$。之后设

$$y_i^* = 2x_i + \varepsilon_i$$

再利用式（9.3）得到y_i。那么如何考察审查程度的影响呢？我们利用a的不同取值，生成了四组人造数据，除了给出tobit模型结果外，还给出了采用自然共轭先验分布的正态线性回归模型结果。这两个模型的先验超参数都选择无信息值。对于正态线性回归模型，可以采用第3章（见式（3.9）至式（3.13））的解析结果进行后验推断，先验信息取$\underline{v}=0$，$\underline{V}^{-1}=0_{k×k}$。对于tobit模型，采用上文所述的数据增强型Gibbs抽样器，并设$S_0=1\,000$和$S_1=10\,000$。MCMC的诊断结果表明，预热样本数量和抽样次数都足以确保收敛并达到精确的结果。

这两个模型中都包含截距项和人工生成的解释变量。表9-1报告了斜率系数（即β的第二个要素）的后验均值和后验标准误，以及每组数据中被审查的观测值比例。可以发现，随着a值的增加，被审查观测值越来越少。尽管如此，无论审查程度如何，tobit模型的后验结论都非常精确，斜率系数的后验均值都非常接近2，这恰是用于生成数据的真实值。但我们也发现，对于头两组数据，被审查的观测值分别占52%和24%，正态线性回归模型的后验结果和预期相差太远。显然，数据审查程度高，使用tobit模型的效果会好很多。不过，审查程度较低时，正态线性回归模型的结果与tobit模型极为相似。表9-1的最后一行表明，如果没有数据被审查，tobit模型和正态线性回归模型的结果相同。

表 9-1　　　　　　　　tobit 模型和正态线性回归模型中斜率系数的后验结论

数据	审查观测值	tobit 模型		正态线性回归	
a	占比	均值	标准误	均值	标准误
−1	0.52	2.02	0.19	0.95	0.08
−0.5	0.24	1.96	0.15	1.47	0.10
0	0.09	2.09	0.19	1.95	0.17
0.5	0.00	1.97	0.37	1.97	0.37

|9.4| probit 模型

当因变量为定性变量时，使用较多的是 probit 模型。所谓定性变量是指结果只能二选一（例如一个人要么开车出行，要么坐公交车出行）。通常个人做选择时，就会出现此类结果。这里采用此类诱因说法，不过需强调只要因变量为 0-1 哑变量，就可以使用 probit 模型。

假设一个人必须做出二选一的抉择。经济学家可以通过设定效用函数来刻画这个情境。令 U_{ji} 表示第 i 个人（$i=1，\cdots，N$）选择 j 时（$j=0，1$）的效用。如果 $U_{1i} \geqslant U_{0i}$，则个体会选择 1，否则会选择 0。因此，选择哪个取决于这两个选项的效用差别。这里定义这种差别为

$$y_i{}^* = U_{1i} - U_{0i}$$

probit 模型假设效应差遵循式（9.1）或式（9.2）的正态线性回归模型。也就是说，个体效用差别取决于观测到的特征 x_i（例如到办公室的距离、薪资水平等）加上误差项。假设误差项服从正态分布。正因为这个随机误差，probit 模型和其他类似模型被称作随机效用模型。

计量经济家无法直接观测到 $y_i{}^*$，只能观测到个体 i 所做的实际选择。不过，probit 模型和 tobit 模型一样，可以将 $y_i{}^*$ 看作潜变量，并利用数据增强型 Gibbs 抽样器进行贝叶斯推断。基于 9.2 节讨论的原因，所需做的不过是要推导出 $p(y^*|y，\beta，h)$。

对于 probit 模型，y 和 y^* 之间的关系具有如下形式

$y_i=1$，当 $y_i{}^* \geqslant 0$ 时

$y_i=0$，当 $y_i{}^* < 0$ 时　　　　　　　　　　　　　　　　　　　　　　　（9.5）

我们马上就会发现，如果知道 y^* 的取值，也就知道了 y 的取值。因此，给定潜变量和所选择的参数先验分布，$p(\beta，h|y^*) = p(\beta，h|y，y^*)$ 以及模型参数的后验分布取第 3 章和第 4 章讨论的形式。

按照与 tobit 模型相同的方式，可以推导出 $p(y^*|y，\beta，h)$ 的形式。由于个体间相互独立，这意味着：

$$p\left(y^* \mid y,\beta,h\right) = \prod_{i=1}^{N} p\left(y_i{}^* \mid y_i,\beta,h\right)$$

因此，重点是 $p(y_i{}^*|y_i，\beta，h)$。根据正态线性回归模型假设，$p(y_i{}^*|\beta，h)$ 服从正态分

布。要得到 $p\left(y_i^*|y_i,\beta,h\right)$ 的分布，需要将正态性结论与 y_i 包含的信息组合起来。如果 $y_i=1$，就得到在 0 点左侧截断的正态分布。如果 $y_i=0$，就得到在 0 点右侧截断的正态分布。确切说就是

$$y_i^*\mid y_i,\beta,h\sim N\left(x'_i\beta,h^{-1}\right)1\left(y_i^*\geq 0\right)，当 y_i=1 时$$

$$y_i^*\mid y_i,\beta,h\sim N\left(x'_i\beta,h^{-1}\right)1\left(y_i^*<0\right)，当 y_i=0 时 \tag{9.6}$$

利用数据增强型 Gibbs 抽样器，序贯从式（9.6）和 $p\left(\beta,h|y^*\right)$ 提取样本，就可以对 probit 模型实施后验推断。正如上述所说，利用第 3 章和第 4 章的结果，可以从密度函数 $p\left(\beta,h|y^*\right)$ 提取样本。利用本书始终在用的标准工具，可以完成模型比较和预测推断。

除了参数估计外，往往还会报告选择概率。这可以通过参数的后验分布推导出来。对于参数的任何具体数值

$$\Pr\left(y_i=1|\beta,h\right)=\Pr\left(y_i^*\geq 0|\beta,h\right) \tag{9.7}$$

$$=\Pr\left(x'_i\beta+\varepsilon_i\geq 0\mid\beta,h\right)=\Pr\left(\sqrt{h}\,\varepsilon_i\geq -\sqrt{h}\,x'_i\beta\mid\beta,h\right)$$

因为假设误差项服从正态分布，式（9.7）的最后一项就是 1 减去标准正态分布的累积分布函数（即 $\sqrt{h}\,\varepsilon_i$ 服从 N（0，1））。如果定义 $\Phi\left(a\right)$ 为标准正态分布的累积分布函数，选择选项 1 的概率为 $1-\Phi\left(-\sqrt{h}\,x'_i\beta\right)$。

式（9.7）的项是模型参数的函数，可以按照标准做法，利用 Gibbs 抽样器计算它们的后验特征。也就是说，按照第 4 章 4.2.3 节的表示法，给定具体的 g（），式（9.7）的项就是 $g\left(\theta\right)$。

式（9.7）存在识别问题。而 tobit 模型没有识别问题。如果模型参数存在多个值，使得似然函数取相同值，就说发生了识别问题。在 probit 模型中，β 和 h 可以取无限多个数，都能得到相同模型。如果我们注意到 $\Pr\left(x'_i\beta+\varepsilon_i\geq 0\mid\beta,h\right)=\Pr\left(x'_i c\beta+c\varepsilon_i\geq 0\mid\beta,h\right)$ 对于任意的正数 c 都成立，就知道此言非虚。因为 $c\varepsilon_i$ 服从 N（0，c^2h^{-1}），所以模型依然是同一个 probit 模型，只不过系数和误差精确度有所差别罢了。另一种等价的做法是写出似然函数（见习题 2）。可以看出，无论是将（$\beta=\beta_0$，$h=h_0$）代入似然函数，还是将（$\beta=c\beta_0$，$h=h_0/c^2$）代入似然函数，得到的似然函数值相同（这里的 β_0、h_0 是任取的 β 和 h 值）。换句话说，probit 模型无法单独将 β 和 h 识别出来，仅能识别出 $\beta\sqrt{h}$ 的乘积。对于经济学家来说这很稀松平常。效用函数就存在类似特征。例如，如果 U（x）为效用函数，x 表示一组商品，则 cU（x）表示相同的消费者商品偏好。

在 probit 模型中，解决此问题的标准做法是设 $h=1$。实例就采用此做法。还有一种解决办法是设 β 的某个元素为固定数值（例如设某个系数等于 1）。不过这种办法要求研究人员知道相关系数的符号。也就是说，设某个系数为 1，意味着这个解释变量对效用具有正的影响（这个变量的数值越大，选择 1 的概率越大）。实践中，此类符号信息很难获得，因此标准化 $h=1$ 常常是最佳选择。

9.4.1　实例：probit 模型

下面实例说明 probit 模型的贝叶斯推断。首先生成人造数据，从标准正态分布 N (0，1) 独立抽取 x_i 的随机抽样，从标准正态分布 N (0，1) 抽取 ε_i 的样本，$i=1$，…，100。之后设

$$y_i^* = 0.5x_i + \varepsilon_i$$

并根据式（9.5）构建 y_i 的数据。估计有截距项的模型，β 采用无信息先验分布，并始终施加识别约束条件 $h=1$。使用上文所述的数据增强型 Gibbs 抽样器，得到后验模拟结果。设 $S_0=1\,000$ 以及 $S_1=10\,000$，MCMC 的诊断结果表明预热样本以及抽样数量足以确保收敛和结论的精确程度。

表 9-2 给出了截距项和斜率系数的后验均值和标准误。结果表明后验均值位于生成数据的真实值 0 和 0.5 附近。尽管如此，由于存在识别问题，很难解释这些斜率系数的含义。例如，β_2 度量解释变量对两个选项之间效用差的边际影响。但研究人员很难解释这件事。此外，这个解释还受到标准化 $h=1$ 的约束。要解决识别问题，可以设 h 为任意数值，β 将会成比例变化。换一种说法，E （$\beta_2|y$）=0.42 为正，表明随着解释变量的增加，选择 1 的效用相对于选择 0 的效用增加。因此，解释变量取值较高的个体，更可能会选择 1。虽然如此，估计结果的确切数值（0.42）说明不了什么问题。因此，定量选择模型能够直接提供一些证据，表明解释变量如何影响具体选择的概率。表 9-2 的下半部分给出了如何计算选择概率的简单例子。选择解释变量较高值、平均值和较低值作为三个典型个体。由于 x_i 服从 N （0，1），这三个值就分别选择 2、0 和 -2。实证研究涉及实际数据，此类个体既可以通过解释变量意义的角度来选择，也可以基于样本均值和标准差来选择。按照式（9.7）能够计算出选择 1 的概率的后验均值和标准误。这样选择概率就容易解释了。例如，"点估计结果表明，$x_i=2$ 的个体中有 73% 的可能性选择选项 1"。注意，这种说法还可以解释成 $x_i=2$、0 或 -2 的个体的预测选择概率。

表 9-2　　　　　　　　　　　　　probit 模型的后验结果

	后验均值	后验标准误
β_1	-0.10	0.28
β_2	0.42	0.48
选择 1 的概率		
$x_i=2$ 的个体	0.73	0.28
$x_i=0$ 的个体	0.46	0.11
$x_i=-2$ 的个体	0.27	0.20

|9.5| 有序 probit 模型

probit 模型只允许有两个选项（例如通勤者只能选择开车或者坐公交车）。但许多实证问题会涉及三个或更多选项（例如通勤者可以选择开车、坐公交车或者骑自行车）。

下一节将引入多项 probit 模型，研究一般性质的多项选择问题。研究这个一般模型之前，先介绍一个有序 probit 模型。有序 probit 模型是前一节 probit 模型的简单扩展。有序 probit 模型可以有多个选项，但这些选项有一些特殊形式。具体来说，这些选项有顺序。对于大多数应用，设定选项有顺序不符合常理。不过在某些情况下，从逻辑上讲，选项就含顺序。在这种情况下，采用有序 probit 模型就有意义。举例来说，进行市场调查时，可能会询问消费者对某种产品的印象，必须在极差、较差、一般、好、极好之间做出选择。此时，这五个选项就包含一个从极差到极好的逻辑顺序。在劳动经济学中，会使用有序 probit 模型分析工伤问题。受伤工人根据受伤害的严重程度分成几个级别（例如，数据包括重伤到轻伤等几类）。

下面介绍有序 probit 模型。首先将上一节所用符号一般化。模型可以看作一个正态线性回归模型，因变量为潜变量（和式（9.2）一样）。和本章之前考虑的模型一样，y^* 和 y 之间的关系是关键。在有序 probit 模型中，y_i 可以取 $\{j=1, \cdots, J\}$，其中数字 J 表示选项数，并且有

$$y_i = j，\text{当} \gamma_{j-1} < y_i^* \leqslant \gamma_j \text{时} \tag{9.8}$$

其中，$\gamma = (\gamma_0, \gamma_1, \cdots, \gamma_J)'$ 为参数向量，并且 $\gamma_0 \leqslant \cdots \leqslant \gamma_J$。

和式（9.7）的做法一样，对于潜变量，利用回归模型的正态性假设计算出选择特定选项的概率。和 probit 模型一样，需要施加约束条件才可识别。因此，本节余下部分施加识别约束 $h=1$（下面将进一步讨论识别问题）。因此有

$$
\begin{aligned}
\Pr(y_i = j | \beta, \gamma) &= \Pr(\gamma_{j-1} < y_i^* \leqslant \gamma_j | \beta, \gamma) \\
&= \Pr(\gamma_{j-1} < x_i'\beta + \varepsilon_i \leqslant \gamma_j | \beta, \gamma) \\
&= \Pr(\gamma_{j-1} < x_i'\beta < \varepsilon_i \leqslant \gamma_j - x_i'\beta | \beta, \gamma)
\end{aligned}
\tag{9.9}
$$

因为 ε_i 服从 $N(0, 1)$，因此选择概率与标准正态分布的累积分布函数有关。具体来说，利用式（9.7）定义的符号，有

$$\Pr(y_i = j | \beta, \gamma) = \Phi(\gamma_j - x_i'\beta) - \Phi(\gamma_{j-1} - x_i'\beta) \tag{9.10}$$

因此，利用有序 probit 模型，取一个正态分布（积分为1），选择 $\gamma_0, \cdots, \gamma_J$，按此方式分配每个选项的概率，就可以计算出个体的选择概率。直觉上，需要更多的约束条件才能够解决识别问题。例如，考虑 $J=3$ 时，概率必须在三个选项上分配。设想一个正态分布，可以随意选择均值（即 $x_i'\beta$）和正态分布上的四个点（即 γ_0、γ_1、γ_2 和 γ_3）。选择这些参数的方式有很多，都能得到既定的各个选项的概率分配方案。例如，假设 x_i 仅有一个截距项，想要得到 $\Pr(y_i = 1 | \beta, \gamma) = 0.025$，$\Pr(y_i = 2 | \beta, \gamma) = 0.95$ 和 $\Pr(y_i = 3 | \beta, \gamma) = 0.025$。设定 $\beta = 0$，$\gamma_0 = -\infty$，$\gamma_1 = -1.96$，$\gamma_2 = 1.96$ 以及 $\gamma_3 = \infty$，可以得到这个结果。不过，设 $\beta = 1$，$\gamma_0 = -\infty$，$\gamma_1 = -0.96$，$\gamma_2 = 2.96$ 以及 $\gamma_3 = \infty$，依然得到相同的选择概率（当然还有其他参数组合能得到这个结果）。因此，这里存在识别问题。解决此问题的标准做法是设 $\gamma_0 = -\infty$，$\gamma_1 = 0$ 和 $\gamma_J = \infty$。

现在换个角度看施加识别条件的必要性。还是考虑前一节的 probit 模型。它等价于 $J=2$ 的有序 probit 模型。只要设 $\gamma_0 = -\infty$，$\gamma_1 = 0$ 和 $\gamma_2 = \infty$，式（9.8）和式（9.9）就退化成等价的 probit 模型，即式（9.5）和式（9.7），而这恰好是前一段所述的识别约束条件。

和probit模型的处理方式一样，y_i^*可以看作效用。因为选项有顺序，基于潜效用建立选择概率模型，计算正态分布序贯区域上的积分就有意义。为何如此呢？考虑一个市场营销的例子，询问消费者购买某种商品的满意程度，必须从极差、较差、一般、较好、极好等选项中做出选择。假设消费者i的效用y_i^*就是她所说的产品"较差"。如果消费者的效用稍有所增加，类别的顺序意味着她现在会说产品"一般"（或者依然维持较差的选择）。对于有序probit模型，效用的一点点变化绝不会导致消费者突然说产品"极好"。我们强调只有当类别存在顺序时，给效用施加此类约束才有意义。如果消费者在一些非有序性选项中做出选择，则（之后会讨论的）多项probit模型才是恰当选择。

有序probit模型的贝叶斯推断需要用到数据增强型Gibbs抽样器，序贯从$p(\beta|y^*, \gamma)$、$p(\gamma|y^*, y, \beta)$和$p(y^*|y, \beta, \gamma)$提取样本。和probit模型一样，如果β使用正态分布或无信息分布作为先验分布（例如见第3章3.5节，施加$h=1$的约束条件），可以从正态密度函数提取$p(\beta|y^*, \gamma)$样本。$p(y_i^*|y_i, \beta, \gamma)$是一个截断正态密度函数，是式（9.6）的扩展

$$y_i^*|y_i = j, \beta, \gamma \sim N(x_i'\beta, 1)\mathbf{1}(\gamma_{j-1} < y_i^* \leq \gamma_j) \tag{9.11}$$

有序probit模型的一个新特征是$p(\gamma|y^*, y, \beta)$。对于这些参数，可以采用下文所述的扁平，不适当的先验分布（$p(\gamma_j) \propto c$）。当然也可以使用其他分布，不过要经过适当调整。实践证明，很容易一次从γ的成分提取样本。记得识别条件是$\gamma_0 = -\infty$，$\gamma_1 = 0$和$\gamma_J = \infty$，这样设定便于从$p(\gamma_j|y^*, y, \beta, \gamma_{(-j)})$提取样本，且$j = 2, \cdots, J-1$。符号$\gamma_{(-j)}$表示剔除$\gamma_j$后的$\gamma$（$\gamma_{(-j)} = (\gamma_0, \cdots, \gamma_{j-1}, \gamma_{j+1}, \cdots, \gamma_J)'$）。将几个事实组合起来，可以推导出密度函数$p(\gamma_j|y^*, y, \beta, \gamma_{(-j)})$。首先，给定$\gamma_{(-j)}$，$\gamma_j$必然位于区间内$[\gamma_{j-1}, \gamma_{j+1}]$。其次，给定$y$和$y^*$，能够找出哪个潜变量的值对应哪个实际数据的值。最后，上述论证没有给出γ_j的其他信息。上述事实意味着存在一个均匀分布

$$\gamma_j\big|\, y^*, y, \beta, \gamma_{(-j)} \sim U(\bar{\gamma}_{j-1}, \bar{\gamma}_{j+1}) \tag{9.12}$$

$j = 2, \cdots, J-1$，其中

$$\bar{\gamma}_{j-1} = \max\left\{\max\left\{y_i^*: y_i = j\right\}, \gamma_{j-1}\right\}$$

和

$$\bar{\gamma}_{j+1} = \min\left\{\min\left\{y_i^*: y_i = j+1\right\}, \gamma_{j+1}\right\}$$

符号$\max\{y_i^*: y_i = j\}$表示选择选项j的所有个体的潜变量的最大值。按照类似方式可以定义符号$\min\{y_i^*: y_i = j+1\}$。

总体来看，有序模型的后验推断可以利用数据增强型Gibbs抽样器，序贯从式（9.11）、式（9.12）和$p(\beta|y^*)$提取样本。如果采用无信息先验分布或者正态先验分布（见第3章3.5节，施加约束$h=1$），$p(\beta|y^*)$是正态分布。利用本书通用的标准方法，可以完成模型比较和预测。对于有序probit模型，使用Savage-Dickey密度比率（见第4章4.2.5节）还是使用Chib方法（见第7章7.5节），须视所要比较模型的具体情况而定。按照第4章4.2.6节的方法可以完成预测推断。使用第4章4.2.4节的MCMC诊断方法，

可以证实 Gibbs 抽样器的收敛性，了解近似误差的精确程度。

做 probit 模型和有序 probit 模型的贝叶斯分析时，实证研究面对的基本问题基本相同。因此，这里不再单独给出有序 probit 模型的例子。

|9.6| 多项 probit 模型

在许多情况下，个体需要在多个选项中做出选择，但这些选项并不存在逻辑顺序。上一节讨论过，这些情况下不太适合使用有序 probit 模型。本节介绍多项 probit 模型，它被广泛用于选项较多并且没有顺序的情况。

这里要对前几节所做的设定做些调整。假设 y_i 可取值（$j=0$，$\cdots$，J）。也就是说，个体有 $J+1$ 个选项，记为（$j=0$，$\cdots$，J），其中 $J>1$。要了解多元模型的来龙去脉，有必要拓展 9.4 节的随机效应框架。正如前几节所述，个体选择并不取决于选项的绝对效用，而取决于与其他选项的相对效用。令 U_{ji} 表示个体 i 选择 j 选项时的效用（$i=1$，$\cdots$，N 以及 $j=0$，$\cdots$，J）。只能通过与某些基本选项的效用差，获知所做出的实际选择。这里选择选项 0 作为基础选择，定义潜效用差变量为

$$y_{ji}^* = U_{ji} - U_{0i}$$

其中，$j=1$，$\cdots$，J。多项 probit 模型假设效用差遵循正态线性回归模型

$$y_{ji}^* = x_{ji}'\beta_j + \varepsilon_{ji} \tag{9.13}$$

其中，x_{ji} 为 k_j 向量，包含影响选择 j 选项（相对于选择 0 选项）所获效用的解释变量；β_j 为对应的回归系数向量；ε_{ji} 为回归误差。

因为式（9.13）包含 J 个方程，后验模拟器需要将似不相关回归模型（SUR）的结果与提取潜效用差的方法结合起来。因此，可以证明能够将式（9.13）写成似不相关线性回归模型形式（见第 6 章 6.6 节）。由此，将所有方程堆叠成 $y_i^* = (y_{1i}^*, \cdots, y_{Ji}^*)'$，$\varepsilon_i = (\varepsilon_{1i}, \cdots, \varepsilon_{Ji})'$ 的向量/矩阵形式。

$$\beta = \begin{pmatrix} \beta_1 \\ \cdot \\ \cdot \\ \beta_J \end{pmatrix}$$

$$X_i = \begin{pmatrix} x'_{1i} & 0 & . & . & 0 \\ 0 & x'_{2i} & 0 & . & . \\ . & . & . & . & . \\ . & . & . & . & 0 \\ 0 & . & . & 0 & x'_{Ji} \end{pmatrix}$$

定义 $k = \sum_{j=1}^{J} k_J$，这样模型的向量/矩阵形式可以写成

$$y_i^* = X_i\beta + \varepsilon_i \tag{9.14}$$

如果进一步定义

$$y^* = \begin{pmatrix} y_1^* \\ \cdot \\ \cdot \\ y_N^* \end{pmatrix}$$

$$\varepsilon = \begin{pmatrix} \varepsilon_1 \\ \cdot \\ \cdot \\ \varepsilon_N \end{pmatrix}$$

$$X = \begin{pmatrix} X_1 \\ \cdot \\ \cdot \\ X_N \end{pmatrix}$$

则（潜效用差）的多项 probit 模型可以写成

$$y^* = X\beta + \varepsilon \qquad (9.15)$$

式（9.15）恰好是似不相关线性回归（SUR）模型形式，可以采用 SUR 模型的标准误差假设。也就是说，假设 ε_i 是独立同分布，服从 N（0，H^{-1}），$i=1$，$\cdots$，N，H 为 $J \times J$ 误差精确度矩阵。其还可以这样表示，即 ε 服从 N（0，Ω），Ω 为 $NJ \times NJ$ 分块对角矩阵

$$\Omega = \begin{pmatrix} H^{-1} & 0 & \cdot & \cdot & 0 \\ 0 & H^{-1} & \cdot & \cdot & \cdot \\ \cdot & \cdot & \cdot & \cdot & \cdot \\ \cdot & \cdot & \cdot & \cdot & 0 \\ 0 & \cdot & \cdot & 0 & H^{-1} \end{pmatrix} \qquad (9.16)$$

对于计量经济学家来说，无法直接观测到 y_{ji}^*，只能观测到 y_i

$y_i=0$，当 $\max$（y_i^*）<0 时

$y_i=j$，当 $\max$（y_i^*）$=y_{ij}^* \geqslant 0$ 时 $\qquad (9.17)$

其中，$\max$（y_i^*）为 J 向量 y_i^* 的最大值。换句话说，个体选择使得自身效用最大的选项，计量经济学家仅能观测到他的选择。

记得前面说过，单变量 probit 模型是将正态线性回归模型和潜变量 y^* 的设定组合起来。利用数据增强型 Gibbs 抽样器，从 p（$\beta|y^*$）和 p（$y^*|y$，β）中序贯提取样本，实施贝叶斯推断。对于多项 probit 模型，依然可以采用相似策略，将 SUR 模型的结论和潜变量 y^* 的模型组合起来。这样，利用第 6 章 6.6 节的结论（给出了 p（$\beta|y^*$，H）和 p（$H|y^*$，β））和截断多元正态分布的密度函数 p（$y^*|y$，β，H），能得到多项 probit 模型的 Gibbs 抽样器。

采用与 tobit 模型或者 probit 模型类似的方式，提出从 p（$y^*|y$，β，H）提取随机抽样的方法。也就是说，由于个体相互独立，有

$$p\left(y^* \mid y,\beta,H\right) = \prod_{i=1}^{N} p\left(y_i^* \mid y_i,\beta,H\right)$$

这样可重点解决 p（$y_i^*|y_i$，β，H）。式（9.14）表明 p（$y_i^*|\beta$，H）是正态密度函数。此结论与 y_i 包含的信息组合起来，表明 y_i 是截断正态密度函数。因此，对于 $j=1$，$\cdots$，J，有

$y_i^*|y_i$，β，$H \sim N$（$X_i'\beta$，H^{-1}）1（$\max$（y_i^*）< 0），当 $y_i=0$ 时

$y_i^*|y_i$，β，$H \sim N$（$X_i'\beta$，H^{-1}）1（$\max$（y_i^*）$=y_{ij}^* \geqslant 0$），当 $y_i=j$ 时 $\qquad (9.18)$

由于截断正态分布的计算存在困难，多项 probit 模型的计量经济分析（不管是贝叶斯学派还是频率学派）多年停滞不前。贝叶斯分析需要从截断多元正态分布中提取样本，频率学派计量分析需要计算多元正态分布参数空间各种区域上的积分。即使在不久

前，如果选项较多，这两个问题也极难解决。好在算法和计算机硬件近期都取得了较大进步，这使得多项 probit 模型的贝叶斯（或者频率学派）推断变得容易。早期讨论多元正态密度函数计算方法的文章作者有 Geweke（1991），McCulloch 和 Rossi（1994）以及 Geweke、Keane 和 Runkle（1994）。不过，应用贝叶斯计量经济学家现在可以下载计算机代码，从带有某些线性不等式约束的多元正态分布提取样本。例如，本书相关网站就有 Geweke（1991）的 MATLAB 代码。

因此，如果 β 和 H 使用独立正态-Wishart 分布作为先验分布，则其通过后验模拟器，序贯从 $p\left(y^{*}|y, \beta, H\right)$（使用式（9.18））和 $p\left(\beta|y^{*}, H\right)$（服从正态分布，见第 6 章式（6.50））以及 $p\left(H|y^{*}, \beta\right)$（服从 Wishart 分布，见第 6 章式（6.53））提取样本，实施贝叶斯推断。不过，多项 probit 模型的参数识别是一个重要的新问题。对于单变量 probit 模型，需要设定 $h=1$ 来识别模型。这个约束条件容易施加，实际上简化了计算。对于多项 probit 模型，施加这个约束条件比较困难，计算也变得复杂许多。多项 probit 模型不可识别的原因与 probit 模型相同（见 9.4 节）。如果定义误差协方差矩阵为 $\sum = H^{-1}$，并令 σ_{ij} 表示 $\sum$ 的第 ij 个元素，施加识别约束的标准做法是令 $\sigma_{11}=1$。但很不巧的是，如果施加这样的约束条件，$p\left(H|y^{*}, \beta\right)$ 就不再服从 Wishart 分布，也就不能直接使用第 6 章 SUR 模型的相关结论。相关文献提出了解决此问题的一些方法。例如 McCulloch 和 Rossi（1994）提出忽略识别问题不计，不施加约束条件 $\sigma_{11}=1$。此时，$p\left(H|y^{*}, \beta\right)$ 服从 Wishart 分布，可以直接进行计算。文献中没有给出 β 的实证结果，代之以给出可识别参数组合 $\dfrac{\beta}{\sqrt{\sigma_{11}}}$ 的实证结果。不过，对于不可识别模型，很多学者感觉不是很舒服。基于此原因会在实例中讨论，使用无信息先验分布很危险，计算也会更复杂（见 Nobile（2000）以及 Hobert 和 Casella（1996））。即便如此，多项 probit 模型的贝叶斯分析普遍使用信息先验分布，但忽略识别约束。

如果研究中仅考虑可识别模型，可以采用 McCulloch、Polson 和 Rossi（2000）提供的办法。式（9.14）的基础回归模型中，假设 ε_i 服从 $N(0, \sum)$。前面说过，任何联合分布都可以写成边缘分布和条件分布形式。McCulloch、Polson 和 Rossi（2000）就利用了这个思想，将 ε_i 进行了分块

$$\varepsilon_i = \begin{bmatrix} \varepsilon_{1i} \\ v_i \end{bmatrix}$$

其中，$v_i = \left(\varepsilon_{2i}, \cdots, \varepsilon_{Ji}\right)'$。与此相匹配，$\sum$ 也进行分块

$$\sum = \begin{bmatrix} \sigma_{11} & \delta' \\ \delta & \sum v \end{bmatrix} \tag{9.19}$$

根据概率法则，有 $p\left(\varepsilon_i\right) = p\left(\varepsilon_{1i}\right) p\left(v_i|\varepsilon_{1i}\right)$。根据多元正态分布的性质（见附录 B，定理 B.9），$p\left(\varepsilon_{1i}\right)$ 和 $p\left(v_i|\varepsilon_{1i}\right)$ 也都是正态分布。具体说

$$\varepsilon_{1i} \sim N(0, \sigma_{11}) \tag{9.20}$$

以及

$$v_i \big| \; \varepsilon_{1i} \sim N\left(\frac{\delta}{\sigma_{11}} \varepsilon_{1i}, \Phi \right) \tag{9.21}$$

其中，$\Phi = \sum_v - \dfrac{\delta \delta'}{\sigma_{11}}$。这样就不用直接计算 $J \times J$ 误差协方差矩阵 Σ，只需得到参数 σ_{11}、δ 和 Φ。可以设 $\sigma_{11} = 1$，给出 δ 和 Φ 的先验分布，建立 Gibbs 抽样器。

较为方便的做法是，假设 δ 的先验分布为正态分布，Φ^{-1} 的先验分布为 Wishart 分布。也就是说，取

$$p(\delta, \Phi^{-1}) = p(\delta) p(\Phi^{-1})$$

其中

$$p(\delta) = f_N\left(\delta \big| \; \underline{\delta}, \underline{V}_\delta \right) \tag{9.22}$$

和

$$p(\Phi^{-1}) = f_W\left(\Phi^{-1} \big| \; \underline{v}_\Phi, \underline{\Phi}^{-1} \right) \tag{9.23}$$

McCulloch、Polson 和 Rossi（2000）采用了这些先验分布，结果表明 Gibbs 抽样器所需的条件后验分布为

$$p\left(\delta \big| \; y^*, \Phi, \beta \right) = f_N\left(\delta \big| \; \bar{\delta}, \bar{V}_\delta \right) \tag{9.24}$$

和

$$p\left(\Phi^{-1} \big| \; y^*, \delta, \beta \right) = f_W\left(\Phi^{-1} \big| \; \bar{v}_\Phi, \bar{\Phi}^{-1} \right) \tag{9.25}$$

这些密度函数内的各项分别为

$$\bar{V}_\delta = \left(\underline{V}_\delta^{-1} + \Phi^{-1} \sum_{i=1}^N \varepsilon_{1i}^2 \right)^{-1}$$

$$\bar{\delta} = \bar{V}_\delta \left(\underline{V}_\delta^{-1} \underline{\delta} + \Phi^{-1} \sum_{i=1}^N v_i \varepsilon_{1i} \right)$$

$$\bar{\Phi}^{-1} = \left[\underline{\Phi} + \sum_{i=1}^N \left(v_i - \varepsilon_{1i} \delta \right) \left(v_i - \varepsilon_{1i} \delta \right)' \right]^{-1}$$

以及

$$\bar{v}_\Phi = \underline{v}_\Phi + N$$

注意，这些密度函数都以给定 y^*、β 为条件。因此可以使用式（9.14），将 $\varepsilon_i = (\varepsilon_{1i}, v_i')'$ 看作已知。

总而言之，多项 probit 模型的贝叶斯推断可以利用数据增强型 Gibbs 抽样器来完成。如果忽略掉模型识别问题，Gibbs 抽样器需要从式（9.15）和第 6 章式（6.49）、式（6.52）序贯提取样本。如果施加识别约束 $\sigma_{11} = 1$，Gibbs 抽样器需要从式（9.15）、式（9.24）、式（9.25）以及第 6 章式（6.49）序贯提取样本。无论哪种情况，都可以采用本书通用的标准方法进行模型比较和预测推断。

在下面的实例中，这两种 Gibbs 抽样器算法运行效果都不错。尽管如此，还是要提请注意，一些研究会发现对于某些应用，这两种 Gibbs 抽样器算法收敛得非常慢。因此，贝叶斯学派个别统计学家寻求发展更有效的计算算法，解决此类模型以及相关推断

问题。对此类文献感兴趣的读者，可以阅读 Liu 和 Wu（1999）、Meng 和 van Dyk（1999）以及 van Dyk 和 Meng（2001）的文章。

本节讨论了多项 probit 模型中误差协方差矩阵两种不同的先验分布。当然实证研究中广泛使用的还有其他先验分布（见 McCulloch and Rossi，2000）。多项 probit 模型受到质疑之处在于过度参数化。也就是说，如果选项比较多，Σ 包含许多参数。过多参数会导致估计不准确。这促使研究人员考虑对多项模型施加约束，或者提出信息先验分布给模型额外施加某种结构。例如，Allenby 和 Rossi（1999）施加约束，使得 Σ 成为一个对角矩阵。如果施加的此类约束有意义，就能大幅度降低过度参数化的风险，简化运算。

9.6.1 实例：多项 probit 模型

本实例考察施加识别约束 $\sigma_{11}=1$ 时贝叶斯推断的意义。为此目的，分别估计施加识别约束和不施加识别约束两种情况下的多项 probit 模型。这里依然采用市场营销数据。对于此应用，感兴趣的读者可以阅读 Paap 和 Franses（2000）以及 Jain、Vilcassim 和 Chintagunta（1994）的文献。这里只使用其部分数据样本，包含佐治亚州罗马小镇 136 个家庭（$N=136$）。每个家庭数据包括 Sunshine、Keebler、Nabisco 以及零售商品牌等 4 个品牌薄脆饼干的购买量。数据来自超市的光学扫描仪。因此，数据包含 4 个选项。"零售商品牌"这个选项可以消掉（潜变量 y^* 包含其余 3 个品牌和零售商品牌之间的效用差）。对于每个选项，模型解释变量有截距项以及商店里这 4 个品牌薄脆饼干的价格。因此 $k_1=k_2=k_3=5$。

当不施加识别约束时，采用独立正态 – Wishart 分布作为先验分布，$p(\beta)=f_N(\beta\mid\underline{\beta},\underline{V})$ 以及 $p(H)=f_W(H\mid\underline{v},\underline{H})$（见第 6 章式（6.47）和式（6.48））。一定不能采用不适当的无信息先验分布。[①] 不过，这里采用下列先验超参数取值：$\underline{\beta}=0_k$，$\underline{V}=10\,000I_k$，$\underline{v}=0.0001$ 以及 $\underline{H}=I_k/\underline{v}$。这些取值非常接近于无信息先验值。当施加识别约束时，先验分布 $p(\beta)=f_N(\beta\mid\underline{\beta},\underline{V})$ 加上式（9.22）和式（9.23）都使用完全无信息极限形式。因此，$\underline{V}^{-1}=0_{k\times k}$，$\underline{V}_\delta^{-1}=0_{(J-1)\times(J-1)}$ 以及 $\underline{v}_\Phi=0$。不过还是需要提醒一下，McCulloch、Polson 和 Rossi（2000）对采用此"无信息"先验分布设定提出了异议。他们认为，虽然 δ 和 Φ 是无信息的，但误差协方差矩阵的某些方面表现出极强的信息性。具体来说就是 Σ 的最小特征根，实际上具有极强的信息性。

对于参数不可识别模型，采用数据增强型 Gibbs 抽样器，序贯从式（9.18）、式

---

① 从数学角度看，如果先验分布不适当，得到的后验分布也不适当。为什么呢？记得前面说过 $\frac{\beta}{\sqrt{\sigma_{11}}}$ 可识别。β 和 σ_{11} 单独不可识别。因此，对于任意常数 c，$p\left(y\mid\beta,\sigma_{11},\frac{\beta}{\sqrt{\sigma_{11}}}=c\right)$ 是常数。在直线 $\frac{\beta}{\sqrt{\sigma_{11}}}=c$ 上，后验分布 $p\left(\beta,\sigma_{11}\mid y,\frac{\beta}{\sqrt{\sigma_{11}}}=c\right)\propto p\left(\beta,\sigma_{11}\mid\frac{\beta}{\sqrt{\sigma_{11}}}=c\right)p\left(y\mid\beta,\sigma_{11},\frac{\beta}{\sqrt{\sigma_{11}}}=c\right)$。如果直线 $\frac{\beta}{\sqrt{\sigma_{11}}}=c$ 上的先验分布 $p\left(\beta,\sigma_{11}\mid\frac{\beta}{\sqrt{\sigma_{11}}}=c\right)$ 不适当，直线上的后验分布是常数。在这个直线上，区间 $(-\infty,\infty)$ 内的积分等于 ∞。因此，后验分布不适当，不是一个有效概率密度函数。

（6.49）和式（6.52）提取样本，最终得到后验模拟输出结果。对于参数可识别模型，序贯从式（9.18）、式（6.49）、式（9.24）和式（9.25）提取样本。无论哪种模型，预热样本均为 1 000 个，使用样本为 10 000 个。MCMC 诊断结果表明样本数量足以保证收敛。

在给出两模型比较的结果之前，有必要考虑缺少识别约束对后验计算的影响。图 9-1 画出了 σ_{11}、β_{11} 以及可识别组合 $\dfrac{\beta_{11}}{\sqrt{\sigma_{11}}}$（图 9-1 中标记为"可识别系数"）抽样的 100 个样本点。其中，β_{11} 为 β_1 的第一个元素。从图中可以发现，σ_{11} 和 β_{11} 的抽样取值相当分散（并且其后验表现出较大的方差）。不过，可识别系数的抽样值分散程度不是很大，并且总是接近后验均值。大致说来就是似然值表明 $\dfrac{\beta_{11}}{\sqrt{\sigma_{11}}}$ 和 $\dfrac{10^{100}}{10^{100}}\dfrac{\beta_{11}}{\sqrt{\sigma_{11}}}$ 相等符合情理。那就是说要想使得 σ_{11} 和 β_{11} 的后验抽样取值相差不大，唯一能做的是减少先验分布中的信息含量。不过，似然函数相当精确地提供了 $\dfrac{\beta_{11}}{\sqrt{\sigma_{11}}}$ 最可能取值的信息。因此，尽管 σ_{11} 和 β_{11} 的抽样值非常分散，但其取值变化模式表明 $\dfrac{\beta_{11}}{\sqrt{\sigma_{11}}}$ 的定义相当明确。

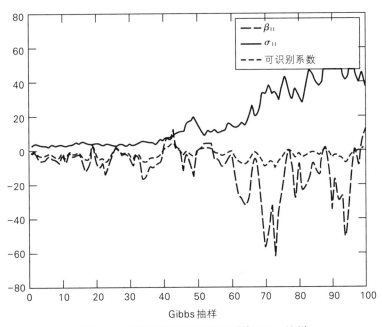

图 9-1　参数可识别和不可识别的 Gibbs 抽样

图 9-1 还清楚地表明无信息先验分布不可取。当先验分布没有信息时，σ_{11} 和 β_{11} 的抽样取值就不可避免地趋于无穷（进而后验矩趋于无穷）。

由于存在识别问题，如果不施加约束条件 $\sigma_{11}=1$，很难解释 β 和 H 的后验性质。因此，表 9-3 报告了两种情况下可识别系数（不施加识别约束时报告系数 $\dfrac{\beta_{11}}{\sqrt{\sigma_{11}}}$，施加识

别约束时报告系数 β)。从表中的结果可以看出,无论是可识别模型,还是不可识别模型,可识别参数的后验性质非常相似(至少相对于非常大的后验标准差而言)。[1]请记住系数 β_{1j} 是度量解释变量影响消费者选择 Sunshine 牌薄脆饼干的概率,$j=1$,…,5。因此,点估计结果表明提高这个牌子饼干的价格对于消费者选择该牌子饼干的概率具有负向影响(E($\beta_{12}|y$)<0)。不过,提高其他牌子(Keebler、Nabisco 或零售商品牌)饼干的价格,将会提高消费者选择 Sunshine 牌饼干的概率(E($\beta_{13}|y$)>0,E($\beta_{14}|y$)>0 和 E($\beta_{15}|y$)>0)。其他牌子薄脆饼干的销售结论也类似。有些例外,提高一个品牌的自身价格很大概率会导致本品牌销售量下降,但提高其他品牌的价格则存在较大概率使得本品牌的销售量上升。

表 9-3 多项 probit 模型的后验结果

	不可识别模型		可识别模型	
	均值	标准差	均值	标准差
Sunshine 牌				
β_{11}	−3.92	3.17	−2.94	2.96
β_{12}	−3.10	2.79	−2.69	2.51
β_{13}	2.79	2.98	1.96	2.21
β_{14}	0.33	1.81	0.39	1.84
β_{15}	2.31	2.21	2.36	2.80
Keebler 牌				
β_{21}	−1.59	5.76	−2.17	4.54
β_{22}	−2.43	3.52	−2.48	3.33
β_{23}	−2.74	3.98	−1.56	4.03
β_{24}	1.21	4.63	0.44	3.36
β_{25}	3.01	4.85	2.31	4.20
Nabisco 牌				
β_{31}	−2.59	2.43	−2.28	2.59
β_{32}	−0.37	1.02	−0.48	1.27
β_{33}	2.02	2.05	1.73	2.09
β_{34}	−0.33	0.98 502	−0.47	1.36
β_{35}	1.78	1.60	2.21	1.97

对于一些代表性情况,采用其他方式,通过给出选择概率依然能呈现这些信息。例如,可以计算所有价格均设为样本均值时的预测选择分布。之后再计算某个品牌价格提高到较高水平时的预测选择分布。通过比较这两种情况,就能了解价格如何影响选择特

---

① 事实上,更可能是由于所用数据数量较小,导致所有参数的后验标准差都很大。Paap 和 Franses (2000) 以及 Jain、Vilcassim 和 Chintagunta (1994)所用的原始数据是面板数据,每个家庭有 20 个观测值。这里每个家庭只用了一个观测值。

定品牌的概率。

|9.7| probit 模型的扩展

probit 模型、有序 probit 模型以及多项 probit 模型存在很多扩展形式。篇幅所限，这里就不做详细讨论了。最重要的扩展大概是使用面板数据。市场营销领域通常会遇到此类数据。由于使用了光学扫描仪，能够观测到很多人光临不同超市购物所做的选择。进一步说，个体效用函数存在较大差别。这表明需要利用第 7 章的随机系数模型（7.4 节）来刻画 probit 模型的潜效用差。例如，如果存在两个选项（就某个产品而言，要么购买，要么没有购买），并且是面板数据，则存在潜因变量（latent dependent variable）的正态线性回归模型方程可以写成

$$y_{it}^{*} = x_{it}'\beta_i + \varepsilon_{it} \tag{9.26}$$

利用第 7 章提出的方法，β_i 采用层次先验分布来反映消费者异质性，能够推导出 $p(\beta_i|y^*)$，$i = 1, \cdots, N$。$p(y_{it}^{*}|y_{it}, \beta_i)$ 表达式是式（9.6）的简单扩展。因此，对于随机系数面板 probit 模型，可以直接建立数据增强型 Gibbs 抽样器（见习题 4）。对于随机系数面板多项 probit 模型，采用类似的方法，将多项 probit 模型（9.6 节）、随机系数（第 7 章 7.4 节）以及 SUR 模型（第 6 章 6.6 节）的结果组合起来，就能够实施贝叶斯推断。如果读者对多项 probit 模型扩展在市场营销应用问题中使用贝叶斯推断感兴趣，可以阅读 Allenby 和 Rossi（1999）以及 Rossi、McCulloch 和 Allenby（1996）的文献。可以扩展面板 probit 模型来处理时间序列问题（例如允许误差自相关）。Geweke、Keane 和 Runkle（1997）讨论了一个具体模型，叫作多项多期 probit 模型。

面板 probit 模型和多项 probit 模型的贝叶斯分析都需要将 Gibbs 抽样器模块与各种简单模型组合起来，这再次证实本书的一个重要观念。贝叶斯推断通常要借助后验模拟器来完成，而这些后验模拟器依赖于给定其他模块的参数模块来运行。也正因为后验模拟器的这种模块化特性，使得将不同模型片段组合起来变得特别简单。因此，任何一个 probit（或 tobit）模型，都可以和之前各章介绍的任何一个模型组合起来，所以就能得到诸如具有非线性回归函数的 probit（或 tobit）模型，或者误差自相关的 probit（或 tobit）模型，或者存在异方差的 probit（或 tobit）模型等。下一章将会讨论 probit 模型的其他扩展形式：混合正态 probit 模型和半参数 probit 模型。这些扩展都利用了 Gibbs 抽样器的模块特性。

|9.8| 其他扩展

本章重点考察了潜变量具有明确定义的模型，并假设潜变量遵循正态线性回归模型。不过，依然还有大量其他模型无法转换成潜变量形式。此类模型大部分可以纳入线性回归范畴，误差项服从非正态分布。例如，如果因变量为计数数据（例如企业申报的专利数，特定卫生措施干预下的死亡人数），假设误差服从正态分布就不具有合理性，通常要使用误差服从泊松分布的回归模型。如果因变量是一个持续变量（例如，失业持

续的周数），通常要使用回归模型，假设误差服从指数分布或者 Weibull 分布。本书后面章节将会简要讨论这些扩展（见第 12 章 12.4.3 节）。

对于定性选择数据，probit 模型族最大的竞争对手是 logit 模型族。事实上，本章考虑的每个 probit 模型，都有一个 logit 模型与之对应（例如，除了有 logit 模型外，还有等级有序 logit 模型和多项 logit 模型）。这些模型和 probit 模型一样，都来源于相同的随机效应模型。差别在于这些模型假设误差服从 logistic 分布，而 probit 模型假设误差服从正态分布。这里不会给出 logistic 分布的定义。不过这个分布有一个基本性质，那就是累积分布函数存在解析表达式。正态分布不具有这个性质。因此，当选项较多时，多项 probit 模型遭受参数估计计算困难的困扰。直至诸如 Geweke（1991）（见 9.6 节）所述的后验模拟器提出后，计算问题才解决。由于多项 logit 模型的累积密度函数存在解析表达式，这个解析表达式是似然函数的关键部分，这意味着多项 logit 模型没有计算问题的困扰。

无论哪种多项 logit 模型，都有相应的贝叶斯推断方法。Zellner 和 Rossi（1984）介绍了 logit 模型的贝叶斯推断方法。Koop 和 Poirier（1993）介绍了多项 logit 模型的贝叶斯推断方法，其重点考虑了信息先验分布的诱导和计算问题。Koop 和 Poirier（1994）讨论了等级有序 logit 模型的贝叶斯推断问题。Poirier（1994）讨论了无信息先验分布的 logit 模型。

logit 模型族是替代 probit 模型族的不二选择，利用常用的贝叶斯工具（例如后验机会比和后验预测 p 值）可以判断使用哪类模型。不过，如果有两个以上选项，多项 logit 模型的独特性质导致其在很多应用中不太适合使用。多项 logit 模型反映的选择概率必须满足不相关选项的独立性（或者 IIA）。这个性质的意思是任何两个选择的概率比率必须相同，无论其他选项是什么。例如，假设通勤者既可以选择坐公交车（$y=1$），也可以选择开车（$y=0$），选择这两种出行方式的可能性是相同的（$\frac{p(y=0)}{p(y=1)}=1$）。现在假设建设了自行车道，通勤者可以选择骑自行车上班。此时 IIA 性质的意思是额外增加这个选项并不影响 $\frac{p(y=0)}{p(y=1)}=1$ 这个事实。此例中，IIA 性质可能具有合理性（尽管不可能）。一开始就假设 $p(y=0)=p(y=1)=0.5$。假设引入自行车道后，通勤者有 20% 的机会骑自行车上班。这与假设 $p(y=0)=p(y=1)=0.4$ 一致，还是有 $\frac{p(y=0)}{p(y=1)}=1$。不过，为了说明 IIA 性质的不合理性，计量经济学家对上个例子稍稍做了些调整，就产生了红-蓝公交车问题。假设最初通勤者可以选择乘坐红色公交车（$y=1$）去上班，也可以选择开车（$y=0$）去上班。如果新成立一个公交公司，其运营的通勤线路为蓝色公交车（$y=2$），则假设 IIA 性质的成立就不再具有合理性。例如，假设初始时 $p(y=0)=p(y=1)=0.5$，此时 $\frac{p(y=0)}{p(y=1)}=1$。由于蓝色公交车本质上与红色公交车没有区别，引入这个选项并不影响通勤者开车上班的可能性，因此有 $p(y=0)=0.5$，$p(y=1)=p(y=2)=0.25$。因此，引入新的选项意味着 $\frac{p(y=0)}{p(y=1)}=2$。这就破坏了 IIA 性质，这是多项 logit 模型所不允许的。

为了克服多项 logit 模型这个性质的限制，发展出一些 logit 模型变化。一个流行变化是嵌套 logit 模型，假设决策制定过程具有嵌套结构。例如，在红－蓝公交车例子中，计量经济学家会使用一个 logit 模型，考察通勤者选择开车还是坐公交车。如果通勤者选择坐公交车，建立第二个 logit 模型，考察通勤者是选择红色公交车还是蓝色公交车。因此，一个 logit 模型嵌套在另一个 logit 模型中。Poirier（1996）讨论了嵌套模型的贝叶斯推断问题。

|9.9| 小结

本章引入一些模型，以研究因变量为定性变量或者审查变量的建模问题。重点考察能写成潜因变量正态线性回归模型形式的模型。给定潜变量，第 3 章和第 4 章正态线性回归模型的相关结论都适用。利用提出的数据增强型 Gibbs 抽样器，将正态线性回归模型（给定潜变量）结论与潜变量分布（给定观测数据和参数）结合起来，可以对各种模型实施贝叶斯推断。

本章讨论的第一个模型是 tobit 模型。tobit 模型研究的因变量是审查变量。给定观测数据和模型参数，审查形式决定了潜变量的分布形式。

本章余下模型都属于 probit 模型族。这些模型都能用于解决因变量本质为定性变量的问题。当个体从一组选项中进行选择时，这类应用通常涉及定性因变量。因此，这可追溯到个体选择追求效用最大化动机。每个选项与基础选项之间的效用差决定了个体选择。如果正态线性回归模型中的因变量是不可观测的效用差，就能得到 probit 模型。这个效用差就是数据增强型 Gibbs 抽样器的潜变量。

本章考虑了几个 probit 模型。首先介绍了标准 probit 模型（包含两个选项），之后介绍了有序 probit 模型（包含多个有顺序的选项）和多项 probit 模型（包含一些无顺序的选项），还讨论了与面板数据相关的扩展。本章最后简单讨论了其他相关模型（例如 logit 模型族），这些模型不能写成包含潜因变量的正态线性回归模型。

|9.10| 习题

除了习题 2，本章其他习题与其说是标准教科书习题，还不如说是小项目。除了特殊要求外，先验分布任你自选。通常用人造数据检验你写的程序。当然是否使用不同的人造数据，还是任君自选。别忘了本书相关网站提供了部分数据和 MATLAB 程序代码。

1. 考虑审查点未知的 tobit 模型。除了式（9.3）替换为

$y_i = y_i^*$，当 $y_i^* > c$ 时

$y_i = 0$，当 $y_i^* \leq c$ 时

模型其他所有细节和假设都和本章正文所述相同（见式（9.1）和式（9.2））。这里 c 为未知参数，取值位于区间（0，1）之内。

（a）假设 c 的先验分布为 U（0，1），证明对 9.3 节所述的数据增强型 Gibbs 抽样器进行调整，就可以对 c 进行后验推断。

（b）编写程序，利用（a）的结论对审查点未知的 tobit 模型进行贝叶斯推断。利用 9.3.1 节所述的人造数据，运行你所编写的程序。

注：$p(c|y^*, \beta, h)$ 可能找不到简便形式。但 c 是一个标量，可以限制在一个区间内，因此即使采用最初级的方法也很好用。例如，采用独立链 M-H 算法，使用 $U(0, 1)$ 作为候选生成密度函数，编程会极为简单。检查这个算法是否有效率。能否找到比它更有效率的算法？

2.（a）推导 probit 模型的似然函数。提示：这个似然函数为 $\prod_{i=1}^{N} p(y_i | \beta, h)$，用到式（9.7）。

（b）证实 probit 模型存在 9.4 节讨论的识别问题。

3.（a）编写程序（或者采用本书相关网站提供的程序，你必须确信理解这个程序），对 9.3 节的简单 probit 模型进行后验模拟，β 采用信息正态先验分布。生成人造数据以检验你的程序。

（b）对（a）的程序进行扩展，分别采用 Savage-Dickey 密度比率（见第 4 章 4.2.5 节）和 Chib 方法（见第 7 章 7.5 节）计算贝叶斯因子，检验单个系数是否等于 0。Gibbs 抽样器需要多少次抽样才能确保这两个方法估计的贝叶斯因子相同（精确到小数点后两位）。

4.（a）对于随机系数面板 probit 模型为式（9.26），推导建立数据增强型 Gibbs 抽样器所需的条件后验分布。

（b）编写（a）的 Gibbs 抽样器程序，利用人造数据检验程序。

（c）如果模型变成随机系数面板多项 probit 模型，（a）的答案会发生怎样的变化？（b）的程序如何改变？

（d）利用人造数据或者完整的薄脆饼销售数据（本书配套网站下载，或者参见 *Journal of Applied Econometrics* data archive，http://qed.econ.queensu.ca/jae/，listed under Paap and Franses，2000），对随机系数面板 probit 模型实施贝叶斯推断。

第 10 章

更灵活的模型：非参数和半参数方法

10.1 引言

之前各章考虑的所有模型都包含函数形式和分布假设。例如，正态线性回归假设误差服从正态分布，解释变量和被解释变量之间存在线性关系。做此类假设是似然函数所需的，而似然函数又是贝叶斯分析的基本组成部分。不过，经济理论基本不会明确告诉你要用什么函数形式，要做出什么样的分布假设。比如说经济学中的生产理论常常说企业产出随着要素数量的增加而增加，并且随着要素的增加，最终边际收益会递减。经济理论不会说"应该使用常替代弹性生产函数"。实践中，经常要使用前几章讲述的模型比较和拟合技术（例如后验预测 p 值和后验机会比），以仔细检查所假设的具体似然函数是否合理。不过，如果确实担心似然假设不合适，对实证结论有影响，可以使用非参数和半参数方法。[1]关于非参数和半参数方法的非贝叶斯分析文献非常多，并且还在不断增加。那么为什么会出现非参数和半参数方法呢？我们知道似然函数取决于参数，因此假设具体分布和函数形式能得到参数似然函数。非参数文献的基本思想是尝试完全消除（非参数方法）或部分消除（半参数方法）此类参数假设。[2]

贝叶斯推断总是建立在参数似然函数基础上，因此从字面意思上看，我们不能称贝叶斯"非参数"或"半参数"方法。这也正是本章标题采用"更灵活的模型"的原因。即便如此，许多贝叶斯模型的建模思想与非贝叶斯的非参数方法类似，越来越多的文献开始使用贝叶斯非参数作为名称。这个领域非常庞大，不可能用一章就能说清楚。因

---

[1] Horowitz（1998）以及 Pagan and Ullah（1999）对此类文献做了详细介绍。

[2] 有一句名言是"让数据来说话"。实践中这句话很难做到。必须给问题设定一些结构才能得到有意义的实证结论。非参数方法也需要做一些假设，所以批评似然基础的统计推断"做了假设"，而非参数统计推断是"让数据来说话"，这有失公允。非参数方法和似然基础上的方法的关键区别在于做什么样的假设。例如，非线性回归模型假设" y 和 x 的关系具有某种特定的非线性形式"，而非参数回归模型假设回归线具有平滑性。至于哪种假设更有意义，需要放在特定实证应用背景下才能找到答案。

此，这里重点研究两种贝叶斯非参数方法。这两种方法都特别简单，利用前几章的方法就能处理。如果读者希望更多地了解贝叶斯非参数方法，可以阅读 Dey、Muller 和 Sinha（1998）的文献。

要弄清楚这里讨论的贝叶斯非参数方法，有必要考虑正态线性回归模型的基础假设。研究人员可能希望放松线性关系假设（放松函数形式假设）或者放松正态误差假设（放松分布假设）。讨论的两个方法就沿着这两个方向展开。贝叶斯非参数和半参数回归一节放松函数形式假设。混合正态模型一节放松分布假设。之后会发现，只利用第3章自然共轭先验分布的正态线性回归模型所用方法，就可以解决贝叶斯半参数回归的问题。对第6章 t 分布误差回归模型所用的 Gibbs 抽样器进行扩展，能解决混合正态模型问题。

|10.2| 贝叶斯非参数和半参数回归模型

10.2.1 概览

第5章讨论了非线性回归模型

$$y_i = f(X_i, \gamma) + \varepsilon_i$$

其中，X_i 为 X 的第 i 行，$f(\cdot)$ 为已知函数，依赖于 X_i 和参数向量 γ。本节从非线性回归模型为出发点，将非参数回归模型写成类似如下形式

$$y_i = f(X_i) + \varepsilon_i \tag{10.1}$$

但这里的 $f(\cdot)$ 为未知函数。本节始终使用标准假设：

1. ε 服从 $N(0_N, h^{-1}I_N)$

2. X 的所有元素要么保持固定（不是随机变量），要么即使是随机变量，也与 ε 的所有元素相互独立，概率密度函数为 $p(X|\lambda)$。其中，λ 为不包含模型其他参数的参数向量。

在讨论非参数回归之前，有必要提醒大家，非线性回归模型可以非常灵活地选择函数 $f(X_i, \gamma)$，这样研究过程中不需要使用新方法，同样能达到非参数计量的目标。例如，利用普通的级数（例如泰勒级数，傅里叶级数或者 Muntz Szatz 级数）展开，就能得到 $f(X_i, \gamma)$ 的参数形式，能够逼近任何未知函数。通过选择级数展开的截断点，研究人员能够控制逼近的精确度。[1]

非参数回归方法建立在 $f(\cdot)$ 是平滑函数的基础上。也就是说，如果 X_i 和 X_j 相互接近，$f(X_i)$ 和 $f(X_j)$ 也应该相互接近。因此，非参数回归方法通过在观测值附近取局部平均值，估计非参数回归线。$f(X_i)$ 的许多非参数回归估计量具有

$$\hat{f}(X_i) = \sum_{j \in N_i} w_j y_j \tag{10.2}$$

的形式，其中，w_j 为第 j 个观测值的权重，N_i 表示 X_i 的领域。不同方法的区别在于如何

---

[1] Koop、Osiewalski 和 Steel（1994）的论文就采用了这类方法。

取权重，如何定义邻域。如果有许多解释变量，非参数方法就会面临维度诅咒的问题，这比较麻烦。也就是说，非参数方法是利用"附近"的观测值取平均值来逼近回归关系。如果样本规模给定，随着X_i维度的增加，"附近"的观测值就会变得越来越分散，此时非参数方法就变得越来越不可靠。因此，对于多个解释变量情形，基本不会直接应用非参数回归模型式（10.1）。相反，为了避免出现维度诅咒，会使用各种模型。这里讨论两个此类模型，首先考虑部分线性模型。

10.2.2　部分线性模型

部分线性模型将解释变量分成两部分：一部分解释变量（z）按照有参数处理；另外一部分解释变量（x）按照无参数处理。如果x维度较低，就能克服维度诅咒问题。选择哪些解释变量按照无参数处理，需要视具体应用而定。通常x包括分析中最重要的变量，正确度量这些变量的边际效应至关重要。这里假设x是标量，之后会简单讨论x为非标量的处理方法。

按照数学做法，部分线性模型可写为

$$y_i = z_i\beta + f(x_i) + \varepsilon_i \tag{10.3}$$

其中，y_i为被解释变量，z_i为k个解释变量的向量，x_i为标量解释变量，$f(\cdot)$为未知函数。注意，由于$f(x_i)$发挥了截距的作用，因此z_i不包含截距项。$f()$称作非参数回归线。

这个模型的贝叶斯估计的基本思想是将$f(x_i)$看作未知参数，$i=1, \cdots, N$。这样看来，式（10.3）就是正态线性回归模型（虽然其解释变量个数比观测值多）。如果采用自然共轭分布作先验分布，就恰好可以按照第3章所述方法做这个模型的贝叶斯分析。因此，部分线性模型的贝叶斯推断简单明了。

首先将观测值排序，得到$x_1 \leqslant x_2 \leqslant \cdots \leqslant x_N$。因为数据点相互独立，观测值的确切排序也就无关紧要，选择将观测值从小到大排序，这样"临近"观测值就一目了然。按照通常做法，将所有变量堆积成$y = (y_1, \cdots, y_N)'$，$Z = (z_1', \cdots, z_N')'$以及$\varepsilon = (\varepsilon_1, \cdots, \varepsilon_N)'$的矩阵形式。如果令$T_\gamma = (f(x_1), \cdots, f(x_N))'$

$$W = [Z : I_N]$$

以及$\delta = (\beta', \gamma')'$，式（10.3）可以写为

$$y = W\delta + \varepsilon \tag{10.4}$$

首先，注意，γ是N维向量，每个点都在非参数回归线上。从这个角度看，并没有对γ的元素施加任何限制。因此，$f(x_i)$不拘泥于任何形式，$f(\cdot)$是完全不受限制的未知函数。从这层意义上看，这个模型就是无参数模型。其次，式（10.4）就是一个回归模型，解释变量是$N\times(N+k)$矩阵W。尽管如此，式（10.4）并不是寻常的回归模型，δ中未知元素数量超过观测值数量，即$N+k \geqslant N$。这意味着可以得到完美拟合的回归线，残差平方和为0。例如，如果δ的估计结果为

$$\hat{\delta} = \begin{pmatrix} 0_k \\ y \end{pmatrix}$$

得到的误差必然都是0。注意，这种形式的$\hat{\delta}$意味着非参数回归线上点的估计量必然为

$\hat{f}(x_i) = y_i$。因此，这个估计结果意味着非参数回归线处处不平滑。对于式（10.2）来说，其意味着权重 $w_i = 1$，$w_j = 0$，$j \neq i$。这样的估计结果不能令人满意。需要使用先验信息来解决这个问题。

在非参数回归文献中，估计量都是基于 $f()$ 为平滑函数这一思想的。也就是说，如果 x_i 和 x_{i-1} 彼此离得很近，$f(x_i)$ 与 $f(x_{i-1})$ 也应离得很近。在贝叶斯分析中，此类信息可以并入先验分布。有很多办法可以达成这项任务，不过这里采用 Koop 和 Poirier （2002）介绍的简单办法。假设 β、γ 和 h 采用自然共轭正态–伽马分布作为先验分布。采用这个设定，能够得到简单的解析解，不需要后验模拟方法。由于重点是部分线性模型非参数部分，假设 β 和 h 采用标准的无信息先验分布

$$p(\beta, h) \propto h \tag{10.5}$$

对于模型非参数部分的系数，采用关于 γ 一阶差分的部分信息先验分布（见第 3 章习题 4）

$$R\delta \sim N(0_{N-1}, \ h^{-1}V(\eta)) \tag{10.6}$$

其中，$V(\eta)$ 为正定矩阵，取决于超参数 η（稍后再解释）。$R = [0_{(N-1) \times k}:D]$，其中 D 为 $(N-1) \times N$ 阶一阶差分矩阵

$$D = \begin{bmatrix} -1 & 1 & 0 & 0 & \cdots & \cdots & 0 \\ 0 & -1 & 1 & 0 & \cdots & \cdots & 0 \\ \vdots & \vdots & \vdots & \vdots & \vdots & \vdots & \vdots \\ 0 & \cdots & \cdots & 0 & 0 & -1 & 1 \end{bmatrix} \tag{10.7}$$

通过观察发现，这个结构意味着只能获得 $f(x_i) - f(x_{i-1})$ 的先验信息。预料到非参数回归线附近点比较相似，通过假设 $E[f(x_i) - f(x_{i-1})] = 0$ 将其嵌入式（10.6）。利用 $V(\eta)$ 能够控制 $f(x_i) - f(x_{i-1})$ 的期望大小，进而控制非参数回归线的平滑程度。

在讨论先验信息时，有必要提醒一下，研究中有时要对刻画非参数回归线的未知参数施加不等式约束。例如，研究人员知道 $f()$ 是单调增函数。处理方法比较简单，使用第 4 章（4.3 节）的方法就行。

这里先偏离主题，简单说明两个问题，之后再给出模型的后验分布。第一个问题，思维敏捷的读者或许已经注意到部分线性回归模型的结构几乎与第 8 章局部水平模型完全相同。事实上，如果去掉参数项（去掉 Z），将本章的下标 i 换成下标 t，这个非参数回归模型就等同于状态空间模型。如果意识到这两个模型都是有序数据，状态方程即式（8.5）的结构与式（10.6）给出的先验分布相同，那么这一点也就不足为奇。事实上，一些文献已经指出，可以利用状态空间方法做非参数回归（如 Durbin and Koopman, 2001）。因此，第 8 章（8.2 节）所讲的一切都很重要。例如，如果研究人员不想诱导诸如 η 的先验超参数，就可以利用 8.2.3 节介绍的实证贝叶斯方法。第二个问题，有过专业数学训练的读者可能会有困惑，为什么说通过给定一阶差分的先验信息，就能利用式（10.6）控制非参数回归线的"平滑程度"呢？通常利用二阶导数度量函数的平滑程度，这意味着应该使用二阶差分（即 $[f(x_i) - f(x_{i-1})] - [f(x_{i-1}) - f(x_{i-2})]$）的先验信息。只要重新将式（10.7）的 D 定义为二阶差分矩阵，简简单单就将二阶差分的先验信息纳入进来。

书归正传，对于采用部分无信息正态-伽马先验分布的正态线性回归模型来说，可以直接证明（见第3章习题4）其后验分布为

$$\delta, h \mid y \sim NG\left(\tilde{\delta}, \tilde{V}, \tilde{s}^{-2}, \tilde{v}\right) \qquad (10.8)$$

其中

$$\tilde{V} = \left(R'V(\eta)^{-1}R + W'W\right)^{-1} \qquad (10.9)$$

$$\tilde{\delta} = \tilde{V}\left(W'y\right) \qquad (10.10)$$

$$\tilde{v} = N \qquad (10.11)$$

以及

$$\tilde{v}\tilde{s}^2 = \left(y - W\tilde{\delta}\right)'\left(y - W\tilde{\delta}\right) + \left(R\tilde{\delta}\right)'V(\eta)^{-1}\left(R\tilde{\delta}\right) \qquad (10.12)$$

此外，尽管回归模型中解释变量数量大于观测值数量，但后验分布依然是有效概率密度函数。直观地看，利用非参数回归函数平滑程度的先验信息，足以纠正上文中提到的完美拟合问题。

在实证研究中，兴趣点通常集中在模型的非参数部分。利用式（10.8）和多元正态分布性质（见附录B，定理B.9），可得

$$E(\gamma|y) = [M_z + D'V(\eta)D]^{-1}M_z y \qquad (10.13)$$

其中，$M_z = I_N - Z(Z'Z)^{-1}Z'$。式（10.13）可以作为$f(\ )$的估计，称为"拟合的非参数回归线"。那么式（10.13）具有什么意义呢？由于M_z是一个矩阵，频率学派计量经济学的线性回归模型普遍会用到。$M_z y$是y对Z回归的OLS残差。因此，式（10.13）的含义是剔除y对Z的影响（因为$M_z y$是残差），之后利用矩阵$[M_z + D'V(\eta)^{-1}D]^{-1}$的平滑结果。同时还发现对于纯非参数回归（模型中没有Z），如果式（10.6）中的先验分布变成无信息先验分布（$V(\eta)^{-1} \to 0_{N-1, N-1}$），$E(\gamma|y) = y$以及模型的非参数部分仅仅拟合了观测到的数据点（处处不平滑）。

到目前为止，关于$V(\eta)$的介绍只有只言片语。$V(\eta)$可以有多种选择。如果仅考虑平滑性（$f(x_i) - f(x_{i-1})$较小），可以简单取$V(\eta) = \eta I_{N-1}$。[1]这个先验信息取决于标量超参数η，研究人员可以根据控制平滑程度的需要来选择。那么贝叶斯后验分布如何获得观测值附近的均值呢？从直觉看，可以考察$E(\gamma_i|y, \gamma^{(i)})$，其中，$\gamma^{(i)} = (\gamma_1, \cdots, \gamma_{i-1}, \gamma_{i+1}, \cdots, \gamma_N)$。对于纯非参数回归情况（模型不包含$Z$），可以证明，对于$i = 2, \cdots, N-1$，有

$$E\left(\gamma_i \mid y, \gamma^{(i)}\right) = \frac{1}{2+\eta}\left(\gamma_{i-1} + \gamma_{i+1}\right) + \frac{\eta}{2+\eta}y_i$$

$E\left(\gamma_i \mid y, \gamma^{(i)}\right) =$是$y_i$和非参数回归线$i$上方和下方最近点的加权平均（$\gamma_{i-1}$和$\gamma_{i+1}$）。因为$\eta$控制着平滑程度，希望将其作为$f(\cdot)$的约束条件。为使其有意义，当$\eta \to \infty$时，有

---

[1] 如果样本数量较少，x_i和x_{i-1}之间的距离可能会很大，此时需要将这个信息纳入先验信息。简单的办法是利用这样一个先验信息：$V(\eta)$为对角矩阵，矩阵的第(i, i)个元素等于$v_i = \eta\left(x_i - x_{i-1}\right)$。

$E\left(\gamma_i\middle| y,\gamma^{(i)}\right)=y_i$（处处不平滑）。当 $\eta\to 0$ 时，有 $E\left(\gamma_i\middle| y,\gamma^{(i)}\right)=\left(\gamma_{i-1}+\gamma_{i+1}\right)/2$。此外，可以证明当 $\eta\to 0$ 时，方差 $var\left(\gamma_i\middle| y,\gamma^{(i)}\right)=\dfrac{\sigma^2\eta}{2+\eta}$ 趋于 0。因此 $\eta\to 0$ 时的极限为 $\gamma_i=\left(\gamma_{i-1}+\gamma_{i+1}\right)/2$，而非参数回归线组成部分仅仅是一条直线。

总而言之，如果将非参数回归线上的未知点看作参数的话，利用大家熟悉的正态分布线性回归模型，采用自然共轭分布作为先验分布，就能够解决部分线性模型的贝叶斯推断问题。尽管部分线性模型的解释变量个数大于观测值个数，得到的后验分布依然适当。完全按照第 3 章的方式，就可以做模型比较和预测。

在许多情况下，研究人员可能想给 η 选择一个具体值。或者如下文应用的那样，利用第 8 章（8.2.3 节）所述的实证贝叶斯方法估计 η。不过，有必要介绍一种简单方法，利用数据来选择 η 值。非参数统计学家广泛使用这个新方法，称为交叉验证（cross-validation）。交叉验证的基本思想是扣留某些数据。利用剩余数据估计模型，之后预测扣留数据。基于预测扣留数据的好坏进行模型比较。[1]根据上下文，需要定义一个交叉验证函数

$$CV(\eta)=\frac{1}{N}\sum_{i=1}^{N}\left(y_i-E\left(\gamma_i\middle| y^{(i)}\right)\right)^2$$

其中，$y^{(i)}=\left(y_1,\cdots,y_{i-1},y_{i+1},\cdots,y_N\right)'$。也就是说，一次剔除一个观测值，利用剩余数据拟合非参数回归线。之后使用 $\left(y_i-E\left(\gamma_i|y^{(i)},\eta\right)\right)^2$ 度量非参数回归线拟合略去数据点的好坏。选择 η 值，使得交叉验证函数取值最小。

实例：部分线性模型

下面举例说明部分线性模型如何做贝叶斯推断。首先，利用极具非线性的数据生成机制生成人造数据。对于 $i=1,\cdots,100$，生成

$$y_i=x_i\cos\left(4\pi x_i\right)+\varepsilon_i \tag{10.14}$$

其中，ε_i 是独立同分布，服从 $N(0,0.09)$。x_i 是独立同分布，服从 $U(0,1)$。将数据重新排序，可得到 $x_1\le x_2\le\cdots\le x_{100}$。

出于简化考虑，假设纯非参数模型（不包含 Z）。式（10.5）和式（10.6）给定的部分信息先验分布需要选择 η 值。一旦选定 η 值，就可以基于式（10.8）至（10.13），做非参数回归线的后验推断。这里采用第 8 章（8.2.3 节）讲述的实证贝叶斯方法估计 η。正如 8.2.3 节所强调的那样，这个模型使用实证贝叶斯方法，需要 η、γ_1 或 h（非常弱）的先验信息。这里使用 η 的先验信息，假设

$$\eta\sim G\left(\underline{\mu}_\eta,\underline{v}_\eta\right)$$

选择几乎不包含信息的值 $\underline{v}_\eta=0.0001$ 和 $\underline{\mu}_\eta=1.0$。

记得之前讲过，实证贝叶斯估计涉及寻找边缘似然函数乘以 $p(\eta)$ 的最大值（见

---

[1] 值得一提的是，交叉验证方法可用于任何模型的模型比较和模型评价，而不仅限于非参数模型。

第8章式（8.21）)。对于部分信息先验分布，积分常数没有定义。不过，由于我们感兴趣的是 η 取不同值时的模型比较问题，此类积分常数也就无关紧要。积分常数在贝叶斯因子中消掉了。这样看来，需要做的是选择 η 值，使得

$$p\left(\eta\mid y\right) \propto p\left(y\mid \eta\right)p\left(\eta\right) \propto \left(\left|\tilde{V}\right|\left\|R'V\left(\eta\right)^{-1}R\right\|\right)^{1/2}\left(\tilde{v}s^2\right)^{-\tilde{v}/2}f_G\left(\eta\left|\underline{\mu}_\eta,\underline{v}_\eta\right.\right)$$

最大。利用一维梯度搜索方式可以求解得到 p （η|y）的最大值。如果读者觉得实证贝叶斯方法的讨论过于简单，建议回头阅读第8章（8.2.3节），可更详细地了解实证贝叶斯方法。

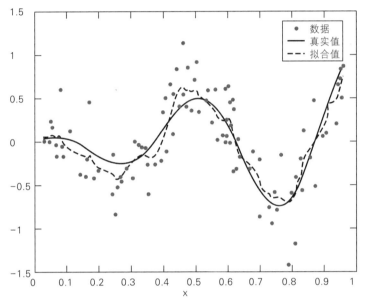

图 10-1　真实非参数回归线和拟合非参数回归线

　　根据实证贝叶斯方法，选择的 η 值为0.1648。图 10-1 为利用所选择 η 值画出的拟合非参数回归线以及实际数据和用于生成数据的真实回归线式（10.14）。根据图形可以发现，拟合非参数回归线很好地刻画了真实回归线（极为非线性）的形状。如果实证应用需要平滑曲线，可以使用二次差分 $[f(x_{i+1})-f(x_i)]-[f(x_i)-f(x_{i-1})]$ 的先验信息。

　　第3章已经讲了采用自然共轭先验分布的正态线性回归模型实例，这里就不再给出实证结果。当然，第3章提出的所有方法都可以用于进一步的后验推断（例如可以给出非参数回归线上每个点的HPDIs）、模型比较（例如可以计算贝叶斯因子，比较非参数模型和参数模型）或者预测。此外，细心的读者可能注意到这个图与图8-2非常相像。值得再次指出的是，状态空间模型和非参数回归模型真的像极了。

　　扩展：半参数 probit 和 tobit 模型

　　本书之前就已经强调过，贝叶斯建模具有模块化特征，尤其后验模拟。对于部分线性回归模型来说，它可以看作更复杂的非参数或者半参数模型的组成部分。很多模

型都可以写成参数向量（可能包括潜变量）θ，以及部分线性模型（带有参数 δ 和 h）的形式。因此，MCMC算法可以利用本节推导出的结论进行贝叶斯推断。也就是说，许多模型可以写成某种形式，满足 p（δ，$h|y$，θ）为正态–伽马分布，要么 p（$\theta|y$）要么 p（$\theta|y$，δ，h）便于抽取样本。满足这种要求的模型许多，无法一一列出。这里将证明如何提出 probit 模型和 tobit 模型的贝叶斯半参数方法。

将本节的思想与第 9 章 9.4 节 probit 模型的相关结论组合起来，就能推导出半参数 probit 模型的贝叶斯方法。半参数 probit 模型可以写成

$$y_i{}^* = z_i\beta + f(x_i) + \varepsilon_i \tag{10.15}$$

或者

$$y^* = W\delta + \varepsilon \tag{10.16}$$

其中，除了 $y^* = (y_1{}^*, \cdots, y_N{}^*)'$ 不可观测外，其他模型假设都与部分线性模型的假设相同。取而代之，能观测到的是

$y_i=1$，当 $y_i{}^* \geq 0$ 时

$y_i=0$，当 $y_i{}^* < 0$ 时 $\tag{10.17}$

接下来，半参数 probit 模型的贝叶斯推断假设 p（δ，$h|y^*$）具有式（10.8）至式（10.13）的形式，不过要把式中的 y 替换为 y^*。事实上，如果施加通常的识别假设 $h=1$，δ 的条件后验分布服从正态分布。此外

$$p\left(y^*\middle| y,\delta,h\right) = \prod_{i=1}^{N} p\left(y_i{}^*\middle| y_i,\delta,h\right)$$

和 p（$y_i{}^*|y_i$，δ，h）服从截断正态分布（见第 9 章 9.4 节）。因此，利用简单的数据增强型 Gibbs 抽样器，仅凭借正态分布和截断正态分布，就能进行贝叶斯推断。

确切地说，对于 $i=1$，$\cdots$，N，利用 MCMC 算法，从

$$\delta\middle| y^* \sim N\left(\tilde{\delta}, \tilde{V}\right) \tag{10.18}$$

和

$y_i{}^*\middle| y_i,\delta,\beta \sim N\left(z_i\beta + \gamma_i, 1\right)1\left(y_i{}^* \geq 0\right)$，当 $y_i=1$ 时

$y_i{}^*\middle| y_i,\delta,\beta \sim N\left(z_i\beta + \gamma_i, 1\right)1\left(y_i{}^* < 0\right)$，其他情况 $\tag{10.19}$

序贯提取样本。其中，1（A）为示性函数，当条件 A 发生时，函数值取 1；在其他情况下，函数值取 0。

按照半参数 probit 模型的思路，将部分线性模型方法与参数 tobit 模型（见第 9 章 9.3 节）的结论组合起来，可以推导出半参数 tobit 模型的贝叶斯方法。比照式（10.16）和式（10.17），半参数 tobit 模型可以写成

$$y_i{}^* = z_i\beta + f(x_i) + \varepsilon_i \tag{10.20}$$

或者

$$y^* = W\delta + \varepsilon \tag{10.21}$$

其中，$y^* = (y_1{}^*, \cdots, y_N{}^*)'$ 不可观测。对于 tobit 模型，我们观测到的是

$y_i=y_i{}^*$，当 $y_i{}^* > 0$ 时

$y_i=0$，当 $y_i{}^* \leq 0$ 时 $\tag{10.22}$

接下来，对于半参数 tobit 模型的贝叶斯推断，根据部分线性模型的结果，能获得 $p(\delta, h|y^*)$。此外

$$p(y^*|y,\delta,h) = \prod_{i=1}^{N} p(y_i^*|y_i,\delta,h)$$

并且 $p(y_i^*|y_i, \delta, h)$ 要么就是 y_i，要么服从截断正态分布。因此，利用简单的数据增强型 Gibbs 抽样器就能进行贝叶斯推断。用数学语言来说，对于 $i=1, \cdots, N$，利用 MCMC 算法，从

$$\delta, h|y^* \sim NG(\tilde{\delta}, \tilde{V}, \tilde{s}^{-2}, \tilde{v}) \qquad\qquad (10.23)$$

和

$$\begin{aligned} y_i^* &= y_i & &\text{当 } y_i > 0 \text{ 时} \\ y_i^*|y_i, \delta, \beta, h &\sim N(z_i\beta + \gamma_i, h^{-1})1(y_i^* < 0) & &\text{当 } y_i = 0 \text{ 时} \end{aligned} \qquad (10.24)$$

序贯提取样本。

因此，无论是半参数 probit 模型还是半参数 tobit 模型（其他模型也一样），都可以直接使用 MCMC 方法进行贝叶斯分析，无非是将部分线性模型的结论与模型其他组成部分组合起来而已。

值得一提的是，还有许多其他方法可以做贝叶斯非参数或者半参数回归。能与非参数回归达到相同目标的一族具体模型是样条模型。这里不会讨论样条模型，感兴趣的读者可以阅读 Green 和 Silverman（1994）、Silverman（1985）、Smith 和 Kohn（1996）或者 Wahba（1983）的文献。还有其他一些更灵活的回归函数建模方法，这里就不讨论了。如果读者对这类模型和方法感兴趣，可以阅读 Dey、Muller 和 Sinha（1998）的文献。

10.2.3 可加的部分线性模型

到现在为止，都假设部分线性模型的 x_i 为标量。在标量情形下，用于约束非参数回归线平滑性的先验信息仅涉及对观测值重新排序，满足 $x_1 \leq \cdots \leq x_N$。正如本章开始所说的，如果 x_i 是向量，出现维度诅咒问题会导致非参数统计推断失去意义。如果 x_i 维度较低还好，可以利用最近邻算法（a nearest neighbor algorithm）测度观测值之间的距离，进而完成贝叶斯推断。根据观测值之间的距离，数据重新排序，之后利用式（10.8）的后验分布实施贝叶斯推断。例如，观测值 i 和 j 之间的距离，普遍采用如下定义

$$dist_{i,j} = \sum_{l=1}^{p} (x_{il} - x_{jl})^2$$

其中，$x_i = (x_{i1}, \cdots, x_{ip})'$ 为 p 维列向量。数据排序方法涉及选择第一个观测值（例如 x 第一个元素为最小值的观测值）。第二个观测值为与第一个观测值距离最近的观测值。第三个观测值为与第二个观测值距离最近的观测值（剔除第一个观测值后），以此类推。数据重新排序后，就可以使用上文所述的贝叶斯方法。不过，如果维度 p 较大（例如 $p>3$），这个方法的效果欠佳（或许是因为对第一个观测值的选择以及观测值之间的距离定义较为敏感）。正因为如此，已经提出许多种部分线性模型，通过对 $f()$ 施加约束条件，消除维度诅咒。现在讨论一个普遍采用的模型，以提出实施计量经济推断的贝叶斯方法。

可加的部分线性模型形式为

$$y_i = z_i\beta + f_1(x_{i1}) + f_2(x_{i2}) + \cdots + f_p(x_{ip}) + \varepsilon_i \qquad (10.25)$$

其中 $f_j(\cdot)$ 为未知函数，$j=1$，$\cdots$，p。换句话说，这里施加了约束条件，p 个解释变量的非参数回归线可加

$$f(x_i) = f_1(x_{i1}) + f_2(x_{i2}) + \cdots + f_p(x_{ip})$$

在许多应用中，假设这种可加性会很有意义。从定义看，与标准回归方法的线性假设相比，这个假设更具灵活性。

将式（10.3）和式（10.4）之间的符号扩展一下，可以将此模型写为

$$y = Z\beta + \gamma_1 + \gamma_2 + \cdots + \gamma_p + \varepsilon \qquad (10.26)$$

其中，$\gamma_j = (\gamma_{1j}, \cdots, \gamma_{Nj})' = [f_j(x_{1j}), \cdots, f_j(x_{Nj})]'$。换句话说，非参数回归线上的 N 个点对应堆叠在向量 γ_j 上的第 j 个解释变量，$j=1$，$\cdots$，p。数据按照第一个解释变量进行排序，得到 $x_{11} \leqslant x_{21} \leqslant \cdots \leqslant x_{N1}$。这种排序在下文中称作"正确的"排序。

当 x 为标量时，只凭简单的直觉就会知道如果把这些数据点排序，得到 $x_1 \leqslant x_2 \leqslant \cdots \leqslant x_N$，那么给 $f(x_i) - f(x_{i-1})$ 一个先验信息是有意义的。如果有 p 个解释变量可用于观测值排序，这意味着不存在可用的简单排序方法。不过有一点要记住，排序信息是一种表达先验信息的方法，仅对非参数回归线的平滑程度起重要作用。如果 γ_1，$\cdots$，γ_p 的每一个都表示先验信息，按照每个解释变量对观测值进行排序，之后再将其转换为正确排序，本质上可以按照与 10.2.2 节一样的方法实施贝叶斯推断。为了验证这种直觉，换一种方式来阐述计量经济方法。对于相互独立数据，数据如何排序不重要，重要的是所有变量都按照相同方法排序。这里假设观测值已经排序，为 $x_{11} \leqslant x_{21} \leqslant \cdots \leqslant x_{N1}$。不过，利用已经排序的观测值 $x_{1j} \leqslant x_{2j} \leqslant \cdots \leqslant x_{Nj}$ 应该能诱导出 $f_j()$ 平滑程度的先验信息。但这意味着，对于 $j=2$，$\cdots$，p，利用排序不正确的观测值也可以诱导出先验信息（正确的观测值排序不是 $x_{1j} \leqslant x_{2j} \leqslant \cdots \leqslant x_{Nj}$，而是 $x_{11} \leqslant x_{21} \leqslant \cdots \leqslant x_{N1}$）。那么，如何解决这个问题呢？诱导出每个先验信息后，仅需将数据重新排序，恢复到正确排序即可。一旦数据恢复到正确排序，也就回到正态线性回归模型的轨道，先验分布采用自然共轭分布。

下面对上面的方法按照数学方式来陈述一下。需要一些新的表示符号。记得之前表示（例如 γ_1，$\cdots$，γ_p）所用的观测值排序为 $x_{11} \leqslant x_2 \leqslant \cdots \leqslant x_{N1}$。现在定义 $\gamma_j^{(j)}$ 表示按照第 j 个变量排序的观测值（所有数据都排列成 $x_{1j} \leqslant x_{2j} \leqslant \cdots \leqslant x_{Nj}$，$j=2$，$\cdots$，$p$）。对于 $\gamma_j^{(j)}$ 中的元素，利用符号

$$\gamma_j^{(j)} = \begin{pmatrix} \gamma_{1j}^{(j)} \\ \gamma_{2j}^{(j)} \\ \cdot \\ \cdot \\ \gamma_{Nj}^{(j)} \end{pmatrix} = \begin{pmatrix} \gamma_{1j}^{(j)} \\ \gamma_j^{(j*)} \end{pmatrix}$$

来表示。也就是说，将非参数回归线上第 j 个组成部分的第一个点 $\gamma_{1j}^{(j)}$ 隔离出来，其余所有点堆叠成 $(N-1)$ 维列向量 $\gamma_j^{(j*)}$。利用类似符号表示按照第 1 个解释变量排序的观测值，$\gamma_j^{(*)}$ 表示 γ_j 剔除第一个元素后的结果。这个元素对应为第 j 个解释变量的最小值。

在推导所需后验分布的数学公式之前，还需要提到一个重要的事情，那就是可加模型存在识别问题，就是加上或者减去一个合适的常数项，并不改变似然函数值。举例来

说就是对于任意常数 c，当 g_1（x_{i1}）$=f_1$（x_{i1}）$+c$ 以及 g_2（x_{i2}）$=f_2$（x_{i2}）$-c$ 时，模型 $y_i=f_1$（x_{i1}）$+f_2$（x_{i2}）$+\varepsilon_i$ 与模型 $y_i=g_1$（x_{i1}）$+g_2$（x_{i2}）$+\varepsilon_i$ 等价。如果研究重点是每个变量对 y 的边际效应（f_j（x_{ij}）的形状），或者是非参数回归模型的整体拟合效果，是否可识别无关紧要。这里施加了一个特殊识别条件，还有好多方式可供选择，实证研究结论的解释不会发生根本性变化。这里施加识别条件 $\gamma_{1j}^{(j)}=0$（除了第一个可加函数外，其他可加函数的截距项都等于0），$j=2$，$\cdots$，p。

对于 γ_1、β 和 h，采用和之前一样的部分信息先验分布。具体来说，β 和 h 的无信息先验分布为式（10.5）。对于 γ_1（对应于第一个解释变量的非参数回归线），平滑程度的先验分布为

$$D\gamma_1 \sim N（0_{N-1}, h^{-1}V（\eta_1））\tag{10.27}$$

其中，D 为式（10.7）定义的一阶差分矩阵。对于 $\gamma_j^{(j)}$，$j=2$，$\cdots$，p，平滑先验分布可以写为

$$D\gamma_j^{(j)} \sim N（0_{N-1}, h^{-1}V（\eta_j））\tag{10.28}$$

还可以换种方式来表述，因为施加了识别约束 $\gamma_{1j}^{(j)}=0$，这样式（10.28）可以写为

$$D^*\gamma_j^{(j^*)} \sim N（0_{N-1}, h^{-1}V（\eta_j））\tag{10.29}$$

其中，D^* 为（$N-1$）× （$N-1$）矩阵，等于矩阵 D 剔除第一列。还要提一下，之所以需要式（10.28）和式（10.29），是因为二者表示如果 $x_{i-1,j}$ 和 x_{ij} 邻近，f_j（$x_{i-1,j}$）和 f_j（$x_{i,j}$）也邻近。正如之前所说的，还可以使用其他先验分布（例如 D 可以替换为二阶差分矩阵），得到的后验分布没有太大变化。

式（10.28）的先验分布对于 $j=2$，$\cdots$，p 都成立，利用顺序不正确的观测值来表示（观测值顺序为 $x_{1j}\leqslant x_{2j}\leqslant \cdots \leqslant x_{Nj}$）。如果要继续进行，必须对观测值重新排序。因此，要定义 D_j，除了对行和列进行重新排序就能得到排序正确的观测值（$x_{11}\leqslant x_{21}\leqslant \cdots \leqslant x_{N1}$）外，其余与 D 并无区别。这里要引入符号 D_j^*，以与 D^* 相互对照。也就是说，D_j^* 等于 D_j 剔除非参数回归线第一个点所对应的列。

下面用一个具体例子来说明具体做法。假设有两个解释变量，有5个样本（$N=5$），取值为

$$X=\begin{bmatrix} 1 & 3 \\ 2 & 4 \\ 3 & 1 \\ 4 & 2 \\ 5 & 5 \end{bmatrix}$$

数据已经按照正确方式进行排序，第一个解释变量的观测值按照从小到大的顺序排序，即 $x_{11}\leqslant x_{21}\leqslant \cdots \leqslant x_{51}$。不过，如果观测值按照这种方式排序，第二个解释变量的观测值就不是递增顺序。按照式（10.28）的先验分布，观测值顺序应该为 $x_{12}\leqslant \cdots \leqslant x_{52}$。这样就需要重新排序才能满足要求。这就需要对 D 进行调整，生成一个新矩阵

$$D_2=\begin{bmatrix} 0 & 0 & -1 & 1 & 0 \\ 1 & 0 & 0 & -1 & 0 \\ -1 & 1 & 0 & 0 & 0 \\ 0 & -1 & 0 & 0 & 1 \end{bmatrix}$$

可以证明 $D_2\gamma_2$ 定义了第二个解释变量近邻值的距离，因此赋予它平滑先验分布有意

义。识别约束条件表明有 $\gamma_{32}=0$，因此

$$D_2^* = \begin{bmatrix} 0 & 0 & 1 & 0 \\ 1 & 0 & -1 & 0 \\ -1 & 1 & 0 & 0 \\ 0 & -1 & 0 & 1 \end{bmatrix}$$

总之，可加模型（additive model）的 p 个未知函数都使用相同的平滑先验分布。因为观测值顺序为 $x_{11} \leqslant x_{21} \leqslant \cdots \leqslant x_{N1}$，$\gamma_1$ 的平滑先验分布可以表示成一阶差分矩阵 D 的形式。尽管如此，对于 γ_2，$\cdots$，γ_p，相同的平滑先验信息必须对 D 做适当调整。这里用 D_j 表示调整后的一阶差分矩阵，$j=2$，$\cdots$，p。施加识别约束需要适当剔除 D_j 的某列，剔出后的矩阵表示为 D_j^*。

施加识别约束还额外需要一个符号。令 I_j^* 为 $N \times N$ 单位矩阵剔除某一列的结果。删除列满足第 j 个解释变量的观测值取值最小。

有了这样一个表示符号后，接下来按照部分线性模型的相同方式来处理。模型可以写为正态线性回归模型

$$y = W\delta + \varepsilon \tag{10.30}$$

其中

$$W = \begin{bmatrix} Z : I_N : I_2^* : \cdots : I_p^* \end{bmatrix}$$

并且 $\delta = (\beta', \gamma_1', \gamma_2^{(*)'}, \cdots, \gamma_p^{(*)'})$ 包含 $K=k+N+(p-1) \times (N-1)$ 个回归系数。模型的先验分布可以写为更紧凑的形式

$$R\delta \sim N(0_{p(N-1)}, h^{-1}\underline{V}) \tag{10.31}$$

其中

$$R = \begin{bmatrix} 0_{(N-1) \times k} & D & 0 & . & . & 0 \\ 0_{(N-1) \times k} & 0 & D_2^* & . & . & . \\ . & . & . & . & 0 & . \\ . & . & . & . & 0 & 0 \\ 0_{(N-1) \times k} & . & . & 0 & . & D_p^* \end{bmatrix}$$

以及

$$\underline{V} = \begin{bmatrix} V(\eta_1) & . & . & 0 \\ 0 & . & . & 0 \\ . & . & . & 0 \\ 0 & . & 0 & V(\eta_p) \end{bmatrix}$$

此时此刻有必要强调一点，尽管由于识别问题和观测值排序问题，导致表示符号变得更复杂，但模型依然就是正态线性回归模型，先验分布采用自然共轭分布。因此，大家熟悉的正态线性回归模型的结论和方法都有用武之地，并且有

$$\delta, h | y \sim NG(\tilde{\delta}, \tilde{V}, \tilde{s}^{-2}, \tilde{v}) \tag{10.32}$$

其中

$$\tilde{V} = (R'\underline{V}^{-1}R + W'W)^{-1} \tag{10.33}$$

$$\tilde{\delta} = \tilde{V}(W'y) \tag{10.34}$$

$$\tilde{v} = N \tag{10.35}$$

和

$$\tilde{vs}^2 = \left(y - W\tilde{\delta} \right)' \left(y - W\tilde{\delta} \right) + \left(R\tilde{\delta} \right)' \underline{V}^{-1} \left(R\tilde{\delta} \right) \tag{10.36}$$

对于可加模型，利用数据诱导先验超参数可能会很困难，这意味着可加模型的贝叶斯推断较为复杂。注意，每个未知函数平滑程度的先验信息可以不同（存在 η_j，$j=1$，$\cdots$，p）。在有些研究中，研究人员有先验信息，可以根据先验信息选择 η_j 值。但不巧的是，在许多情况下，合理做法是赋予每个未知函数相同的平滑度（设 $\eta_1 = \cdots = \eta_p \equiv \eta$ 较为合理），此时只需要选择一个先验超参数。实证贝叶斯推断的做法与部分线性模型恰好相同。采用大家熟悉的正态线性回归模型方法，可以进行模型比较和预测。

实例：可加模型

下面针对非参数回归线可加的部分线性模型，举例说明其贝叶斯推断问题。首先按照

$$y_i = f_1(x_{i1}) + f_2(x_{i2}) + \varepsilon_i$$

生成人造数据，$i=1$，$\cdots$，100。其中，ε_i 是独立同分布，服从 $N(0, 0.09)$；x_{i1} 和 x_{i2} 是独立同分布，服从 $U(0, 1)$。取

$$f_1(x_{i1}) = x_i \cos(4\pi x_{i1})$$

和

$$f_2(x_{i2}) = \sin(2\pi x_{i2})$$

式（10.31）的部分信息先验分布需要诱导出先验超参数 η_1 和 η_2。这里设 $\eta_1 \equiv \eta_2 = \eta$，并且采用与部分线性模型相同的实证贝叶斯方法，选择 η 值。根据式（10.32）至式（10.36），利用选择的 η 值对非参数回归线的两个组成部分做后验推断。

和前一节的做法一样，η 采用（极弱的）先验信息。具体来说，假设

$$\eta \sim G\left(\underline{\mu}_\eta, \underline{v}_\eta \right)$$

并且选择几乎不包含信息的值 $\underline{\mu}_\eta = 0.0001$ 和 $\underline{v}_\eta = 1.0$。选择 η 值，使得

$$p(\eta \mid y) \propto p(y \mid \eta) p(\eta) \propto \left(|\tilde{V}| \| R' \underline{V}^{-1} R | \right)^{1/2} \left(\tilde{vs}^2 \right)^{-\tilde{v}/2} f_G\left(\eta \mid \underline{\mu}_\eta, \underline{v}_\eta \right)$$

取值最大。

利用实证贝叶斯方法选择的 η 值为 0.4210。对于非参数回归模型的两个可加函数，图 10-2（a）和图 10-2（b）给出了拟合非参数回归线和真实非参数回归线的图形（即 $E(\gamma_j | y)$ 和 $f_j(x_{ij})$，$j=1$，2）。图形表明 $f_j(\cdot)$ 的估计结果非常好。记得前面说过，识别约束的意思是函数估计只有一个可加常数项。这反映在图 10-2（a）和图 10-2（b）拟合非参数回归线的两个组成部分存在轻微移动。正如部分线性模型例子所说的，如果研究中需要平滑曲线，可以采用关于二阶差分 $[f(x_{i+1}) - f(x_i)] - [f(x_i) - f(x_{i-1})]$ 的先验信息。此外，严谨的实证应用需要报告其他后验分布特征（例如 HPDIs）、模型比较方法（例如利用贝叶斯因子比较本模型与参数模型）或者预测分布。

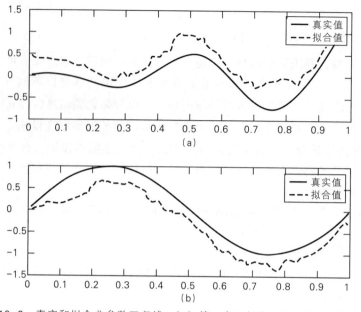

图 10-2　真实和拟合非参数回归线：（a）第一个可加项；（b）第二个可加项

拓展

前面提到，有了部分线性模型，可以对诸如半参数 probit 模型或 tobit 模型等扩展模型进行贝叶斯推断。对于可加的部分线性模型，无疑可以按照相同方式进行扩展。

|10.3| 混合正态模型

10.3.1　概览

对于部分线性模型以及可加部分线性模型而言，回归线都采用未知函数形式。当然还有其他方法，其处理整个分布都采用未知形式情形。这里介绍一个这样的例子。本节模型的基本思想是通过几种分布混合得到一个极具灵活性的分布。利用这个灵活分布可以逼近所关注的未知分布。本节讨论正态分布的混合，它使用非常广泛，并且易于处理。不过需提醒读者，任何一组分布都可以混合起来，选择简单的单个分布就能得到更灵活的分布。

从某种意义上讲，本节考虑的模型并不是"非参数"模型，因为混合分布结果并不是未知分布。正因如此，故将其叫作有限混合正态分布。举例说，5 个不同正态分布混合得到的分布，尽管非常灵活，但也不能包容所有可能的分布。因此，有限混合正态分布只能看作一个极为灵活的建模方法。即便如此，从本节的目的和意图来说，无限混合正态模型是非参数模型。这里不讨论无限混合正态模型。Robert（1996）在《马尔科夫链蒙特卡罗实战》第 24 章对无限混合正态模型的贝叶斯统计问题做了专题介绍。有一个极为受欢迎的具体无限混合模型，它采用 Dirichlet 过程作为先验分布。Escobar 和 West（1995）以及 West、Muller 和 Escobar（1994）对此模型做了详细介绍。

前面已经介绍了一个混合正态模型的具体例子。第6章（6.4节）考察了误差服从独立 t 分布的线性回归模型，介绍了如何利用特定混合正态分布得到独立 t 分布。由于 t 分布比正态分布更灵活（正态分布是自由度参数趋于无穷时的 t 分布的一个特例）。6.4 节介绍了一个简单例子，说明了如何由混合正态分布得到一个更灵活的分布。这里在线性回归模型背景下，研究更具一般性的混合正态分布。不过，只要研究人员希望得到更灵活的分布假设，就可以利用这些基本概念。例如，在第7章面板数据模型中，对于个体效应假设层次先验分布具有特定分布（例如式（7.7）的正态分布，随机前沿模型式（7.46）中的指数分布）。利用混合正态分布可以使层次先验分布更灵活。将下文刻画的 Gibbs 抽样器的主要组成部分和第7章合适的 Gibbs 抽样器组合起来，就可以进行后验模拟。Geweke 和 Keane（1999）介绍了混合正态分布的另一个美妙用处，提出混合正态 probit 模型。

10.3.2　似然函数

线性回归模型可以写为

$$y = X\beta + \varepsilon \tag{10.37}$$

其中，符号含义和前几章一样（例如第3章3.2节）。正态线性回归模型的似然函数有如下假设：

1. ε_i 是独立同分布，服从 $N(0, h^{-1})$，$i=1, \cdots, N$。

2. X 的所有元素要么固定不变（不是随机变量），要么即便是随机变量，与 ε 的所有元素亦相互独立，概率密度函数为 $p(X|\lambda)$，其中 λ 为参数向量，但不包括 β 和 h。

现在把第一个假设换成 ε_i 为 m 个不同分布的混合。也就是说

$$\varepsilon_i = \sum_{j=1}^{m} e_{ij}\left(\alpha_j + h_j^{-\frac{1}{2}}\eta_{ij}\right) \tag{10.38}$$

其中，η_{ij} 是独立同分布，服从 $N(0, 1)$，$i=1, \cdots, N$，$j=1, \cdots, m$。参数 e_{ij}、α_j 和 h_j 囊括了所有参数。e_{ij} 表示提取第 i 个误差所属的混合分布成分，即对于 $j=1, \cdots, m$，$e_{ij}=0$ 或者 1，并且 $\sum_{j=1}^{m} e_{ij} = 1$。由于 η_{ij} 服从正态分布，可得 $\left(\alpha_j + h_j^{-\frac{1}{2}}\eta_{ij}\right)$ 也是正态随机变量，均值为 α_j，精确度为 h_j。由此可知，式（10.38）刻画了回归误差是 m 个不同分布的加权平均。每个组成成分的分布都是 $N(\alpha_j, h_j^{-1})$。这是之所以称为混合正态模型的根源所在。对于所有 j，当 $\alpha_j=0$ 时，这个特例称为标度混合正态模型。当 $h_1=\cdots=h_m$ 时，这个特例称为均值（或位置）混合正态模型。第6章（6.4节）所用的混合正态模型属于标度混合正态模型，涉及具体的层次先验分布。为了便于表示，按照通常做法将新参数堆叠成向量形式：$\alpha=(\alpha_1, \cdots, \alpha_m)'$，$h=(h_1, \cdots, h_m)'$，$e_i=(e_{i1}, \cdots, e_{im})'$ 以及 $e=(e_1', \cdots, e_N')'$。

实践中并不清楚第 i 个误差是从哪个成分中提取出来的，因此令 p_j 表示第 i 个误差提取自混合分布的第 j 个组成成分的概率，$j=1, \cdots, m$，即 $p_j=P(e_{ij}=1)$。用数学语言说就是 e_i 是独立同分布，为多项分布（见附录 B，定义 B.23）的抽样

$$e_i \sim M(1, p) \tag{10.39}$$

其中，$p = (p_1, \cdots, p_m)'$。记得前面讲过，p 是概率向量，须满足 $0 \le p_j \le 1$ 和 $\sum_{j=1}^{m} p_j = 1$。

和许多模型一样，说这些属于"先验"信息，那些属于"似然"信息，都略显武断。式（10.39）可以解释为 e_i 的层次先验分布。不过按照标准做法，这里的 β、h、α 和 p 均称为模型参数，$p(y|\beta, h, \alpha, p)$ 称为似然函数。可以把组成指标 e_i 看作潜变量（下面就会看到，在 Gibbs 抽样算法中这样做是非常实用的），$i = 1, \cdots, N$。由于 p_j 为误差从混合正态分布第 j 个组成成分抽取的概率，可得似然函数为

$$p(y \mid \beta, h, \alpha, p) = \frac{1}{(2\pi)^{N/2}} \prod_{i=1}^{N} \left\{ \sum_{j=1}^{m} p_j \sqrt{h_j} \exp\left[-\frac{h_j}{2} (y_i - \alpha_j - \beta' x_i)^2 \right] \right\} \tag{10.40}$$

其中，k 维向量 x_i 包含第 i 个个体的解释变量。

10.3.3 先验分布

和所有贝叶斯模型一样，混合正态模型可以使用任何先验分布。这里着重介绍一个广泛使用的先验分布，其优点是便于计算，并且极具灵活性，可以兼容很多先验信念。不过，在介绍先验密度函数的具体形式之前，有必要先讨论两个基础问题。

第一个问题，混合正态模型是似然函数无界模型的一个例子。[1]这意味着标准频率学派所用的极大似然估计方法失去了作用。对于贝叶斯计量经济学来说，这意味着研究中不能使用无信息先验分布。不过，可以使用信息先验分布，按照通常做法进行贝叶斯推断。[2]

第二个问题，模型存在识别问题，也就是同一个似然函数对应于多个参数值集合。例如，考虑两个组成成分的混合模型（$m=2$）。每个成分对应的概率为 $p_1=0.25$ 和 $p_2=0.75$。混合模型的第一个分布为 $\alpha_1=2.0$ 和 $h_1=2.0$，第二个分布为 $\alpha_2=1.0$ 和 $h_2=1.0$。将两个成分的标签互换，得到的分布与此分布等价。也就是说，其似然函数值恰好与参数值 $p_1=0.75$，$p_2=0.25$，$\alpha_1=1.0$，$h_1=1.0$，$\alpha_2=2.0$ 和 $h_2=2.0$ 的似然函数值相同。正因如此，有必要对先验分布施加标签约束（labeling restriction），使得

$$\alpha_{j-1} < \alpha_j \tag{10.41}$$
$$h_{j-1} < h_j \tag{10.42}$$

或者

$$p_{j-1} < p_j \tag{10.43}$$

$j = 2, \cdots, m$。这样的约束施加一个足矣。这里选择式（10.41）作为约束条件。如果选择式（10.42）或者式（10.43）作为约束条件，仅需对下文讨论稍作调整。

首先，β 和 h 的先验分布采用熟悉的独立正态–伽马分布（见第 4 章 4.2 节）的简单扩展形式。具体来说

$$\beta \sim N(\underline{\beta}, \underline{V}) \tag{10.44}$$

---

① 为什么呢？设 β 趋于 OLS 估计值 $\hat{\beta}$，h_j^{-1} 趋于误差方差的 OLS 估计值，且 $\alpha_j=0$，$j=2, \cdots, m$。对于某个 $c > 0$，设 $p_1=c$ 和 $p_j = \frac{1-c}{m-1}$，$j=2, \cdots, m$。如果 $\alpha_1 = (y_1 - \hat{\beta}' x_1)$ 当 $h_1 \to \infty$ 时，似然函数趋于无穷大。

② 对于本节使用的先验分布，Geweke 和 Keane（1999）给出了此命题的证明。

并假设 h_j 采用独立伽马先验分布

$$h_j \sim G\left(\underline{s}_j^{-2}, \ \underline{v}_j\right) \tag{10.45}$$

$j=2$，$\cdots$，m。对于取值介于 0 和 1 之间，总和为 1 的参数 p（$0 \leqslant p \leqslant 1$，并且 $\sum_{j=1}^{m} p_j = 1$）而言，选择 Dirichlet 分布（见附录 B，定义 B.28）兼具灵活性和便于计算的优点。因此，取

$$p \sim D\left(\underline{p}\right) \tag{10.46}$$

其中，m 维向量 $\underline{p}$ 是先验超参数。附录 B，定理 B.17 列出了一些性质，说明了 $\underline{p}$ 的意义。

这里对 α 施加标签约束。因此，假设参数向量的先验分布为正态分布，施加式（10.41）的约束条件

$$p\left(\alpha\right) \propto f_N\left(\alpha \middle| \underline{\alpha}, \underline{V}_\alpha\right) 1\left(\alpha_1 < \alpha_2 < \ldots < \alpha_m\right) \tag{10.47}$$

这里的 1（A）为示性函数，条件 A 成立时取值为 1，其他情况下取值为 0。

10.3.4 贝叶斯计算

和本书其他模型一样，利用数据增强型 Gibbs 抽样器可以实施贝叶斯推断。从直观上看，如果知道误差抽样取自混合中的哪个成分，那么模型就退化成正态线性回归模型，先验分布采用独立正态–伽马分布（见第 4 章 4.2 节）。因此，只要把 e 看作潜变量，事情就变得很简单了。基于这个直觉构建 Gibbs 抽样器，序贯从全条件后验分布 p（$\beta|y$，e，h，p，α）、p（$h|y$，e，β，p，α）、p（$p|y$，e，β，h，α）、p（$\alpha|y$，e，β，h，p）和 p（$e|y$，β，h，p，α）提取样本。下面就推导这些后验分布的确切形式。推导过程比较直接，需要 p（$y|e$，β，h，p，α）乘上适当的先验信息，之后进行整理。与推导式（10.40）所用方法对比，可以证明

$$p\left(y|e, \beta, h, \alpha, p\right) = \frac{1}{\left(2\pi\right)^{N/2}} \prod_{i=1}^{N} \left\{ \sum_{j=1}^{m} e_{ij} \sqrt{h_j} \exp\left[-\frac{h_j}{2}\left(y_i - \alpha_j - \beta'x_i\right)^2\right] \right\} \tag{10.48}$$

给定 e，推导 p（$\beta|y$，e，h，p，α）和 p（$h|y$，e，β，p，α）比较简单，可以直接应用第 4 章 4.2 节的结论。具体来说，p（$\beta|y$，e，h，p，α）的结果与 p 无关，并且

$$\beta|y, e, h, \alpha \sim N\left(\bar{\beta}, \bar{V}\right) \tag{10.49}$$

其中

$$\bar{V} = \left(\underline{V}^{-1} + \sum_{i=1}^{N} \sum_{j=1}^{m} e_{ij} h_j x_i x'_i\right)^{-1}$$

以及

$$\bar{\beta} = \bar{V}\left(\underline{V}^{-1}\underline{\beta} + \sum_{i=1}^{N} \sum_{j=1}^{m} e_{ij} h_j x_i\left(y_i - \alpha_j\right)\right)$$

此外，对于 $j=1$，$\cdots$，m，h_j 的所有条件后验分布相互独立，其可以简化为

$$h_j \middle| \ y, e, \beta, \alpha \sim G\left(\bar{s}_j^{-2}, \bar{v}_j\right) \tag{10.50}$$

其中

$$\bar{v}_j = \sum_{i=1}^{N} e_{ij} + \underline{v}_j$$

以及

$$\bar{s}_j^2 = \frac{\sum_{i=1}^{N} e_{ij} (y_i - \alpha_j - x'_i\beta)' (y_i - \alpha_j - x'_i\beta) + \underline{v}_j \underline{s}_j^2}{\bar{v}_j}$$

下面讨论各项的意义。由于 e_{ij} 是示性变量，当第 i 个误差取自混合分布的第 j 个成分时，e_{ij} 取值为 1。因此，$\sum_{i=1}^{N} e_{ij}$ 度量了来自第 j 个成分的观测值数目。$\sum_{i=1}^{N} \sum_{j=1}^{m} e_{ij} h_j x_i x'_i$ 类似于第 4 章式（4.4）中的 $hX'X$，只不过第 i 个观测值取自恰当的 h_j 而已。其他各项具有类似的直观含义。

注意，式（10.48）中 α_j 的作用类似于正态线性回归模型的截距项，式（10.47）描述了正态先验分布（受标签约束条件约束），据此可知 α 的条件后验分布也是正态分布（受标签约束条件限制）。具体来说

$$p(\alpha | y, e, \beta, h) \propto f_N(\alpha | \bar{\alpha}, \bar{V}_\alpha) 1(\alpha_1 < \alpha_2 < \dots < \alpha_m) \tag{10.51}$$

其中

$$\bar{V}_\alpha = \left(\underline{V}_\alpha^{-1} + \sum_{i=1}^{N} \left\{ \sum_{j=1}^{m} e_{ij} h_j \right\} e_i e'_i \right)^{-1}$$

以及

$$\bar{\alpha} = \bar{V}_\alpha \left[\underline{V}_\alpha^{-1} \underline{\alpha} + \sum_{i=1}^{N} \left\{ \sum_{j=1}^{m} e_{ij} h_j \right\} e_i (y_i - \beta' x_i) \right]$$

这些公式看起来有点复杂，但只需对正态线性回归模型所用方法做微小调整，就可以用于计算。$\sum_{j=1}^{m} e_{ij} h_j$ 项取自观测值 i 的相关误差精确度。

式（10.48）乘上式（10.46），得到条件后验分布 $p(p|y, e, \beta, h, \alpha)$ 的核函数。直接相乘，结果表明这个核函数仅与 e 有关，服从 Dirichlet 分布

$$p \sim D(\bar{\rho}) \tag{10.52}$$

其中

$$\bar{\rho} = \underline{\rho} + \sum_{i=1}^{N} e_i$$

记得前面讲过，e_i 表示第 i 个误差取自混合分布的某个组成成分。e_i 是一个 m 维向量，其元素除了恰当位置为 1 外，其余都是 0。因此，$\sum_{i=1}^{N} e_i$ 为一个 m 维向量，其元素包含从混合分布中每个正态分布提取的观测值数量。

Gibbs 抽样器的最后一个模块是 $p(e|y, \beta, h, p, \alpha)$。根据条件概率原理，有 $p(e|y, \beta, h, p, \alpha) \propto p(y|e, \beta, h, p, \alpha) p(e|\beta, h, p, \alpha)$。由于假设先验分布相互独立，$p(e|\beta, h, p, \alpha) = p(e|p)$，进而将式（10.48）乘上式（10.39），之后可整理得到 $p(e|y, \beta, h, p, \alpha)$。整理好之后就会发现 $p(e|y, \beta, h, p, \alpha) = \prod_{i=1}^{N} p(e_i|y, \beta, h, p, \alpha)$，并

且每个 $p(e_i|y, \beta, h, p, \alpha)$ 都服从多项密度函数（见附录 B，定义 B.23）。确切地说 $e_i|y, \beta, h, p, \alpha\sim$

$$M\left(1, \left[\frac{p_1 f_N\left(y_i\middle| \alpha_1+\beta'x_i, h_1^{-1}\right)}{\sum\limits_{j=1}^{m} p_j f_N\left(y_i\middle| \alpha_j+\beta'x_i, h_j^{-1}\right)}, ..., \frac{p_m f_N\left(y_i\middle| \alpha_m+\beta'x_i, h_m^{-1}\right)}{\sum\limits_{j=1}^{m} p_j f_N\left(y_i\middle| \alpha_j+\beta'x_i, h_j^{-1}\right)}\right]\right) \tag{10.53}$$

对于误差为混合正态分布的线性回归模型，利用 Gibbs 抽样器，序贯从式（10.49）、式（10.50）、式（10.51）、式（10.52）和式（10.53）提取样本，就可以进行后验推断。

10.3.5 模型比较：信息法则

对于混合正态模型，前面各章所述的模型比较方法都适用。对于混合正态模型族而言，重要的是选择混合成分的数量 m。计算 m 在某个区间内取值所对应的边缘似然函数，选择使边缘似然函数取值最大的 m。无论是 Gelfand-Dey 方法（见第 5 章 5.7 节），还是 Chib 方法（见第 7 章 7.5 节），都可用于计算边缘似然函数。这两种方法都需要计算先验密度函数，但标签约束条件表明式（10.47）仅给出了 α 的先验核函数。这给计算增加些许困难。即便如此，利用先验模拟也可以计算出所需的积分常数。最笨的先验模拟方法就是从 $f_N\left(\alpha\middle| \underline{\alpha}, \underline{V}_\alpha\right)$ 提取样本，计算满足 $\alpha_1<\alpha_2<\cdots<\alpha_m$ 的抽样所占比例。这个比例就是所需的积分常数。更有效率的先验模拟方法需要用到从截断正态分布提取样本的算法。

不过，计算边缘似然函数比较费时间，诱导先验分布还需特别注意（如果使用无信息先验分布，边缘似然函数通常没有定义）。因此，寻找简洁办法吸引了学术界的兴趣，其希望从数据经验总结出有助于模型的信息。出于这种考虑，发展出各种信息准则。本节就介绍几个信息准则。信息准则的优点是易于计算，通常不依赖先验信息。缺点是难以提供如何使用的严格标准。根据贝叶斯推断逻辑，应该根据模型生成数据的概率来评价模型。因此，对于纯贝叶斯学派来说，后验模型概率应该作为模型比较的方法。信息准则不具有这类正式评价能力（至少从贝叶斯学派观点看是如此）。不过，正如下文所述，信息准则通常被看作具有正式贝叶斯评判能力的近似定量指标。

信息准则可用于任何模型。据此，暂时采用第 1 章的通用符号，θ 为 p 维参数向量，$p(y|\theta)$、$p(\theta)$ 和 $p(\theta|y)$ 分别表示似然函数、先验分布和后验分布。典型的信息准则形式为

$$IC(\theta) = 2\ln\left[p(y|\theta)\right] - g(p) \tag{10.54}$$

其中，$g(p)$ 是 p 的增函数。信息准则的传统用法是计算要比较模型在某个具体点（例如 θ 的最大似然值）的 $IC(\theta)$ 值，之后选择信息准则最高的那个模型。信息准则大同小异，差别在于所用 $g(p)$ 的函数形式。函数 $g(p)$ 的用处是鼓励简约。也就是说，惩罚有过多参数的模型。

在贝叶斯学派看来，用的最普遍的信息准则非贝叶斯信息准则（或者 BIC）莫属，其形式为

$$BIC(\theta) = 2\ln\left[p(y|\theta)\right] - p\ln(N) \tag{10.55}$$

正如 Schwarz（1978）所说，比较两个模型，所用贝叶斯因子对数的两倍近似等于两个

模型 BIC 值的差。另外还有两个广泛使用的信息准则。一个是赤池信息准则（或 AIC），其形式为

$$AIC (\theta) = 2\ln [p (y|\theta)] - 2p \tag{10.56}$$

另一个是 Hannan Quinn 准则（或 HQ），其形式为

$$HQ (\theta) = 2\ln [p (y|\theta)] - pc_{HQ}\ln [\ln (N)] \tag{10.57}$$

式（10.57）中 c_{HQ} 为常数。当 $c_{HQ} > 2$ 时，HQ 就是一致模型选择标准[①]。

这些是使用最广泛的信息准则，当然还有许多信息准则。读者可以通过各种途径找到其他信息准则。Poirier（1995，p.394）对信息准则进行了讨论和引述，这是良好的开端。Kass 和 Raftery（1995）发表了一篇非常棒的关于贝叶斯因子的综述文献，在众多内容中，论述了贝叶斯因子和信息准则的关系。Carlin 和 Louis（2000）有很多与此相关的讨论，包括新近提出的信息准则，叫作偏差信息准则。偏差信息准则是为潜变量模型和层次先验分布模型量身定做的。本书仅提及一些快速简练的模型选择方法，选择出信息准则取值最大的模型。在下面的实例中，将会讨论如何利用信息准则，有效选择混合正态模型中组成元素的个数。

10.3.6 实例：混合正态模型

本节用两个人造数据集演示混合正态模型。由于重点考察模型的混合正态分布，模型就不包含任何解释变量（模型中不包括 β）。因此，这两个数据集的生成过程为

$$y_i = \varepsilon_i$$

其中，ε_i 具有式（10.38）的混合正态分布形式。上述数据集的样本数均为 $N=200$。这两个数据集的特点为：

1. 数据集 1，$m=2$。第一个正态分布满足 $\alpha_1=-1$、$h_1=16$ 和 $p_1=0.75$。第二个正态分布满足 $\alpha_2=1$、$h_2=4$ 和 $p_2=0.25$。

2. 数据集 2，$m=3$。第一个正态分布满足 $\alpha_1=-1$、$h_1=4$ 和 $p_1=0.25$。第二个正态分布满足 $\alpha_2=0$、$h_2=16$ 和 $p_2=0.5$。第三个正态分布满足 $\alpha_3=1$、$h_3=16$ 和 $p_3=0.25$。

图 10-3（a）和图 10-3（b）给出了这两个数据集的直方图。这两个图恰好表明混合正态分布的灵活性。通过将两个或三个正态分布混合起来，可以得到极为非正态的分布。利用混合正态模型可以刻画有偏、厚尾或者多峰特点的分布。

这里使用适当的但几乎不包含信息的先验分布。具体说就是，利用式（10.45）、式（10.46）和式（10.47）的先验分布形式，设 $\underline{\alpha} = 0_m$、$\underline{V}_\alpha = (10\,000^2)I_m$、$\underline{s}_j^{-2} = 1$、$\underline{v}_j = 0.01$ 和 $\underline{p} = \iota_m$。其中，ι_m 为元素为 1 的 m 维向量。利用式（10.49）、式（10.50）、式（10.51）、式（10.52）和式（10.53）构成 Gibbs 抽样器，进行贝叶斯推断。对于每个数据集，贝叶斯推断都使用 m=1、2 和 3。信息准则取模型参数后验均值处的值。Gibbs 抽样器运行 11 000 次，其中 1 000 个样本作为预热样本忽略掉，剩余 10 000 样本用来进行统计推断。MCMC 诊断检验表明，复制次数足以确保 Gibbs 抽样器收敛。

---

① 所谓的一致模型选择标准，指的是当样本数量趋于无穷大时，按照此标准以概率 1 选择正确模型。

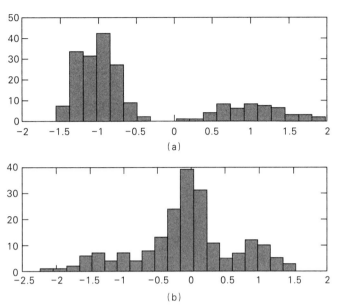

图 10-3　（a）为数据集 1 的直方图；（b）为数据集 2 的直方图

表 10-1 和表 10-2 分别报告了数据集 1 和数据集 2 的信息准则。信息准则结果相互印证，结论确凿无疑。对于数据集 1（按照 $m=2$ 生成），所有的信息准则表明 $m=2$ 是最优选择;对于数据集 2，所有信息准则表明 $m=3$ 是正确选择。因此，至少对于这两组数据，可以利用信息准则选取混合正态模型所含成分的数量。

表 10-1　　　　　　　　　　数据集 1 的信息准则

模型	AIC	BIC	HQ
$m=1$	−174.08	−183.98	−183.09
$m=2$	92.41	77.62	74.40
$m=3$	−52.24	−81.92	−79.25

表 10-2　　　　　　　　　　数据集 2 的信息准则

模型	AIC	BIC	HQ
$m=1$	−120.99	−130.88	−130.00
$m=2$	−103.72	−123.51	−121.23
$m=3$	−76.77	−106.35	−103.69

对于每个数据集所选择的模型，表 10-3 报告了所有参数的后验均值和后验标准差。对比后验均值和生成数据所用数值，表明所有参数的估计结果都非常可靠。考察后验标

准差发现，即使使用的样本数量只能算是中等规模，所有的参数估计也都比较精确。

表 10-3 两个数据集的后验结果

	数据集 1		数据集 2	
	均值	标准差	均值	标准差
α_1	−1.01	−0.02	−0.86	0.22
α_2	1.02	0.06	−0.04	0.04
α_3	—	—	1.02	0.04
h_1	18.43	2.14	3.38	1.40
h_2	5.65	1.19	21.97	8.29
h_3	—	—	17.80	5.19
p_1	0.76	0.03	0.33	0.09
p_2	0.24	0.03	0.41	0.08
p_3	—	—	0.25	0.04

|10.4| 扩展和其他方法

本书通篇都在强调，本书介绍的所有模型基本都可作为较大模型的组成部分。在许多情况下，可以利用 Gibbs 抽样器完成较大模型的后验模拟，Gibbs 抽样器的一个模块或多个模块可以从本书讨论的简单模型直接搬运过来。前面已经演示了如何利用此种方法，并提出半参数 probit 和 tobit 模型的后验模拟器。此类扩展模型可能多不胜数。上面讨论的混合正态线性回归模型依然可以按照这种方式来扩展。显然前面各章模型都可进行扩展（例如混合正态非线性回归模型或将面板数据模型扩展到误差服从混合正态分布）。混合正态分布可以作为更灵活的层次先验分布。这种可能性本质上有无限多个。

目前来看，贝叶斯非参数方法是一个极为活跃的研究领域，还有许多方法尚未讨论（例如 Dirichlet 过程先验分布、小波、样条等）。Dey、Muller 和 Sinha（1998）所著的《非参数和半参数贝叶斯统计实践》一书中，就对这个快速发展领域的许多方法做了专题介绍。

|10.5| 小结

本章讨论了几个更灵活模型的贝叶斯推断问题。之所以设计这些模型，目的是做非参数或半参数模型所做的事情。非参数或半参数模型在非贝叶斯文献中非常流行。目前贝叶斯非参数方法有很多，本章只不过侧重讲了几个简单模型。这些模型都是从之前各章所述模型直接扩展而来的。本章分为几个小节，包括非参数回归模型（回归线函数形式未知）和误差分布更灵活的模型。

本章考察的第一个模型是部分线性模型。这是一个回归模型，部分解释变量具有线性形式，另外一些解释变量采用非参数形式。本章展示了如何将这种模型表示成正态线性回归形式，先验分布采用自然共轭分布。此时可以直接应用第3章的解析结果。本章还展示了如何将部分线性模型作为更复杂模型（例如半参数probit或tobit模型）的一个组成部分，以及如何直接构建Gibbs抽样器。接下来考察的部分线性模型中，$p > 1$ 个解释变量看作非参数形式。尽管可以先利用距离函数对数据排序，之后分析模型，但当 p 大于2或大于3时，此类方法效果不佳。因此，本章讨论了可加的部分线性模型。可加的部分线性模型可以转换成正态线性回归模型，先验分布采用自然共轭分布。这样就不需要后验模拟器。对于更灵活分布的建模来说，混合正态分布是一个强有力的工具。本章展示了对于误差服从混合正态分布的线性回归模型，如何利用数据增强型Gibbs抽样器实施后验推断。

本章并没有提出任何新的贝叶斯计算方法。诸如后验均值、预测均值、贝叶斯因子等贝叶斯统计量，都可以利用前述各章讲述的方法来计算。本章介绍的新方法只有一个，那就是利用信息准则选择模型。信息准则并不是严谨的贝叶斯方法（仅仅是一种近似方法）。即便如此，由于信息准则计算方便（不依赖于先验信息），实践中使用得非常广泛。本章展示了如何利用信息准则选择混合正态分布中组成元素的个数。

|10.6| 习题

本章习题与其说是标准教科书问题，还不如说是小项目。本书指定网站提供了一些数据和MATLAB程序。住房价格数据集可以在本书指定网站查到，也可以参见 *Journal of Applied Econometrics* Data Archive listed under Anglin and Gencay （1996）（http：//qed. econ.queensu.ca/jae/1996-v11.6/anglin-gencay/）

1.利用住房价格数据，对第3章（3.9节）的正态线性回归模型进行实证分析，先验分布采用自然共轭分布。数据定义请参照第3章的例子。

（a）利用住房价格数据和部分线性模型，考察建筑面积对住房价格影响是否具有非线性特征。可以采用不同的先验分布来考察（包括实证贝叶斯方法）。

（b）对于这个数据集，计算比较部分线性模型和正态线性回归模型的贝叶斯因子。

（c）进行先验敏感性分析，考察（b）答案中先验分布选择的稳健性。

2.囿于可加的部分线性模型限制条件太多，某些应用中很难使用。这迫使有关人员去研究比部分线性模型更具一般性但受维度诅咒可能性更小一些的模型。其中之一就是包括解释变量的交互项。对于 $p=2$ 的情形，模型设定为

$$y_i = f_1（x_{i1}）+f_2（x_{i2}）+f_3（x_{i1}x_{i2}）+\varepsilon_i$$

（a）陈述如何扩展10.2.3节的方法，对此模型进行贝叶斯分析。

（b）自己生成人造数据，考察（a）中所提方法的实证效果。

3.第9章介绍了tobit和probit模型的两个实例（分别见9.3.1节和9.4.1节）。

（a）利用本章所述的半参数tobit模型和probit模型，重做此实例。提示：该实例介绍了所用的人造数据（也可见本书指定网站）。

（b）陈述如何对半参数tobit模型和probit模型实施贝叶斯推断。

（c）编写代码，对半参数有序probit模型实施贝叶斯推断，并利用人造数据考察推

断效果。

4.在混合正态模型（10.3.6节）的实例中，利用信息准则来选择混合正态分布中组成元素的个数。

（a）编写程序代码（或者对本书指定网站所给的代码进行调整），利用边缘似然值选择混合正态分布中的组成元素的个数。

（b）采用信息先验分布，利用10.3.6节的人造数据，考察所编写程序的运行效果。

（c）利用不同数据，重复做（b），之后对比利用边缘似然值和利用信息准则得到的结果。

第11章

贝叶斯模型平均方法

|11.1| 引言

前面每一章都重点研究一个具体模型族。之后在这个具体模型背景下，提出具有广泛适用性的方法（例如后验计算方法）。本章反其道而行之，首先讨论一个通用方法及其来龙去脉，之后将其应用到某个模型。这个方法叫作贝叶斯模型平均（BMA），随之而来的一个新后验计算方法叫作马尔科夫链蒙特卡罗模型组合（MC^3）。选择用一章的篇幅介绍 BMA 方法，源于对于使用非贝叶斯方法无法实现的实证研究，[①]此方法极为重要。近几年，BMA 方法领域取得了较大进展。一句话总结，BMA 方法是实证研究的重要领域，尤其对贝叶斯计量经济学的发展起到了巨大推动作用。

第2章已经简要介绍了贝叶斯模型平均的概念。利用概率原理介绍贝叶斯模型平均极为简单。利用标准表示法，令 M_r 表示所考察的 R 个不同模型，$r=1$，$\cdots$，R。每个模型都取决于参数向量 θ_r，其先验分布为 $p\left(\theta_r|M_r\right)$，似然函数为 $p\left(y|\theta_r, M_r\right)$，后验分布为 $p\left(\theta_r|y, M_r\right)$。利用大家熟悉的模块（见第1章式（1.5）），可以得到后验模型概率 $p\left(M_r|y\right)$，$r=1$，$\cdots$，R。令 ϕ 表示所有模型具有相同意义的参数向量。也就是说，对于每个 $r=1$，$\cdots$，R，ϕ 为 θ_r 的函数。通常来说，ϕ 是实证研究的兴趣所在。例如，在随机前沿模型应用中，研究人员会考虑很多不同模型（例如无效率项有不同分布或者生产函数有不同函数形式）。不过，每个模型都用来推断一件事：每个企业的效率。此时，ϕ 应该是包含所有这些效率的向量。再举一个例子，研究人员可能关心教育对经济增长的影响。通常研究人员会建立许多回归模型，解释变量为教育和其他解释变量（例如投资、贸易开放程度等）的各种组合。不过，每个模型的教育系数都是关注的重点，因此 ϕ 应该是教育的系数。

---

① 频率学派计量经济学不把模型（或者其真相）看作随机变量，因此模型平均概念没有严谨的统计学基础。当然，频率学派也有各种模型的平均方法（例如见 Sala-i-Martin，1997）。

根据贝叶斯计量经济学的逻辑，后验分布 $p(\phi|y)$ 概括了 ϕ 所有的已知信息。此外，根据概率原理

$$p(\phi|y) = \sum_{r=1}^{R} p(\phi|y, M_r) p(M_r|y) \tag{11.1}$$

或者说，如果 $g(\phi)$ 是 ϕ 的函数，根据条件期望原理，有

$$E(g(\phi)|y) = \sum_{r=1}^{R} E(g(\phi)|y, M_r) p(M_r|y) \tag{11.2}$$

换句话说，贝叶斯推断的逻辑是对于所考察的每个模型，先得到每个模型的结果，之后对这些结果取平均值。平均所用的权重为后验模型概率。因此，从概念上讲，一旦研究人员计算出每个模型的后验分布和边缘似然函数（以及如果需要的话，二者的计算方法），顺理成章就得到了贝叶斯模型平均值。不过，取得贝叶斯模型平均值可能会比较困难，因为所考察的模型数量 R 通常很大。如果必须利用后验模拟才能计算出 $E[g(\phi)|y, M_r]$ 和 $p(M_r|y)$，那么模型如果很多，就很难完成计算任务。正因如此，贝叶斯模型平均方法的文献主要关注能利用近似或分析方法计算统计量的情形。下面我们将会发现，即使是这种情况，对于许多应用，可用模型数量 R 非常之大，根本不可能代入诸如式（11.2）来计算平均值。这就需要提出各种算法，不需要处理每个可用模型就能达成目的。最流行的算法就是 MC³ 算法。直觉上，诸如 MCMC 这样的后验模拟器是从参数的后验分布提取样本，MC³ 算法与之不同，它是从模型的后验分布提取样本。

放到特定模型框架下，这些问题更容易理解。正因如此，下一节就在正态线性回归模型框架下讨论贝叶斯模型平均方法问题。

|11.2| 正态线性回归模型的贝叶斯模型平均方法

11.2.1 概览

许多实证应用都要用到线性回归模型，并且影响因变量的解释变量个数比较多。这样的例子在经济增长文献中数不胜数。经济增长理论众多（因此，解释变量众多），呈现百花齐放、争奇斗艳之势。在时间序列例子中，滞后期多长存在不确定性，这通常意味着存在许多潜在解释变量。因此，研究人员通常面临有众多潜在解释变量的境地。研究人员能够预料到许多解释变量无关紧要，但却不知哪个变量是冗余的。这种情况怎么办？研究人员可以尝试将所有潜在变量纳入回归模型。不过这样做很难让人满意，包含冗余变量常常会降低估计的精确度，很难揭示真实影响。[1]因此，传统做法是做一系列检验，目的是找到一个最佳模型，剔除所有冗余变量。统计文献早就认识到，基于一系列检验选择单一模型，其呈现的结果存在较大问题。许多统计文献已经讨论过这些问题。举个例子，Poirier（1995，pp. 519–523）对所谓的预先检验（pre-test）估计量问题做了理论探讨。Draper（1995）和 Hodges（1987）的论文也是此领域的重要文献。

---

① 按照频率学派的做法，包含冗余变量通常会增大所有系数的标准误，因此难以找到统计的显著影响。

这里仅从直观角度简要介绍这些文章所解决的关键问题。首先，每进行一次检验，就存在犯错误（即研究人员拒绝了"好"的模型，而选择了"并不好"的模型）的可能性。随着检验按次序进行，犯此错误的可能性快速增加。其次，即使序贯进行检验依然能够选择到"最佳"模型。但仅要"最佳"模型的结果，忽略所有来自"并不太好"的模型的证据，标准决策理论很少这样做。这种做法忽略了模型不确定性。也就是说，研究人员无法确信ϕ的某个估计结果绝对正确。原因有二：一是研究人员不知道模型参数确切有哪些（存在参数不确定性）；二是研究人员不确切知道哪个模型正确（存在模型不确定性）。前几章所用的传统后验推断方法针对的是参数不确定性。不过，模型不确定性同样重要。如果忽略模型不确定性，序贯检验方法会导致严重的推断谬误。幸运的是有贝叶斯计量经济学，它的逻辑确切无疑能处理模型的不确定性问题。利用式（11.1）和/或式（11.2）进行贝叶斯模型平均，是处理多模型的正确方法。

第一个问题，当存在大量潜在解释变量时，可以通过模型所包括的解释变量集合来定义备选模型。不过，如果K表示潜在解释变量个数，意味着有2^K个可能模型（每次纳入或者剔除一个解释变量就定义一个模型）。如果K本身很大，可能模型的数量就是天文数字。举个具体例子，有30个潜在解释变量本身很常见，但如果是这样，就有$2^{30} > 10^9$个可能模型。即使计算机分析一个模型仅用0.001秒，也需要接近2年的时间才能分析完所有的模型！因此，明确计算式（11.1）或式（11.2）中的每一项，之后直接进行贝叶斯模型平均，这种做法通常可望而不可及。好在已经发展出所谓的MC³算法来解决此问题。下面就会研究这个算法。

第二个问题和先验信息有关。如果实证应用中存在许多潜在解释变量，但研究人员不确定哪些变量重要，哪些变量不重要，此时通常要使用贝叶斯模型平均方法。在此种情形中，研究人员基本不会有本质性的先验信息。即便研究人员有先验信息，推导2^K个模型的先验分布也是不可能完成的任务。正因如此，如果能使用无信息先验分布就很妙了。不过，前文（第3章3.6.2节）讲过，利用不适当的无信息先验分布计算出的后验模型概率没有意义。因此，许多研究尝试提出适当的先验分布，并且这个先验分布能够自动使用，不需要研究人员针对每个模型进行主观输入或微调。本章就介绍这样一族先验分布，该分布由Fernandez、Ley和Steel（2001a，b）提出，称为基准先验分布。Raftery、Madigan和Hoeting（1997）采用了类似方法。不过需要指出的是还有其他方法。感兴趣的读者可以阅读Hoeting、Madigan、Raftery和Volinsky（1999）的文献，或登录贝叶斯模型平均方法网站（http://www.research.att.com/~volinsky/bma.html），了解贝叶斯模型平均方法更多的内容。

11.2.2 似然函数

基于前面各章（例如第3章式（3.7））考察的正态线性回归模型，计算每个模型的似然函数。前面已经多次写过这些似然函数，这里就不再赘述了。下面温习表示符号，用$i=1$，$\cdots$，N表示某个样本数据，被解释变量观测值表示为N维向量$y = (y_1, \cdots, y_r)'$。共有$r=1$，$\cdots$，R个模型，表示为M_r。正态线性回归模型的差别在于解释变量不同。不过解释变量的表示方法与之前各章略有差别。具体来说，标准做法是假设所有模型都包含截距项。因此，所有潜在解释变量堆叠成$N×K$矩阵X，但与之前各章不同，矩

阵 X 的第一列不是截距项。按照这个表示方法，线性回归模型可以表示为

$$y = \alpha\iota_N + X_r\beta_r + \varepsilon \tag{11.3}$$

其中，ι_N 为元素为 1 的 $N \times 1$ 维向量，X_r 为 $N \times k_r$ 维向量，包含 X 的某些（或者所有）列。假设 N 维误差向量 ε 服从 $N(0_N, h^{-1}I_T)$。[1]因为矩阵 X 共有 2^K 个可能子集，X_r 也就有 2^K 个可能选择，因此 $R = 2^K$。

11.2.3 先验分布

做贝叶斯模型平均时，先验分布的选择极为重要。要得到有意义的后验机会比，就需要选择适当的先验分布。不过，所需的先验分布还不需要研究人员详细输入参数。由于贝叶斯模型平均所需计算量较大，这里采用正态-伽马自然共轭先验分布。第 3 章已经详细讨论过，后验矩和后验模型概率存在解析解。选择超参数能起到举足轻重的作用，文献给出了几种建议。这里介绍 Fernandez、Ley 和 Steel（2001b）中推荐的方法。

首要任务是牢记本书反复提到的经验法则，那就是用后验机会比比较模型时，所有模型都采用的参数可以采用无信息先验分布。不过，所有其他参数应该采用适当的信息先验分布。这样想来，h 可以采用标准无信息先验分布

$$p(h) \propto 1/h \tag{11.4}$$

截距项的先验分布为

$$p(\alpha) \propto 1 \tag{11.5}$$

为了确保截距项的无信息先验分布在所有模型中的意义都一样，Fernandez、Ley 和 Steel（2001b）建议所有解释变量都标准化，减去各自均值。这样做不会对斜率系数 β_r 产生影响，但能确保截距项在每个模型的意义都一样，度量 y 的均值。[2]下面就采用这种做法。

选择好 h 和截距项的先验分布之后，剩下只需考虑 β_r 的先验分布了。记得之前讲过，采用自然共轭正态-伽马先验分布（见第 3 章 3.4 节），有

$$\beta_r \mid h \sim N\left(\underline{\beta}_r, h^{-1}\underline{V}_r\right) \tag{11.6}$$

实践中普遍假设先验分布的中心是解释变量对因变量没有任何影响。当存在许多潜在解释变量，但怀疑许多解释变量无关紧要时，以上述假设作为先验分布的中心就更有必要了。因此，设

$$\underline{\beta}_r = 0_{k_r}$$

余下只需选择 $\underline{V}_r$ 了。为此需要使用叫作 g 先验分布的东西，设

$$V_r = \left[g_r X_r' X_r \right]^{-1} \tag{11.7}$$

g 先验分布由 Zellner（1986）率先提出，感兴趣的读者可以阅读此文献详细了解该分布的来龙去脉。这里需要知道 g 先验分布是一个广泛使用的基准先验分布，研究人员唯一

---

[1]　这些表示符号略显凌乱。从数学角度看，每个截距项和误差精度都应该带下标 r。不过，由于所有模型都包含这些参数，参数意义也相同，这里就简单记作 α 和 h。

[2]　确切地说，如果度量解释变量与均值的偏差，则根据此构建方法，解释变量的均值为 0。因为误差项的均值也为 0，这意味着因变量的均值就是截距项。

需要做的是诱导标量先验超参数 g_r。g 先验分布略显不平凡之处在于，它与模型的解释变量矩阵 X_r 有关。然而，由于似然函数（例如第3章3.3节）和后验分布以 X_r 为条件，因此先验分布同样以 X_r 为条件并不会破坏条件概率原则。与之相反，如果先验分布以 y 为条件，就会破坏条件概率原则。g 先验分布说的是 β_r 的先验协方差与可比较的数据统计量成比例。为什么？对于无信息先验分布，与后验协方差矩阵相关的重要一项是 $\bar{V}=\left[X'_r X_r\right]^{-1}$（见第3章式（3.20）），这一项与式（11.17）成比例。[①]g 先验分布当然还有其他说法（见 Zellner，1986），但切合实际的说法是 g 先验分布与数据信息具有相同性质。诱导 $\underline{V}_r$ 这样的先验协方差矩阵通常很难完成（尤其是非对角线元素）。有了 g 先验分布，这一任务变得简单了，仅需要选择一个超参数。

总而言之，α 和 h 使用无信息先验分布。对于斜率系数，设

$$\beta_r \mid h \sim N\left(0_{k_r}, h^{-1}\left[g_r X'_r X_r\right]^{-1}\right)$$

迄今为止，尚未提及如何选择 g_r，这要等给出后验分布之后再讨论。

11.2.4 后验分布和边缘似然函数

对于采用自然共轭先验分布的正态线性回归模型，第3章给出了后验分布结果。这里就不再重复后验分布的推导过程了。关键的参数向量为 β_r，直接采用前面的结论，表明（见第3章式（3.14）至式（3.16））β_r 的后验分布为多元 t 分布，其均值为

$$E\left(\beta_r \mid y, M_r\right) \equiv \bar{\beta}_r = \bar{V}_r X'_r y \tag{11.8}$$

协方差矩阵为

$$var\left(\beta_r \mid y, M_r\right) \equiv \frac{\overline{vs_r^2}}{\bar{v}-2}\bar{V}_r \tag{11.9}$$

并且自由度 $\bar{v}=N$。此外

$$\bar{V}_r = \left[\left(1+g_r\right)X'_r X_r\right]^{-1} \tag{11.10}$$

和

$$\bar{s}_r^2 = \frac{\dfrac{1}{1+g_r}y'P_{x_r}y + \dfrac{g_r}{1+g_r}\left(y-\bar{y}\iota_N\right)'\left(y-\bar{y}\iota_N\right)}{\bar{v}} \tag{11.11}$$

其中

$$P_{x_r} = I_N - X_r\left(X'_r X_r\right)^{-1}X'_r$$

这个结果与第3章的结果略有差别，这里通过积分消掉了截距项 α。

利用 g 先验分布，模型 r 的边缘似然函数为

$$p\left(y \mid M_r\right) \propto \left(\frac{g_r}{1+g_r}\right)^{\frac{k_r}{2}}\left[\frac{1}{1+g_r}y'P_{x_r}y + \frac{g_r}{1+g_r}\left(y-\bar{y}\iota_N\right)'\left(y-\bar{y}\iota_N\right)\right]^{-\frac{N-1}{2}} \tag{11.12}$$

按照标准做法（见第1章式（1.5）），能够计算出后验模型概率

---

① 如果读者熟悉频率学派计量经济学，会注意到OLS估计量方差为 $\sigma^2\left(X'X\right)^{-1}$，就会了解这一结论的来龙去脉。

$$p(M_r|y) = cp(y|M_r)p(M_r) \tag{11.13}$$

其中，c 为常数，所有模型取值都相同。下面的相关公式中都能够消掉这个常数，因此可以忽略不计。或者可以利用 $\sum_{r=1}^{R} p(M_r|y) = 1$，计算出 c 值。

对每个模型赋予相等的先验模型概率，并设

$$p(M_r) = 1/R$$

因此，实施贝叶斯模型平均过程中，可以对 $p(M_r)$ 忽略不计，仅使用边缘似然（标准化）函数。确切地说

$$p(M_r|y) = \frac{p(y|M_r)}{\sum_{j=1}^{R} p(y|M_j)} \tag{11.14}$$

不过还是需要提请注意，一些作者建议采用其他形式 $p(M_r)$。举个例子，一些研究人员喜欢简约，觉得简单模型好于复杂模型，所有这些同样应该予以考虑。在第 2 章和第 3 章讨论过，后验机会比本身包含对简约模型的奖励。不过，一些研究还是建议通过 $p(M_r)$，额外增加简约奖励项。做法比较简单，只要让 $p(M_r)$ 与 k_r 有关就可以。

通过上述公式，可以进一步加深对 g 先验分布来龙去脉的了解。$g_r=0$ 对应于完美无信息先验分布。$g_r=1$ 表明后验协方差矩阵中（见式（11.9）和式（11.10））先验信息和数据信息的权重相等。从这个直观角度看，大多数研究人员认为 $g_r=1$ 取值太大。因此，研究中可以采用的一种办法是令 g_r 取值介于 0 和 1 之间。不过，最普遍的做法是利用诸如信息准则（见第 10 章 10.3.5 节）等测度指标选择 g_r 值。如果详细讨论利用 g 先验分布计算出的贝叶斯因子与各种信息准则之间关系的话，则脱离本书主题。感兴趣的读者可以阅读 Fernandez、Ley 和 Steel（2001b）的文献。有许多这样的结论"如果 g_r 取某种形式，得到的贝叶斯因子对数近似等于某个信息准则"。举个例子说，如果 $g_r=1/[\ln(N)]^3$，N 很大时，贝叶斯因子对数近似等于 $c_{HQ}=3$ 时的 Hannan Quinn 信息准则（见第 10 章式（10.57））。Fernandez、Ley 和 Steel（2001b）利用人造数据做了大量实验，建议选择

$$g_r=1/k^2，当 N \leqslant K^2 时$$

$$g_r=1/N，当 N > K^2 时 \tag{11.15}$$

下面的实例就采用式（11.15）的做法。

11.2.5 贝叶斯计算：马尔科夫链蒙特卡罗模型组合

理论上，根据上一节的结论就能够实现贝叶斯模型平均。不过实践中，由于所考察模型的数量（通常 $R=2^K$）原因，不可能对每个可能模型计算式（11.8）至式（11.14）。因此提出了许多算法，不需要计算每个可能模型，就能实现贝叶斯模型平均。本节介绍一个普遍使用的算法，该算法由 Madigan and York（1995）率先提出。

首先从直观角度，看看会有多少种贝叶斯模型平均算法。首先考察 MCMC 等后验模拟算法的工作原理。这些算法从参数空间提取随机抽样。利用这些随机抽样模仿后验分布的随机抽样，即从后验概率较高的参数空间区域提取较多样本，从后验概率较低的参数空间区域提取较少样本。由此可见，MCMC 算法并不是从参数空间的每个区域随机提取样本，重点是从高后验概率区域提取样本。在贝叶斯计量经济学中，模型和参数一

样都是随机变量（只不过模型是离散型随机变量而已）。因此，只要用模型空间替代参数空间，就能得到从模型空间提取样本的后验模拟器。这些算法不需要计算每个模型，重点计算后验模型概率较高的模型。之所以取名为马尔科夫链蒙特卡罗模型组合算法，或MC³算法，就源于该算法从模型空间提取样本。

使用最普遍的MC³算法，是基于M–H算法（见第5章5.5节），从模型空间提取样本。利用MC³算法模拟模型链，将其表示为 $M^{(s)}$，$s=1,\cdots,S$。$M^{(s)}$ 是第 s 次抽样提取的模型（$M^{(s)}$ 是 $M_1,\cdots,M_R$ 中之一）。对于所考虑的情形（即正态线性回归模型，根据所包含的解释变量来定义模型），利用MC³算法从模型空间的具体分布提取候选模型，之后按照一定概率接受候选模型。如果候选模型被拒绝，链停留在当前模型（$M^{(s)}=M^{(s-1)}$）。换句话说，除了从模型空间而不是参数空间提取抽样外，MC³算法和传统的M–H算法完全一样。

第5章（5.5.2节）介绍了随机游走链M–H算法。这个算法从临近当前抽样的参数空间区域提取候选抽样。Madigan和York（1995）提出的MC³算法做法与此相同，只不过是从模型空间提取样本。也就是说，提议的候选抽样 M^* 是从模型集中随机（等权重）提取出来的，包括：(i) 当前抽样 $M^{(s-1)}$；(ii) 从 $M^{(s-1)}$ 中删除一个解释变量得到的所有模型；(iii) 在 $M^{(s-1)}$ 中加入一个变量得到的所有模型。如果按照这种办法生成候选模型，接受概率形式为

$$\alpha\left(M^{(s-1)},M^*\right)=\min\left[\frac{p\left(y\mid M^*\right)p\left(M^*\right)}{p\left(y\mid M^{(s-1)}\right)p\left(M^{(s-1)}\right)},1\right] \tag{11.16}$$

利用式（11.12）能够计算 p（$y|M^{(s-1)}$）和 p（$y|M^*$）的值。普遍采用的办法是赋予每个模型相等的先验权重，即 p（$M^{(s-1)}$）$=p$（M^*），这样就从式（11.16）消掉了 p（$M^{(s-1)}$）和 p（M^*）。此时，式（11.16）中唯一要计算的统计量是比较 M^* 和 $M^{(s-1)}$ 的贝叶斯因子。

利用MC³算法生成一系列模型，按照标准MCMC做法（见第4章式（4.11））提取随机抽样，之后对这些抽样进行平均，即可得到后验结果。举例来说，可以用 $\hat{g}S_1$ 近似计算式（11.2），其中

$$\hat{g}S_1=\frac{1}{S_1}\sum_{s=S_0+1}^{S}E\left[g(\phi)\mid y,M^{(s)}\right] \tag{11.17}$$

和之前的MCMC算法一样，当 S_1（其中 $S_1=S-S_0$）趋于无穷时，$\hat{g}S_1$ 收敛到 E［g（ϕ）$|y$］。和其他MCMC算法一样，必须选择链的开始值 $M^{(0)}$，这就需要忽略掉 S_0 个预热抽样，以消除选择 $M^{(0)}$ 带来的影响。对于采用共轭先验分布的正态线性回归模型，大多数情况可以采用分析方法计算 E［g（ϕ）$|y$，$M^{(s)}$］。因此，式（11.17）很容易计算。同理，可以利用模型被抽到的频率计算贝叶斯因子。例如，如果利用MC³算法抽到模型 M_r 的次数为 A，抽到模型 M_s 的次数为 B，比率 A/B 收敛到比较模型 M_r 和模型 M_s 的贝叶斯因子。

和其他后验模拟器一样，很重要的工作是验证算法收敛，并估计诸如式（11.17）等近似解的精确度。Fernandez、Ley和Steel（2001b）提出了一种简单方法，基于简约的模型集合（例如MC³算法光顾的模型），利用式（11.12）计算 p（$M_l|y$）的解析解，并利用MC³算法计算 p（$M_l|y$）的近似解。如果MC³算法收敛，这两种后验模型概率计算方法得到的结果应该一样。根据解析结果和MC³算法结果之间的关系，可以利用二者的近

似误差构建简单的诊断方法，检验算法是否收敛。例如，Fernandez、Ley 和 Steel（2001b）建议计算后验模型概率的解析结果和 MC³算法结果这二者的相关系数。抽样次数要足够大，确保此相关系数超过 0.99。

11.2.6 实例：增长回归中的模型不确定性

在经济增长文献中，研究人员关注的是找出影响经济增长的变量。普遍采用的工具是利用多个国家数据构建跨国增长回归模型。因变量为产出增长指标，潜在解释变量有很多。本实例就考虑增长回归的贝叶斯模型平均问题。本实例基本遵循 Fernandez、Ley 和 Steel（2001a）[①]的做法，数据涵盖 72 个国家（$N=72$），共有 41 个潜在解释变量（$K=41$）。因变量为 1960—1992 年间人均 GDP 增长率的平均值。因篇幅所限，这里不再列出所有的解释变量（数据的详细介绍参见原始文献）。不过，表 11-1 给出了所有解释变量的简称，通过这些简称能大致了解解释变量度量的内容。需要着重强调的是，解释变量的名单很长，反映了经济因素（例如投资、出口），政治因素（例如政治权利、法律规范），文化和宗教因素（例如信仰不同宗教团体占总人口的比例），人口因素（例如人口增长率），地理因素，教育因素等。

先验分布采用式（11.4）至式（11.7）的形式，按照式（11.15）[②]选择 g_r。实现贝叶斯模型平均所需的后验分布和边缘似然函数为式（11.8）至式（11.14）。这里有 $R=2^{41}$ 个模型，如此多的模型根本无法计算。因此，需采用上一节讨论的 MC³算法。抽取 1 100 000 次样本，忽略开始的 100 000 个预热样本（$S_0=100\,000$ 和 $S_1=1\,000\,000$），利用 $S_1=1\,000\,000$ 个样本得到下面的结论。

表 11-1 "BMA 后验概率"列各数值的意义是其应该包含对应解释变量的概率。该列数值等于 MC³算法抽到包含对应解释变量模型所占比例。通俗地讲，这列数值可以用来诊断某个解释变量是否对解释经济增长有重要作用。可以发现，一些变量（Life Expectancy，GDP Level in 1960，Equipment Investment 和 Fraction Confucian）对解释经济增长有重要作用。不管是否包含其他解释变量，这几个变量几乎总是展现出较强的解释能力。不过，余下解释变量就很难确定会对经济增长起到重要作用。并且，有足够证据表明其中一些解释变量不应该纳入经济增长模型。

表 11-1 的另外两列为每个回归系数的后验均值和后验标准差，取所有模型的平均值（如式（11.2）中所示的结果，利用式（11.17）计算）。请记住剔除某个特定解释变量的模型可以看作该解释变量系数为 0。因此，计算式（11.17）的平均值，有些项需要计算 $E\left[g\left(\phi\right)|y,M^{(s)}\right]$，其他项为 0。除了少数具有较高 BMA 后验概率的变量外，大多数变量的后验均值与后验标准差的比值都很小。因此，贝叶斯模型平均结果表明，很难确定哪些因素能够解释经济增长。毫无疑问，这是现实的真实写照：单纯依赖数据所包含的信息，无法得到清晰的图像。

---

① 非常感谢本文作者为本实例提供的帮助。数据取自 *Journal of Applied Econometrics* 的存档数据(www.econ.queensu.ca/jae)。此外，在作者网站 http://mcmcmc.freeyellow.com/可以下载该文章、数据以及 Fortran 代码。

② 译者注：原文为式(11.17)，有误。

表 11-1　　　　　　　　　　　　　贝叶斯模型平均结果

解释变量	BMA 后验概率	后验均值	后验标准差
Primary School Enrollment	0.207	0.004	0.010
Life Expectancy	0.935	0.001	3.4×10^{-4}
GDP Level in 1960	0.998	-0.016	0.003
Fraction GDP in Mining	0.460	0.019	0.023
Degree of Capitalism	0.452	0.001	0.001
No. Years Open Economy	0.515	0.007	0.008
% of Pop. Speaking English	0.068	-4.3×10^{-4}	0.002
% of Pop. Speaking Foreign Lang	0.067	2.9×10^{-4}	0.001
Exchange Rate Distortions	0.081	-4.0×10^{-6}	1.7×10^{-5}
Equipment Investment	0.927	0.161	0.068
Non-equipment Investment	0.427	0.024	0.032
St. Dev. of Black Market Premium	0.049	-6.3×10^{-7}	3.9×10^{-6}
Outward Orientation	0.039	-7.1×10^{-5}	5.9×10^{-4}
Black Market Premium	0.181	-0.001	0.003
Area	0.031	-5.0×10^{-9}	1.1×10^{-7}
Latin America	0.207	-0.002	0.004
Sub-Saharan Africa	0.736	-0.011	0.008
Higher Education Enrollment	0.043	-0.001	0.010
Public Education Share	0.032	0.001	0.025
Revolutions and Coups	0.030	-3.7×10^{-6}	0.001
War	0.076	-2.8×10^{-4}	0.001
Political Rights	0.094	-1.5×10^{-4}	0.001
Civil Liberties	0.127	-2.9×10^{-4}	0.001
Latitude	0.041	9.1×10^{-7}	3.1×10^{-5}
Age	0.083	-3.9×10^{-6}	1.6×10^{-5}
British Colony	0.037	-6.6×10^{-5}	0.001
Fraction Buddhist	0.201	0.003	0.006
Fraction Catholic	0.126	-2.9×10^{-4}	0.003
Fraction Confucian	0.989	0.056	0.014
Ethnolinguistic Fractionalization	0.056	3.2×10^{-4}	0.002
French Colony	0.050	2.0×10^{-4}	0.001
Fraction Hindu	0.120	-0.003	0.011
Fraction Jewish	0.035	-2.3×10^{-4}	0.003
Fraction Muslim	0.651	0.009	0.008
Primary Exports	0.098	-9.6×10^{-4}	0.004
Fraction Protestant	0.451	-0.006	0.007
Rule of Law	0.489	0.007	0.008
Spanish Colony	0.057	2.2×10^{-4}	1.5×10^{-3}
Population Growth	0.036	0.005	0.046
Ratio Workers to Population	0.046	-3.0×10^{-4}	0.002
Size of Labor Force	0.072	6.7×10^{-9}	3.7×10^{-8}

利用MC³算法，计算抽到某个模型的比例，就计算出后验模型概率。按照这种方式计算后验模型概率，概率排在前10位的模型填入表11-2的"$p(M_i|y)$的MC³估计结果"列。表11-2的"$p(M_i|y)$的解析结果"列为用式（11.12）和式（11.14）计算出的确切结果。我们能够发现每个模型的后验模型概率相差无几，没有哪个模型能独领风骚。实际上，即使概率最高的10个模型，其概率总和也仅仅占总后验模型概率的4%多一点。利用表中所列数据（可以列入更多模型），可以评价MC³算法的收敛性。表11-2个别数值存在微小差别。对于本节初衷而言，这些差别非常小，可以相信表11-1的数值基本正确。研究文献通常需要更高的精确度，此时需要增加抽样次数。这里使用了1 000 000次抽样，看起来很大，但与可能的模型数量2^{41}相比，1 000 000次抽样仅仅光顾了一小部分而已。[1]

表11-2最后一栏的后验模型概率，通过MC³算法实际光顾的模型次数计算得到。这里有个小问题。与贝叶斯因子不同，计算后验模型概率需要计算$\sum_{r=1}^{R} p(y|M_i)$（见式（11.14））。然而，表11-2中，是对MC³算法光顾的模型（而不是所有R个模型）进行求和。遗漏掉的模型应该是那些边缘似然函数值较低的模型，所以遗漏这些模型的影响通常会很小。如果为确保算法收敛，抽样次数非常多，这种影响会更小。不管怎样，这意味着表11-2的后验模型概率会被略微高估。George和McCulloch（1997）提出一个简单的修正办法。他们建议选择预先确定的模型子集。这些子集可标记为$j=1, \cdots, R^*$。可以利用解析方法计算$\sum_{r=1}^{R^*} p(y|M_i)$。利用MC³算法的光顾频率作为这个量的估计结果。对MC³估计结果的比率可用来修正表11-2中的后验模型概率。

表 11-2　　　　　　　　　概率排在前10位的模型的后验模型概率结果

	$p(M_i|y)$ 的解析结果	$p(M_i|y)$ 的MC³估计结果
1	0.0089	0.0088
2	0.0078	0.0080
3	0.0052	0.0052
4	0.0035	0.0035
5	0.0032	0.0035
6	0.0029	0.0029
7	0.0028	0.0028
8	0.0028	0.0025
9	0.0028	0.0025
10	0.0024	0.0023

那么贝叶斯模型平均为什么如此重要呢？表11-3报告了单个最佳模型（边缘似然

---

[1]　Fernandez、Ley和Steel（2001a）为确保收敛，提取样本的次数比较多。正因如此，本节结果与该文献结果存在些许差别。

函数最大模型）的后验结果。"BMA后验概率"列与表11-1一样。另外两列包括每个回归系数的后验均值和后验标准差。表11-2的结果表明，这个最佳模型的后验模型概率仅为0.0089。因此，基于表11-3的结果，如果孤注一掷押注在最佳模型，可以确定这个最佳模型99%不正确！

表11-3 　　　　　　　　　　　　　　　最佳模型的后验结果

解释变量	BMA后验概率	后验均值	后验标准差
Life Expectancy	0.935	0.001	1.9×10^{-4}
GDP Level in 1960	0.998	−0.017	0.002
Degree of Capitalism	0.452	0.003	7.9×10^{-4}
Equipment Investment	0.927	0.159	0.039
Non−equipment Investment	0.427	0.064	0.019
Sub−Saharan Africa	0.736	−0.013	0.003
Fraction Confucian	0.989	0.058	0.011
Fraction Muslim	0.651	0.010	0.003
Fraction Protestant	0.451	−0.011	0.004
Rule of Law	0.489	0.017	0.004

对比表11-1和表11-3，结果表明如果选择一个模型，研究人员会被严重误导。也就是说，跨国增长回归的关键结果是每个解释变量对经济增长的边际影响。在这两个表中，一些变量（例如 Life Expectancy 和 GDP Level in 1960）的后验均值大致相同，但也有一些解释变量的后验均值截然不同。例如，表11-1中，变量 Non-equipment Investment 边际影响的估计结果为0.024，几乎是表11-3结果的3倍。此外，表11-3的后验标准差结果都要比表11-1的值小很多。直观上，选择一个模型的做法忽略了不确定哪个模型正确这一问题。由于忽略了模型不确定性，表11-3结果存在严重误导，对结论的准确性太过自信。变量 Rule of Law 的结果就是很好的例证。如果计量经济学家选择一个模型，会报告 Rule of Law 对经济增长的边际影响非常大（0.017），并且显著不为0（点估计量超过0的4倍标准差）。不过，如果计量经济学家采用贝叶斯模型平均方法，会报告该影响并不算大（0.007），并且与0没有显著差异（点估计量小于0的1倍标准差）。因此，如果计量经济学家选择一个模型，对于哪些变量是影响经济增长的重要变量，结论会出现较大错误。

|11.3| 拓展

到目前为止，针对某个具体模型（正态线性回归模型），说明如何利用某个具体计算方法（MC³算法）实现贝叶斯模型平均。不过需要指出的是，贝叶斯模型平均文献还讨论了其他模型和其他方法。Hoeting、Madigan、Raftery 和 Volinsky（1999）对大部分讨论做了详细综述（所引用的文献则更多）。通过贝叶斯模型平均网站（http：//www.re-search.att.com/~volinsky/bma.html）的链接，可以下载很多文章和软件。

如果模型不是正态线性回归模型，通常需要采用近似方法实现贝叶斯模型平均。也就是说，实现贝叶斯模型平均需要计算边缘似然函数（或贝叶斯因子），并且要使用 MC³算法。对于采用自然共轭先验分布的正态线性回归模型，边缘似然函数存在解析解。但对于许多其他模型，边缘似然函数（或贝叶斯因子）不存在此类解析解，不过存在比较精确的近似解。使用这些近似解，结合上文所述的MC³算法，可以实现贝叶斯模型平均。

本章所述的MC³算法比较简单，很受欢迎。不过，其他作者提出了其他算法。某些情况下，一些算法会减少计算量，也有较好的收敛特性。Clyde、Desimone 和 Parmigiani（1996）提出的算法就很有意思。该算法使用了重要抽样。还有一个算法也很流行，像可逆跳跃马尔科夫链蒙特卡罗算法。尽管这些算法并没有在计量经济文献中广泛使用，不过从贝叶斯统计文献中还是能找到几篇文献（例如 Clyde，1999）。感兴趣的读者可以阅读这些文献，对这个快速发展领域中的算法会有更多了解。如果读者要了解相关方法，需阅读以下作者的重要文献：Carlin 和 Chib（1995）、Carlin 和 Louis（2000，pp.211-225）以及 Phillips 和 Smith（1996）。

本章重点讨论模型平均。不过，模型选择也经常会用到类似方法。上面讨论过，如果存在其他合理模型，依然选择单一模型，由于忽略了模型不确定性，就会导致错误推断。即便如此，有些情况下依然需要选择单一模型。举例来说，贝叶斯模型平均通常需要存在某个参数（或参数的函数）（本章一开始将其称作ϕ），所有模型含义都一样。如果这个参数不存在，模型平均就没有任何意义。当然，研究人员也可以使用本章所讲方法，选择后验概率最高的模型。当然还有其他方法。感兴趣的读者，可以阅读最近发表的几篇重要文献，包括 Brown、Fearn 和 Vannucci（1999），Chipman、George 和 Mc-Culloch（1998），Clyde（1999）以及 George 和 McCulloch（1993）。

当然，百密一疏，本节所列文献绝不是全部。即便如此，读者阅读上述文献，考察这些文献的参考文献，也能对 2000 年之前的文献动态有很好的了解。不过，这个领域发展速度很快，每年都会有极具影响力的文献出现。因此，要想深入了解这个领域，需要读者不断检索近期学术刊物，通过贝叶斯模型平均网站查看更新信息。

|11.4| 小结

本章讨论了贝叶斯模型平均。贝叶斯模型平均的基本思想简单明了。如果存在许多合理模型，研究人员不应该利用单一模型推断结论，应该取所有模型的平均值。根据概率原理，进行模型平均的权重应该是后验模型概率。不过，由于模型数量普遍都是天文数字，导致实现贝叶斯模型平均的计算量很大。代表性例子就是有许多潜在解释变量的线性回归模型。如果基于是否包含或剔除特定解释变量定义模型，则存在 2^K 个模型（K 为潜在解释变量个数）。针对此问题，贝叶斯模型平均研究文献的重点是存在解析解的模型，发展出各种 MC^3 算法，从模型空间（取代参数空间）提取样本。本章重点考察一个具体模型和一个具体的 MC^3 算法（尽管扩展一节简单提到了其他模型和方法）。具体地讲，针对采用自然共轭先验分布的正态线性回归模型，讨论如何使用 Madigan 和 York（1995）率先提出的 MC^3 算法，实现贝叶斯模型平均。MC^3 算法与随机游走链 M-H 算法有异曲同工之妙，需要从当前抽样的临近区域提取模型，之后按一定概率接受这个抽样。给定模型，采用自然共轭先验分布意味着后验分布和边缘似然函数存在解析解。这样可以保证计算的可行性，能够抽取到数量庞大的模型，确保 MC^3 算法收敛。

由于贝叶斯模型平均常常面对数量庞大的模型，很难或几乎不可能逐一诱导每个模型的信息先验分布。正因如此，本章具体讨论了基于 g 先验分布的基准先验分布。这个基准先验分布可以自动使用，研究人员无须主观选择先验超参数的数值。

本章还基于 Fernandez、Ley 和 Steel（2001a），讨论了贝叶斯模型平均的一个实例。实例利用跨国增长回归，说明如何实现贝叶斯模型平均。此外，实例还表明了贝叶斯模型平均的重要性，其表现在使用贝叶斯模型平均的一些关键结果与选择单一最佳模型的结果截然不同。

| 11.5 | 习题

本章习题与其说是标准教科书问题，不如说是小项目。要记着从本书相关网站下载数据和 MATLAB 程序代码。

1. 本章实例只选择一个 g_r 值，没有讨论 g_r 的先验敏感性分析问题。选择其他 g_r 先验超参数值，重复这个实例。具体选择什么值由你决定，其他研究选择 $g_r = K_r / N$；$g_r = \dfrac{K_r^{\frac{1}{K_r}}}{N}$；$g_r = \sqrt{\dfrac{1}{N}}$；$g_r = \sqrt{\dfrac{K_r}{N}}$；$g_r = \dfrac{1}{[\log(N)]^3}$ 和 $g_r = \dfrac{\log(K_r + 1)}{\log(N)}$。对于所用数据，实证结论是否对先验选择敏感？数据（以及实例所需的 MATLAB 代码）可以从本书相关网站下载。参见 *Journal of Applied Econometrics* data archive（www.econ.queensu.ca/jae）under Fernandez，Ley and Steel（2001a）。

2. George 和 McCulloch（1993）介绍了另一个比较受欢迎的方法，解决类似贝叶斯模型平均问题。该方法涉及采用独立正态–伽马先验分布的正态线性回归模型（见第4章），不过做了微小调整。调整之处是回归系数的先验分布。这样调整的目的是便于解决解释变量数量较多，研究人员不知道哪个变量更重要的问题。为达到这个目的，每个回归系数的先验分布都是均值为零的两个正态分布混合。在混合分布中，一个正态分布的方差非常小（表示系数几乎就是0），另一个正态分布的方差非常大（表示系数取值可以非常大）。确切地讲，对于每个系数 $\beta_j, j = 1, \cdots, K$，其先验分布为

$$\beta_j \mid \gamma_j \sim (1 - \gamma_j) N(0, \tau_j^2) + \gamma_j N(0, c_j^2 \tau_j^2)$$

其中，c_j 和 τ_j 为已知先验超参数，τ_j 很小，c_j 很大。另外，$\gamma_j = 0$ 或 1，且 $P(\gamma_j = 1) = p_j$ 和 $0 \leqslant p_j \leqslant 1$。

（a）每个系数 p_j 取一个具体先验分布（例如均匀分布或者第 10 章式（10.46）所示的先验分布），推导此模型的数据增强型 Gibbs 抽样器。提示：此先验分布涉及两成分混合正态分布，因此与第 10 章（10.3 节）的推导至关重要。如果不知道如何推导，可以从简单模型入手，设 $\tau_j \equiv \tau$，$c_j \equiv c$ 以及 $\gamma_j = \gamma$（即所有系数使用一样的先验分布）。

（b）沿用跨国增长数据（详见习题 1）和（a）的答案，利用本方法实现贝叶斯推断。至于说先验分布的诱导问题，误差精确度可以选择无信息先验分布。先验超参数 τ_j 和 c_j 的选择会有点麻烦，何为"小"，何为"大"，取决于边际效应（这又取决于解释变量的度量单位）的意义。要解决这个问题，建议每个解释变量都进行标准化，减去均值后除以标准差。这样能确保每个系数都度量解释变量变化一个标准差对因变量的影响。按照这种办法进行变量标准化后，大多数应用中，设 $\tau_j \equiv \tau$，$c_j \equiv c$ 都有意义。开始时设 $\tau = 0.0001$，$c = 1000$，之后尝试各种取值组合。如果读者想要使用复杂办法选择先验超参数，可以查阅 George 和 McCulloch（1993，2.2 节）的文献。

| 第 12 章 |

其他模型、方法和问题

| 12.1 |　引言

　　像本书这类教材，不可能面面俱到，包罗贝叶斯计量经济学所有模型和方法。实际上，本书并不是要汇总所有时下流行的模型和相关方法，供贝叶斯计量经济学家根据具体实证应用进行选择。任何模型都能应用贝叶斯推断逻辑，本书介绍的方法（例如后验模拟）具有广泛适用性。因此，本书读者不应该有"我了解进行贝叶斯计量经济研究所需的各种模型"这样的想法。本书读者应该这样认为"我了解进行贝叶斯计量经济研究所需的方法，可以根据需要设计模型"。研究人员遇到新数据，首先应想到哪个模型合适（似然函数和先验分布）。合适模型可以是之前研究人员设计的标准模型，但之前研究人员设计的标准模型未必合适。研究人员一旦选择了一组模型，就应利用概率原理计算后验概率、边缘似然函数和预测概率分布。最后，提出计算上述分布所需的方法。这些方法通常需要后验模拟，本书介绍了各种后验模拟方法（例如 Gibbs 抽样器或 M-H 算法）。尽管本书是在具体模型背景下介绍这些后验模拟方法，但需要强调，这些后验模拟方法具有广泛的适用性。

　　上一段的讨论表明本书不需要面面俱到，包含所有的模型和方法。因此，本书接近尾声了。不过，最后一章还是有必要简要介绍其他一些使用广泛的模型和方法，以及普遍会遇到的问题。本章不求深入，只简要讨论涉及的基本问题，直接给出读者需要阅读的重要文献。即使用一章的篇幅介绍，也不能涵盖贝叶斯文献中流行的所有模型和方法。本章选择的模型和方法，很大程度上取决于作者个人的看法，例如哪些模型正在流行或即将流行，哪些新的后验模拟方法未来会流行等。

　　本章各节包括模型、方法（主要是后验模拟方法）以及其他问题（主要与先验分布诱导和识别相关的问题）。

|12.2| 其他方法

本书已经讨论过一些后验模拟方法。绝大多数模型要使用数据增强型 Gibbs 抽样。在大多数应用中，此类方法效果不错。不过，在某些涉及潜变量的模型中，此类方法的收敛性是个问题。也就是说，预热样本数量和实际使用样本数量都要非常大，以至于所需计算量非常大，甚至大到让人望而却步的程度。如果模型参数数量比较多，参数之间相关性较高，通常就会出现这种问题。潜变量可以看作参数向量，对于本书讨论的很多模型，参数都比较多。贝叶斯统计文献针对这类特定模型提出了各种算法，试图找到更有效的后验模拟方法。例如，第 9 章引用的几篇文献，如 Liu 和 Wu（1999）、Meng 和 van Dyk（1999）以及 van Dyk 和 Meng（2001），目的就是寻找适合多项 probit 模型的有效后验模拟方法。这些文献讨论的方法与其他数据增强型 MCMC 算法休戚相关。讨论状态空间模型时（见第 8 章 8.3.1 节），介绍了 DeJong 和 Shephard（1995）的具体算法。这个算法的宗旨是得到比之前所用算法更简便有效的后验模拟方法。普遍的看法是，如果处理的模型存在潜变量，明智的做法是谨慎对待收敛性问题（使用 MCMC 诊断）。如果有必要，需要进一步检索贝叶斯统计文献，尝试寻找适合所研究模型的有效算法。

本书所用的后验模拟方法，要么是 M-H 算法，要么是 Metropolis-within-Gibbs 算法。此类算法是从候选分布提取样本，之后以一定的概率接受候选抽样。如果候选抽样被拒绝，链维持当前抽样（见第 5 章 5.5 节）。如果候选分布选择得不好，接受概率会很低，抽样链长时间维持一个值。此时，链需要较长时间才会收敛，计算量可能很大。此时一个简单的方案是选择一个好的候选分布来生成抽样。不过，这件事本身就很难，参数数量很大时更是如此。

在一些模型中，尤其是本书重点讨论的回归模型，上两段所讨论的问题（Gibbs 抽样器的收敛问题以及候选生成密度函数的选择问题）并没有那么骇人听闻。不过，一旦出现这样的问题，还需要尝试其他一些方法。本节就简单介绍这些方法。

本书所用后验模拟器都需要从使用比较普遍的密度函数中提取样本，这些后验模拟器的计算机代码可以查到。这些密度函数包括正态分布、伽马分布、Wishart 分布等。不过，有一些方法更具一般性，使用这些方法可以从各种各样的非标准密度函数提取样本。如果利用这些方法直接从后验分布（或条件后验分布）提取样本，就不再必须用 M-H（或 Metropolis-within-Gibbs）算法了（这些算法因接受概率较低而被诟病）。

有三种方法比较流行，分别是接受抽样法（acceptance sampling）、Griddy-Gibbs 抽样器和适应性拒绝抽样法（adaptive rejection sampling）。接受抽样法的原理如下。

定理 12.1：接受抽样法

令 $p^*(\theta|y)$ 为后验密度函数的核函数（$p(\theta|y)=cp^*(\theta|y)$），并且 $q(\theta)$ 为容易抽样的密度函数核函数。$q(\theta)$ 称为来源密度函数（source density）核函数，其有定义的支撑集必须和 $p(\theta|y)$ 的支撑集相同。假设来源密度函数和后验密度函数满足

$$0 \leqslant \frac{p^*(\theta|y)}{q(\theta)} \leqslant a \tag{12.1}$$

其中，a 为常数，取有限值。设计一种算法，从 $q(\theta)$ 提取样本，按照概率

$$\frac{p^*(\theta \mid y)}{q(\theta)a} \tag{12.2}$$

接受抽样，就能得到 $p(\theta \mid y)$ 的随机抽样。

考察这个定理就会发现，接受抽样法能否成功，取决于是否能找到满足式（12.1）界定的来源密度函数。结果往往事与愿违。此外，对于来源密度函数，必须保证式（12.2）的接受概率不能太小。这样的例子可遇不可求，往往遇到的都是接受概率较低，根本不具备计算可行性。即便如此，接受抽样法还是有用武之地的，并且是普遍使用的方法。事实上，普通计算机软件包中的正态分布和伽马分布随机数生成器，通常就用接受抽样法。

Ritter 和 Tanner（1992）讨论了 Griddy-Gibbs 抽样器。Griddy-Gibbs 抽样器属于近似方法，基本思想非常简单。假设要从一个非标准后验分布（或 Gibbs 抽样器的条件后验分布）提取样本，取某个点的格子，计算每个点的后验分布，可以近似得到后验分布。利用 Griddy-Gibbs 抽样器，可以计算后验分布的多项式近似值。由于多项式容易提取样本，因此可以直接获得非标准后验分布的近似抽样。换句话说，对于感兴趣的非标准后验分布（或条件后验分布），利用 Griddy-Gibbs 抽样器能得到离散近似抽样。

适应性拒绝抽样是一个比较流行的方法，适用于从对数-凹密度函数提取样本（详见 Gilks 和 Wild（1992））。Gilks（1996）以及 Gilks 和 Roberts（1996）的论文是两篇重要文献，感兴趣的读者可以详细阅读，能够更好地了解从非标准后验分布提取样本的其他方法。通常，这些方法都会改善 MCMC 算法的效果。

如果某些模块的分布是非标准形式，计算后验分布可能会很慢，比如说 Metropolis-within-Gibbs 算法。Damien、Wakefield 和 Walker（1999）介绍了一种方法，按照特定方式引入潜变量，能将此类非标准分布问题转化为数据增强型 Gibbs 抽样器，其所有模块都容易抽样。这里不准备详细介绍这种方法，仅仅说这种方法看起来非常有用，尤其适用于大量涉及层次先验分布的模型。那些层次先验分布比本书讨论的更具一般性。例如，对于具有非线性回归函数或者非标准因变量（即因变量是持续变量或计数变量）的随机效应面板数据模型来说，这个算法看起来效果非常好。近几年，重要抽样法取得了较大进展（见 Richard and Zhang，2000），它比之前所用的算法效率更高。有效重要抽样法更适合潜变量模型，需要使用一系列最小二乘回归，找到精确逼近基础后验密度函数的重要函数。

要避免一起进行后验模拟计算，研究人员也可以使用各种近似方法。在很多情况下，$N \to \infty$ 时，最简单的后验分布收敛于正态分布。贝叶斯渐进文献的典型定理具有如下形式。

定理 12.2　贝叶斯中心极限定理

在适当的正则条件下，$N \to \infty$ 时，后验分布近似为

$$\theta \mid y \sim N\left(\tilde{\theta}, \left[\left(I(\tilde{\theta})\right)\right]^{-1}\right) \tag{12.3}$$

其中，$\tilde{\theta}$ 为后验众数[1]，$I(\tilde{\theta})$ 为 $\tilde{\theta}$ 处计算的所观测到的信息矩阵。观测到的信息矩阵定义为后验分布对数的海塞矩阵（对数后验分布对 θ 元素的二阶导数矩阵）的负数。

在各种正则条件下，都能证明本定理成立（详见 Poirier，1995，p.306）。大致来说，这些正则条件归根结底是剔除掉先验分布中的病态情况（例如极大似然估计量附近参数空间区域，不能赋予先验分布 0 权重），剔除参数空间维度随着样本增多而增多等既定情况。因此，对于大多数模型，可以利用定理 12.2 实现近似贝叶斯推断。从计算角度说，所需的无非是编写程序，计算后验分布（或似然函数）的最大值，计算海塞矩阵。大多数相关软件都附带这个程序，能求任意函数的最大值，计算海塞矩阵（尽管使用者利用解析方法求出海塞矩阵的做法更好些）。

贝叶斯计量经济学家通常并不采用正态近似方法，因为其近似误差可能非常大。更普遍的做法是使用拉普拉斯近似，其近似结果更精确。Tierney 和 Kadane（1986）介绍了一个具体近似形式，其近似结果特别好。用数学语言说，Tierney-Kadane 方法是一个渐进方法，近似误差呈 $1/N^2$ 形式变化（其他渐进的近似误差呈 $1/N$ 或 $\dfrac{1}{\sqrt{N}}$ 的形式变化）。

拉普拉斯近似说的是，如果 $f(\theta)$ 是 k 维向量 θ 的平滑正值函数，$h(\theta)$ 是平滑函数，存在唯一最小值 $\tilde{\theta}$。则积分

$$I = \int f(\theta)e^{-Nh(\theta)}d\theta \tag{12.4}$$

可以近似写为

$$\hat{I} = f(\tilde{\theta})\left(\frac{2\pi}{N}\right)^{\frac{k}{2}}\left|\tilde{\Sigma}\right|^{\frac{1}{2}}\exp\left[-Nh(\tilde{\theta})\right] \tag{12.5}$$

其中，$\tilde{\Sigma}$ 为 $\tilde{\theta}$ 点处 $h(\theta)$ 的海塞矩阵逆的负值。近似误差变化呈 $1/N$ 的形式。

对于感兴趣的各种贝叶斯特征（例如参数或参数函数的后验均值，边缘似然），只要选择合适的 $f(\theta)$ 和 $h(\theta)$，都能写成式（12.4）的形式。不过，Tierney 和 Kadane（1986）指出在很多贝叶斯研究中，近似精确度都能得到大幅改善。举例来说，考察 $E[g(\theta)|y]$ 的近似问题，其中 $g()$ 为模型参数的正值函数。先验分布、似然函数和模型参数采用通用符号，记作

$$E\left[g(\theta)\middle|y\right] = \frac{\int \exp\left[\log\{g(\theta)\} + \log\{p(y|\theta)p(\theta)\}\right]d\theta}{\int \exp\left[\log\{p(y|\theta)p(\theta)\}\right]d\theta} \tag{12.6}$$

利用式（12.5）可以近似计算式（12.6）的分子和分母。按照式（12.4）的表示符号，分子表明 $f(\theta)=1$ 且 $h(\theta) = -\dfrac{\log\{g(\theta)\} + \log\{p(y|\theta)p(\theta)\}}{N}$；分母表明 $f(\theta)=1$ 且 $h(\theta) = -\dfrac{\log\{p(y|\theta)p(\theta)\}}{N}$。Tierney 和 Kadane（1986）证明，由于分子分母中 $f(\theta)$ 相

---

[1] $\tilde{\theta}$ 换成极大似然估计量，定理依然成立。直觉上，在正常情况下，随着样本量增加，数据信息变得比先验信息越来越可靠。因此随着样本量的增加，先验信息的作用越来越小。

同，意味着如果取式（12.6）的比率形式，部分近似误差可以消掉，由此得到近似误差呈 $1/N^2$ 形式变化。相对于正态近似，拉普拉斯近似需要求函数最大值，计算海塞矩阵。实践中，许多研究人员（例如 Koop and Poirier，1993）发现，与使用后验模拟方法得到的结果相比，Tierney-Kadane 近似结果更为精确。

Tierney-Kadane 方法当然存在一些缺陷（不考虑近似问题）。如果参数较多，研究人员可能会选择不同的 $g(\theta)$ 计算 $E[g(\theta)|y]$。每选择一次 $g(\theta)$，就需要求一个新函数的最大值。例如，如果研究中要计算 k 个参数的后验均值和标准差，需要求 $2k+1$ 次函数最大值（和海塞矩阵）。如果 k 比较大，所需计算量难以承担。与此相反，后验模拟算法加入一个新的 $g(\theta)$ 几乎不存在任何成本。此外，拉普拉斯近似要求 $g(\theta)$ 为正值函数。对于很多事情来说（例如回归系数），这毫无道理而言。解决此问题的简单技巧是将所关注的函数重新定义为 $g(\theta)+c$，其中，c 为取值非常大的正数。Tierney、Kass 和 Kadane（1989）讨论了解决此问题的其他方法。如果读者想要详细了解拉普拉斯近似及其在贝叶斯推断方面的应用，可以阅读以下几篇相关文献：Carlin 和 Louis（2000，pp.121-129），Poirier（1995，pp.306-309）以及 Tierney 和 Kadane（1986）。Kass 和 Raftery（1995，pp.777-779）讨论了使用拉普拉斯近似和其他近似方法计算贝叶斯因子等问题。

|12.3| 其他问题

在贝叶斯计量经济学中，最有争议的领域之一就是先验分布的诱导问题。本书重点研究了先验分布的主观诱导问题。此外，利用先验分布敏感性分析可以考察先验分布选择对后验结果的影响。不过需要着重强调一点，如果研究人员没有主观先验信息，可以使用无信息先验分布或实证贝叶斯方法。无信息先验分布存在一个缺陷，那就是通常不适当。之前已经讲过，不适当的先验分布很难计算出有意义的贝叶斯因子（例如第3章3.6.2节的讨论）。使用层次先验分布时（见第8章8.2.3节），流行使用实证贝叶斯方法，实践效果看起来非常不错。不过，从理论角度看，由于实证贝叶斯方法利用数据信息选择先验分布，这一点饱受批评。正因如此，贝叶斯统计文献中有关先验分布诱导问题的研究，过去有很多，现在也很多。本节简要介绍这些研究的方向，旨在为读者指点迷津。Poirier（1995，第6章6.8节）对解决先验分布诱导问题做了一般性讨论。

许多文章旨在找到诱导信息先验分布更简单的方法。第2章和第3章讨论的自然共轭先验分布，其先验分布和后验分布具有相同的分布形式。因此自然共轭先验分布可以看作源自数据的假设样本。当然，不同模型有不同的共轭先验分布（如果存在的话）。因此，许多文章致力于推导某个具体模型的自然共轭先验分布。例如，Koop 和 Poirier（1993）推导出多项 logit 模型的自然共轭先验分布。还有一些文章讨论原始模型参数函数的先验分布诱导问题。举例来说，在线性回归模型中，研究人员可能没有单个回归系数的先验信息。不过，回归系数的函数可能很容易解释，因此诱导此类函数的先验分布也比较容易（例如见 Poirier，1996a）。举个例子，考察微观经济应用中生产函数的估计问题。研究人员想要诱导规模报酬（它是回归系数的函数）的先验信息。Kadane 等（1980）是这个问题的研究典范。大致说来，这篇文献想出一个办法，基于研究人员的

预测答案（例如"如果解释变量取值为 $X = x$，预期 y 为多少"），推断模型参数函数的先验分布。在通常情况下，许多研究人员建议通过模拟，考察假设数据能提供的先验分布信息。例如，在线性回归模型中，研究人员可以从先验分布 $p(\beta, h)$ 中提取样本 $\beta^{(s)}$ 和 $h^{(s)}$。对于每个抽样，都能从 $p(y|\beta, h)$ 提取假设数据 $y^{(s)}$。如果假设数据集涵盖了合理区间，所选择的先验分布就有意义。

另外一类文献试图提出各种模型的无信息先验分布。本书并没有正式给出"无信息"先验分布的确切含义。讨论中说到，如果简单取方差较大（或为无穷大）的正态分布作为先验分布，或者取自由度较小（或者为 0）的伽马分布作为先验分布，此时数据信息起主要作用，先验分布称为无信息先验分布。实践中，对于大多数应用来说，这个策略的效果非常好。不过，文献中讨论了许多关于"无信息"的重要理论问题。Poirier（1995，第 6 章 6.8 节）对部分问题做了详细介绍（也可见 Zellner，1971）。直观地看，均匀先验分布听起来似乎是无信息先验分布。不过，当模型参数采用均匀分布作为先验分布时，这些参数非线性变换的先验分布就不再是均匀分布（见第 2 章习题 1）。因此，所谓"无信息"取决于研究人员选择模型参数化的精确程度。因为这个问题以及其他问题，一些贝叶斯研究选择不使用"无信息"这样的用语。取而代之，他们试图提出允许数据信息起主导作用的先验分布，且可以自动使用这些先验分布（即不需要研究人员主观诱导先验超参数）。这些先验分布称为参考先验分布（reference priors）。这里不会详细讨论基于参考先验分布进行分析的原理。《贝叶斯理论》（Bernardo and Smith，1994）这本教材对这些原理进行了严谨的统计学讨论。近期其他比较有影响的文章包括 Bernardo 和 Ramon（1998）以及 Kass 和 Wasserman（1996）。

一个流行的参考先验分布称为 Jeffreys 先验分布（见 Jeffreys，1946）。之所以提出 Jeffreys 先验分布，起因是担心某些无信息先验分布会发生变化。使用通常采取的通用符号，令 θ 表示模型参数，$p(y|\theta)$ 表示似然函数，信息矩阵的定义为

$$I(\theta) = E\left[-\frac{\partial^2 p(y|\theta)}{\partial\theta\partial\theta'}\right]$$

期望值是针对 y 取的（将 y 看作随机变量，期望计算中的概率密度函数为 $p(y|\theta)$）。[1] Jeffreys 先验分布定义为

$$p(\theta) \propto |I(\theta)|^{1/2} \tag{12.7}$$

Jeffreys 先验分布满足所需性质，进行参数变换时，先验分布保持不变。也就是说，考虑模型进行参数变换 $\alpha = h(\theta)$，其中 $h()$ 为 k 个函数的向量。如果 α 使用 Jeffreys 先验分布，则有

$$p(\alpha) \propto \left|E\left[-\frac{\partial^2 p(y|\alpha)}{\partial\alpha\partial\alpha'}\right]\right|^{\frac{1}{2}}$$

---

[1] 如果读者不熟悉矩阵微积分，$\dfrac{\partial^2 p(y|\theta)}{\partial\theta\partial\theta'}$ 表示二阶导数矩阵，其第 i 行第 j 列的元素为 $\dfrac{\partial^2 p(y|\theta)}{\partial\theta_i\partial\theta_j}$。

那么将 $p(y|\theta)$ 带入式（12.7），依然得到相同的后验推断。由于 Jeffreys 先验分布的形式恰好取决于信息矩阵，因此 Jeffreys 先验分布形式因模型而定（logit 模型的 Jeffreys 先验分布形式见 Poirier（1994））。不过，作为参考先验分布，Jeffreys 先验分布效果似乎很好。其缺陷是经常存在不适当的先验分布，导致很多情况下计算不出有意义的贝叶斯因子。

如若研究人员不想主观诱导信息先验分布，又想使用适当的先验分布（例如想要计算出有意义的贝叶斯因子），可行的做法是选择训练样本先验分布。对实践者来说，训练样本先验分布存在许多微妙之处，其基本思想却很容易解释。训练样本先验分布的思想要从参考先验分布说起。将参考先验分布和数据子集（称为训练样本）结合起来，得到适当的后验分布。之后，利用这个"后验分布"作为先验分布，对剩余数据进行标准贝叶斯分析。关键问题是使用什么样的训练样本。（对于独立数据）普遍建议是找出与参考先验分布结合能得到适当的"后验分布"所需的最少数据量。涉及这个最少数据量的训练样本称为最小训练样本。利用每个可能的最小训练样本，就可以对任何感兴趣的数字特征（例如贝叶斯因子）做贝叶斯分析，之后再对所有训练样本取平均值即可得到最终结果。Berger 和 Pericchi（1996）的论文是近期影响力较大的一篇文章，感兴趣的读者不妨去读一读。

不管使用什么方法诱导先验分布，对先验分布进行敏感性分析都有意义。本书不会正式说明如何去做，只是建议尝试各种有意义的先验分布，看这些先验分布对后验结果的影响，别无其他。不过，现在已经有一些严谨的先验敏感性分析方法可供使用。针对正态线性回归模型，我们简要提及极值边界分析（extreme bounds analysis）（见第 2 章 2.4 节和第 3 章习题 6 的讨论）。这个文献给出了回归系数后验均值必定落入的各种边界或区间。如果读者想要进一步了解极值边界分析及其相关问题，可以参阅 Leamer（1978，1982），Poirier（1995，pp.529-537）以及 Iwata（1996）的文献。再宽泛点说，还有贝叶斯稳健性文献，它除了研究其他问题外，还考察了许多模型后验结果对先验假设的敏感程度。感兴趣的读者可以阅读下面作者的文献：Berger（1985，1990）和 Kadane（1984）。

当模型存在识别问题时，先验分布的诱导就显得尤为重要。在第 9 章（9.6 节）的多项 probit 模型一节中，已经讨论过模型识别问题。对于多项 probit 模型，β 和 σ_{11} 满足 $\dfrac{\beta}{\sqrt{\sigma_{11}}} = a$（$a$ 为任意常数），其所有值都能得到相同的似然函数值。这里的识别问题定义为许多参数值能得到相同的似然函数值。许多计量经济模型或多或少都会涉及识别问题，包括联立方程模型（稍后简要讨论），一些机制转移模型（见 Koop and Poirier，1997）和非线性时间序列模型，以及一些根据个体行为理论模型建立的结构模型（例如工作搜寻模型；见 Koop and Poirier，2001）。

下面给出识别问题的数学定义。

定义 12.1：识别

令 $p(y|\theta)$ 为似然函数，取值取决于 k 阶参数向量 θ。θ 的定义域为 Θ。对于所有 $\theta \in \Theta$ 和 y 的所有可能取值，当且仅当 $\theta \neq \theta_0$ 时，就有 $p(y|\theta) \neq p(y|\theta_0)$，则说 θ 在点 $\theta \neq \theta_0$，$\theta \in \Theta$ 处可识别。如果对于所有 $\theta_0 \in \Theta$，θ 都可识别，则说参数 θ 可识别。

在某种意义上，不可识别并不会对贝叶斯推断产生丝毫影响。毕竟只要$p(\theta)$和$p(y|\theta)$是有效概率密度函数，$p(y|\theta) \propto p(\theta)p(y|\theta)$也是有效概率密度函数。这样按照标准做法就可以实现贝叶斯推断。不过，还是有一些问题需要提醒大家注意。考虑一个不可识别模型，对于所有$\theta \in \Theta_0$，$p(y|\theta) = c$，其中，$\Theta_0 \subseteq \Theta$。此时，根据贝叶斯原理，对于所有$\theta \in \Theta_0$，$p(\theta|y) \propto p(\theta)$。用文字表达就是，先验分布等于不可识别区域上的后验分布，在这个区域上，我们对参数一无所获。如果不可识别区域无界，就不能使用不适当、无信息的先验分布，那样后验分布也将是不适当的分布。

不过在某些情况下，利用先验信息可以更好地了解不可识别参数，这是频率学派计量经济学无法做到的。现在就来验证这一点。考虑一个简明例子，其中$\theta = (\theta_1, \theta_2)'$。采用一个极端的识别问题，对于所有$\theta_2$，$p(y|\theta_1, \theta_2) = p(y|\theta_1)$。因此，$\theta_2$不可识别。利用后验分布依然可以进行贝叶斯推断

$$p(\theta_1, \theta_2|y) \propto p(\theta_1, \theta_2)p(y|\theta_1, \theta_2) = p(\theta_1, \theta_2)p(y|\theta_1) \tag{12.8}$$

如果两个参数的先验分布相互独立，则$p(\theta_1, \theta_2) = p(\theta_1)p(\theta_2)$。如果后验分布也相互独立，就有

$$p(\theta_1|y) \propto p(\theta_1)p(y|\theta_1) \tag{12.9}$$

并且

$$p(\theta_2|y) \propto p(\theta_2) \tag{12.10}$$

用文字表述就是，可识别参数θ_1的后验分布是惯常的后验分布，但参数θ_2的后验分布是其自身的先验分布。数据对于了解θ_2毫无助益。即便如此，如果先验分布相互不独立，式（12.8）也依然成立，但不能将后验分布分解成式（12.9）和式（12.10）这两个成分。从技术角度说，有

$$p(\theta_2|y) = \int p(\theta_1, \theta_2)p(y|\theta_1)d\theta_1 \neq p(\theta_2)$$

进而数据有助于更多地了解θ_2。用文字表述就是，数据有助于了解θ_1。但是先验知识表明θ_1和θ_2相关。因此，用于了解θ_1的这种相关性信息溢出，加深了对θ_2的了解。因此，如果能找到信息先验分布，就能加深对不可识别参数的了解。上述这些关于不可识别模型（或者其他模型）的贝叶斯推断问题的讨论，参见Poirier（1998）的文章。想详细了解这部分内容，读者可以阅读这篇文章。

|12.4| 其他模型

本节简要介绍其他一些模型族的前因后果，同时给出所引用的文献，供感兴趣的读者阅读，以便了解详情。本节分成几个小节，分别讲述时间序列、内生性、非标准因变量模型、结构模型和非参数模型。

12.4.1 时间序列模型

第8章通过讨论状态空间模型，简要介绍了时间序列方法。状态空间模型是处理各种时间序列模型的有效方法。不过，对于许多时间序列应用，普遍使用其他方法或者第8章线性状态空间模型的扩展。本节简要讨论其中一些方法以及扩展。Bauwens、Lubrano 和 Richard（1999）的论文是一篇绝佳文献，通过它可以了解贝叶斯时间序列方法。如果进一步阅读下文的特定专题，会给出其他引用文献。

金融时间序列模型

金融经济学家经常要处理时间序列数据（例如股票日收益率）。不过，由于股票收益很难预测[1]，误差方差经常成为研究重点。实证研究发现，股票市场存在规律，通常要么在高波动性区域运动，要么在低波动性区域运动。这种波动性集聚现象表明，误差方差是可预测的。为了考察这种波动率集聚特征，出现了两个普遍使用的时间序列模型：自回归条件异方差（或 ARCH）模型和随机波动率模型。

如果 $y = (y_1, \cdots, y_T)'$ 为时间序列数据向量（例如 y_t 为第 t 天的股票市场收益率），p 阶 ARCH 模型（或 ARCH（p））表示为

$$y_t = \sqrt{\sigma_t^2}\, \varepsilon_t \tag{12.11}$$

其中

$$\sigma_t^2 = \beta_0 + \beta_1 y_{t-1}^2 + \ldots + \beta_p y_{t-p}^2 \tag{12.12}$$

并且 ε_t 是独立同分布，服从 $N(0,1)$。[2]可以证明误差方差为 σ_t^2。注意，因为要保证 $\sigma_t^2 > 0$，需要对 β_j 施加约束条件，$j = 0$，$\cdots$，p。这个约束可以通过先验分布来实现。误差方差随着时间变化而变化（异方差），变化形式取决于因变量的过去值（以因变量的过去值为条件）。其变化形式与 AR 模型相似。这正是称作自回归条件异方差模型的原因。式（12.11）很容易扩展，利用解释变量生成回归模型，该回归的误差项具有 ARCH 特征。在一些宏观经济应用中，误差具有 ARCH 特征的回归模型非常受欢迎。还有一个简单扩展是 ε_t 服从 t 分布（见第 6 章 6.4 节）或者混合正态分布（见第 10 章 10.3 节）。ARCH 模型还有一个流行拓展形式：广义自回归条件异方差（或 GARCH）模型。所谓 GARCH 模型，是把式（12.12）扩展成

$$\sigma_t^2 = \beta_0 + \beta_1 y_{t-1}^2 + \ldots + \beta_p y_{t-p}^2 + \gamma_1 \sigma_{t-1}^2 + \ldots + \gamma_q \sigma_{t-q}^2 \tag{12.13}$$

第 7 章中 Bauwens、Lubrano 和 Richard（1999）讨论了 ARCH 模型和 GARCH 模型的性质，并介绍了如何进行贝叶斯推断。此类模型存在一个问题，那就是贝叶斯计算存在较大难度。早期的研究，如 Geweke（1988，1989a）以及 Kleibergen 和 van Dijk（1993）采用重要抽样。Bauwens 和 Lubrano（1998）提出的 Griddy-Gibbs 抽样器，看起来还不错，能够避免重要函数微调的问题。

随机波动率模型在第 8 章（8.4 节）略有提及。不过，再多了解一些细节还是物有所值的。随机波动率模型有些内容与 ARCH 模型和 GARCH 模型类似。差别在于随机波动率模型利用潜变量来刻画波动性变化。也就是说，一个简单的随机波动率模型是用

$$\log(\sigma_t^2) = \log(\sigma^2) + \beta\log(\sigma_{t-1}^2) + u_t \tag{12.14}$$

代替式（12.12），其中 u_t 是独立同分布，服从 $N(0,1)$。式（12.14）中的方差采用对数形式，意味着不需要施加约束条件来确保 $\sigma_t^2 > 0$。如果定义 $\alpha_t \equiv \log(\sigma_t^2)$，式（12.14）就

---

[1]　根据金融理论，股票市场收益的可预测行为都因套利而消失。

[2]　ε_t 的方差为 1 是模型可识别条件。

可以看作是状态方程（例如见第8章式（8.39））。根据假设条件，u_t是独立同分布，服从$N(0,1)$，意味着α_t采用了层次先验分布。[1]进而可以看出，随机波动率模型与第8章讨论的模型极为相似。由于式（12.11）所示的测量方程是α_t的非线性形式，这使问题复杂了许多。本模型的早期贝叶斯研究文献（Jacquier，Polson and Rossi，1994），提出克服这种复杂性的后验模拟算法。不过，只要对第8章（8.3.1节）的后验模拟器稍作调整，就能用于随机波动率模型（DeJong and Shephard，1995）。实践中，后一种算法看起来效率更高（也见Chib，Nardari and Shephard，2002）。还有一些文章，包括Car-lin、Polson和Stoffer（1992）以及Geweke和Tanizaki（1999，2001），对非线性以及/或者非正态状态空间模型的贝叶斯推断问题做了一般性讨论（即不仅包括随机波动率模型，还有许多其他模型）。

股票交易是连续进行的。因此当前流行的研究领域是拓展随机波动率模型至连续时间这种情况。此类模型更适合用于高频金融数据（数据包含每一笔交易）。这些文献的特点是所用技术非常复杂，所用的数学基础知识超出了本书研究范围。[2]因此，这里就不再浪费笔墨讲述这些模型的前因后果，仅仅提供一些参考文献供感兴趣的读者阅读。这些文献作者包括Elerian、Chib和Shephard（2001），Eraker（2001）以及Griffin和Steel（2001）。

贝叶斯计量经济学进行金融实证研究时，还会普遍用到很多其他模型。举个例子说，之前简单提到的向量自回归（VAR）模型，在很多背景下很受欢迎。金融领域中的贝叶斯VAR应用有Barberis（2000），Kandel、McCulloch和Stambaugh（1995），Lamoureux和Zhou（1996）以及Pastor（2000）。

非线性时间序列模型

第8章所考虑的模型都是线性模型。上一节提到的金融时间序列模型中，一些是非线性模型。这些非线性模型都是状态空间模型，诸如Carlin、Polson和Stoffer（1992）的文章，介绍了如何实现非线性状态空间模型的贝叶斯推断。不过，其他类型的非线性时间序列模型变得越来越流行，特别是在宏观经济学领域。这些模型通常不能写成状态空间模型形式，尽管Kim和Nelson（1999）说这些模型其实能写成状态空间模型。从这点看，值得费点笔墨，简要介绍这些模型。想要详细了解这些模型的读者可以阅读所给的文献。Bauwens、Lubrano和Richard（1999，第8章）对非线性时间序列模型的贝叶斯方法做了非常好的概述。

本节讨论的非线性时间序列模型都是基于AR（p）模型（见第8章8.1节）。温故而知新，y_t服从AR（p）过程，意思是y_t可以写成

$$y_t = \rho_1 y_{t-1} + \cdots + \rho_p y_{t-p} + \varepsilon_t \tag{12.15}$$

AR（p）模型还可以表示成

---

① 和所有层次模型一样，可以利用混合正态分布（见第10章10.3节）或者诸如Steel（1998）提出的其他方法，放宽正态假设。

② 有该领域背景的读者知道，这个领域绝大多数波动率模型基本按照Ornstein-Uhlenbeck过程来构建。

$$y_t = (\rho_1 L + \cdots + \rho_p L^p) y_t + \varepsilon_t$$
$$= \rho(L) y_t + \varepsilon_t \tag{12.16}$$

其中，$\rho(L)$ 为滞后算子 L 的多项式，ε_t 是独立同分布，服从 $N(0, h^{-1})$。

对于一些流行的非线性时间序列模型，其思想是在不同机制中，因变量服从不同的 AR（p）过程。令 S_t 表示这些机制。也就是说，S_t 是随机变量，取值为 $\{1, 2, \cdots, S\}$。更广义的非线性时间序列模型可以写成

$$y_t = \rho^{(S_t)}(L) y_t + \sigma^{(S_t)} v_t \tag{12.17}$$

其中，$\rho^{(S_t)}(L)$ 类似于式（12.16）所定义的滞后算子多项式。不过要注意，现在有 S 个不同多项式，因此有 S 个不同机制。误差写成 $\sigma^{(S_t)} v_t$，显然表示每个机制的误差方差不同，其中，v_t 是独立同分布，服从 $N(0, 1)$。

具有式（12.17）形式的模型中，最流行的一个模型是门限自回归（TAR）模型。在 TAR 模型中，通过选择因变量的滞后期数 d（称作延迟参数）定义指数变量 S_t，利用阈值集合 $\{r_s, s = 1, \cdots, S - 1\}$ 构建 S_t。例如

$$y_t = \begin{cases} \rho^{(1)}\{L\} y_t + \sigma^{(1)} v_t, & y_{t-d} < r_1 \text{时} \\ \rho^{(2)}\{L\} y_t + \sigma^{(2)} v_t, & r_1 \leqslant y_{t-d} < r_2 \text{时} \\ \quad\vdots & \quad\vdots \\ \rho^{(J)}\{L\} y_t + \sigma^{(J)} v_t, & y_{t-d} \geqslant r_{S-1} \text{时} \end{cases} \tag{12.18}$$

因此，这里共有 S 个不同 AR（p）模型。y_t 服从其中一个 AR（p）模型，至于服从哪一个 AR（p）模型取决于 y_{t-d} 的取值。在涉及 GDP 增长等宏观经济应用中，这种模型设定方式（或扩展形式）非常流行。这样设定模型，根据 d 期之前经济是处于衰退还是扩张等不同情形，GDP 增长可以展现出不同行为模式。$\gamma = (r_1, \cdots, r_{S-1} d)'$ 看作未知参数向量。这个模型的一个简单拓展是允许 X_t 触发门限值，而不是 y_{t-d} 触发。X_t 是因变量滞后值和（可能情况下）未知参数的函数。这类例子有 $X_t = y_{t-d}$（式（12.18）的模型），$X_t = \Delta y_{t-d}$（d 期前的经济增长率触发机制转移），以及 $X_t = \dfrac{y_{t-1} - y_{t-d-1}}{d}$（之前 d 个时期平均增长率触发机制转移）。另一个流行拓展是平滑转移自回归模型，或者 STAR 模型。STAR 模型是 TAR 的一般化，机制转移呈现逐渐变化的特点（相对于式（12.18）呈现的突变性转移而言）。

另一类非常受欢迎的非线性时间序列模型称为马尔科夫机制转移模型。和式（12.18）一样，不同机制（称作状态）呈现不同的 AR 动态。马尔科夫机制转移模型通常有两个状态。每个时点处于一个状态（例如经济可能处于衰退状态或扩张状态）。状态表示为 $S_t = 1$ 或 2。假设 S_t 服从

$$p(S_t = 1 | S_{t-1} = 1) = p$$
$$p(S_t = 2 | S_{t-1} = 1) = 1 - p$$
$$p(S_t = 2 | S_{t-1} = 2) = q$$
$$p(S_t = 1 | S_{t-1} = 2) = 1 - q \tag{12.19}$$

其中，$0 \leqslant p \leqslant 1$ 且 $0 \leqslant q \leqslant 1$。从贝叶斯角度看，式（12.19）可以看作潜变量 S_t 的层次先验分布，$t = 1, \cdots, T$。潜变量 S_t 取决于未知参数 p 和 q。研究人员选择参数 p 和 q 的先验分

布，就能设定一个完整的贝叶斯模型。式（12.19）的模型还能进行许多扩展（例如式（12.19）中的概率取决于解释变量）。

对于这些机制转移时间序列模型，可以直接进行贝叶斯分析。给定某些参数向量γ，并以可能的一些潜变量为条件，这些模型都能写成正态线性回归模型形式。因此，能够建立 Gibbs 抽样器（可能是数据增强型）。例如，在 TAR 模型中，$\gamma = (r_1, \cdots, r_{J-1}, d)'$。如果已知$\gamma$为条件，每个时间段的机制都紧密相关（也就是知道了$S_t$，$t=1$，$\cdots$，$T$）。满足$S_t = s$的所有观测值都可以划为一组，利用正态线性回归模型的标准结果，推导出第s个机制 AR（p）系数的后验分布。对于$s=1$，$\cdots$，S，重复上述过程，就得到$p(\rho^1, \cdots, \rho^S, h^1, \cdots, h^S | y, \gamma)$的后验分布。其中，向量$\rho^s$包含第$s$个机制所有 AR 系数，$h^s$为第$s$个机制的误差精确度。因此，仅需知道$p(\gamma | y, \rho^1, \cdots, \rho^S, h^1, \cdots, h^S)$，就能完整设定 Gibbs 抽样器。对于马尔科夫机制转移模型，定义$\gamma = (p, q)'$，生成一个数据增强型 Gibbs 抽样器，序贯从$p(\rho^1, \cdots, \rho^S, h^1, \cdots, h^S | y, \gamma, S_1, \cdots, S_T)$，$p(\gamma | y, \rho^1, \cdots, \rho^S, h^1, \cdots, h^S, S_1, \cdots, S_T)$和$p(S_1, \cdots, S_T | y, \gamma, \rho^1, \cdots, \rho^S, h^1, \cdots, h^S)$提取样本。

对于这些模型（以及扩展和应用）贝叶斯推断的详细讨论，感兴趣的读者可以阅读下列文献。关于 TAR 模型文献作者包括 Forbes、Kalb 和 Kofman（1999），Geweke 和 Terui（1993），Koop 和 Potter（1999，2003）；关于马尔科夫机制转移模型的文献作者包括 Albert 和 Chib（1993a）、Filardo 和 Gordon（1998）以及 McCulloch 和 Tsay（1993，1994）。

结构突变模型是另外一类很受欢迎的非线性时间序列模型。这些模型可以写成式（12.17）的形式，S_t在特定时点进行机制转移。例如

$S_t = 1$，当$t \leqslant \gamma$时

$S_t = 2$，当$t > \gamma$时

这样设定后，因变量行为在时点γ发生变化。突变点γ可以看作未知参数，利用数据来估计。这个模型可以直接扩展成存在多个突变点的情形。可以使用与 TAR 模型类似的贝叶斯估计方法，或者使用与马尔科夫机制转移模型类似的层次先验分布。几个有代表性的文献作者包括 Carlin、Gelfand 和 Smith（1992），Chib（1998），DeJong（1996），Koop 和 Potter（2000）以及 Martin（2000）。

本节介绍了非线性时间序列模型的贝叶斯推断问题，重点是能写成式（12.18）形式的机制转移模型。讨论的内容不仅极为简单，还很不全面。需要强调一点，还有很多模型和方法没有讨论。当研究人员放弃线性时间序列模型时，或许就会用到这些模型。

多元时间序列模型

许多应用，尤其是宏观经济学应用，关注的重点是一些变量的相互作用。例如，许多宏观经济模型都涉及 RMPY 变量，其中$R=$利率，$M=$货币供给量，$P=$价格水平，$Y=$实际产出。多元模型通常用于预测以及理解变量间的关系。诸如协整这些重要概念本身就具有多元变量的性质。利用模型参数的其他函数，例如脉冲响应函数或者预测误差分解，有助于理解变量间的关系。要是确切讲述这些函数的具体形式，则脱离本书主题太远。因此，这里只是说，只要选择合适的函数$g()$，这些函数都可以写成$g(\theta)$的形

式。因此，一旦建立了后验模拟器，按照标准做法就可以计算出 $E[g(\theta)|y]$ 这类数字特征。有两本影响较大的（非贝叶斯）计量经济学教科书，分别是 Hamilton（1994）和 Lutkephohl（1993）编写的。在这两本书中，详细讨论了多元模型、脉冲响应函数等内容。讨论脉冲响应函数的其他文章还有 Sims 和 Zha（1999）以及 Koop（1992，1996）。

第8章（8.4节）讨论了多元状态空间模型。很多应用都能使用这个模型。不过，最受欢迎的多元时间序列模型非向量自回归（或 VAR）模型莫属。在前面金融时间序列模型一节介绍过，金融模型中使用 VAR 模型的普遍程度绝非一般。不过，宏观经济学家使用 VAR 模型的程度有过之而无不及。下面简单介绍下 VAR 模型。令 y_{jt} 表示关注的第 j 个时间变量，$j=1,\cdots,J$ 和 $t=1,\cdots,T$。那么，p 阶向量自回归 VAR（p）是包含 J 个方程的模型，其形式为

$$
\begin{aligned}
y_{1t} &= \beta_{01}^1 + \beta_{11}^1 y_{1,t-1} + \ldots + \beta_{1p}^1 y_{1,t-p} + \ldots + \beta_{J1}^1 y_{J,t-1} + \ldots + \beta_{Jp}^1 y_{J,t-p} + \varepsilon_{1t} \\
y_{2t} &= \beta_{01}^2 + \beta_{11}^2 y_{1,t-1} + \ldots + \beta_{1p}^2 y_{1,t-p} + \ldots + \beta_{J1}^2 y_{J,t-1} + \ldots + \beta_{Jp}^2 y_{J,t-p} + \varepsilon_{2t} \\
&\vdots \\
y_{Jt} &= \beta_{01}^J + \beta_{11}^J y_{1,t-1} + \ldots + \beta_{1p}^J y_{1,t-p} + \ldots + \beta_{J1}^J y_{J,t-1} + \ldots + \beta_{Jp}^J y_{J,t-p} + \varepsilon_{Jt}
\end{aligned}
\tag{12.20}
$$

其中，举例来说，β_{1p}^J 表示第 J 个方程中第 1 个变量滞后 p 阶的系数[1]。因此，每个变量都依赖于自身的 p 阶滞后和模型中所有其他变量的 p 阶滞后。这个模型与 SUR 模型极为类似，利用类似于第 6 章（6.6节）所述方法可以进行贝叶斯推断。大部分采用 Sims（1980）以及 Doan、Litterman 和 Sims（1984）思路写作的文章，构成早期有较大影响的贝叶斯研究参考文献。比较新的文献为 Kadiyala 和 Karlsson（1997），该文详细讨论了先验分布诱导和计算问题。

还有一些贝叶斯文章，在宏观经济应用（包括预测）中使用 VAR 模型或相关方法。例如 DeJong、Ingram 和 Whiteman（1996，2000），Geweke（1999a），Litterman（1986），Min 和 Zellner（1993），Otrok 和 Whiteman（1998），Poirier（1991），Sims 和 Zha（2002），Zellner 和 Hong（1989）以及 Zellner、Hong 和 Min（1991）所写的论文。

单位根和协整

第8章简单介绍了单位根和协整的概念（分别见 8.2 节和 8.4 节）。在近期频率学派时间序列计量经济学中，这两个概念扮演了重要角色。当然也有大量贝叶斯文献介绍单位根和协整，尽管其中一些文献质疑单位根和协整对贝叶斯分析的重要性（例如 Sims（1998），Sims 和 Uhlig（1991））。这里并不想总结这些晦涩难懂的争论，只是为感兴趣的读者提供一些相关参考资料。

早期贝叶斯单位根的研究者有 DeJong 和 Whiteman（1991）、Koop（1991）、Lubrano（1995）以及 Schotman 和 van Dijk（1991）。Phillips（1991，以及讨论）介绍了关于贝叶斯单位根的一些公开辩论。*Econometric Theory*（第 10 卷，1994）出了一辑特刊专门讨论单位根，其中一些文章引起了许多学者的关注。Bauwens、Lubrano 和 Richard（1999，第 6 章）介绍了贝叶斯单位根推断，包括相关争论的讨论，并给出了其他一些参考

---

① 译者注：原文和式（12.20）为 β_{p1}^J，有误。

文献。

对于协整模型，早期文献有 DeJong（1992）和 Dorfman（1994）。其他具有较大影响的文章有 Bauwens 和 Lubrano（1996），Chao 和 Phillips（1999），Geweke（1996），Kleibergen 和 van Dijk（1994），Kleibergen 和 Paap（2002）以及 Strachan（2002）。Bauwens、Lubrano 和 Richard（1999，第9章）对协整模型做了详尽总结。

12.4.2　内生性、样本选择以及相关问题

本书前几章讨论的模型，并不涉及内生性问题。也就是说，所有模型重点都是考察解释变量对因变量（或多个因变量）的影响。模型假设给定 X 的情况下，利用 y 的条件分布考察这种影响比较合适。用经济学术语说，隐含假设 X 包含外生变量，y 为内生变量。许多应用中，给定 X 情况下，y 是所关注的相关分布。不过，有几个比较重要的情形，y 和 X 的值要联合确定（内生性），并且在此情形下，考察给定 X 情况下 y 的分布无助于回答研究人员所关注的问题。其他一些分布（例如 y 和 X 的联合分布）可能是相关的分布。

模型选择也存在类似的问题。对未就业人员开展培训，就是模型选择的一个例子。如果随机选择一些未就业人员参加培训计划（其他人员不进行培训），则利用误差相互独立的回归方法，可分析培训计划对未来成功找到工作的影响。不过，如果未就业人员有权选择是否参加培训计划，回归方法就不合适了。是否参加培训计划取决于培训计划对未来成功找到工作可能性的影响。只有从培训计划中获得最大福利的未就业人员才会参加培训计划。因此，培训计划的配置并不随机，我们将此类问题称为样本选择问题。当然，样本选择和内生性问题密切相关。在样本选择的例子中，其由解释变量（参与培训计划）和因变量（未来成功找到工作）的值共同决定（存在内生性）。

下面看一个更详细的例子。假设研究人员想研究学校教育的收益（即额外增加受教育年限对薪水增加的影响），并获得了许多个体的数据。研究人员可以这样做：建立一个回归方程，薪水为因变量，受教育年限为解释变量（实践中，应包括其他解释变量，但这里忽略其他变量不计）。利用第2章、第3章和第4章的方法，能得到 β 的后验分布。之前讲过，回归方法是利用 y 关于 X 的条件分布生成似然函数（见第2章2.2节）。因此，β 考察的仅是给定受教育年限时的薪水。利用 β 仅能反映受教育年限更多的个体常常获得更高薪水而已。但更重要的政策问题应该是："政府更关注的是鼓励更多人上大学的政策。那么对这些受政府政策影响的人来说，他们通过学校教育获得的收益是多少呢？"对于具有大学教育程度的人来说，每额外增加一年学校教育，薪水增加 β。但这个结论无助于解释政策问题。例如，每个人上大学的收益千差万别，但绝大多数人因上大学而受益。此时，对于那些受政府政策引导上大学的人来说，其收益要小于 β。换个角度说，β 可能不能确切度量接受教育年限的收益。例如，假设有个素质指标称为"天赋"，这个指标对成功找到工作和大学顺利毕业起着决定性作用。这样一来，β 为正仅反映了有天赋的人受教育年限常常会更长。通俗地讲，大学生将来能挣到更多钱，并不能归功于大学提供了良好教育，可能仅仅因为这些学生天赋异禀，不管他们受到什么样的教育，都能成功找到工作。如果上面所说是真的，利用 β 就不能回答所关注的政策问题。

简言之，受教育决策可能比较复杂，受很多因素影响，由受教育年限和薪水共同决定。此时，利用 y 关于 X 的条件分布所传达的信息并不多，更复杂的模型可能比较合适。对于这种情况，贝叶斯计量经济学通常建议选定一个感兴趣的分布，并选择合适的分布形式（合适的似然函数和先验分布）。

本节将详细讨论最普通的出现内生性问题的情况，并使用最普通的联立方程模型来解决。之后将简单介绍处置模型。下面会专门提到所引用的文献。另外一本贝叶斯教科书中，Lancaster（2003）讨论了各种内生性问题。书中提到，还有一些模型也会出现相关问题。例如，如果变量存在某种测量误差（回归模型中，解释变量的观测值存在误差），也会出现类似问题。Zellner（1971）用一章篇幅详细介绍了变量测量误差问题。Erickson（1989）的论文是另外一篇有关变量测量误差的重要文献。

联立方程模型

通常说，联立方程模型源自供给和需求的经济模型。市场 i 中商品供给量 q_i^S 取决于价格 p_i 和其他解释变量 x_{iS}。商品需求量 q_i^D 也取决于商品价格 p_i 和其他解释变量 x_{iD}。均衡时，供给量等于需求量，可以写成 $q_i^S = q_i^D \equiv q_i$。如果假设供给曲线和需求曲线都可以用线性回归模型描述，则

$$q_i = \gamma_S p_i + x'_{iS}\beta_S + \varepsilon_{iS} \text{（供给曲线）}$$

和

$$q_i = \gamma_D p_i + x'_{iD}\beta_D + \varepsilon_{iD} \text{（需求曲线）}$$

如果仅用价格对数量（以及其他解释变量）的回归或者数量对价格（以及其他解释变量）的回归来刻画供给曲线或者需求曲线，主要存在以下几个问题。首先，会发现方程中如果不包括 x_{iD} 和 x_{iS}，无论供给方程还是需求方程，都仅涉及数量和价格两个变量。给定数据建立数量对价格的回归方程，估计结果的意义含混不清。你能说估计结果是需求曲线的斜率吗？是供给曲线的斜率？还是说都不是？如果没有更多的信息，不可能知道估计结果到底表示什么。其次，由于回归与因变量关于解释变量的条件分布有关，据此可以确定数量对价格（以及其他解释变量）回归中价格系数的意义。假设 ε_{iS} 和 ε_{iD} 均为正态分布，利用附录 B 定理 B.9，读者可以自己证明，q 关于 p（以及其他解释变量）的条件分布也服从正态分布。不过，条件分布均值（回归线）的含义是价格系数既不是 γ_S 也不是 γ_D，而是模型参数的更复杂函数。简言之，单独建立 q 关于 p（以及其他解释变量）的回归方程并不能估计出需求曲线的斜率，也不能估计出供给曲线的斜率。要弄清楚这些重要经济参数，需要使用更复杂的方法。

假设正态线性联立方程模型有 M 个内生变量（因此有 M 个方程）和 K 个外生变量。内生变量写成向量 y_i，外生变量写成向量 x_i。正态线性联立方程模型的一般形式为

$$\Gamma y_i = B x_i + \varepsilon_i \tag{12.21}$$

其中，$i=1, \cdots, N$，Γ 为 $M \times M$ 阶系数矩阵，B 为 $M \times K$ 阶系数矩阵，且 ε_i 是独立同分布，服从 $N(0, H^{-1})$。式（12.21）称为联立方程模型的结构式。研究人员通常关注模型结构式（例如上面结构式中供给方程和需求方程）的参数。联立方程模型式（12.21）两侧同时乘以 Γ^{-1}，就可以写成简约式。简约式中每个方程只包含一个内生变量，方程

右侧只包含外生变量。简约式形式为

$$y_i = \Gamma^{-1} B x_i + \Gamma^{-1} \varepsilon_i$$
$$= \Pi x_i + v_i \tag{12.22}$$

其中，$\Pi = \Gamma^{-1} B$，v_i 是独立同分布，服从 $N(0, \Sigma)$，且 $\Sigma = \Gamma^{-1} H^{-1} \Gamma^{-1}$。考察式（12.21）和式（12.22）就会发现，能直观地将供给–需求的例子写成联立方程模型。简约式（12.22）的贝叶斯推断，可以利用第 6 章（6.6 节）的 SUR 模型（或它的简单扩展形式）的结论来实现。这样就能估计出参数 Π 和 Σ。不过，关注的重点通常是结构式中的参数：Γ、B 和 H。因此，对于联立方程模型，实施贝叶斯推断的一种方法是将其写成简约式，之后利用 $\Pi = \Gamma^{-1} B$ 和 $\Sigma = \Gamma^{-1} H^{-1} \Gamma^{-1}$ 计算出结构式参数的后验分布。不过，看起来容易做起来难。Π 和 Σ 加到一起，包含 $MK + M(M+1)/2$ 个自由参数，其中 Γ、B 和 H 包含 $M^2 + MK + M(M+1)/2$ 个自由参数。如果不对结构方程参数施加约束条件，仅靠简约式参数不足以求出结构方程参数。我们很容易发现，需要施加 M 个约束条件，标准做法是标准化第 j 个方程的第 j 个内生变量系数为 1（Γ 的主对角线上元素都设为 1）。不过，其他约束条件取决于所研究应用的经济理论。用本章之前的话讲，识别问题对于联立方程模型至关重要。

研究人员采用自然共轭正态–Wishart 分布或者独立正态–Wishart 分布作为先验分布，可以直接处理简约式（12.22）。除此之外，研究人员需要一些新办法来解决计算方面的问题。不过，研究人员不需要利用简约式诱导先验分布。毕竟，结构式参数通常与经济理论相关，研究人员更有可能在经济理论指导下诱导先验分布。此外，先验分布诱导与识别问题息息相关（例如采用正态分布作为 P 的先验分布，通常并不能确定参数空间区域，这意味着不可识别）。Dreze 和 Richard（1983）以及 Bauwens（1984）是两篇经典文献，他们详尽调查了 20 世纪 80 年代中期之前的贝叶斯工作，令人钦佩。Zellner（1971）利用一章的篇幅详细讨论了联立方程问题。近期文献主要有 Kleibergen（1997）、Kleibergen 和 van Dijk（1998）以及 Kleibergen 和 Zivot（2002）的论文。这些文献讨论了识别问题和先验分布诱导问题（包括提出无信息先验分布），当然还有其他内容。协整文献的某些问题与联立方程模型也密切相关（见 Geweke（1996），Kleibergen and Paap（2002））。Li（1998）针对受限因变量的联立方程模型，提出了贝叶斯推断方法。

处置效应模型

在医疗统计领域，许多情形中关注的重点是治疗对康复结果的影响。已经发展出很多模型，用来估计这种处置效应。在经济学中，也存在很多情况，关注的重点放在"处置"（例如参与培训）对"结果"（例如所得薪水）的影响。在许多经济学和医疗应用中，统计分析比较复杂，原因是处置的个体并不是随机选取的。与此相关的是不顺从问题，也就是选择处置的个体并不喜欢这种处置。因此，处置效应问题是医疗统计文献和计量经济文献的共性问题。本节简单讨论与此相关的贝叶斯计量经济文献。不过需要强调一点，关于类似问题的贝叶斯医疗统计文献数不胜数。举个例子，本领域近期的一篇医疗文章是 Hirano、Imbens、Rubin 和 Zhou（2000）。贝叶斯统计文献中比较有影响力（无论是对于计量经济学还是医疗统计都比较重要）的文章作者有 Rubin（1978）以及

Imbens 和 Rubin（1997）。

考察处置效应的普通模型是虚拟内生变量模型（见 Angrist, Imbens and Rubin, 1996）。适当简化后，处置效应可以写成

$$y_i = \beta_0 + \beta_1 s_i + \varepsilon_i$$
$$s_i^* = \alpha_0 + \alpha_1 z_i + v_i \tag{12.23}$$

其中，s_i^* 不可观测，但能观测到

$$s_i=1，当 s_i^* \geqslant 0 时$$
$$s_i=0，当 s_i^* < 0 时 \tag{12.24}$$

在此模型中，能够观测到个体是否受到处置（$s_i=0$ 还是 $s_i=1$）以及结果 y_i。我们所关注的是处置效应 β_1。个体决定是否采取处置（或不处置），取决于潜变量 s_i^* 为正，还是为负。而潜变量取决于解释变量 z_i。采用什么样的计量经济方法估计 β_1，取决于误差和 z_i 的假设。不过，很多情况下会存在内生性问题。具体来说，采取处置的决策通常取决于更可能出现的结果，因此处置决策反映了结果 y_i。极端情况是设 $z_i = y_i$，这样式（12.23）就是不可识别的联立方程模型。如果不可观测个体特征既影响结果，又影响处置决策（ε_i 和 v_i 相关），就会出现内生性问题。这里不再详细讨论这个模型，仅仅指出只估计 y 对 s 的回归方程，并不会得到合理的 β_1 估计结果。不过，从联立方程文献（对于式（12.23））和 probit 模型文献（对于式（12.24））的基本思想看，可以实现贝叶斯推断。

与处置模型密切相关的一个模型是 Roy 模型。这个模型的正态形式可以写成

$$\begin{pmatrix} s_i^* \\ y_{i0} \\ y_{i1} \end{pmatrix} \sim N \left(\begin{bmatrix} z'_i \gamma \\ x'_{i0} \beta_0 \\ x'_{i1} \beta_1 \end{bmatrix}, \begin{bmatrix} 1 & \sigma_{12} & \sigma_{13} \\ \sigma_{12} & \sigma_{22} & \sigma_{23} \\ \sigma_{13} & \sigma_{23} & \sigma_{33} \end{bmatrix} \right) \tag{12.25}$$

其中，符号的定义与式（12.23）和式（12.24）基本一样，只不过 z_i 为向量，x_{i0} 和 x_{i1} 为解释变量向量，结果 y_i 的定义为

$$y_i = y_{i0}，当 s_i = 0 时$$
$$y_i = y_{i1}，当 s_i = 1 时$$

用语言表述就是，与采取处置还是不采取处置决策（s_i^*）密切相关的潜效用，接受处置的结果（y_{i1}）和不接受处置的结果（y_{i0}）均遵循正态线性回归模型。这个模型的有趣特征是只能观测到 y_{i0} 或者 y_{i1}，而不能同时观测到二者。也就是说，对于采取处置的个体，不会观测到没有采取处置时会出现的结果（反之亦然，对于未采取处置的个体，也不会观测到采取处置才会出现的结果）。这就导致 Koop 和 Poirier（1997）以及 Poirier 和 Tobias（2002）[①] 所述的识别问题。无论怎样，利用 Chib 和 Hamilton（2000）所述的数据增强型 Metropolis-within-Gibbs 抽样器，可以对本模型实施贝叶斯推断。很多应用发现式（12.25）中的正态分布假设太严格，Chib 和 Hamilton（2002）使用了混合正态

---

① 多项 probit 模型也会遇到识别问题。不过解决办法比较简单，对式（12.25）的误差协方差矩阵施加约束条件 $\sigma_{11} = 1$ 就可以。

模型（见第10章10.3节），这样分布更灵活。

12.4.3　含非标准因变量的模型

第9章讨论了tobit模型和probit模型的贝叶斯推断方法。当然也顺便简要讨论了logit模型。如果因变量为审查变量，tobit模型再合适不过了。如果因变量为定性变量，适合使用probit模型和logit模型。不过，进行计量经济学分析时，难免会遇到其他类型的非标准因变量。本章就简单说说这些非标准因变量。

如果因变量为计数变量，有关使用这一方法的文献比较多。大多数文献属于医疗领域的统计，因为医疗应用经常会遇到计数数据（例如死亡人数、卫生事件次数等）。不过，经济学和商业应用偶尔也会遇到计数数据（例如企业申请的专利数或者消费者购买某种具体商品的次数）。使用较为普遍的计数数据模型需要用到泊松分布（见附录B，定义B.2）

$$y_i|\beta \sim Po(\mu_i) \tag{12.26}$$

其中，$\mu_i \geq 0$ 为泊松分布的均值（见附录B，定义B.5），并且

$$\mu_i = \exp(x'_i\beta) \tag{12.27}$$

根据式（12.27），因变量的均值依赖于解释变量 x_i，且 $\exp(x'_i\beta) \geq 0$ 确保均值非负。Chib、Greenberg和Winkelmann（1998）的文献就是个例子，这篇文章利用MCMC算法对此模型实施贝叶斯推断。事实上，这篇文章具有普遍适用性，这里针对面板数据，提出了存在个体效应并采用层次先验分布的模型。

式（12.26）和式（12.27）的泊松模型刚好是广义线性模型的一个例子。广义线性模型假设 y_i 服从一个分布族，称作指数分布族。根据 y_i 的假设，建立似然函数。和式（12.26）一样，如果利用 μ_i 表示 y_i 的均值，广义线性模型假设 μ_i 与解释变量 x_i 相关，表示成

$$g(\mu_i) = x'_i\beta$$

其中，函数 $g(\mu_i)$ 已知，称作链接函数（link function）。许多模型，包括本书讨论的几个模型（例如正态线性回归模型，logit模型和probit模型，泊松模型式（12.26）和式（12.27）），都可以写成这种形式。这一阶段不再继续讨论广义混合模型。不过要提出一点，已有处理此类模型的广义MCMC算法可供使用。几个重要文献的作者包括：Clayton（1996）、Dellaportas和Smith（1993）以及Zeger和Karim（1991）。

有一类模型与广义线性模型关系密切，适用于因变量为存续变量的情形（例如失业了多少周）。处理这类数据的统计文献主要来自医疗领域，因此所用术语看起来不太像计量经济学。例如，在医疗应用中，研究人员对不同动物注射不同剂量的毒性药剂，观察经过多长时间这些动物会死亡。此时，因变量为第 i 个动物死亡时间，表示为 t_i。假设死亡时间取决于解释变量 x_i（例如第 i 个动物注射的药剂量）。计算似然函数要用到危险函数（hazard function）$\lambda(t_i, x_i)$。危险函数是一种概率密度函数，刻画了给定时间的死亡概率（或者在经济应用中，给定时间个体找到工作的概率）。一个普通例子是比例危险模型。该模型假设危险函数取决于解释变量，即

$$\lambda(t_i, x_i) = \lambda_0(t_i)\exp(x'_i\beta)$$

其中，$\lambda_0(t_i)$ 称为基准危险率。根据所选择基准危险率的不同，形成各种流行模型。例如，令 $\lambda_0(t_i)=\lambda$，就得到了指数回归模型。令 $\lambda_0(t_i)=\lambda t_i^{\lambda-1}$，就得到 Weibull 回归模型。Dellaportas 和 Smith（1993）提出一种后验模拟器，利用它可以实现比例危险模型的贝叶斯推断。Ibrahim、Chen 和 Sinha（2001）撰写了一本非常好的医疗统计教科书，书中介绍了存续数据可用的各种模型（也可参见 Volinsky 和 Raftery，2000）。涉及存续数据的贝叶斯计量经济学应用参见 Campolieti（2001）和 Li（1999a）的研究。

12.4.4 结构模型

对于理论经济学家来说，进行实证经济研究的理想途径是建立一个模型（例如根据消费者或者企业的最大化问题）。这意味着会得到具体的似然函数。实证经济学家要做的是收集数据，之后利用贝叶斯或者频率学派方法，分析似然函数的参数。不巧的是，经济理论又很少给出似然函数的确切形式。例如，对于微观经济学的生产问题，企业产出取决于投入要素和价格。根据经济理论，知道哪些解释变量至关重要。甚至经济理论还可以额外提供一些约束信息（例如产出是投入要素的非减函数）。不过，此时经济理论并没有给出似然函数的确切形式。因此，在大多数情况下，实证经济学家选择与经济理论一致的模型（例如选择回归模型，因变量为企业产出，解释变量为要素和价格），之后利用统计方法进行经验验证，证明此模型有意义（例如后验机会比或者后验预测 p 值）。你可以这样认为，本书所讲的大多数模型都是实证经济学家所采用的那种类型。不过，有一些例外情况，经济理论学家为实证经济学家提供了确切的似然函数。本节就简单提及两个此类结构模型：工作搜寻模型和拍卖模型。

当失业个体找工作时，他们的决策取决于各种因素。例如，如果不允许在职人员去寻找工作，那么个体收到了工作聘书时就要做出决定，接受这个工作机会（那就要放弃未来的工作机会），或者拒绝这个机会，期望未来能获得更好的工作机会。理论经济学家已经提出各种建模方法，刻画这种条件下的个体行为。很多工作搜寻模型都有确定的似然函数。实证经济学家可以利用个体的失业存续数据、可接受薪水数据，分析这些似然函数。工作搜寻模型的贝叶斯研究有 Kiefer 和 Steel（1998）以及 Lancaster（1997）。Koop 和 Poirier（2001）讨论了工作搜寻模型的识别问题，结果表明利用贝叶斯方法可以检验经济理论的解释是否成立。这两篇文章使用的都是简单工作搜寻模型，仅考虑失业个体的决策问题。近期一些经济理论文章将个体决策问题和企业的薪资设定问题联合起来进行建模。这一类文献称为均衡搜寻模型。均衡搜寻模型的贝叶斯研究有 Koop（2001）。尽管这些文献中大多数实证研究都与工作搜寻有关，但在市场营销领域也出现了类似模型，考察消费者的搜寻产品行为和商店的最优价格设定行为。

在现代经济学中，拍卖成为买卖商品普遍采用的方法。除了传统拍卖（例如美术产品和某些商品）领域外，现在几乎任何商品都流行在互联网上拍卖。不仅如此，政府越来越多地采用拍卖手段处理公共产品招投标和政府资产出售。研究此类拍卖特征的理论文献有很多，并且还在不断增加。在这些文献中，许多理论都有特定的似然函数。这使实证研究文献大量涌现，对拍卖理论的各种经济解释进行检验。大多数文献都不属于贝叶斯研究。不过，还是研究贝叶斯的人在从事该领域研究。如果读者想详细了解这些工作，可以阅读 Albano 和 Jouneau（1998）、Bajari（1997，1998）以及 Sareen（1999）。

从目前看，理论经济学家推导出的很多模型都过于抽象，无法进行严谨的实证研究。即便如此，随着理论和数据收集工作的不断改善，结构模型变得越来越流行。由于这些模型不仅给出似然函数，而且对于便于解释的结构模型参数，先验分布诱导通常也简单。这样看来，在此领域内，贝叶斯方法未来必将大有作为。

12.4.5 贝叶斯非参数方法

第 10 章讨论了一些简单的贝叶斯方法，用来处理比较灵活的计量经济模型。尽管第 10 章讨论的模型都有参数似然函数，但依然称为"非参数"，因为这些似然函数的性质与非贝叶斯方法类似，这些非贝叶斯方法就叫"非参数"。目前，贝叶斯非参数方法是一个炙手可热的领域，所用方法数不胜数，每年都不断涌现新方法。Dey、Muller 和 Sinha（1998）对这个快速发展领域的许多方法进行了介绍。本节蜻蜓点水般介绍几个流行方法及相关文献。

在非参数回归以及模型趋势形式未知的时间序列模型中，都用到了样条模型。作为例子，假设有一个时间序列问题

$$y_t = f(t) + \varepsilon_t$$

其中，$f(t)$ 为未知趋势，$t=1，\cdots，T$。样条模型会选择几个时间点，称为节点，节点间用形式已知的函数进行拟合。样条模型的区别在于选择的已知函数不同。下面用薄板样条模型来说明。[①] 如果令 n_j 表示时间 j 的节点，N 为节点数，则未知趋势可以表示为薄板样条形式

$$f(t) = \alpha_0 + \sum_{j=1}^{N} \alpha_j b_j(t)$$

其中

$$b_j(t) = (t - n_j)^2 \log(|t - n_j|)$$

从统计学观点看，这里的关键是把 $b_j(t)$ 看作解释变量，把 α_j 看作回归系数。这样利用回归方法可以分析样条模型。Green 和 Silverman（1994）、Silverman（1985）或者 Wahba（1983）的论文是几篇非常好的文献，至少对一些贝叶斯研究来说如此。注意，样条方法取决于节点的选择，但理论没有确切说明节点应该放哪里。那么如何解决这个问题呢？普遍采用的方法是放置多个节点，之后使用贝叶斯模型平均或者贝叶斯模型选择方法（见第 11 章），解决存在多个解释变量所导致的问题。Smith 和 Kohn（1996）就是采用此方法的范例。

第 10 章讨论了如何使用混合正态模型逼近任何分布。不过第 10 章仅仅讨论了有限个正态分布的混合问题。这种混合模型极具灵活性，但用文献术语讲，并不是完全非参数的。无限个正态分布（或其他分布）的混合，更配得上非参数这个称号。感兴趣的读者也可以阅读 Robert（1996）一文，详细了解无限混合分布模型的贝叶斯非参数推断问题。对于此类混合模型，最流行的做法是使用 Dirichlet 过程（这里就不解释这个概念了）作为先验分布。Escobar 和 West（1995）以及 West、Muller 和 Escobar（1994）对此

---

① 不了解这些术语没有关系。这里使用这些术语仅仅是为了说明样条模型的实践意义。

模型进行了深入讨论。Campolieti（2001）和 Ruggiero（1994）利用此模型进行了实证贝叶斯研究。

其他流行的贝叶斯非参数方法使用小波理论（例如参见 Müller and Vidakovic，1998）和波利亚树过程（例如参见 Berger and Guglielmi，2001）。

|12.5| 小结

本章的目的是简要介绍之前各章没有讲到的一些主题，并给出了相应的参考文献，便于感兴趣的读者自学。本章分成几个小节，分别介绍其他方法、其他问题和其他模型。

其他方法一节讨论了进行后验模拟的其他方法（例如接受抽样法和 Griddy-Gibbs 抽样器）。之后讨论了各种近似方法，供不愿意使用后验模拟的研究人员使用。重点讨论了 Tierney-Kadane 近似方法，这是应用研究中特别有用的一种方法。

其他问题一节主要讨论先验分布诱导问题。本节介绍了参考先验分布和训练样本先验分布等概念。此外，给出了识别概念的定义，并对识别问题进行了讨论。

其他模型一节讨论了其他一些时间序列模型（即金融时间序列模型、非线性时间序列模型、多元时间序列模型、单位根和协整），内生性和样本选择问题（即联立方程模型和两个处置效应模型），其他非标准因变量模型（即泊松回归模型、一般线性模型和存续模型），与拍卖和工作搜寻有关的结构模型，以及其他非参数模型。

本章不断强调还有许多模型没有纳入本书的讨论范围。不过，任何模型都可以使用贝叶斯方法。正因如此，研究人员应勇于创造适合自身研究的模型，而不是选择他人提出的模型。本书说明了如何创造一个新模型。本书介绍的计算方法本质上可以用于研究人员提出的任何模型。

矩阵代数简介

本附录仅给出本书用到的矩阵代数基础知识。像 Poirier（1995，附录 A 和附录 B）或者 Greene（2000，第 2 章）所写的这些高级计量经济学教科书或统计教科书介绍的矩阵代数知识更丰富，并给出了很多文献可供进一步阅读。下面加入了一些注释，便于读者掌握来龙去脉或直观意义，或者强调问题的重要性。本书没有给出定理证明。

定义 A.1　矩阵和向量

$N \times K$ 阶矩阵 A 是将 NK 个元素（例如数值或随机变量）排成 n 行 k 列

$$A = \begin{bmatrix} a_{11} & a_{12} & . & . & a_{1k} \\ a_{21} & a_{22} & . & . & . \\ . & . & . & & . \\ . & . & . & & . \\ a_{N1} & a_{N2} & . & . & a_{Nk} \end{bmatrix}$$

其中，a_{Nk} 为第 n 行第 k 列的元素。如果 $K=1$，矩阵 A 是一个列向量；如果 $N=1$，矩阵 A 是一个行向量；如果 $K=1$ 且 $N=1$，矩阵 A 称为标量。

注：矩阵是处理大规模数据、多参数等问题的简便方法。

定义 A.2　矩阵加法和减法

如果 A 和 B 是两个 $N \times K$ 阶矩阵，则 $A+B$ 依然是 $N \times K$ 阶矩阵，其第 n 行第 k 列元素为 $a_{nk} + b_{nk}$。$A-B$ 也是 $N \times K$ 阶矩阵，其第 n 行第 k 列元素为 $a_{nk} - b_{nk}$。

注：矩阵加减法是常规加减法的直接扩展。只需一个矩阵的元素加上或减去另一个矩阵对应的元素。需要注意的是，只有行数和列数相同的两个矩阵才能相加减。

定理 A.1　矩阵加法性质

矩阵加法满足交换律和结合律。也就是说，如果 A、B 和 C 均为 $N \times K$ 阶矩阵，则有：

- $A + B = B + A$
- $A + (B + C) = (A + B) + C$

注：矩阵加法性质和常规加法相同。

定义 A.3　矩阵数乘

如果 c 是标量，A 为 $N \times K$ 阶矩阵，则 cA 依然为 $N \times K$ 阶矩阵，其第 n 行第 k 列元素为 ca_{nk}。

注：矩阵乘以一个数就是矩阵的每个元素都乘以这个数。

定理 A.2　矩阵数乘的性质

如果 c 和 d 是标量，A 和 B 为 $N \times K$ 阶矩阵，则：

- $(c + d)A = cA + dA$
- $c(A + B) = cA + cB$

注：这些性质和常规的代数性质相同。

定义 A.4　矩阵乘法

令 A 为 $N \times K$ 阶矩阵，B 为 $K \times J$ 阶矩阵，则 $C = AB$ 为 $N \times J$ 阶矩阵，其第 n 行第 j 列元素

$$c_{nj} = \sum_{k=1}^{K} a_{nk} b_{kj}$$

注：显然，矩阵乘法并不是算术乘法的扩展。用一些例子（例如 $N=3$，$K=2$ 以及 $J=4$ 等）就能一窥矩阵乘法的全貌。矩阵乘法并不要求矩阵 A 和矩阵 B 的阶数恰好相同，不过需要矩阵 A 的列数等于矩阵 B 的行数。

定理 A.3　矩阵乘法的性质

矩阵乘法不满足交换律，但满足结合律和分配律。也就是说，通常 $AB \neq BA$（实际上，除非 $N = J$，否则 BA 没有定义）。不过，只要矩阵 A、B 和 C 的阶数满足前述矩阵运算条件，就有 $A(BC) = (AB)C$，$A(B + C) = AB + AC$。

定义 A.5　矩阵转置

令 A 为 $N \times K$ 阶矩阵，第 n 行第 k 列的元素为 a_{nk}。则 A 的转置，表示为 A'，为 $K \times N$ 阶矩阵，第 k 行第 j 列的元素为 a_{nk}。

注：转置就是行和列互换，A 的第 n 行变为 A' 的第 n 列。

定理 A.4　转置运算的性质

令 A 为 $N \times K$ 阶矩阵，B 为 $K \times J$ 阶矩阵，则 $(AB)' = B'A'$。

定义 A.6　特殊矩阵

方阵是行数和列数相等的矩阵。对角矩阵是指非对角线元素均为 0（当 $n \neq k$ 时，$a_{nk}=0$）的方阵。上三角矩阵是指对角线下方元素均为 0 的矩阵（当 $n > k$ 时，$a_{nk}=0$）。下三角矩阵是指对角线上方元素均为 0 的矩阵（当 $n < k$ 时，$a_{nk}=0$）。对称矩阵是满足 $a_{nk} = a_{kn}$ 的方阵。

注：对阵矩阵的一个性质是 $A = A'$。

定义 A.7　一些有用的矩阵

零矩阵为所有元素都是 0 的 $N \times K$ 阶矩阵，表示为 $0_{N \times K}$。如果 $K=1$，则写为 0_N。1 矩阵为所有元素都是 1 的 $N \times K$ 阶矩阵，表示为 $t_{N \times K}$。如果 $K=1$，则写为 t_N。单位矩阵为对角线元素等于 1 的对角矩阵（$n = k$ 时，$a_{nk}=1$，当 $n \neq k$ 时，$a_{nk}=0$）。单位矩阵用符号 I_N 表

示。如果根据上下文，明确知道这些矩阵的阶数，通常会去掉下标，写为0，t或I。

定理 A.5　有用矩阵的一些性质

令A为$N \times K$阶矩阵，则有：

- $A + 0_{N \times K} = 0_{N \times K} + A = A$
- $A0_{K \times J} = 0_{K \times J}, 0_{J \times N} A = 0_{J \times N}$
- $AI_N = I_K A = A$

定义 A.8　线性无关

令$A_1, \cdots, A_K$表示$N \times K$矩阵A的K列。如果存在标量$c_1, \cdots, c_K$（不能都为0），使得

$$c_1 A_1 + c_2 A_2 + \cdots + c_K A_k = 0_N$$

则说这些列线性相关。如果不存在这样的标量，则说A的列线性无关。

定义 A.9　矩阵的秩

矩阵A的秩，用符号表示为 rank (A)，为矩阵A中线性无关列的最大数量。

定义 A.10　矩阵行列式

行列式的确切定义非常复杂，这里略去不提（参见 Poirier（1995）或 Greene（2000），或其他高级计量经济学教材或者矩阵代数教材）。从应用贝叶斯分析角度看，只需知道$N \times N$矩阵A的行列式，表示为$|A|$，结果是一个数值。直观上看，A的行列式与矩阵A的大小有关，与绝对值类似。在贝叶斯计量经济学中，如果上下文需要通过计算机软件来计算，往往就会出现行列式。任何一款相关计算机软件（例如 MATLAB 或 Gauss）都会自动完成行列式计算。下面会额外给出一个性质，有助于更好地理解行列式。

定义 A.11　矩阵的迹

矩阵A的迹，表示为 $tr\,(A)$，等于A的对角线元素的和。

定理 A.6　行列式的一些性质

令A和B为$N \times N$方阵，c为标量，则：

- $|AB| = |A||B|$
- $|cA| = c^N |A|$
- $|A'| = |A|$

不过，通常$|A + B| \neq |A| + |B|$。

注：行列式还有一些更有用的性质，参见 Poirier（1995，pp.624-626）。

定义 A.12　矩阵的逆

$N \times N$矩阵A的逆，表示为A^{-1}，依然是一个$N \times N$矩阵，满足性质$AA^{-1} = I_N$。如果A^{-1}存在，称矩阵A非奇异。如果A^{-1}不存在，称矩阵A奇异。

注：对于命题$AA^{-1} = I_N$，对应的标量表示为$aa^{-1} = 1$。因此，在某些情况下，矩阵的逆也称为矩阵除法，尽管这个词不怎么用。

定理 A.7　确定矩阵的奇异性

令A为$N \times N$矩阵，当且仅当$|A| = 0$时，A的列线性相关。同样，如果$|A| = 0$， rank（A）<N。此外，当且仅当$A=0$（或者说rank（A）<N）时，矩阵A奇异。

注：对于命题$|A|=0$，A^{-1}不存在，对应的标量形式为对于数值a，当$a=0$时，$1/a$不存在。

定理 A.8　矩阵逆的几个性质

令A和B为$N×N$阶非奇异矩阵，则：

- $(A^{-1})^{-1}=A$
- $(AB)^{-1}=B^{-1}A^{-1}$
- $(A')^{-1}=(A^{-1})'$
- $|A^{-1}|=|A|^{-1}$

注：除了一些特殊情形，通常很难利用分析方法计算出矩阵的逆或行列式。不过，贝叶斯计量经济学相关计算机软件（例如MATLAB或Gauss）都有函数计算行列式或逆。有些时候，利用下面这个定理可以简化逆或行列式的计算。

定理 A.9　分块矩阵的逆和行列式

令A为$N×N$阶非奇异矩阵，写成分块矩阵形式

$$A=\begin{bmatrix} A_{11} & A_{12} \\ A_{21} & A_{22} \end{bmatrix}$$

其中，A_{11}和A_{22}分别是$N_1×N_1$阶和$N_2×N_2$阶非奇异矩阵，并且$N_1+N_2=N$。A_{21}和A_{12}分别是$N_2×N_1$阶和$N_1×N_2$阶矩阵。则A^{-1}是具有相同形式的分块矩阵

$$A^{-1}=\begin{bmatrix} A^{11} & A^{12} \\ A^{21} & A^{22} \end{bmatrix}$$

有如下定义：

- $|A|=|A_{22}||A_{11}-A_{12}A_{22}^{-1}A_{21}|=|A_{11}||A_{22}-A_{21}A_{11}^{-1}A_{12}|$
- A^{-1}各项的计算公式如下：$A^{11}=(A_{11}-A_{12}A_{22}^{-1}A_{21})^{-1}$，$A^{22}=(A_{22}-A_{21}A_{11}^{-1}A_{12})^{-1}$，$A^{12}=-A_{11}^{-1}A_{12}A^{22}$，$A^{21}=-A_{22}^{-1}A_{21}A^{11}$

注：Poirier（1995）定理A.44中还包括分块矩阵逆运算的其他表达式。

定义 A.13　二次型

令x为$N×1$向量，A为$N×N$阶对称矩阵，则标量$x'Ax$称为二次型。

注：令x_i表示x的元素，a_{ij}表示A的元素，满足$a_{ij}=a_{ji}$，$i=1,\cdots,N$和$j=1,\cdots,N$。则$x'Ax=\sum_{i=1}^{N}\sum_{j=1}^{N}a_{ij}x_ix_j$是关于$x$元素平方和交叉乘积的二次函数。通俗讲，二次型是平方和的一般形式。

定义 A.14　正定矩阵、负定矩阵、半正定矩阵以及半负定矩阵

对于$N×N$对阵矩阵A，

- 当且仅当$x'Ax>0$对于所有非零x成立时，A称为正定矩阵
- 当且仅当$-A$为正定矩阵时，A称为负定矩阵
- 当且仅当$x'Ax\geq0$对于所有x成立，且对某些非零x，$x'Ax=0$成立时，则称A为半正定矩阵
- 当且仅当$-A$为半正定矩阵时，A称为半负定矩阵

注：随机向量的协方差矩阵为正定矩阵（或半正定矩阵）。对于这个命题，其标量形式为随机变量的方差为正（或非负）。正定矩阵有一个广为大家熟知的有用性质，正定矩阵非奇异。附录B给出了随机变量、方差和协方差的定义。

定理A.10　对称矩阵的对角化

令 A 为 $N \times N$ 矩阵，则存在 $N \times N$ 矩阵 X 和 D，满足 $X'X = I_N$，D 为对角矩阵，以及 $X'AX = D$。如果 A 为正定矩阵，则 X 和 D 非奇异。

注：这个结论广泛用于将一般误差协方差矩阵模型转换为误差协方差矩阵等于 cI 的模型。其中，c 为标量。

定理A.11　乔利斯基分解

令 A 为 $N \times N$ 阶正定矩阵，则存在 $N \times N$ 阶非奇异下三角矩阵 X，满足 $A = XX'$。

注：X 并不唯一。为了得到唯一 X，普遍采用的方法设定所有对角线元素为正。对于乔利斯基分解，其标量形式为平方根算子。如果 A 为协方差矩阵，则乔利斯基分解的标量形式是计算标准差。乔利斯基分解的一个性质是 $A^{-1} = (X')^{-1}X^{-1}$。计算机软件经常使用这个性质计算正定矩阵的逆。如果所使用的软件仅能从标准正态分布提取随机抽样，就需要求助乔利斯基分解了，即利用协方差矩阵的乔利斯基分解，可以将标准正态分布的随机抽样转换为任意协方差矩阵的多元正态分布随机抽样。

概率和统计简介

本附录仅给出本书所用的概率基本知识。内容更全面丰富的概率和统计教科书数不胜数（例如 Wonnacott and Wonnacott，1990）。另外，Poirier（1995）2~5 章的内容特别有用。绝大多数频率学派计量经济学教材都有一章专门介绍基本概率知识（例如 Greene，2000，第 3 章）。下文有些内容加了注释，目的是帮助读者理解此内容的直观意义、因果由来或强调其重要性。定理的证明略去。

B.1 概率的基本概念

某些概率定义和概念特别微妙。本附录分为两部分，第一部分内容较为直观，缺乏数学的严谨性。如果读者想了解更基础、数学上更严谨的概率论讨论，可以阅读 Poirier（1995）的文献，尤其是 9~35 页的内容。

定义 B.1 试验和事件

试验是事先不知道结果的一个过程。试验的可能结果称为事件。所有可能结果的集合称为样本空间。

定义 B.2 离散变量和连续变量

如果变量取值为有限值或可数数值，则称此变量为离散变量。如果变量取值为实数轴或某个实数区间的任意数值，则称此变量为连续变量。

定义 B.3 随机变量和概率（非数学形式定义）

概率、试验和事件的相关问题通常（本书随处可见）由（连续或离散）变量来表示。由于试验结果事先未知，这样的变量称为随机变量。概率的确切定义和解释存在很大争议。对于本书而言，掌握概率的直观意义（大概反映了每个事件发生的可能性），知道概率的一些性质就够了。下面就介绍概率的这些性质。事件 A 发生的概率表示为 $\Pr(A)$。利用下面的例子来澄清这些基本概念。

假设试验是掷骰子。这个骰子非常规则，六个面出现的可能性都一样。则样本空间为 $\{1，2，3，4，5，6\}$，离散随机变量 X 取值 $1，2，3，4，5，6$ 的概率为 $\Pr(X=1)=\Pr(X=2)=\cdots=\Pr(X=6)=1/6$。或者这样说，随机变量 X 是在点 $1，2，3，4，5，6$ 有定义的函数。这个函数通过概率 $\Pr(X=1)=\Pr(X=2)=\cdots=\Pr(X=6)=1/6$ 来定义。

注：区分随机变量 X 和随机变量实现很重要。随机变量取值为 1，2，3，4，5，6。随机变量实现的值须通过试验来确定，例如如果骰子掷出了 4，则 4 就是这次具体试验的随机变量实现。普遍采用大写字母（例如 X）表示随机变量，其实现由小写字母表示（例如 x）。

下面就采用了这种习惯做法。

定义 B.4　独立

对于两个事件 A 和 B，如果 $\Pr(A,B)=\Pr(A)\Pr(B)$，则称事件 A 和事件 B 相互独立。其中 $\Pr(A,B)$ 表示 A 和 B 同时发生的概率。

定义 B.5　条件概率

A 关于 B 的条件概率表示为 $\Pr(A|B)$，为给定事件 B 已经发生情况下事件 A 发生的概率。

定理 B.1　条件概率原理以及贝叶斯定理

令 A 和 B 表示两个事件，则：

- $\Pr(A|B)=\dfrac{\Pr(A,B)}{\Pr(B)}$

- $\Pr(B|A)=\dfrac{\Pr(A,B)}{\Pr(A)}$

这两个原理结合起来，就得到贝叶斯定理：

$$\Pr(A|B)=\frac{\Pr(B|A)\Pr(A)}{\Pr(B)}$$

注：定理 B.1 和定义 B.4 和定义 B.5 的表达式是关于两个事件 A 和 B 的形式。不过，对于两个随机变量 A 和 B，利用概率或概率密度函数（见下文）代替上述公式的 $\Pr()$，上述公式的意义也成立。

定义 B.6　概率函数和分布函数

设离散随机变量 X 的样本空间为 $\{x_1,x_2,x_3,\cdots,x_N\}$，其概率函数 $p(x)$ 为

$p(x)=\Pr(X=x_i)$，当 $x=x_i$ 时

$p(x)=0$，其他情况

$i=1,2,\cdots,N$。其分布函数 $P(x)$ 为

$$P(x)=\Pr(X\leqslant x)=\sum_{j\in J}\Pr(x_j)$$

其中，J 为满足性质 $x_j\leqslant x$ 的所有 j 的集合。概率函数和分布函数满足下列条件：

- $p(x_i)>0$，$i=1,2,\cdots,N$
- $\sum_{i=1}^{N}p(x_i)=P(x_N)=1$

注：在上面的定义中，N 可以取无穷大。用文字描述就是概率函数仅给出了每个事件发生的概率，分布函数给出了某个给定点以下所有事件发生的累积概率。

定义 B.7　概率密度函数和分布函数

连续随机变量 X 的分布函数为 $P(x)=\Pr(X\leqslant x)=\int_{-\infty}^{x}p(t)dt$，其中 $p()$ 为概率密度

函数或者用缩写 p.d.f.表示。概率密度函数和分布函数满足如下条件：

- $p(x) > 0$，对于所有 x
- $\int_{-\infty}^{\infty} p(t)dt = P(\infty) = 1$
- $p(x) = \dfrac{dP(x)}{dx}$

注：对于离散随机变量，概率函数定义清晰明了，它表示样本空间中每个事件发生的概率。对于连续随机变量，根本不可能这样定义，因为事件有无穷多，不可数。例如，区间 [0，1] 内的实数数量无穷多，不可数。因此，如果试验的样本空间就是这样的区间，则不可能为区间内的每个点赋予一个概率。所以连续随机变量的概率仅能在区间上定义，用 p.d.f.下的面积（积分）来表示。例如，根据定义 B.7，$\Pr(a \leqslant x \leqslant b) = P(b) - P(a) = \int_a^b p(x)dx$。

定义 B.8 期望值

令 $g()$ 表示一个函数，如果 X 为离散随机变量，样本空间为 $\{x_1, x_2, x_3, \cdots, x_N\}$，则 $g(X)$ 的期望值为

$$E[g(X)] = \sum_{i=1}^{N} g(x_i)p(x_i)$$

如果 X 为连续随机变量，只要 $E[g(X)] < \infty$，$g(X)$ 的期望值为

$$E[g(X)] = \int_{-\infty}^{\infty} g(x)p(x)dx$$

上述期望值的定义具有一般性。有几种特殊情况非常重要：

- 均值，$\mu \equiv E(X)$
- 方差，$\sigma^2 \equiv var(X) = E[(X-\mu)^2] = E(X^2) - \mu^2$
- r 阶原点矩，$E(X^r)$
- r 阶中心矩，$E[(X-\mu)^r]$

注：人们普遍采用均值和方差分别度量随机变量的位置（中心趋势或平均值）和离散程度，并普遍采用 3 阶和 4 阶矩分别度量随机变量的偏度和峰度（p.d.f.的尾部厚度）。标准差是方差的平方根。

定理 B.2 期望算子的性质

令 X 和 Y 为两个随机变量，$g()$ 和 $h()$ 为两个函数，a 和 b 为常数。则有：

- $E[ag(X) + bh(Y)] = aE[g(X)] + bE[g(Y)]$
- 当 X 和 Y 相互独立时，$var[ag(X) + bh(Y)] = a^2 var[g(X)] + b^2 var[h(Y)]$

注：根据第一个结论，期望算子具有可加性。不过，不具有乘法特性。例如，通常 $E[XY] \neq E[X]E[Y]$。

定义 B.9 众数、中位数、四分位距

在度量 p.d.f.或概率密度函数中心趋势的指标中，使用最普遍的是均值。其他指标包括中位数和众数。中位数 x_{med} 具有 $P(x_{med}) = 1/2$ 的性质。众数 x_{mod} 具有 $x_{mod} = \arg\max[p(x)]$ 的性质。p.d.f.或概率函数的四分位点 $x_{0.25}$、$x_{0.50}$、$x_{0.75}$ 具有性质 $P(x_{0.25})$

$= 0.25$，$P(x_{0.50})=0.50$ 和 $P(x_{0.75})=0.75$（当然 $x_{med}=x_{0.5}$）。在度量 p.d.f 或概率函数分散程度的指标中，使用最普遍的是方差。另外一个主要指标是四分位距，定义为 $x_{0.75} - x_{0.25}$。

定义 B.10　联合概率和分布函数

令 $X=(X_1，\cdots，X_N)'$ 为离散随机变量的 N 阶列向量，X_i 的样本空间为 $\{x_{i1}，\cdots，x_{iN_i}\}$。则 X 的概率函数 $p(x)$ 为

$$p(x) = \Pr(X_1 = x_1，\cdots，X_N = x_N)$$

其中，x 为 N 阶向量，$x=(x_1，\cdots，x_N)'$。如果 x 不在 X 的样本空间内，则 $p(x)=0$。分布函数 $P(x)$ 定义为

$$P(x) = \Pr(X_1 \leqslant x_1，\cdots，X_N \leqslant x_N)$$

注：这是定义 B.6 的多变量推广形式，直观意义基本相同。只不过联合概率与事件 X_1，X_2，$\cdots$，X_N 同时成立有关。

定义 B.11　联合概率密度函数和分布函数

连续随机向量 $X=(X_1，\cdots，X_N)'$ 的分布函数 $P(x)$ 为

$$P(x) = \Pr(X_1 \leqslant x_1，...，X_N \leqslant x_N) = \int_{-\infty}^{x_1}...\int_{-\infty}^{x_N} p(t)dt_1....dt_N$$

其中，$x=(x_1，\cdots，x_N)'$，$p(x)$ 为联合概率密度函数。

注：这是定义 B.7 的多变量推广形式，直观意义基本相同，类似的性质依然成立。

定义 B.12　边缘概率（密度）函数和分布函数

$X=(X_1，\cdots，X_N)'$ 为 N 个随机变量的向量（可以离散也可以连续），$X^*=(X_1，\cdots，X_J)'$，其中 $J<N$，则 X^* 的联合边缘分布函数与 X 的分布函数有关

$$P(X^*) = P(x_1,...,x_J) = \lim_{x_1 \to \infty} P(x_1,...,x_J,\infty,...,\infty)$$

如果 X 是连续随机向量，根据联合概率密度函数 $p(x)$，联合边缘概率密度函数 $p(x^*)$ 可定义为

$$p(x^*) = \int_{-\infty}^{\infty}...\int_{-\infty}^{\infty} p(x)dx_{J+1}...dx_N$$

如果 X 是离散随机向量，联合边缘概率函数的定义就是前述表达式的一般形式（本质上就是用 $\sum$ 替换 $\int$）。当 $J=1$ 时，使用边缘分布函数/边缘概率密度函数/边缘概率函数等术语。对于原始 N 个随机变量的任何子集，只要对下标适当排序，就可以得到联合边缘分布函数/联合边缘概率密度函数/联合边缘概率函数的定义。

注：通常使用联合边缘概率密度函数计算仅和 X 某些元素有关的概率，其他元素忽略不计。例如，如果 $N=2$，则不管随机变量 X_2 取值如何，$p(x_1)$ 就是 x_1 的 p.d.f.。

定义 B.13　联合概率密度函数和分布函数

对于连续随机向量 $X=(X_1，\cdots，X_N)'$，其分布函数（也称为累积分布函数或者 c.d.f.）$P(x)$ 为

$$P(x) = \Pr(X_1 \leqslant x_1,...,X_N \leqslant x_N) = \int_{-\infty}^{x_1}...\int_{-\infty}^{x_N} p(t)dt_1....dt_N$$

其中，$x=(x_1，\cdots，x_N)'$，$p(x)$ 为联合概率密度函数。

注：这是定义 B.7 的多变量推广形式，其直观意义基本相同，类似的性质成立。

定义 B.14   边缘概率（密度）函数和分布函数

$X=(X_1, \cdots, X_N)'$ 为 N 个随机变量的向量（可以离散也可以连续），$X^*=(X_1, \cdots, X_J)'$，其中 $J < N$。则 X^* 的联合边缘分布函数与 X 的分布函数有关

$$P(x^*) = P(x_1, \cdots, x_J) = \lim_{x_1 \to \infty} P(x_1, \cdots, x_J, \infty, \cdots, \infty)$$

如果 X 是连续随机向量，根据联合概率密度函数 $p(x)$，联合边缘概率密度函数 $p(x^*)$ 可定义为

$$p(x^*) = \int_{-\infty}^{\infty} \cdots \int_{-\infty}^{\infty} p(x) dx_{J+1} \cdots dx_N$$

如果 X 是离散随机向量，联合边缘概率函数的定义就是前述表达式的一般形式（本质上就是用 $\sum$ 替换 $\int$）。当 $J=1$ 时，使用边缘分布函数/边缘概率密度函数/边缘概率函数等术语。对于原始 N 个随机变量的任何子集，只要对下标适当排序，就可以得到联合边缘分布函数/联合边缘概率密度函数/联合边缘概率函数的定义。

注：通常使用联合边缘概率密度函数计算仅和 X 某些元素有关的概率，其他元素忽略不计。例如，如果 $N=2$，则不管随机变量 X_2 取值如何，$p(x_1)$ 就是 x_1 的 p.d.f.。

定义 B.15   条件概率密度函数和分布函数

令 $X=(X_1, \cdots, X_N)'$ 为 N 个连续随机变量的向量，定义 $X^*=(X_1, \cdots, X_J)'$，$X^{**}=(X_{J+1}, \cdots, X_N)'$，并令 x，x^* 和 x^{**} 表示相应实现，则给定 X^{**} 条件下，X^* 的条件 p.d.f. 为

$$p(x_1, \cdots, x_J | x_{J+1}, \cdots, x_N) = p(x^* | x^{**}) = \frac{p(x)}{p(x^{**})} = \frac{p(x^*, x^{**})}{p(x^{**})}$$

条件分布函数 $P(x^* | x^{**})$ 定义为

$$P(x^* | x^{**}) = \Pr(X_1 \leq x_1, \cdots, X_J \leq x_J | X_{J+1} = x_{J+1}, \cdots, X_N = x_N)$$
$$= \int_{-\infty}^{x_1} \cdots \int_{-\infty}^{x_J} p(x_1, \cdots, x_J | x_{J+1}, \cdots, x_N) dx_1 \cdots dx_J$$

显然 X 为离散随机向量时，其条件概率密度函数和分布函数是上述定义的一般形式。

注：利用条件 p.d.f. 可以计算与 X 某些元素有关的概率，给定 X 的其余元素取特定值。定义 B.15 是定义 B.5 随机变量情形的推广形式，直观意义基本相同。定理 B.1 表示成事件 A 和 B 的形式，但可以推广到任何数量的随机变量情形，只需用 p.d.f.（或概率函数）替换概率。对于贝叶斯计量经济学来说，随机变量的贝叶斯定理或条件概率原理尤其重要。独立性定义也可以推广到随机变量情形，命题中只需用 p.d.f.（或概率函数）替换概率。

定义 B.16   多变量期望

令 $X=(X_1, \cdots, X_N)'$ 为 N 个连续随机变量的向量，其 p.d.f. 表示为 $p(x)$，$x=(x_1, \cdots, x_N)'$，则标量函数 $g(X)$ 的期望 $E[g(X)]$ 为

$$E[g(X)] \equiv \int_{-\infty}^{\infty} \cdots \int_{-\infty}^{\infty} g(x) p(x) dx_1 \cdots dx_N$$

注：这是定义 B.8 的多变量推广形式，类似直观意义成立。利用 $p(x^* | x^{**})$ 替换上述

积分中的 $p(x)$，就得到条件期望的拓展形式 $E[g(X^*)|x^{**}]$。对于离散随机向量，利用上述定义和定理，可以直接推广得到多变量期望形式。

定义 B.17　协方差和相关系数

令 X_1 和 X_2 为随机变量，且 $E(X_1)=\mu_1$ 和 $E(X_2)=\mu_2$，则 X_1 和 X_2 的协方差 $cov(X_1,X_2)$ 定义为

$$cov(X_1,X_2)=E[(X_1-\mu_1)(X_2-\mu_2)]$$
$$=E(X_1\ X_2)-\mu_1\mu_2$$

X_1 和 X_2 的相关系数 $corr(X_1,X_2)$ 定义为

$$corr(X_1,X_2)=\frac{cov(X_1,X_2)}{\sqrt{var(X_1)var(X_2)}}$$

注：如果 $X_1=X_2$，协方差就是方差。相关系数可以看作两个随机变量间联系紧密程度的度量。相关系数满足 $-1\leqslant corr(X_1,X_2)\leqslant 1$。正/负值越大，$X_1$ 和 X_2 之间的正/负相关性越强。如果 X_1 和 X_2 相互独立，则 $corr(X_1,X_2)=0$（反过来不一定成立）。

定义 B.18　协方差矩阵

令 $X=(X_1,\cdots,X_N)'$ 为 N 个随机变量的向量，定义 N 阶向量 $\mu\equiv E(X)\equiv[E(X_1),\cdots,E(X_N)]'\equiv[\mu_1,\cdots,\mu_N]'$，则协方差矩阵 $var(X)$ 为 $N\times N$ 矩阵，包括 X 所有元素的方差和协方差，其排列方式为

$$var(X)=E[(X-\mu)(X-\mu)']$$

$$=\begin{bmatrix} var(X_1) & cov(X_1,X_2) & . & . & cov(X_1,X_N) \\ cov(X_1,X_2) & var(X_2) & . & . & . \\ . & . & . & . & . \\ . & . & . & . & cov(X_{N-1},X_N) \\ cov(X_1,X_N) & . & . & cov(X_{N-1},X_N) & var(X_N) \end{bmatrix}$$

定理 B.3：多变量期望和协方差矩阵的性质

令 A 为固定（非随机）$M\times N$ 矩阵，$Y=AX$，其他要素由定义 B.18 给出。则：

• $E(Y)=AE(X)=A\mu$

• $var(Y)=Avar(X)A'$

注：这是定理 B.2 的多变量拓展形式。重新复述一遍就是 $var(aX_1+bX_2)=a^2var(X_1)+b^2var(X_2)+2abcov(X_1,X_2)$，其中，$a$ 和 b 为标量。

|B.2| 常用的概率分布

本节介绍本书所用的各种 p.d.f. 定义及其一些性质。当然，在其他模型中还会遇到一些 p.d.f.。Poirier（1995，第3章）对一些概率密度函数做了讨论。介绍概率分布最全面的资料可能是"统计学中的分布系列"丛书（见 Johnson，Kotz and Balakrishnan（1994，1995，2000）和 Johnston，Kotz and Kemp（1993））。

按照标准做法，这里引入两种表示方式。第一种表示方法是使用 p.d.f. 或概率函数

本身。第二种表示方法是使用符号"~"，意思是"和某某同分布"。例如，用f_N（$Y|\mu$，Σ）表示正态分布p.d.f.，意思是随机变量y的p.d.f.为f_N（$Y|\mu$，Σ）。与此等价的说法是"Y为正态分布，均值为μ，方差为Σ"或者"$Y \sim N$（μ，Σ）"。因此，有两种表示方法，f_N（$Y|\mu$，Σ）表示p.d.f.本身和N（μ，Σ）。

值得一提的是，本附录给出完整的p.d.f.设定。实践中，通常知道p.d.f.的核函数就足矣。所谓核函数，就是忽略掉积分常数的p.d.f.（随机变量中不包括乘法常数）。

定义B.19　二项分布

对于离散随机变量Y，如果其概率函数为

$$f_B\left(y\mid T,p\right) = \begin{cases} \dfrac{T!}{(T-y)!\,y!}\,p^y\left(1-p\right)^{T-y} & \text{当}y=0,1,\cdots,T\text{时} \\ 0 & \text{其他} \end{cases}$$

则说Y服从二项分布，参数为T和p，表示为$Y \sim B$（T，p）。其中$0 \leqslant p \leqslant 1$，$T$为正整数。

定理B.4　二项分布的均值和方差

如果$Y \sim B$（T，p），则$E(Y) = T_p$，$var(Y) = T_p(1-p)$。

注：二项分布用于独立重复进行T次试验，试验的结果要么"成功"要么"失败"。试验中成功的概率为p。随机变量Y表示成功的次数，其分布为B（T，p）。

定义B.20　泊松分布

对于离散随机变量Y，如果其概率函数为

$$f_{P_o}\left(y\mid \lambda\right) = \begin{cases} \dfrac{\lambda^y exp\left(-\lambda\right)}{y!} & \text{当}y=0,1,2,\ldots\text{时} \\ 0 & \text{其他} \end{cases}$$

则说Y服从泊松分布，参数为λ，表示为$Y \sim P_o(\lambda)$。其中，λ为正实数。

定理B.5　泊松分布的均值和方差

如果$Y \sim P_o$（λ），则$E(Y) = \lambda$，$var(Y) = \lambda$。

定义B.21　均匀分布

对于连续随机变量Y，如果其概率函数为

$$f_U\left(y\mid a,b\right) = \begin{cases} \dfrac{1}{b-a} & \text{当}a \leqslant y \leqslant b\text{时} \\ 0 & \text{其他} \end{cases}$$

则说Y服从区间$[a，b]$上的均匀分布，表示为$Y \sim U$（a，b）。其中，$-\infty < a < b < \infty$。

定理B.6　均匀分布的均值和方差

如果$Y \sim U$（a，b），则$E(Y) = (a+b)/2$，$var(Y) = (b-a)^2/12$。

定义B.22　伽马分布

对于连续随机变量Y，如果其概率函数为

$$f_G\left(y\mid \mu,v\right) = \begin{cases} c_G^{-1}y^{\frac{v-2}{2}} exp\left(-\dfrac{yv}{2\mu}\right) & \text{当}0 < y < \infty\text{时} \\ 0 & \text{其他} \end{cases}$$

则说Y服从伽马分布，其均值$\mu > 0$，自由度$v > 0$，表示为$Y \sim G$（μ，v）。其中积分常数

为 $c_G = \left(\dfrac{2\mu}{v}\right)^{\frac{v}{2}} \Gamma\left(\dfrac{v}{2}\right)$，$\Gamma(a)$ 为伽马函数（见 Poirier，1995，p.98）。

定理 B.7　伽马分布的均值和方差

如果 $Y \sim G(\mu, v)$，则 $E(Y) = \mu$，$var(Y) = 2\mu^2/v$。

注：对于贝叶斯计量经济学来说，伽马分布至关重要，它与误差精确度息息相关。Poirier（1995，pp.98–102）介绍了伽马分布的其他性质。与伽马分布有关的分布有卡方分布、指数分布和逆伽马分布。卡方分布表示为 $Y \sim \chi^2(v)$，是伽马分布 $v = \mu$ 时的结果。指数分布是伽马分布 $v = 2$ 时的结果。逆伽马分布具有如下性质：如果 Y 为逆伽马分布，则 $1/Y$ 为伽马分布。在某些贝叶斯文献中，作者研究对象为误差方差（而不是误差精确度），这时会广泛使用逆伽马分布。

定义 B.23　多项分布

对于离散 N 维随机向量，$Y = (Y_1, \cdots, Y_N)'$，如果其概率函数为

$$f_M(y \mid T, p) = \begin{cases} \dfrac{T!}{y_1! \cdots y_N!} p_1^{y_1} \ldots p_N^{y_N} & \text{当}\, y_i = 0, 1, \cdots, T, \text{且} \sum_{i=1}^{N} y_i = T \text{时} \\ 0 & \text{其他} \end{cases}$$

则说随机向量服从多项分布，表示为 $Y \sim M(T, p)$，参数为 T 和 p。其中，$p = (p_1, \cdots, p_N)'$，$0 \leqslant p_i \leqslant 1$，$i = 1, \cdots, N$。$\sum_{i=1}^{N} p_i = 1$，$T$ 为正整数。

定理 B.8　多项分布的均值和方差

如果 $Y \sim M(T, p)$，则 $E(Y_i) = Tp_i$，$var(Y_i) = Tp_i(1 - p_i)$，$i = 1, \cdots, N$。

注：多项分布是二项分布的推广，重复 T 次试验，试验有 N 个可能结果。随机向量 Y 刻画了每种结果发生的次数。由于 $\sum_{i=1}^{N} Y_i = T$，因此 Y 的一个元素可以消掉，多项分布可以写成 $(N - 1)$ 个随机向量形式。

定义 B.24　多元正态分布

对于连续 k 维随机向量 $Y = (Y_1, \cdots, Y_k)'$，如果其概率密度函数为

$$f_N(y \mid \mu, \Sigma) = \dfrac{1}{2\pi^{\frac{k}{2}}} |\Sigma|^{-\frac{1}{2}} \exp\left[-\dfrac{1}{2}(y - \mu)'\Sigma^{-1}(y - \mu)\right]$$

则说随机向量 Y 服从正态分布，均值为 μ（k 维向量），协方差矩阵为 Σ（$k \times k$ 正定矩阵），表示为 $Y \sim N(\mu, \Sigma)$。

注：$k = 1$，$\mu = 0$ 以及 $\Sigma = 1$ 时，称为标准正态分布。很多计量经济学教科书和统计学教科书都提供了标准正态分布表，可以查找相应分位点。

定理 B.9　多元正态分布的边缘分布和条件分布

假设对 k 维向量 $Y \sim N(\mu, \Sigma)$ 进行分块，分成

$$Y = \begin{pmatrix} Y_{(1)} \\ Y_{(2)} \end{pmatrix}$$

其中，$Y_{(i)}$ 为 k_i 维向量，$i = 1, 2$，满足 $k_1 + k_2 = k$，且 μ 和 Σ 对应分块为

$$\mu = \begin{pmatrix} \mu_{(1)} \\ \mu_{(2)} \end{pmatrix}$$

和

$$\Sigma = \begin{pmatrix} \Sigma_{(11)} & \Sigma_{(12)} \\ \Sigma'_{(12)} & \Sigma_{(22)} \end{pmatrix}$$

则有如下结论：

- $Y_{(i)}$ 的边缘分布为 $N(\mu_{(i)}, \Sigma_{(ii)})$，$i=1$，2
- 给定 $Y_{(1)}=y_{(2)}$ 情况下，$Y_{(1)}$ 的条件分布为 $N(\mu_{(1|2)}, \Sigma_{(1|2)})$。其中

$$\mu_{(1|2)} = \mu_{(1)} + \Sigma_{(12)} \Sigma_{(22)}^{-1} (y_{(2)} - \mu_{(2)})$$

和

$$\Sigma_{(1|2)} = \Sigma_{(11)} - \Sigma_{(12)} \Sigma_{(22)}^{-1} \Sigma'_{(12)}$$

同理可得给定 $Y_{(1)}=y_{(1)}$ 情况下 $Y_{(2)}$ 的条件分布，只需将上述公式中的下标 1 和 2 互换。

定理 B.10 正态分布的线性组合依然是正态分布

令 $Y \sim N(\mu, \Sigma)$ 为 k 维随机向量，A 为给定（非随机）的 $m \times k$ 矩阵，秩 rank(A) $=m$，则有 $AY \sim N(A\mu, A\Sigma A')$。

定理 B.11 正态分布和卡方分布的关系

假设 k 维随机向量 $Y \sim N(\mu, \Sigma)$，则随机向量 $Q = (Y-\mu)' \Sigma^{-1}(Y-\mu)$ 服从自由度为 k 的卡方分布（$Q \sim \chi^2(k)$ 或等价写成 $Q \sim G(k, k)$）。

定义 B.25 多元 t 分布

对于连续 k 维随机向量 $Y=(Y_1, \cdots, Y^k)'$，如果其概率密度函数为

$$f_t(y | \mu, \Sigma, v) = \frac{1}{c_t} |\Sigma|^{-\frac{1}{2}} \left[v + (y-\mu)' \Sigma^{-1}(y-\mu) \right]^{-\frac{v+k}{2}}$$

则称随机向量 Y 服从 t 分布，参数为 μ（k 维向量），Σ（$k \times k$ 正定矩阵）和自由度参数 v（正的标量），表示为 $Y \sim t(\mu, \Sigma, v)$。其中

$$c_t = \frac{\pi^{\frac{k}{2}} \Gamma\left(\frac{v}{2}\right)}{v^{\frac{v}{2}} \Gamma\left(\frac{v+k}{2}\right)}$$

注：当 $k=1$ 时，单变量 t 分布有时也称作 t 分布。很多计量经济学教科书和统计学教科书都提供了 $\mu=0$ 和 $\Sigma=1$ 的 t 分布表，可以查找相应分位点。当 $v=1$ 时，这个分布称作柯西（Cauchy）分布。

定理 B.12 t 分布的均值和方差

如果 $Y \sim t(\mu, \Sigma, v)$，则当 $v>1$ 时，$E(Y)=\mu$，当 $v>2$ 时，$var(Y) = \Sigma v/(v-2)$。

注：仅当 $v>1$ 和 $v>2$ 时，均值和方差才分别存在。举例来说，这意味着柯西分布的均值不存在，即使柯西分布是有效概率密度函数。因此，存在中位数和其他分位数。这里的 Σ 也不是恰好等于协方差矩阵，因此，赋予它另外一个名字：标度矩阵。

定理 B.13 多元 t 分布的边缘分布和条件分布

假设 k 维向量 $Y \sim t(\mu, \Sigma, v)$ 按照定理 B.9 的方式进行分块，μ 和 Σ 也同样分块。则有如下结论：

- $Y_{(i)}$ 的边缘分布为 $t(\mu_{(i)}, \Sigma_{(ii)}, v)$，$i=1$，2

- 给定 $Y_{(2)} = y_{(2)}$ 情况下，$Y_{(1)}$ 的条件分布为 $t\left(\mu_{(1|2)}, \sum_{(1|2)}, v+k_1\right)$。其中

$$\mu_{(1|2)} = \mu_{(1)} + \sum_{(12)}\sum_{(22)}^{-1}\left(y_{(2)} - \mu_{(2)}\right)$$

$$\sum_{(1|2)} = h_{(1|2)}\left[\sum_{(11)} - \sum_{(12)}\sum_{(22)}^{-1}\sum_{(12)}'\right]$$

和

$$h_{(1|2)} = \frac{1}{v+k_2}\left[v + \left(y_{(2)} - \mu_{(2)}\right)'\sum_{(22)}^{-1}\left(y_{(2)} - \mu_{(2)}\right)\right]$$

同理可得给定 $Y_{(1)} = y_{(1)}$ 的情况下 $Y_{(2)}$ 的条件分布，只需将上述公式中的下标 1 和 2 互换。

定理 B.14　t 分布的线性组合依然是 t 分布

令 $Y \sim t\left(\mu, \sum, v\right)$ 为 k 维随机向量，A 为给定（非随机）的 $m \times k$ 矩阵，秩等于 m，则 $AY \sim t\left(A\mu, A\sum A', v\right)$。

定义 B.26　正态-伽马分布

令 Y 为 k 维随机向量，H 为标量随机变量。如果给定 H 情况下，Y 的条件分布为正态分布，H 的边缘分布为伽马分布，则称 (Y, H) 为正态-伽马分布。用数学语言描述就是，如果 $Y|H \sim N\left(\mu, \sum\right)$，$H \sim G\left(m, v\right)$，则 $\theta = \left(Y', H\right)'$ 服从正态-伽马分布，表示为 $\theta \sim NG\left(\mu, \sum, m, v\right)$。对应的概率密度函数表示为 $f_{NG}\left(\theta|\mu, \sum, m, v\right)$。

定理 B.15　正态-伽马分布的边缘分布

如果 $\theta = \left(Y', H\right)' \sim NG\left(\mu, \sum, m, v\right)$，则 Y 的边缘分布为 $Y \sim t\left(\mu, m^{-1}\sum, v\right)$。当然，根据定义，$H$ 的边缘分布为 $H \sim G\left(m, v\right)$。

定义 B.27　Wishart 分布

令 H 为 $N \times N$ 正定（对称）随机矩阵，A 为给定（非随机）$N \times N$ 正定矩阵，以及标量自由度参数 $v > 0$。如果 H 的概率密度函数为

$$f_W\left(H \mid v, A\right) = \frac{1}{c_W}|H|^{\frac{v-N-1}{2}}|A|^{-\frac{v}{2}}\exp\left[-\frac{1}{2}tr\left(A^{-1}H\right)\right]$$

则 H 服从 Wishart 分布，表示为 $H \sim W\left(v, A\right)$。其中

$$c_W = 2^{\frac{vN}{2}}\pi^{\frac{N(N-1)}{4}}\prod_{i=1}^{N}\Gamma\left(\frac{v+1-i}{2}\right)$$

注：如果 $N=1$，Wishart 分布退化为伽马分布（即 $N=1$ 时，$f_W\left(H|v, A\right) = f_G\left(H|vA, v\right)$。

定理 B.16　Wishart 分布的均值、方差和协方差

如果 $H \sim W\left(v, A\right)$，则 $E\left(H_{ij}\right) = vA_{ij}$，$var\left(H_{ij}\right) = v\left(A_{ij}^2 + A_{ii}A_{jj}\right)$，$i, j = 1, \cdots, N$。$cov\left(H_{ij}, H_{km}\right) = v\left(A_{ik}A_{jm} + A_{im}A_{jk}\right)$，$i, j, k, m = 1, \cdots, N$。其中，下标 i, j, k, m 称作矩阵元素。

定义 B.28　Dirichlet 和贝塔分布

令 $Y = \left(Y_1, \cdots, Y_N\right)'$ 为连续随机变量的向量，满足 $Y_1 + \cdots + Y_N = 1$。如果 Y 的概率密度函数

$$f_D\left(Y \mid \alpha\right) = \left[\frac{\Gamma(a)}{\prod_{i=1}^{N}\Gamma(\alpha_i)}\right]\prod_{i=1}^{N}y_i^{\alpha_i-1}$$

则称 Y 服从 Dirichlet 分布，表示为 $Y \sim D\left(\alpha\right)$。其中，$\alpha = \left(\alpha_1, \cdots, \alpha_N\right)'$，$\alpha_i > 0$ 且

$a = \sum_{i=1}^{N} \alpha_i$, $i=1$, $\cdots$, N。如果 Dirichlet 分布中 $N=2$,称此分布为贝塔分布,表示为 $Y \sim B$ (α_1, α_2)。贝塔分布的概率密度函数表示为 $f_B(Y|\alpha_1, \alpha_2)$。

注:当 $N=2$ 时,需要施加约束条件 $Y_1 + Y_2 = 1$,剔除一个随机变量。因此,贝塔分布是一个单变量的分布。

定理 B.17　Dirichlet 分布的均值和方差

假设 $Y \sim D(\alpha)$,其中 α 和 a 见定义 B.28,则对于 i,$j=1$,$\cdots$,N,有:

- $E(Y_i) = \dfrac{\alpha_i}{a}$

- $var(Y_i) = \dfrac{\alpha_i(\alpha - \alpha_i)}{a^2(a+1)}$

- $cov(Y_i, Y_j) = -\dfrac{\alpha_i \alpha_j}{a^2(a+1)}$

| B.3 |　抽样理论中的一些概念

本节介绍本书用到的一些抽样理论概念。Poirier(1995,第 5 章)对抽样理论做了详细讨论。对于频率学派计量经济学来说,渐进理论是重要工具,其存在许多重要定理。感兴趣的读者可以阅读 White(1984)的文献了解细节。

定义 B.29　随机抽样

假设随机变量 Y_i 相互独立,且互为独立同分布(用 i.i.d. 表示独立同分布),$i=1$,$\cdots$,T。其概率密度函数取决于参数向量 θ,用 $p(y_i|\theta)$ 表示,则 $Y=(Y_1, \cdots, Y_T)'$ 的概率密度函数为

$$p(y|\theta) = \prod_{i=1}^{T} p(y_i|\theta)$$

Y_i 称为随机抽样,$i=1$,$\cdots$,T。

定理 B.18　正态分布随机抽样的性质

假设 Y_i 为正态分布 $N(\mu, \sigma^2)$ 的随机抽样,定义样本均值 $\bar{Y} = \dfrac{\sum_{i=1}^{T} Y_i}{T}$,则 $\bar{Y} \sim N(\mu, \dfrac{\sigma^2}{T})$。

定义 B.30　依概率收敛

令 $\{Y_T\}$ 为随机变量序列,如果

$$\lim_{T \to \infty} \Pr(|Y_T - Y| > \varepsilon) = 0$$

则对于任意 $\varepsilon > 0$,称 $\{Y_T\}$ 依概率收敛到 Y,表示为 $\text{plim} Y_T = Y$ 或 $Y_T \to^p Y$。

注:可以通过定理 B.18 中 $T \to \infty$ 时 $\bar{Y}$ 的变化来考察依概率收敛的直观意义。此时 $\bar{Y}$ 的方差趋于零,$\bar{Y}$ 的分布凝聚成到点 μ。这就是依概率收敛的例子。依概率收敛具有如下性质:如果 $Y_T \to^p Y$,则 $g(Y_T) \to^p g(Y)$,其中 $g()$ 为连续函数。

定义 B.31　弱大数定律

令 $\{Y_T\}$ 为随机变量序列,对应的有限均值序列为 $\{\mu_T\}$。根据样本规模 T,样本均值表

示为

$$\bar{Y}_T = \frac{\sum_{t=1}^{T} Y_t}{T}$$

并定义

$$\bar{\mu}_T = \frac{\sum_{t=1}^{T} \mu_t}{T}$$

则说当 $\bar{Y}_T \to^p \bar{\mu}_T$ 时，$\bar{Y}_T$ 满足弱大数定律（W.L.L.N.）。

注：进行贝叶斯计算时，经常要从后验分布提取随机抽样序列。此时，就需要使用弱大数定律证明序列均值收敛到所需要的期望值。因此，弱大数定律在贝叶斯计算中的作用不可或缺。依据序列的性质不同，得到不同的弱大数定律形式。例如，序列是否包含独立随机变量，或者说序列是否相关，序列是否取同一分布，或者序列是否取自不同分布等。感兴趣的读者可以查阅 White（1984）的文献了解详情。作为一个例子，下面这个定理依然是一个弱大数定律，此定理与随机抽样序列息息相关。尽管本书所用的一些后验模拟器（例如 Gibbs 抽样器）中，序列并不是随机抽样。但我们向读者保证这些序列都满足弱大数定律，确保序列依概率收敛。

定理 B.19　随机抽样的弱大数定律

令 $\{Y_T\}$ 为独立同分布随机变量序列。序列提取自均值为 μ、方差为 σ^2 的同一分布，则 $\bar{Y}_T \to^p \mu$。

注：这个定理对于任何分布都成立，即使 σ^2 无穷大也成立。

定义 B.32　依分布收敛

令 $\{Y_T\}$ 为随机变量序列，$\{P_T(\cdot)\}$ 为对应的分布函数序列。令 Y 为随机变量，其分布函数为 $P(y)$。如果

$$\lim_{T \to \infty} P_T(y) = P(y)$$

则说 $\{Y_T\}$ 依分布收敛到随机变量 Y，表示为 $Y_T \to^d Y$。$P(y)$ 称作极限分布。依分布收敛有如下性质：如果 $Y_T \to^d Y$，则 $g(Y_T) \to^d g(Y)$，其中，$g()$ 为连续函数。

定义 B.33　中心极限定理

令 $\{Y_T\}$ 为随机变量序列，Y 为随机变量。根据样本规模 T，样本均值表示为

$$\bar{Y}_T = \frac{\sum_{t=1}^{T} Y_t}{T}$$

则当 $\bar{Y}_T \to^d Y$ 时，说 $\bar{Y}_T$ 满足中心极限定理（C.L.T.）。

注：在计量经济学问题中，极限分布基本都是正态分布。在贝叶斯计算中，根据后验模拟器提取的样本序列计算估计量，之后利用中心极限定理计算估计量的标准误。和弱大数定律一样，因序列性质不同，得到不同的中心极限定理。例如，序列是否包含独立随机变量，或者说序列是否相关，序列是否取同一分布，或者序列是否取自不同分布等。感兴趣的读者可以阅读 White（1984）的文献了解详情。下列定理就是中心极限定

理的一个例子，它与随机抽样序列息息相关。尽管本书所用的一些后验模拟器（例如Gibbs抽样器）中，序列并不是随机抽样。但我们向读者保证这些序列都满足中心极限定理，确保序列依分布收敛。

定理B.20 随机抽样的中心极限定理

令$\{Y_T\}$为独立同分布随机变量序列。序列提取自均值为μ、方差为σ^2的同一分布。定义一个新的独立同分布随机变量$\{Z_T\}$

$$Z_t = \frac{\sqrt{T}\left(\bar{Y}_T - \mu\right)}{\sigma}$$

则$Z_T \xrightarrow{d} Z$，其中$Z \sim N$（0，1）。

注：这个定理常称为Lindeberg-Levy中心极限定理。这里介绍的是基本中心极限定理和弱大数定律，还有很多扩展形式。例如，这里介绍的单变量定理可以扩展成多变量形式的定理。

|B.4| 其他一些有用的定理

定理B.21 变量变换定理（单变量形式）

令X为连续随机变量，其概率密度函数$p_x(x)$在区间A上有定义。令$Y = g(X)$，其中$g()$为从区间A映射到区间B上的一一对应函数。令$g^{-1}()$表示$g()$的反函数，满足$X = g^{-1}(Y)$。假设对于B内的任何y

$$\frac{dg^{-1}(y)}{dy} = \frac{dx}{dy}$$

连续，且都不等于零，则Y的概率密度函数为

$$p_y(y) = \begin{cases} \left|\dfrac{dx}{dy}\right| p_x\left[g^{-1}(y)\right] & y \in B \\ 0 & \text{其他} \end{cases}$$

注：离散随机变量的变量变化定理，除了要去掉$\left|\dfrac{dx}{dy}\right|$项外，别无不同。

定理B.22 变量变化定理（多变量形式）

令$X = (X_1, \cdots, X_N)'$为连续随机向量，其联合概率密度函数$p_x(x)$在区间A上有定义，$x = (x_1, \cdots, x_N)'$。令$Y_i = g_i(X)$，$i = 1, \cdots, N$，其中$g_i()$为从区间A映射到区间B上的一一对应函数。令$f_i()$表示反函数转换，满足$X_i = f_i(Y)$。其中，$Y = (Y_1, \cdots, Y_N)'$。假设对于B内的任何y，$N \times N$行列式

$$J = \begin{Vmatrix} \dfrac{\partial x_1}{\partial y_1} & \dfrac{\partial x_1}{\partial y_2} & \cdot & \cdot & \dfrac{\partial x_1}{\partial y_N} \\ \dfrac{\partial x_2}{\partial y_1} & \dfrac{\partial x_2}{\partial y_2} & \cdot & & \cdot \\ \cdot & \cdot & \cdot & & \cdot \\ \cdot & & \cdot & & \dfrac{\partial x_{N-1}}{\partial y_N} \\ \dfrac{\partial x_N}{\partial y_1} & \cdot & \dfrac{\partial x_N}{\partial y_{N-1}} & \dfrac{\partial x_N}{\partial y_N} \end{Vmatrix}$$

不等于零，则 Y 的联合概率密度函数为

$$p_y(y) = \begin{cases} |J| p_x \left[f_1(y), \ldots, f_N(y) \right] & y \in B \\ 0 & \text{其他} \end{cases}$$

注：J 称作雅可比行列式。

参考文献

Albano, G. and Jouneau, F. (1998) A Bayesian Approach to the Econometrics of First Price Auctions, Center for Operations Research and Econometrics, Universite Catholique de Louvain, Discussion Paper 9831.

Albert, J. and Chib, S. (1993) Bayesian Analysis of Binary and Polychotomous Response Data, *Journal of the American Statistical Association*, 88, 669–679.

Albert, J. and Chib, S. (1993a) Bayesian Analysis via Gibbs Sampling of Autoregressive Time Series Subject to Markov Mean and Variance Shifts, *Journal of Business and Economic Statistics*, 11, 1–15.

Allenby, G. and Rossi, P. (1999) Marketing Models of Consumer Heterogeneity, *Journal of Econometrics*, 89, 57–78.

Anglin, P. and Gencay, R. (1996) Semiparametric Estimation of a Hedonic Price Function, *Journal of Applied Econometrics*, 11, 633–648.

Angrist, J., Imbens, G. and Rubin, D. (1996) Identification of Causal Effects Using Instrumental Variables, *Journal of the American Statistical Association*, 91, 444–455.

Bajari, P. (1997) Econometrics of the First Price Auction with Asymmetric Bidders, available at http://www.stanford.edu/3/4bajari/.

Bajari, P. (1998). Econometrics of Sealed Bid Auction, available at http://www.stanford.edu/~bajari/.

Barberis, N. (2000) Investing for the Long Run When Returns are Predictable, *Journal of Finance*, 55, 225–264.

Bauwens, L. (1984) *Bayesian Full Information Analysis of Simultaneous Equations Models Using Integration by Monte Carlo*. Berlin: Springer–Verlag.

Bauwens, L. and Lubrano, M. (1996) Identification Restrictions and Posterior Densities in Cointegrated Gaussian VAR Systems, in Fomby, T. (ed.), *Advances in Econometrics: Bayesian Methods Applied to Time Series Data*, vol. 11, pp. 3–28, part B. Greenwich, CT: JAI Press.

Bauwens, L. and Lubrano, M. (1998) Bayesian Inference in GARCH Models Using the Gibbs Sampler, *The Econometrics Journal*, 1, C23–C46.

Bauwens, L., Lubrano, M. and Richard, J. – F. (1999) *Bayesian Inference in Dynamic Econometric Models*. Oxford: Oxford University Press.

Bayarri, M. and Berger, J. (2000) P-Values for Composite Null Models, *Journal of the American Statistical Association*, 95, 1127–1142.

Bayarri, M., DeGroot, M. and Kadane, J. (1988) What is the Likelihood Function? in Gupta, S. and Berger, J. (eds.), *Statistical Decision Theory and Related Topics IV*, vol. 1, pp. 1–27. New York:

Springer-Verlag.

Berger, J. (1985) *Statistical Decision Theory and Bayesian Analysis*, second edition. New York: Springer-Verlag.

Berger, J. (1990) Robust Bayesian Analysis: Sensitivity to the Prior, *Journal of Statistical Planning and Inference*, 25, 303-328.

Berger, J. and Guglielmi, A. (2001) Bayesian and Conditional Frequentist Testing of a Parametric Model versus Nonparametric Alternatives, *Journal of the American Statistical Association*, 96, 174-184.

Berger, J. and Pericchi, L. (1996) The Intrinsic Bayes Factor for Model Selection and Prediction, *Journal of the American Statistical Association*, 91, 109-122.

Bernardo, J.M. and Ram'on, J.M. (1998) An Introduction to Bayesian Reference Analysis, *The Statistician*, 47, 101-135.

Bernardo, J. and Smith, A.F.M. (1994) *Bayesian Theory*. Chichester: John Wiley & Sons.

Best, N., Cowles, M. and Vines, S. (1995) *CODA: Manual version 0.30*. Available at http://www.mrc-bsu.cam.ac.uk/bugs/.

van den Broeck, J., Koop, G., Osiewalski, J. and Steel, M.F.J. (1994) Stochastic Frontier Models: A Bayesian Perspective, *Journal of Econometrics*, 61, 273-303.

Brown, P., Fearn, T. and Vannucci, M. (1999) The Choice of Variables in Multivariate Regression: A Non-Conjugate Bayesian Decision Theory Framework, *Biometrika*, 86, 635-648.

Campolieti, M. (2001) Bayesian Semiparametric Estimation of Discrete Duration Models: An Application of the Dirichlet Process Prior, *Journal of Applied Econometrics*, 16, 1-22.

Carlin, B. and Chib, S. (1995) Bayesian Model Choice via Markov Chain Monte Carlo Methods, *Journal of the Royal Statistical Society, Series B*, 57, 473-484.

Carlin, B., Gelfand, A. and Smith, A.F.M. (1992) Hierarchical Bayesian analysis of changepoint problems, *Applied Statistics*, 41, 389-405.

Carlin, B. and Louis, T. (2000) *Bayes and Empirical Bayes Methods for Data Analysis*, second edition. Boca Raton: Chapman & Hall.

Carlin, B., Polson, N. and Stoffer, D. (1992) A Monte Carlo Approach to Nonnormal and Nonlinear State Space Modeling, *Journal of the American Statistical Association*, 87, 493-500.

Carter, C. and Kohn, R. (1994) On Gibbs Sampling for State Space Models, *Biometrika*, 81, 541-553.

Chao J. and Phillips P.C.B. (1999) Model Selection in Partially Nonstationary Vector Autoregressive Processes with Reduced Rank Structure, *Journal of Econometrics*, 91, 227-271.

Chen, M.H., Shao, Q.-M. and Ibrahim, J. (2000) *Monte Carlo Methods in Bayesian Computation*. New York: Springer-Verlag.

Chib, S. (1992) Bayes Inference in the Tobit Censored Regression Model, *Journal of Econometrics*, 51, 79-99.

Chib, S. (1993) Bayes Regression with Autoregressive Errors, *Journal of Econometrics*, 58, 275-294.

Chib, S. (1995) Marginal Likelihood from the Gibbs Sampler, *Journal of the American Statistical As-*

sociation,90,1313-1321.

Chib,S.(1998)Estimation and Comparison of Multiple Change Point Models, *Journal of Economet-rics*,86,221-241.

Chib,S. and Jeliazkov,I.(2001)Marginal Likelihood from the M-H Output, *Journal of the American Statistical Association*,96,270-281.

Chib,S. and Greenberg,E.(1995)Understanding the M-H Algorithm, *The American Statistician*,49,327-335.

Chib,S.,Greenberg,E. and Winkelmann,R.(1998)Posterior Simulation and Bayes Factors in Panel Count Data Models, *Journal of Econometrics*,86,33-54.

Chib,S. and Hamilton,B.(2000)Bayesian Analysis of Cross-Section and Clustered Data Treatment Models, *Journal of Econometrics*,97,25-50.

Chib,S. and Hamilton,B.(2002)Semiparametric Bayes Analysis of Longitudinal Data Treatment Models, *Journal of Econometrics*,110,67-89.

Chib,S.,Nardari,F. and Shephard,N.(2002)Markov Chain Monte Carlo Methods for Stochastic Volatility Models, *Journal of Econometrics*,108,281-316.

Chib,S. and Winkelmann,R.(2001)Markov Chain Monte Carlo Analysis of Correlated Count Data, *Journal of Business and Economic Statistics*,19,428-435.

Chipman,H.,George,E. and McCulloch,R.(1998)Bayesian CART Model Search, *Journal of the American Statistical Association*,93,935-960.

Clayton,D.(1996)Generalized Linear Mixed Models,In Gilks,Richardson and Speigelhalter(1996).

Clyde,M.(1999)Bayesian Model Averaging and Model Search Strategies(with discussion),in Bernardo,J.,Dawid,A.P.,Berger,J.O. and Smith,A.F.M.(eds.), *Bayesian Statistics 6*,pp. 157-185 Oxford:Oxford University Press.

Clyde,M.,Desimone,H. and Parmigiani,G.(1996)Prediction via Orthogonalized Model Mixing, *Journal of the American Statistical Association*,91,1197-1208.

Damien,P.,Wakefield,J. and Walker,S.(1999)Gibbs Sampling for Bayesian Nonconjugate and Hierarchical Models by Using Auxiliary Variables, *Journal of the Royal Statistical Society, Series B*,61,331-344.

DeJong D.(1992)Co-integration and trend-stationarity in macroeconomic time series, *Journal of Econometrics*,52,347-370.

DeJong,D.(1996)A Bayesian Search for Structural Breaks in US GNP,in Fomby,T.(ed.), *Advances in Econometrics: Bayesian Methods Applied to Time Series Data*,vol. 11,pp. 109-146,part B. Greenwich,CT:JAI Press.

DeJong,D.,Ingram,B. and Whiteman,C.(1996)A Bayesian Approach to Calibration, *Journal of Business and Economic Statistics*,14,1-10.

DeJong,D.,Ingram,B. and Whiteman,C.(2000)A Bayesian Approach to Dynamic Macroeconomics, *Journal of Econometrics*,15,311-320.

DeJong,D. and Whiteman,C.(1991)The Temporal Stability of Dividends and Stock Prices:Evidence from the Likelihood Function, *American Economic Review*,81,600-617.

DeJong, P. and Shephard, N. (1995) The Simulation Smoother for Time Series Models, *Biometrika*, 82, 339-350.

Dellaportas, P. and Smith, A.F.M (1993) Bayesian Inference for Generalized Linear and Proportional Hazards Models via Gibbs Sampling, *Applied Statistics*, 42, 443-459.

Devroye, L. (1986) *Non-Uniform Random Number Generation*. New York: Springer-Verlag.

Dey, D., Muller, P. and Sinha, D. (eds.) (1998) *Practical Nonparametric and Semiparametric Bayesian Statistics*. New York: Springer-Verlag.

Doan, T., Litterman, R. and Sims, C. (1984) Forecasting and Conditional Projection Using Realistic Prior Distributions, *Econometric Reviews*, 3, 1-100.

Dorfman, J. (1994) A Numerical Bayesian Test for Cointegration of AR Processes, *Journal of Econometrics*, 66, 289-324.

Dorfman, J. (1997) *Bayesian Economics through Numerical Methods*. New York: Springer-Verlag.

Draper, D. (1995) Assessment and Propagation of Model Uncertainty (with discussion), *Journal of the Royal Statistical Society, Series B*, 56, 45-98.

Dreze, J. and Richard, J.-F. (1983) Bayesian Analysis of Simultaneous Equation Systems, in Griliches, Z. and Intriligator M. (eds.), *Handbook of Econometrics*, vol. 1, Amsterdam: North-Holland.

Durbin, J. and Koopman, S. (2001) *Time Series Analysis by State Space Methods*. Oxford: Oxford University Press.

Elerian, O., Chib, S. and Shephard, N. (2001) Likelihood Inference for Discretely Observed Nonlinear Diffusions, *Econometrica*, 69, 959-993.

Enders, W. (1995) *Applied Econometric Time Series*. New York: John Wiley & Sons.

Eraker, B. (2001) MCMC Analysis of Diffusion Models with Applications to Finance, *Journal of Business and Economic Statistics*, 19, 177-191.

Erickson, T. (1989) Proper Posteriors from Improper Priors for an Unidentified Errors-in-Variables Model, *Econometrica*, 57, 1299-1316.

Escobar, M. and West, M. (1995) Bayesian Density Estimation Using Mixtures, *Journal of the American Statistical Association*, 90, 577-588.

Fernandez, C., Ley, E. and Steel, M. (2001a) Model uncertainty in cross-country growth regressions, *Journal of Applied Econometrics*, 16, 563-576.

Fernandez, C., Ley, E. and Steel, M. (2001b) Benchmark priors for Bayesian model averaging, *Journal of Econometrics*, 100, 381-427.

Fernandez, C., Osiewalski, J. and Steel, M.F.J. (1997) On the Use of Panel Data in Stochastic Frontier Models with Improper Priors, *Journal of Econometrics*, 79, 169-193.

Filardo, A. and Gordon. S. (1998) Business Cycle Durations, *Journal of Econometrics*, 85, 99-123.

Forbes, C., Kalb, G. and Kofman, P. (1999) Bayesian Arbitrage Threshold Analysis, *Journal of Business and Economic Statistics*, 17, 364-372.

Fruhwirth-Schnatter, S. (1995) Bayesian model discrimination and Bayes factors for linear Gaussian state space models, *Journal of the Royal Statistical Society, Series B*, 56, 237-246.

Gelfand, A. and Dey, D. (1994) Bayesian Model Choice: Asymptotics and Exact Calculations, *Journal* of the Royal Statistical Society Series B,56,501−514.

Gelman, A. (1996) Inference and Monitoring Convergence, in Gilks, Richardson and Speigelhalter (1996).

Gelman, A. and Meng. X. (1996) Model Checking and Model Improvement, in Gilks, Richardson and Speigelhalter (1996).

Gelman, A. and Rubin, D. (1992) Inference from Iterative Simulation Using Multiple Sequences, *Statistical Science*, 7, 457−511.

George, E. and McCulloch, R. (1993) Variable Selection via Gibbs Sampling, *Journal of the American Statistical Association*, 88, 881−889.

George, E. and McCulloch, R. (1997) Approaches for Bayesian Variable Selection, *Statistica Sinica*, 7, 339−373.

Geweke, J. (1988) Exact Inference in Models with Autoregressive Conditional Heteroscedasticity, in Barnett, W., Berndt, E. and White, H. (eds.), *Dynamic Econometric Modeling*, pp. 73−104. Cambridge: Cambridge University Press.

Geweke, J. (1989) Bayesian Inference in Econometric Models using Monte Carlo Integration, *Econometrica*, 57, 1317−1340.

Geweke, J. (1989a) Exact Predictive Densities in Linear Models with ARCH Disturbances, *Journal of Econometrics*, 40, 63−86.

Geweke, J. (1991) Efficient Simulation from the Multivariate Normal and Student−t Distributions Subject to Linear Constraints, in Keramidas E. (ed.), *Computer Science and Statistics: Proceedings of the Twenty−Third Symposium on the Interface*, p. 571−578. Fairfax: Interface Foundation of North America, Inc.

Geweke, J. (1992) Evaluating the Accuracy of Sampling−Based Approaches to the Calculation of Posterior Moments, in Bernardo, J., Berger, J., Dawid, A. and Smith, A. (eds.), *Bayesian Statistics 4*, pp. 641−649. Oxford: Clarendon Press.

Geweke, J. (1993) Bayesian Treatment of the Independent Student−t Linear Model, *Journal of Applied Econometrics*, 8, S19−S40.

Geweke, J. (1996) Bayesian Reduced Rank Regression in Econometrics, *Journal of Econometrics*, 75, 121−146.

Geweke, J. (1999) Using Simulation Methods for Bayesian Econometric Models: Inference, Development, and Communication (with discussion and rejoinder), *Econometric Reviews*, 18, 1−126.

Geweke, J. (1999a) Computational Experiments and Reality, Department of Economics, University of Iowa working paper available at www.biz.uiowa.edu/faculty/jgeweke/papers.html.

Geweke, J. and Keane, M. (1999) Mixture of Normals Probit Models, in Hsiao, C., Lahiri, K., Lee, L.−F. and Pesaran, M. H. (eds.), *Analysis of Panels and Limited Dependent Variables: A Volume in Honor of G. S. Maddala.* Cambridge: Cambridge University Press.

Geweke, J., Keane, M. and Runkle, D. (1994) Alternative Computational Approaches to Statistical Inference in the Multinomial Probit Model, *Review of Economics and Statistics*, 76, 609−632.

Geweke, J., Keane, M. and Runkle, D. (1997) Statistical Inference in the Multinomial Multiperiod

Probit Model, *Journal of Econometrics*, 80, 125–165.

Geweke, J. and Tanizaki, H. (1999) On Markov Chain Monte Carlo Methods for Nonlinear and Non-Gaussian State–Space Models, *Communications in Statistics*, 28, 867–894.

Geweke, J. and Tanizaki, H. (2001) Bayesian Estimation of Nonlinear State–Space Models Using M–H Algorithm with Gibbs Sampling, *Computational Statistics and Data Analysis*, 37, 151–170.

Geweke, J. and Terui, N. (1993) Bayesian Threshold Autoregressive Models for Nonlinear Time Series, *Journal of Times Series Analysis*, 14, 441–454.

Gilks, W. (1996) Full Conditional Distributions, in Gilks, Richardson and Speigelhalter (1996).

Gilks, W. and Roberts, G. (1996) Strategies for Improving MCMC, in Gilks, Richardson and Speigelhalter (1996).

Gilks, W. and Wild, P. (1992) Adaptive Rejection Sampling for Gibbs Sampling, *Applied Statistics*, 41, 337–348.

Gilks, W., Richardson, S. and Speigelhalter, D. (1996) *Markov Chain Monte Carlo in Practice*. New York: Chapman & Hall.

Gilks, W., Richardson, S. and Speigelhalter, D. (1996a) Introducing Markov Chain Monte Carlo, in Gilks, Richardson and Speigelhalter (1996).

Greasley, D. and Oxley, L. (1994) Rehabilitation Sustained: The Industrial Revolution as a Macroeconomic Epoch, *Economic History Review*, *2nd Series*, 47, 760–768.

Green, P. and Silverman, B. (1994) *Nonparametric Regression and Generalized Linear Models*. London: Chapman & Hall.

Greene, W. (2000) *Econometric Analysis*, fourth edition. New Jersey: Prentice–Hall.

Griffin, J. and Steel, M. F. J. (2001) Inference with Non–Gaussian Ornstein–Uhlenbeck Processes for Stochastic Volatility, Institute for Mathematics and Statistics, University of Kent at Canterbury working paper available at http://www.ukc.ac.uk/ IMS/statistics/people/M.F.Steel/.

Griffiths, W. (2001) Heteroskedasticity, in Baltagi, B. (ed.), *A Companion to Theoretical Econometrics*. Oxford: Blackwell.

Gujarati, D. (1995) *Basic Econometrics*, third edition. New York: McGraw–Hill.

Hamilton, J. (1994). *Time Series Analysis*. Princeton: Princeton University Press.

Hill, C., Griffiths, W. and Judge, G. (1997) *Undergraduate Econometrics*. New York: John Wiley & Sons.

Hirano, K., Imbens, G., Rubin, D. and Zhou, A. (2000) Estimating the Effect of Flu Shots in a Randomized Encouragement Design, *Biostatistics*, 1, 69–88.

Hobert, J. and Casella, G. (1996) The Effect of Improper Priors on Gibbs Sampling in Hierarchical Linear Mixed Models, *Journal of American Statistical Association*, 96, 1461–1473.

Hodges, J. (1987) Uncertainty, Policy Analysis and Statistics, *Statistical Science*, 2, 259–291.

Hoeting, J., Madigan, D., Raftery, A. and Volinsky, C. (1999) Bayesian Model Averaging: A Tutorial, *Statistical Science*, 14, 382–417.

Horowitz, J. (1998) *Semiparametric Methods in Econometrics*. New York: Springer– Verlag.

Ibrahim, J., Chen, M. and Sinha, D. (2001) *Bayesian Survival Analysis*. New York: Springer–Verlag.

Imbens, G. and Rubin, D. (1997) Bayesian Inference for Causal Effects in Randomized Experiments with Noncompliance, Annals of Statistics, 25, 305–327.

Iwata, S. (1996) Bounding Posterior Means by Model Criticism, *Journal of Econometrics*, 75, 239–261.

Jacquier, E., Polson, N. and Rossi, P. (1994) Bayesian Analysis of Stochastic Volatility, *Journal of Business and Economic Statistics*, 12, 371–417.

Jain, D. C., Vilcassim, N. and Chintagunta, P. (1994) A Random–Coefficient Logit Brand – Choice Model Applied to Panel Data, *Journal of Business & Economic Statistics*, 12, 317–328.

Jeffreys, H. (1946) An Invariant Form for the Prior Probability in Estimation Problems, *Proceedings of the Royal Statistical Society of London, Series A*, 186, 453–461.

Johnson, N., Kotz, S. and Balakrishnan, N. (1994) *Continuous Univariate Distributions*, vol. 1, second edition. New York: John Wiley & Sons.

Johnson, N., Kotz, S. and Balakrishnan, N. (1995) *Continuous Univariate Distributions*, vol. 2, second edition. New York: John Wiley & Sons.

Johnson, N., Kotz, S. and Balakrishnan, N. (2000) *Continuous Multivariate Distributions*, vol. 1, second edition. New York: John Wiley & Sons.

Johnson, N., Kotz, S. and Kemp, A. (1993) *Univariate Discrete Distributions*, second edition. New York: John Wiley & Sons.

Judge, G., Griffiths, W., Hill, R., Lutkepohl, H. and Lee, T. (1985) *The Theory and Practice of Econometrics*. New York: John Wiley & Sons.

Kadane, J. (ed.) (1984) *Robustness of Bayesian Analysis*. Amsterdam: Elsevier.

Kadane, J., Dickey, J., Winkler, R., Smith, W. and Peters, S. (1980) Interactive Elicitation of Opinion for a Normal Linear Model, *Journal of the American Statistical Association*, 75, 845–854.

Kadiyala, K. and Karlsson, S. (1997) Numerical Methods for Estimation and Inference in Bayesian VAR–Models, *Journal of Applied Econometrics*, 12, 99–132.

Kandel, S., McCulloch, R. and Stambaugh, R. (1995) Bayesian Inference and Portfolio Allocation, *Review of Financial Studies*, 8, 1–53.

Kass, R. and Raftery, A. (1995) Bayes Factors, *Journal of the American Statistical Association*, 90, 773–795.

Kass, R. and Wasserman, L. (1996) The Selection of Prior Distributions by Formal Rules, *Journal of the American Statistical Association*, 91, 1343–1370.

Kiefer, N. and Steel, M.F.J. (1998) Bayesian Analysis of the Prototypical Search Model, *Journal of Business and Economic Statistics*, 16, 178–186.

Kim, C. and Nelson, C. (1999) *State Space Models with Regime Switching*. Cambridge: MIT Press.

Kleibergen, F. (1997) Bayesian Simultaneous Equations Analysis Using Equality Restricted Random Variables, *American Statistical Association, Proceedings of the Section on Bayesian Statistical Science*, 141–147.

Kleibergen, F. and Paap, R. (2002) Priors, Posteriors and Bayes factors for a Bayesian Analysis of Cointegration, *Journal of Econometrics*, 111, 223–249.

Kleibergen, F. and van Dijk, H. (1993) Non–stationarity in GARCH Models: A Bayesian Analysis, *Jour-

nal of Applied Econometrics,S8,41-61.

Kleibergen, F. and van Dijk, H. (1994) On the Shape of the Likelihood/Posterior in Cointegration Models, *Econometric Theory*, 10, 514-551.

Kleibergen, F. and van Dijk, H. (1998) Bayesian Simultaneous Equations Analysis Using Reduced Rank Structures, *Econometric Theory*, 14, 699-744.

Kleibergen, F. and Zivot, E. (2002) Bayesian and Classical Approaches to Instrumental Variable Regression, *Journal of Econometrics*, forthcoming.

Kloek, T. and van Dijk, H. (1978) Bayesian Estimates of Equation System Parameters, An Application of Integration by Monte Carlo, *Econometrica*, 46, 1-19.

Koop, G. (1991) Intertemporal Properties of Real Output: A Bayesian Analysis, *Journal of Business and Economic Statistics*, 9, 253-266.

Koop, G. (1992) Aggregate Shocks and Macroeconomic Fluctuations: A Bayesian Approach, *Journal of Applied Econometrics*, 7, 395-411.

Koop, G. (1996) Parameter Uncertainty and Impulse Response Analysis, *Journal of Econometrics*, 72, 135-149.

Koop, G. (2000) *Analysis of Economic Data*. New York: John Wiley & Sons.

Koop, G. (2001) Bayesian Inference in Models Based on Equilibrium Search Theory, *Journal of Econometrics*, 102, 311-338.

Koop, G. and Steel, M. F. J. (2001) Bayesian Analysis of Stochastic Frontier Models, in Baltagi, B. (ed.), *A Companion to Theoretical Econometrics*. Oxford: Blackwell Publishers.

Koop, G., Osiewalski, J. and Steel, M. F. J. (1994) Bayesian Efficiency Analysis with a Flexible Cost Function, *Journal of Business and Economic Statistics*, 12, 93-106.

Koop, G., Osiewalski, J. and Steel, M. F. J. (1997) Bayesian Efficiency Analysis through Individual Effects: Hospital Cost Frontiers, *Journal of Econometrics*, 76, 77-105.

Koop, G., Osiewalski, J. and Steel, M. F. J. (2000) Modeling the Sources of Output Growth in a Panel of Countries, *Journal of Business and Economic Statistics*, 18, 284-299.

Koop, G. and Poirier, D. (1993) Bayesian Analysis of Logit Models Using Natural Conjugate Priors, *Journal of Econometrics*, 56, 323-340.

Koop, G. and Poirier, D. (1994) Rank-Ordered Logit Models: An Empirical Analysis of Ontario Voter Preferences before the 1988 Canadian Federal Election, Journal of Applied Econometrics, 9, 369-388.

Koop, G. and Poirier, D. (1997) Learning About the Cross-regime Correlation in Switching Regression Models, *Journal of Econometrics*, 78, 217-227.

Koop, G. and Poirier, D. (2001) Testing for Optimality in Job Search Models, *The Econometrics Journal*, 4, 257-272.

Koop, G. and Poirier, D. (2002) Bayesian Variants on Some Classical Semiparametric Regression Techniques, *Journal of Econometrics*, forthcoming.

Koop, G. and Potter, S. (1999) Dynamic Asymmetries in US Unemployment, *Journal of Business and Economic Statistics*, 17, 298-312.

Koop, G. and Potter, S. (2000) Nonlinearity, Structural Breaks or Outliers in Economic Time Series? in Barnett, W., Hendry, D., Hylleberg, S., Terasvirta, T., Tjostheim, D. and Wurtz, A. (eds.), *Nonlinear Econometric Modeling in Time Series Analysis*. Cambridge: Cambridge University Press.

Koop, G. and Potter, S. (2001) Are Apparent Findings of Nonlinearity Due to Structural Instability in Economic Time Series? *The Econometrics Journal*, 4, 37–55.

Koop, G. and Potter, S. (2003) Bayesian Analysis of Endogenous Delay Threshold Models, *Journal of Business and Economic Statistics*, 21, 93–103.

Koop, G., Steel, M. F. J. and Osiewalski, J. (1995) Posterior Analysis of Stochastic Frontier Models Using Gibbs Sampling, *Computational Statistics*, 10, 353–373.

Koop, G. and van Dijk, H. (2000) Testing for Integration Using Evolving Trend and Seasonals Models: A Bayesian Approach, *Journal of Econometrics*, 97, 261–291.

Lancaster, A. (1997) Exact Structural Inference in Job-search Models, *Journal of Business and Economic Statistics*, 15, 165–179.

Lancaster, A. (2003) *An Introduction to Modern Bayesian Econometrics*, forthcoming.

Leamer, E. (1978) *Specification Searches*. New York: Wiley.

Leamer, E. (1982) Sets of Posterior Means with Bounded Variance Priors, *Econometrica*, 50, 725–736.

LeSage, J. (1999) *Applied Econometrics Using MATLAB*. Available at http://www.spatialeconometrics.com/.

Li, K. (1998) Bayesian Inference in a Simultaneous Equation Model with Limited Dependent Variables, *Journal of Econometrics*, 85, 387–400.

Li, K. (1999) Exchange Rate Target Zone Models: A Bayesian Evaluation, *Journal of Applied Econometrics*, 14, 461–490.

Li, K. (1999a) Bayesian Analysis of Duration Models: An Application to Chapter 11 Bankruptcy, *Economics Letters*, 63, 305–312.

Lindley, D. and Smith, A.F.M. (1972) Bayes Estimates for the Linear Model, *Journal of the Royal Statistical Society*, Series B, 34, 1–41.

Litterman, R. (1986) Forecasting with Bayesian Vector Autoregressions: Five Years of Experience, *Journal of Business and Economic Statistics*, 4, 25–38.

Liu, J. and Wu, Y. (1999) Parameter Expansion for Data Augmentation, *Journal of the American Statistical Association*, 94, 1264–1274.

Lubrano, M. (1995) Testing for Unit Roots in a Bayesian Framework, *Journal of Econometrics*, 69, 81–109.

Lutkepohl, H. (1993) *Introduction to Multiple Time Series* (second edition). New York: Springer-Verlag.

McCausland, B. and Stevens, J. (2001) *Bayesian Analysis, Computation and Communication: The PC MATLAB Version of the BACC Software*. Available at http://www.econ.umn.edu/3/4bacc/bacc2001.

McCulloch, R., Polson, N. and Rossi, P. (2000) A Bayesian Analysis of the Multinomial Probit Model with Fully Identified Parameters, *Journal of Econometrics*, 99, 173-193.

McCulloch, R. and Rossi, P. (1994) An Exact Likelihood Analysis of the Multinomial Probit Model, *Journal of Econometrics*, 64, 207-240.

McCulloch, R. and Rossi, P. (2000) Bayesian Analysis of the Multinomial Probit Model, Mariano, M., Schuermann T. and Weeks, M., (eds.), in *Simulation Based Inference in Econometrics*. Cambridge: Cambridge University Press.

McCulloch, R. and Tsay, R. (1993) Bayesian Inference and Prediction for Mean and Variance Shifts in Autoregressive Time Series, *Journal of the American Statistical Association*, 88, 968-978.

McCulloch, R. and Tsay, R. (1994) Statistical Analysis of Economic Time Series via Markov Switching Models, *Journal of Times Series Analysis*, 15, 523-539.

Madigan, D. and York, J. (1995) Bayesian Graphical Models for Discrete Data, *International Statistical Review*, 63, 215-232.

Martin, G. (2000) US Deficit Sustainability: A New Approach Based on Multiple Endogenous Breaks, *Journal of Applied Econometrics*, 15, 83-105.

Meng, X. and van Dyk, D. (1999) Seeking Efficient Data Augmentation Schemes via Conditional and Marginal Augmentation, Biometrika, 86, 301-320.

Min, C. and Zellner, A. (1993) Bayesian and Non-Bayesian Methods for Combining Models and Forecasts with Applications to Forecasting International Growth Rates, *Journal of Econometrics*, 56, 89-118.

Müller, P. and Vidakovic, V. (1998) Bayesian Inference with Wavelets: Density Estimation, *Journal of Computational and Graphical Statistics*, 7, 456-468.

Nobile, A. (2000) Comment: Bayesian Multinomial Probit Models with a Normalization Constraint, *Journal of Econometrics*, 99, 335-345.

Otrok, C. and Whiteman, C. (1998) Bayesian Leader Indicators: Measuring and Predicting Economic Conditions in Iowa, *International Economic Review*, 39, 997-1014.

Paap, R. and Franses, P. (2000) A Dynamic Multinomial Probit Model for Brand Choice with Different Long-run and Short-run Effects of Marketing Mix Variables, *Journal of Applied Econometrics*, 15, 717-744.

Pagan, A. and Ullah, A. (1999) *Nonparametric Econometrics*. Cambridge: Cambridge University Press.

Pastor, L. (2000) Portfolio Selection and Asset Pricing Models, *Journal of Finance*, 55, 179-223.

Phillips, D. and Smith, A.F.M. (1996) Bayesian Model Comparison via Jump Diffusions, in Gilks, Richardson and Speigelhalter (1996).

Phillips, P.C.B. (1991) To Criticize the Critics: An Objective Bayesian Analysis of Stochastic Trends (with discussion), *Journal of Applied Econometrics*, 6, 333-474.

Poirier, D. (1991) A Bayesian View of Nominal Money and Real Output through a New Classical Macroeconomic Window (with discussion), *Journal of Business & Economic Statistics*, 9, 125-148.

Poirier, D. (1994) Jeffreys' Prior for Logit Models, *Journal of Econometrics*, 63, 327-339.

Poirier, D. (1995) *Intermediate Statistics and Econometrics: A Comparative Approach*. Cambridge: The MIT Press.

Poirier, D. (1996) A Bayesian Analysis of Nested Logit Models, *Journal of Econometrics*, 75, 163-181.

Poirier, D. (1996a) Prior Beliefs about Fit, in Bernardo, J.M., Berger, J.O., Dawid, A.P. and Smith, A.F. M. (eds.), *Bayesian Statistics 5*, pp. 731-738. Oxford: Oxford University Press.

Poirier, D. (1998) Revising Beliefs in Non-identified Models, *Econometric Theory*, 14, 483-509.

Poirier, D. and Tobias, J. (2002) On the Predictive Distributions of Outcome Gains in the Presence of an Unidentified Parameter, *Journal of Business and Economic Statistics*, forthcoming.

Press, S. J. (1989) *Bayesian Statistics: Principles, Models and Applications*. New York: Wiley.

Raftery, A. (1996) Hypothesis Testing and Model Selection, in Gilks, Richardson and Speigelhalter (1996).

Raftery, A. and Lewis, S. (1996) Implementing MCMC, in Gilks, Richardson and Speigelhalter (1996).

Raftery, A., Madigan, D. and Hoeting, J. (1997) Bayesian Model Averaging for Linear Regression Models, *Journal of the American Statistical Association*, 92, 179-191.

Richard, J.-F. and Steel, M.F.J. (1988) Bayesian Analysis of Systems of Seemingly Unrelated Regression Equations under a Recursive Extended Natural Conjugate Prior Density, *Journal of Econometrics*, 38, 7-37.

Richard, J.-F. and Zhang, W. (2000) Accelerated Monte Carlo Integration: An Application to Dynamic Latent Variable Models, in Mariano, M., Schuermann T. and Weeks, M. (eds.), *Simulation Based Inference in Econometrics*. Cambridge: Cambridge University Press.

Ritter, C. and Tanner, M. (1992) Facilitating the Gibbs Sampler: The Gibbs Stopper and the Griddy-Gibbs Sampler, *Journal of the American Statistical Association*, 48, 276-279.

Robert, C. (1996) Mixtures of Distributions: Inference and Estimation, in Gilks, Richardson and Speigelhalter (1996).

Rossi, P., McCulloch, R. and Allenby, G. (1996) The Value of Purchase History Data in Target Marketing, *Marketing Science*, 15, 321-340.

Rubin, D. (1978) Bayesian Inference for Causal Effects, *Annals of Statistics*, 6, 34-58.

Ruggiero, M. (1994) Bayesian Semiparametric Estimation of Proportional Hazards Models, *Journal of Econometrics*, 62, 277-300.

Sala-i-Martin, X. (1997) I Just Ran Two Million Regressions, *American Economic Review*, 87, 178-183.

Sareen, S. (1999) Posterior Odds Comparison of a Symmetric Low-Price, Sealed-Bid Auction within the Common - Value and the Independent-Private-Values Paradigms, *Journal of Applied Econometrics*, 14, 651-676.

Schwarz, G. (1978) Estimating the Dimension of a Model, *Annals of Statistics*, 6, 461-464.

Schotman, P. (1994) Priors for the AR(1) Model: Parameterisation Issues and Time Series Considerations, *Econometric Theory*, 10, 579-595.

Schotman, P. and van Dijk, H. (1991) A Bayesian Analysis of the Unit Root Hypothesis in Real Exchange Rates, *Journal of Econometrics*, 49, 195–238.

Shively, T. and Kohn, R. (1997) A Bayesian Approach to Model Selection in Stochastic Coefficient Regression Models and Structural Time Series Models, *Journal of Econometrics*, 76, 39–52.

Silverman, B. (1985) Some Aspects of the Spline Smoothing Approach to Nonparametric Regression Curve Fitting (with discussion), *Journal of the Royal Statistical Society*, Series B, 47, 1–52.

Sims, C. (1980) Macroeconomics and Reality, *Econometrica*, 48, 1–48.

Sims, C. (1988) Bayesian Skepticism on Unit Root Econometrics, *Journal of Economic Dynamics and Control*, 12, 463–474.

Sims, C. and Uhlig, H. (1991) Understanding Unit Rooters: A Helicopter Tour, *Econometrica*, 59, 1591–1600.

Sims, C. and Zha, T. (1999) Error Bands for Impulse Responses, *Econometrica*, 67, 1113–1155.

Sims, C. and Zha, T. (2002) Macroeconomic Switching, Princeton University, Department of Economics working paper available at http://www.princeton.edu/~sims/.

Smith, M. and Kohn, R. (1996) Nonparametric Regression using Bayesian Variable Selection, *Journal of Econometrics*, 75, 317–343.

Steel, M.F.J. (1998) Posterior Analysis of Stochastic Volatility Models with Flexible Tails, *Econometric Reviews*, 17, 109–143.

Strachan, R. (2002) Valid Bayesian Estimation of the Cointegrating Error Correction Model, *Journal of Business and Economic Statistics*, forthcoming.

Tierney, L. (1996) Introduction to General State Space Markov Chain Theory, in Gilks, Richardson and Speigelhalter (1996).

Tierney, L. and Kadane, J. (1986) Accurate Approximations for Posterior Moments and Marginal Densities, *Journal of the American Statistical Association*, 81, 82–86.

Tierney, L., Kass, R. and Kadane, J. (1989) Fully Exponential Laplace Approximations to Expectations and Variances of Nonpositive Functions, *Journal of the American Statistical Association*, 84, 710–716.

Tobias, J. and Zellner, A. (2001) Further Results on Bayesian Method of Moments Analysis of the Multiple Regression Model, *International Economic Review*, 42, 121–139.

Tsionas, E. (2000) Full Likelihood Inference in Normal–Gamma Stochastic Frontier Models, *Journal of Productivity Analysis*, 13, 183–205.

van Dyk, D. and Meng, X. (2001) The Art of Data Augmentation (with discussion), *Journal of Computational and Graphical Statistics*, 10, 1–111.

Verdinelli, I. and Wasserman, L. (1995) Computing Bayes Factors Using a Generalization of the Savage–Dickey Density Ratio, *Journal of the American Statistical Association*, 90, 614–618.

Volinsky, C. and Raftery, A. (2000) Bayesian information criterion for censored survival models, *Biometrics*, 56, 256–262.

Wahba, G. (1983) Bayesian Confidence Intervals for the Cross–validated Smoothing Spline, *Journal of the Royal Statistical Society*, Series B, 45, 133–150.

West, M. and Harrison, P. (1997) *Bayesian Forecasting and Dynamic Models*, second edition. Berlin:

Springer.

West, M., Muller, P. and Escobar, M. (1994) Hierarchical Priors and Mixture Models, in Freeman, P. and Smith, A.F.M. (eds.) *Aspects of Uncertainty*. New York: John Wiley & Sons.

White, H. (1984) *Asymptotic Theory for Econometricians*. New York: Academic Press.

Wonnacott, T. and Wonnacott, R. (1990) *Introductory Statistics for Business and Economics*, fourth edition. New York: John Wiley & Sons.

Zeger, S. and Karim, M. (1991) Generalized Linear Models with Random Effects: A Gibbs Sampling Approach, *Journal of the American Statistical Association*, 86, 79–86.

Zellner, A. (1971) *An Introduction to Bayesian Inference in Econometrics*. New York: John Wiley & Sons.

Zellner, A. (1976) Bayesian and Non-Bayesian Analysis of the Regression Model with Multivariate Student-t Errors, *Journal of the American Statistical Association*, 71, 400–405.

Zellner, A. (1985) Bayesian Econometrics, *Econometrica*, 53, 253–269.

Zellner, A. (1986) On Assessing Prior Distributions and Bayesian Regression Analysis with g-Prior Distributions, in Goel, P. K. and Zellner, A. (eds.), *Bayesian Inference and Decision Techniques: Essays in Honour of Bruno de Finetti*. Amsterdam: North-Holland.

Zellner, A. (1986a) Bayesian Estimation and Prediction Using Asymmetric Loss Functions, *Journal of the American Statistical Association*, 81, 446–451.

Zellner, A. (1988) Bayesian Analysis in Econometrics, *Journal of Econometrics*, 37, 27–50.

Zellner, A. (1996) Bayesian Method of Moments/Instrumental Variable (BMOM/IV) Analysis of Mean and Regression Problems, in Lee, J., Zellner, A. and Johnson, W. (eds.), *Modeling and Prediction: Honoring Seymour Geisser*. New York: Springer- Verlag.

Zellner, A. (1997) The Bayesian Method of Moments (BMOM): Theory and Applications, in Fomby, T. and Hill, R. (eds.), *Advances in Econometrics: Applying Maximum Entropy to Econometric Problems*.

Zellner, A. (1997a) *Bayesian Analysis in Econometrics and Statistics: The Zellner View and Papers*. Cheltenham: Edward Elgar.

Zellner, A. and Hong, C. (1989) Forecasting International Growth Rates Using Bayesian Shrinkage and Other Procedures, *Journal of Econometrics*, 40, 183–202.

Zellner, A., Hong, C. and Min, C. (1991) Forecasting Turning Points in International Output Growth Rates Using Bayesian Exponentially Weighted Autoregression, Time - Varying Parameter and Pooling Techniques, *Journal of Econometrics*, 49, 275–304.

Zellner, A. and Min, C. (1995) Gibbs Sampler Convergence Criteria, *Journal of the American Statistical Association*, 90, 921–927.

Zellner, A. and Rossi. P. (1984) Bayesian Analysis of Dichotomous Quantal Response Models, *Journal of Econometrics*, 25, 365–393.